● 電気・電子工学ライブラリ ●
UKE-ex.3

演習と応用
基礎制御工学

松瀬貢規

数理工学社

編者のことば

　電気磁気学を基礎とする電気電子工学は，環境・エネルギーや通信情報分野など社会のインフラを構築し社会システムの高機能化を進める重要な基盤技術の一つである．また，日々伝えられる再生可能エネルギーや新素材の開発，新しいインターネット通信方式の考案など，今まで電気電子技術が適用できなかった応用分野を開拓し境界領域を拡大し続けて，社会システムの再構築を促進し一般の多くの人々の利用を飛躍的に拡大させている．

　このようにダイナミックに発展を遂げている電気電子技術の基礎的内容を整理して体系化し，科学技術の分野で一般社会に貢献をしたいと思っている多くの大学・高専の学生諸君や若い研究者・技術者に伝えることも科学技術を継続的に発展させるためには必要であると思う．

　本ライブラリは，日々進化し高度化する電気電子技術の基礎となる重要な学術を整理して体系化し，それぞれの分野をより深くさらに学ぶための基本となる内容を精査して取り上げた教科書を集大成したものである．

　本ライブラリ編集の基本方針は，以下のとおりである．
1) 今後の電気電子工学教育のニーズに合った使い易く分かり易い教科書．
2) 最新の知見の流れを取り入れ，創造性教育などにも配慮した電気電子工学基礎領域全般に亘る斬新な書目群．
3) 内容的には大学・高専の学生と若い研究者・技術者を読者として想定．
4) 例題を出来るだけ多用し読者の理解を助け，実践的な応用力の涵養を促進．

　本ライブラリの書目群は，I 基礎・共通，II 物性・新素材，III 信号処理・通信，IV エネルギー・制御，から構成されている．

　書目群 I の基礎・共通は 9 書目である．電気・電子通信系技術の基礎と共通書目を取り上げた．

　書目群 II の物性・新素材は 7 書目である．この書目群は，誘電体・半導体・磁性体のそれぞれの電気磁気的性質の基礎から説きおこし半導体物性や半導体デバイスを中心に書目を配置している．

　書目群 III の信号処理・通信は 5 書目である．この書目群では信号処理の基本から信号伝送，信号通信ネットワーク，応用分野が拡大する電磁波，および

電気電子工学の医療技術への応用などを取り上げた．

書目群 IV のエネルギー・制御は 10 書目である．電気エネルギーの発生，輸送・伝送，伝達・変換，処理や利用技術とこのシステムの制御などである．

「電気文明の時代」の 20 世紀に引き続き，今世紀も環境・エネルギーと情報通信分野など社会インフラシステムの再構築と先端技術の開発を支える分野で，社会に貢献し活躍を望む若い方々の座右の書群になることを希望したい．

2011 年 9 月

編者　松瀬貢規　湯本雅恵
　　　西方正司　井家上哲史

「電気・電子工学ライブラリ」書目一覧

書目群 I（基礎・共通）

1. 電気電子基礎数学
2. 電気磁気学の基礎
3. 電気回路
4. 基礎電気電子計測
5. 応用電気電子計測
6. アナログ電子回路の基礎
7. ディジタル電子回路
8. ハードウェア記述言語によるディジタル回路設計の基礎
9. コンピュータ工学

書目群 II（物性・新素材）

1. 電気電子材料工学
2. 半導体物性
3. 半導体デバイス
4. 集積回路工学
5. 光・電子工学
6. 高電界工学
7. 電気電子化学

書目群 III（信号処理・通信）

1. 信号処理の基礎
2. 情報通信工学
3. 情報ネットワーク
4. 基礎 電磁波工学
5. 生体電子工学

書目群 IV（エネルギー・制御）

1. 環境とエネルギー
2. 電力発生工学
3. 電力システム工学の基礎
4. 超電導・応用
5. 基礎制御工学
6. システム解析
7. 電気機器学
8. パワーエレクトロニクス
9. アクチュエータ工学
10. ロボット工学

別巻 1　演習と応用 電気磁気学
別巻 2　演習と応用 電気回路
別巻 3　演習と応用 基礎制御工学

まえがき

　制御工学は電気電子・情報・機械・化学工学・人間工学など広範囲にわたる多くの工学分野を適用対象とした横断的な学問体系を構成し，科学技術の発展に重要な役割を果たしてきた．

　これから制御の知識を習得し技術を得ようとする人々にとっては，制御対象が持つシステム個々の性質を知りその技術を習得することも必要であるが，各分野に応用できる横断的な共通の基本的知識と技術をしっかり身につけることも大切なことである．

　本書は，本ライブラリの「基礎制御工学」の姉妹編として制御理論を応用し使いこなす実践的な力を身につけることを目指して，筆者が長年担当した電気系学科の制御工学の基礎に関する科目の講義録と演習問題をもとに記述したものである．

　本書の内容は，「基礎制御工学」の内容に沿って簡潔な説明のあと，例題では基本から懇切丁寧に解説を加え，章末問題では理解力と思考力を確かめるような若干高度な応用問題とした．章末問題には電気主任技術者試験（電験）の問題を多く採用し，比較的基礎的な問題は第3種，高度な応用問題は第2種問題と位置づけ，年号と種別を設問の後に示している．

　実践的な応用問題として採用した電験第2種の問題は1964年（昭和39年）から，第3種は1973年（昭和47年）から調査して，本書の内容に沿って整理しできるだけ多くの問題を採用するようにしたが，類似問題は標準的であると判断した問題を取り上げている．章末問題は腕試しのつもりでまず各自が解き，そのあと巻末の解答欄を参照して頂きたい．

　本書は，制御工学の基礎知識と技術を習得しようとする電気電子など電気系や機械系の諸学科および化学工学系などの大学低学年，高専の学生および若い技術者を読者の対象と想定している．そのため，教科書，入門書または自習書を補完する演習書となるように心がけて記述しており，制御工学を初めて学び応用しようとする人たちの勉学の手助けになることを望んでいる．

まえがき

　本書では，基本的な制御理論の説明とその実践力の強化にとどめたのでさらに数学的に厳密な根拠を求めて勉学したい方は，これまで多くの先達が鋭意研究著作された専門書を参考にして頂きたい．

　執筆に当たり多くの制御理論や制御工学の教科書や著書を参考にさせていただいておりそれらの文献の著者の方々に敬意を表すとともに心からお礼を申し上げる．

　2014 年 2 月　唐木田にて

松瀨貢規

目　　　次

第1章
制御工学の基礎　　　1
　1.1　制御とフィードバック制御　　　1
　　1.1.1　制御とその目的　　　1
　　1.1.2　フィードバック制御と性質　　　1
　1.2　フィードバック制御システムの構成，分類と特性設計　　　2
　1章の問題　　　7

第2章
制御系の表現―伝達関数法と状態変数法―　　　8
　2.1　伝達関数法　　　8
　　2.1.1　信号伝達とブロック線図　　　8
　　2.1.2　伝達関数の特徴　　　9
　　2.1.3　信号流れ線図　　　11
　2.2　状態変数法　　　26
　　2.2.1　状態変数法とは　　　26
　　2.2.2　状態方程式の解　　　26
　　2.2.3　状態推移行列の性質　　　27
　　2.2.4　状態変数線図と伝達関数　　　27
　2章の問題　　　36

第3章
制御系の時間応答―過渡特性と定常特性―　　　43
　3.1　時間応答　　　43

		3.1.1	制御システムにおける応答 · · · · · · · · · · · · · · · ·	43
		3.1.2	基本テスト入力信号と時間応答 · · · · · · · · · · ·	44
	3.2	過 渡 応 答 ·		48
		3.2.1	基本要素のインパルス応答 · · · · · · · · · · · · · · · ·	48
		3.2.2	基本要素のインディシャル応答 · · · · · · · · · · ·	49
		3.2.3	二次遅れ要素の過渡応答 · · · · · · · · · · · · · · · · ·	50
		3.2.4	過渡特性と特性根の配置 · · · · · · · · · · · · · · · · ·	50
		3.2.5	外乱に対する過渡応答 · · · · · · · · · · · · · · · · · · ·	50
	3.3	定 常 特 性 ·		58
	3章の問題 ·			63

第4章

制御系の周波数応答—周波数特性— 71

4.1	周波数応答 ·	71
4.2	ベクトル軌跡（ナイキスト線図） · · · · · · · · · · · · · · · · · · ·	74
4.3	ゲイン–位相線図 ·	78
4.4	ボード線図 ·	80
4.5	ニコルズ線図 ·	88
4章の問題 ·		89

第5章

制御系の安定判別 94

5.1	安定性の意味と特性方程式 ·		94
	5.1.1	動的制御システムの安定性 · · · · · · · · · · · · · · · · ·	94
	5.1.2	特性方程式と安定判別法 · · · · · · · · · · · · · · · · · ·	94
5.2	ラウス–フルビッツの安定判別法 ·		95
5.3	ナイキストの安定判別法 ·		104
5.4	ボード線図による安定判別 ·		107
5.5	ゲイン余有と位相余有 ·		109
5.6	根軌跡法とその応用 ·		113
5章の問題 ·			121

第 6 章

制御系の性能と特性設計 … 128

- 6.1 制御系の基本性能と基本仕様 … 128
- 6.2 高次制御系の特性評価—代表特性根— … 136
- 6.3 制御性能と指標 … 138
- 6.4 制御系の特性補償と基本設計 … 140
  - 6.4.1 制御系基本設計の考え方 … 140
  - 6.4.2 PID 補償と基本設計 … 140
- 6.5 2自由度制御系とフィードフォワード制御 … 150
- 6 章の問題 … 155

第 7 章

非線形制御系の基礎 … 167

- 7.1 非線形方程式の線形化とブロック線図 … 167
- 7.2 非線形要素 … 171
- 7.3 位相面解析法 … 172
- 7.4 記述関数法 … 176
- 7 章の問題 … 180

第 8 章

ディジタル制御の基礎 … 184

- 8.1 ディジタル制御系の基本構成 … 184
- 8.2 サンプル値信号の取扱い … 186
- 8.3 z 変換とその性質 … 190
- 8.4 パルス伝達関数 … 199
- 8.5 サンプル値制御システムの特性 … 203
- 8.6 状態変数法によるサンプル値系の取扱い … 208
- 8 章の問題 … 209

問 題 解 答　212
参考・引用文献　276
索　　　引　277

1 制御工学の基礎

工学的に制御とはどのようなことか，その概念と考え方を述べる．次に自動制御の基本であるフィードバック制御システムの標準的な構成とその要素を示し，制御システムの分類と特性設計を調べる．

1.1 制御とフィードバック制御

1.1.1 制御とその目的

制御とは，一般に，相手が自由勝手にするのをおさえて自分の思うように支配することであり，あるものが他を意のままに動かすこと．工学的には「ある目的に適合するように，対象となっているものに所要の操作を加えること」であり，目的，対象および操作がある．

制御を受ける対象を**制御対象**，制御対象に属する量の中で制御することが目的の量（注目する物理量や化学量）を**制御量**，制御命令（**目標値**）を操作に変える装置を**制御装置**，制御量を支配するために制御対象に加える量が**操作量**という．

制御の目的は
- 制御対象の安定化
- 制御量の目標値追従（過渡状態および定常状態）
- 外乱の影響の抑制
- 特性変動による影響の抑制

1.1.2 フィードバック制御と性質

制御には，制御対象が示す結果を判断の情報として用いる**フィードバック制御**（**閉ループ制御系**）と制御対象の結果を判断の情報として用いない**オープンループ制御**（**開ループ制御系**）とがある．

フィードバック制御の主な性質は
(1) 外乱や雑音の影響を抑制できること
(2) 制御系を安定化できること
(3) 制御系を構成する各要素のパラメータの感度を低減すること
である．

1.2 フィードバック制御システムの構成，分類と特性設計

フィードバック制御系の構成　フィードバック制御が行われるように信号の流れによって結合し構成された機器や装置の集合体であるフィードバック制御システム（系）の標準的な構成と用語を定義する（[例題 1.3] 参照）．

制御システムの分類　制御システムは，目標値の時間的変化や制御量などにより分類する．

制御システムの特性設計と製作設計　設計には

(1) 要求された特性を満足する制御系の構成を決定し，各種，各部の定数を決定する**特性設計**

(2) このようにして決定された構成や定数を実現するために，経済性や重量，大きさ，材料などの諸条件を考慮し電気・電子・機械部品などを選定して配線図や配置を決め，実際の寸法を算出して製作図面を描く**製作設計**

の 2 つがある．

■ **例題 1.1**

制御の 3 要素を述べよ．

【解答】　1.1 節に記述するように「目的」，「対象」，「操作」である．■

注意：以降，例題解答の終わりの右下に ■ 印を示す．

■ **例題 1.2**

制御の目的を述べよ．

【解答】
(1) 制御対象の制御量を目標値に追従させること
(2) 制御対象の安定化を図ること
(3) 外乱や雑音の影響を抑制すること
(4) 特性変動による影響を抑制すること　■

■ 例題1.3 ■

フィードバック制御系の基本構成を示し，用語を説明せよ．

【解答】 下図に基本構成を示し，図中の制御信号と構成要素の用語と意味を下表に示す．

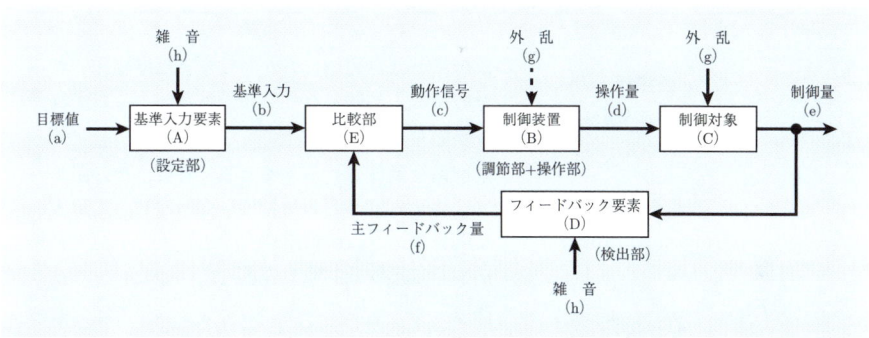

構成要素の用語と意味

記号	用語（追記英語）	意味
(A)	基準入力要素 (reference input element)	目標値を主フィードバック量と比較できるように挿入された変換要素．**設定部**ともいう．
(B)	制御装置 (controller)	基準入力と主フィードバック量との差に種々の操作をほどこし，制御を満足に行い得るような操作量として出力する装置，信号増幅部とパワー増幅部から構成され，**調節部**と**操作部**である．
(C)	制御対象 (controlled system)	制御を受ける対象で，物体，化学プロセス，機械などにおいて制御の対象となる部分．
(D)	フィードバック（帰還）要素 (feedback element)	制御量と基準入力を比較するのに都合の良い主フィードバック量に変換するもので制御量を検出する検出器とそれを伝送する伝送器などから構成．
(E)	比較部 (comparator)	基準入力と主フィードバック量を比較し代数和を出力するもの．

制御信号の用語と意味

記号	用語（追記英語）	意味
(a)	目標値 (desired value)	制御系とは無関係に外から設定または変化される量の値で，制御量をそれと一致させることが制御の目的であるもの．
(b)	基準入力 (reference input)	制御系を動作させる基準として直接，その閉ループに加えられる入力信号で目標値に対して定まった関係があり，制御量からの主フィードバック量がそれと比較されるもの．
(c)	動作信号 (actuating signal)	基準入力と主フィードバック量との差で制御系の動作（制御動作）を起こさせるもとになる信号，制御偏差（control error）ともいう．
(d)	操作量 (manipulated variable)	制御量を支配するために制御装置が制御対象に与える量．
(e)	制御量 (controlled variable)	制御すべき量で測定され，制御されるもの．
(f)	主フィードバック量 (primary feedback variable(signal))	基準入力と比較するために制御量から，それと一定の関係を持ってフィードバックされる信号．
(g)	外乱 (disturbance)	制御量を目標値からずれさせようとする，システムの外部からの望ましくない影響で，不連続に変化するものが多い．たとえば負荷出力の変動や負荷トルクの変動などでエネルギーを伴うもの．
(h)	雑音 (noise)	外部からの望ましくない影響で，目標値やフィードバック要素に加わるもの．たとえば，電磁雑音や音響雑音などエネルギーを伴わないもの．

1.2 フィードバック制御システムの構成，分類と特性設計

■ 例題 1.4 ■

フィードバック制御を行っている系が自動制御系として良好に運転されているときの系の状態に関する記述として，誤っているのは次のうちどれか． (昭 57・III)
(1) 安定であること． (2) 定常偏差が小さいこと．
(3) 過渡特性が良好であること． (4) 振動が減衰しにくいこと．
(5) 外乱の影響を受けにくいこと．

【解答】 フィードバック制御系では制御の結果を常に測定し，これと目標とする状態を比較し，その状態と一致するよう修正動作を行う．これが閉ループ制御で連続的に行われている．

外界の状態が変化して（これを外乱という），結果が目標値とずれた場合には，すみやかに目標値に引き戻す必要がある(5)．

(1) は常に系が目的とする制御動作を行うよう安定であること，ある周波数の外乱に対し共振現象を生じないことが重要で，(2) は，定常時に目標値とのずれができるだけ小さいこと，(3) は過渡時にできるだけ早く定常状態に引き戻す能力．

一般に定常偏差を小さくするにはフィードバックゲインを大きくする必要があり，この結果，系が振動的になり (2) の過渡特性が悪化する傾向にある．

(4) のような状態になると，目標値に落ちつくまでの時間がかかり，外乱が周期的に変化した場合は共振のおそれもあり，制御系としては望ましくないことになる．

したがって，望ましくない項目は(4)である．

■ 例題 1.5 ■

目標値のふるまいから自動制御系を分類し，説明せよ．

【解答】 下表のように分類できる．

目標値のふるまいによる分類

名称	意味
(a) 定値制御 (constant value control)	一定の目標値に対し，外乱や雑音の印加にもかかわらず制御量が常に一定値に保たれるように制御する方式
(b) 追値制御 (follow-up control)	変化する目標値に忠実に制御量が追従するように制御する方式
（i） 追従制御 （自動追尾）	目標値が時間的に不規則に変化し，完全には予測できないものである追従制御
（ii） 比率制御	目標値がある他の量と一定の比率の関係で変化する追従制御
（iii） プログラム制御	目標値が定められたプログラムに従って時間的に変化する追従制御

例題 1.6

制御量の種類による制御系の分類を行え．

【解答】 制御量（応用分野）による分類は**下表**になる．

制御量の種類による分類

名称	意味
(a) プロセス制御 (process control)	制御量が工業プロセスの状態量（圧力，温度，水位，流量など）の場合で，一般には定値制御であるが，比率制御やプログラム制御もある．環境や流れの制御．
(b) サーボ機構 (servo mechanism)	制御量が運動体の位置，回転角度などの追従制御．工作機械の輪郭制御や位置決め制御，運動体の船舶，航空機のオートパイロット，ロケットの姿勢制御，方向制御など．
(c) 自動調整系 (automatic regulation)	制御量が電気量および速度，回転数などの機械量の定値制御．サーボ機構に自動調整系を含めて**サーボ系**（システム）と呼ぶことがある．

1章の問題

1.1 フィードバック制御とは，フィードバックによって (ア) を (イ) と比較し，それらを一致させるよう (ウ) 動作を行う制御をいう．ここに，フィードバックとは，(エ) を形成して出力側の信号を入力側へ (オ) ことをいう．

上記の記述中の空白箇所 (ア), (イ), (ウ), (エ) および (オ) に記入する字句として，正しいものを組み合わせたのは次のうちどれか．　　　　　　　　　　　　　　　(平 4・III)

	(ア)	(イ)	(ウ)	(エ)	(オ)
(1)	制御量	入力信号	制 御	閉ループ	送達する
(2)	出力信号	入力信号	訂 正	帰還回路	伝達する
(3)	出 力	入 力	制 御	ループ	送達する
(4)	制御量	目標値	訂 正	閉ループ	戻 す
(5)	出力信号	目標値	制 御	帰還回路	戻 す

1.2 定値制御と追値制御について説明せよ．

1.3 サーボ機構とは，制御量が機械的 (ア) ，回転角などの機械的な変量の (イ) 制御をいうが，制御量が電圧，電流のような電気量である場合あるいは速度，回転数の (ウ) 制御を行う自動調整を含めてサーボ系と呼ぶことがある．

上記の記述中の空白箇所 (ア), (イ) および (ウ) に記入する字句として，正しいものを組み合わせたのは次のうちのどれか．　　　　　　　　　　　　　　　(平 2・III)

(1) (ア) 位置　　(イ) 追従　　(ウ) 定値
(2) (ア) 運動　　(イ) 追値　　(ウ) 追従
(3) (ア) 変動　　(イ) 定値　　(ウ) プログラム
(4) (ア) 変化　　(イ) 運動　　(ウ) 定値
(5) (ア) 運動　　(イ) 追従　　(ウ) 追値

1.4 特性設計と製作設計の違いについて述べよ．

2 制御系の表現
—伝達関数法と状態変数法—

はじめに制御系の入力信号と出力信号の関係を示し，信号の流れに注目する伝達関数を説明し，ラプラス変換法および信号流れ線図を取り上げる．次に，状態変数法を述べる．時間領域で制御系を数式的に表現し，多入力多出力システムの制御系内部の状態推移に注目した表現法である．

2.1 伝達関数法

2.1.1 信号伝達とブロック線図

制御システムはいくつかの構成要素から成り立ち，制御系の入力信号と出力信号の関係は，その各構成要素の入力と出力の因果関係から求められる．各構成要素は，一種の信号変換器であり，これを**信号伝達要素**，または単に**伝達要素**と呼んでいる．

伝達要素の入力信号 X は，変換されて出力信号 Y になる．すなわち，各要素の入力 X と出力 Y との因果関係を代数式の $Y = GX$ で表す．伝達要素で，制御系の入力信号と出力信号との関係を数量的に規定し表現する量が G である．この数学モデルが**伝達関数**（transfer function）．

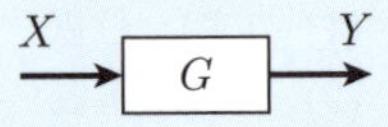

ブロック線図は，信号の流れを矢印と方向で示し，伝達要素をブロックで示したもので，図2.1に示す．

図2.1 ブロック線図

(1) ラプラス変換 ラプラス変換とはある関数の時間領域における変数を複素数領域の変数に変換するものである．ラプラス変換法は，線形フィードバック制御系の表現，たとえばブロック線図や伝達関数に適用でき，過渡現象や不安定現象の解析にも応用できる．前項の G を改めて $G(s)$ と考えると [例題 2.2] でのブロック線図の決まりはすべて適用されることになる．ここで示された数学モデルの $G(s)$ が伝達関数である．

時間関数 $x(t)$ のラプラス変換は次式で定義される．ここで，s は複素数，$\varepsilon = 2.7182\cdots$ はネイピア数であり信号 $e(t)$ と区別するために ε とする．

$$X(s) = \int_0^{+\infty} x(t)\varepsilon^{-st} dt \equiv \mathcal{L}[x(t)]$$

関数 $X(s)$ のラプラス逆変換は次式で定義される．

$$x(t) = \frac{1}{2\pi j}\int_{c-j\infty}^{c+j\infty} X(s)\varepsilon^{st}ds \equiv \mathcal{L}^{-1}[X(s)]$$

(2) ラプラス変換の性質 ラプラス変換の性質として次の関係がある．

 (i) 線形性

$$\begin{cases} \mathcal{L}[x_1(t)+x_2(t)] = \mathcal{L}[x_1(t)] + \mathcal{L}[x_2(t)] \\ \mathcal{L}[ax(t)] = a\mathcal{L}[x(t)] \quad (a：定係数) \end{cases}$$

$$\begin{cases} \mathcal{L}^{-1}\{\mathcal{L}[x(t)]\} = x(t), \quad \mathcal{L}\{\mathcal{L}^{-1}[X(s)]\} = X(s) \quad (形式的に) \\ \mathcal{L}^{-1}[a_1 X_1(s) + a_2 X_2(s)] = a_1\mathcal{L}^{-1}[X_1(s)] + a_2\mathcal{L}^{-1}[X_2(s)] \\ \qquad\qquad\qquad\qquad\qquad\qquad\qquad (a_1, a_2：定係数) \end{cases}$$

 (ii) 表推移 $\mathcal{L}[x(t-\tau)] = \varepsilon^{-\tau s}\mathcal{L}[x(t)]$

ただし，$x(t-\tau)$ は $x(t)$ を右に τ だけ推移させた関数である．

 (iii) 裏推移 $\mathcal{L}[\varepsilon^{at}x(t)] = X(s-a) \quad (X(s) = \mathcal{L}[x(t)])$

 (iv) 初期値定理 $x(0_+) = \lim_{s\to\infty} sX(s)$ (2.1)

 (v) 最終値定理 $x(\infty) = \lim_{s\to 0} sX(s)$ (2.2)

 (vi) 展開定理 $X(s) = \dfrac{N(s)}{D(s)} = \dfrac{b_0 s^m + b_1 s^{m-1} + \cdots + b_{m-1}s + b_m}{s^n + a_1 s^{n-1} + \cdots + a_{n-1}s + a_n}$

$$= \frac{b_0 s^m + b_1 s^{m-1} + \cdots + b_{m-1}s + b_m}{(s-p_1)^l(s-p_{1+l})\cdots(s-p_n)}$$

$m \leq n$ のとき

$$X(s) = A_\infty + \left\{ \frac{A_{11}}{(s-p_1)^l} + \cdots + \frac{A_{1j}}{(s-p_1)^{l-j+1}} + \cdots + \frac{A_{1l}}{s-p_1} \right\}$$
$$+ \frac{A_{1+l}}{s-p_{1+l}} + \cdots + \frac{A_n}{s-p_n} \tag{2.3}$$

ただし，$A_\infty = X(\infty) \begin{cases} m < n \text{ ならば} & A_\infty = 0 \\ m = n \text{ ならば} & A_\infty = b_0 \end{cases}$

$A_{1+l} \sim A_n, A_{1j}$ は

$$A_{1+l} = \lim_{s\to p_{1+l}}\{(s-p_{1+l})X(s)\}, \quad A_{1j} = \frac{1}{(j-1)!}\lim_{s\to p_1}\frac{d^{j-1}(s-p_1)^l X(s)}{ds^{j-1}}$$

2.1.2 伝達関数の特徴

(1) インパルス応答（impulse response）と伝達関数 初期値がすべて 0 の状態にある線形要素（制御システム）に $t=0$ の時点で単位インパルスを入力信号として印加したときの出力信号を**単位インパルス応答**（または単に**インパルス応答**）という．図2.2 にその概形を示す．伝達関数はインパルス応答をラプラス変換したものである．

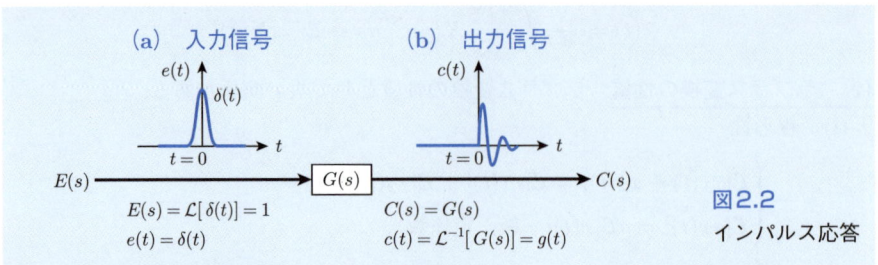

図2.2 インパルス応答

(2) **インディシャル応答**（inditial response） すべての初期値が 0 の状態の線形要素（制御システム）に単位ステップ関数を印加したときのシステムの応答を**インディシャル応答**と呼ぶ．図2.3にその概形を示す．

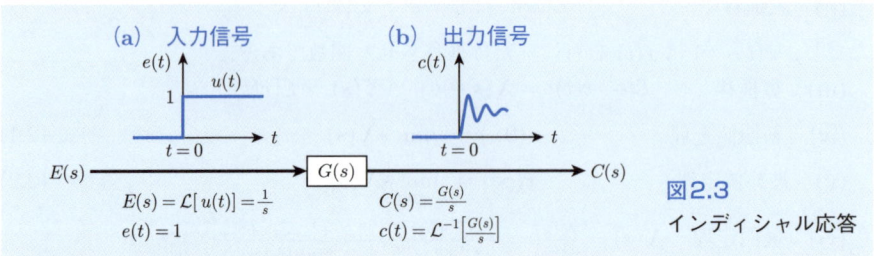

図2.3 インディシャル応答

(3) **基本的な伝達要素** 制御系において基本的な伝達要素には，比例要素，積分要素，微分要素，一次遅れ要素，二次遅れ要素，および，むだ時間要素がある（[例題 2.12] 参照）．

(4) **伝達関数の性質と利点**
- 性質
  (i) 時不変係数の線形微分方程式で表されるシステムを複素数（s）領域で表現．
  (ii) 入・出力信号の間の伝達関数は，ラプラス変換した入力に対する出力信号の比．
  (iii) システムのすべての初期値は 0．信号が入った時刻には関係しない．
  (iv) 入力信号の波形には無関係で，伝達要素の性質だけに依存．
- 利点
  (i) 制御システムを表す微分方程式から直接伝達関数を求め得る．
  (ii) 入力と出力の関係は簡単な代数式で表現できる．
  (iii) 伝達関数が直列（縦続）に数多く接続されたとしても，全体の入・出力に対する伝達関数は個々の伝達関数の積である．複雑なシステムのブロック線図でも等価変換で簡単化できる．
  (iv) インパルス応答やインディシャル応答との関連が明らかにできる．

2.1.3 信号流れ線図

(1) **信号流れ線図の構成単位**　信号流れ線図（signal flow graph）は，線形システムの中で信号の流れとその信号の量的関係を代数的な因果関係として扱い，複素数 (s) 領域において線図で表したもので図2.4に示す．

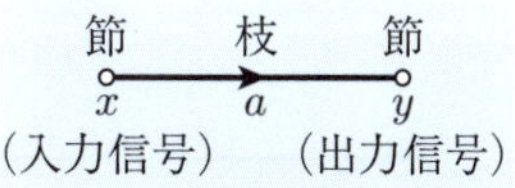

(2) **信号流れ線図の構成と等価変換**　信号流れ線図を構成するためには因果関係を示す代数式を作り，これより求める．

(3) **グラフトランスミッタンス**　入力節から出力節までを等価変換して，1本の枝にまとめたとき，その枝のトランスミッタンスを**グラフトランスミッタンス**と呼ぶ．

図2.4　信号流れ線図

■ 例題2.1 ■
ブロック線図の基本的な記号を説明せよ．

【解答】　名称，シンボル，関係式および意味は下表の通りである．

ブロック線図のシンボル（図記号）

名　称	シンボル	式	意　味
(1) 信号線	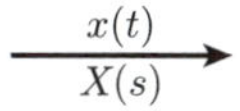 $x(t)$ / $X(s)$ →		信号の伝達方向を矢印で示し，信号の時間関数またはそのラプラス変換形を添記．
(2) 伝達要素	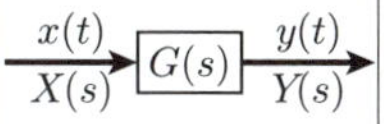 $x(t)$ $X(s)$ → $\boxed{G(s)}$ → $y(t)$ $Y(s)$	$Y(s)=G(s)X(s)$	信号を受け取り，これを他の信号に変換する要素．通常，伝達関数を記入．
(3) 加算（減算）点	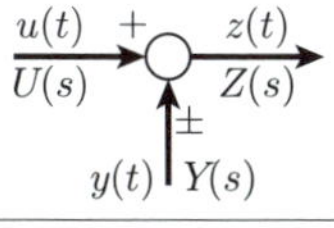 $u(t)$ $U(s)$ → ○ → $z(t)$ $Z(s)$, ± $y(t)$ $Y(s)$	$Z(s)=U(s)\pm Y(s)$ $z(t)=u(t)\pm y(t)$	二つの信号の代数和（差）を作ること．
(4) 分岐点	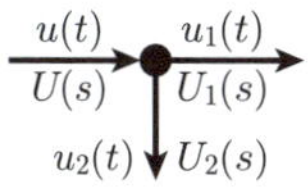 $u(t)$ $U(s)$ → ● → $u_1(t)$ $U_1(s)$, ↓ $u_2(t)$ $U_2(s)$	$U_1(s)=U_2(s)$ 　　　$=U(s)$ $u_1(t)=u_2(t)$ 　　　$=u(t)$	一つの信号を二系統に分岐して取り出すこと．信号を取り出すのであり，エネルギーを取り出すわけではないから信号の量は変化減少しない．

ただし，$x(t)$：時間の関数，$X(s)$：複素数の関数

例題2.2

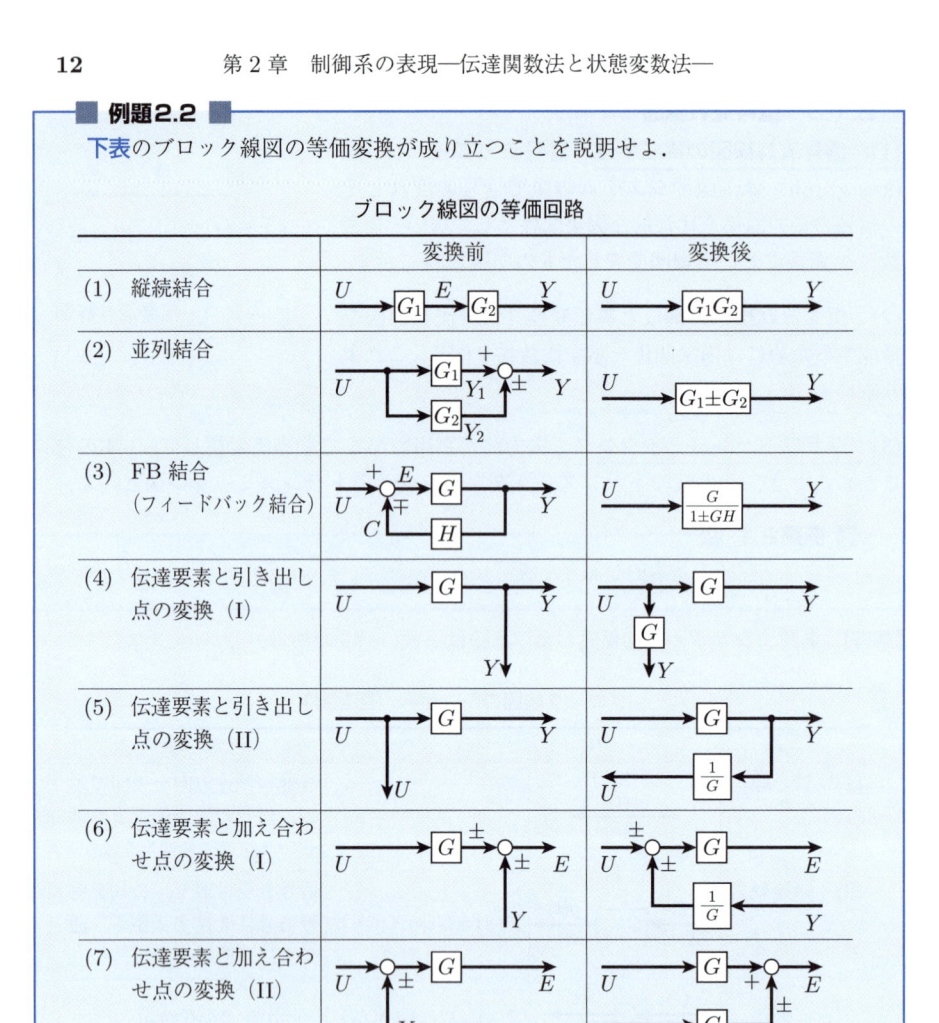

下表のブロック線図の等価変換が成り立つことを説明せよ．

ブロック線図の等価回路

		変換前	変換後
(1)	縦続結合	$U \to G_1 \to E \to G_2 \to Y$	$U \to G_1 G_2 \to Y$
(2)	並列結合		$U \to G_1 \pm G_2 \to Y$
(3)	FB結合（フィードバック結合）		$U \to \dfrac{G}{1 \pm GH} \to Y$
(4)	伝達要素と引き出し点の変換（I）		
(5)	伝達要素と引き出し点の変換（II）		
(6)	伝達要素と加え合わせ点の変換（I）		
(7)	伝達要素と加え合わせ点の変換（II）		
(8)	引き出し点の変換		

【解答】 (1) $G_1 = \dfrac{E}{U}, G_2 = \dfrac{Y}{E}$，したがって $Y = G_1 G_2 U$

(2) $Y = Y_1 \pm Y_2 = G_1 U \pm G_2 U = (G_1 \pm G_2)U$

(3) $E = U \mp C, Y = GE, C = HY$ であるので整理すると出力 Y は

$$Y = G(U \mp C) = G(U \mp HY) \quad \text{ゆえに} \quad Y = \dfrac{G}{1 \pm GH} U$$

(4) $Y = GU$ であるので Y はともに GU に等しい.
(5) $Y = GU$, したがって $U = \frac{1}{G}Y$
(6) $E = \pm GU \pm Y$, したがって $E = G\left(\pm U \pm \frac{1}{G}Y\right)$
(7) $E = G(U \pm Y)$, したがって $E = GU \pm GY$
(8) 同一信号は引き出し点によって変化しない.

■ **例題2.3** ■

下図のブロック線図を簡素化せよ.

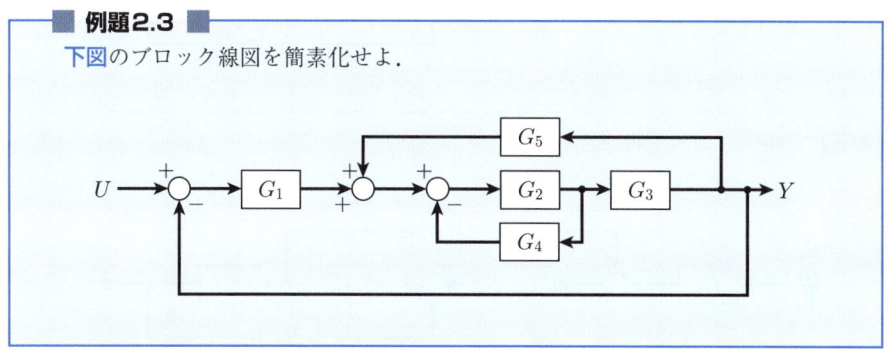

【解答】 等価変換過程の一例を示す. 等価変換の過程が異なっても最終的な結果は等しくなる.

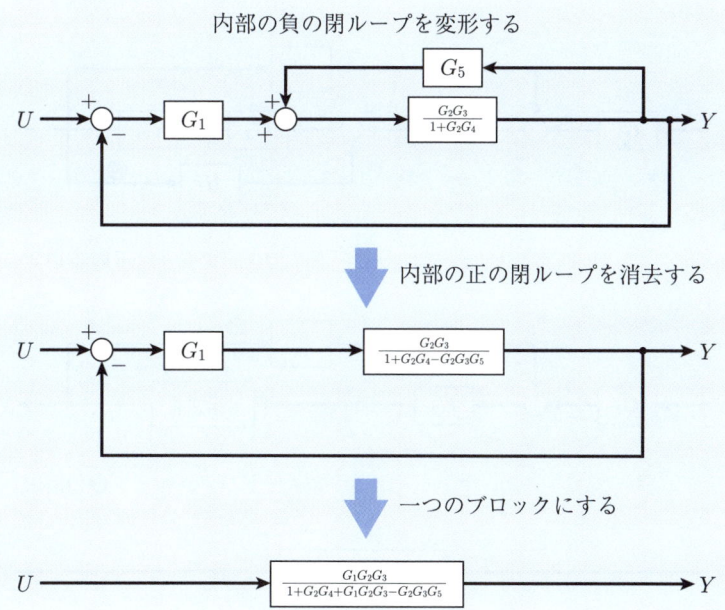

例題2.4

下図のブロック線図を簡素化して全体の G を求めよ．

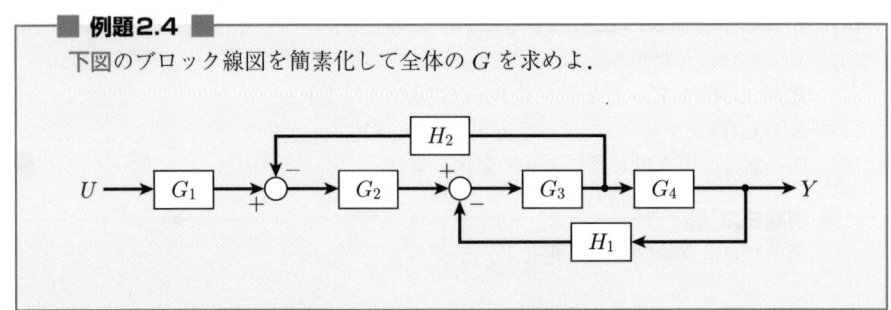

U
G1
G2
G3
G4
Y
H1
H2
+
−

【解答】 下図のように変換できる．

U
G1
G2
G3
G4
Y
H1
H2
1

引き出し点❶の移動

U
G1
G2
G3
G4
Y
H1
H2/G4
2

フィードバックループ❷の消去

U
G1
G2
G3G4/(1+G3G4H1)
Y
H2/G4
3

フィードバックループ❸の消去

U
G1G2G3G4/(1+G3G4H1+G2G3H2)
Y

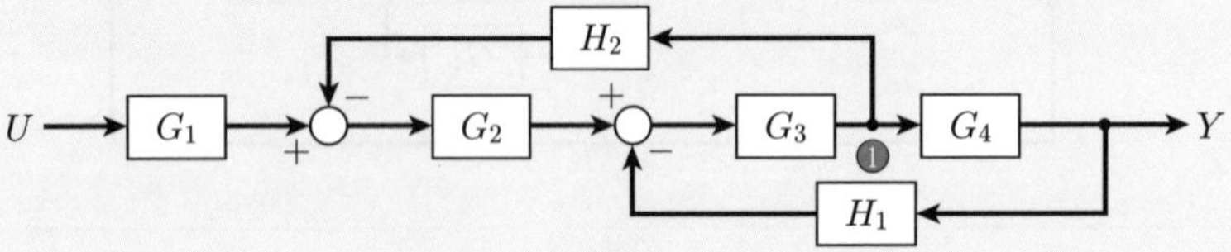

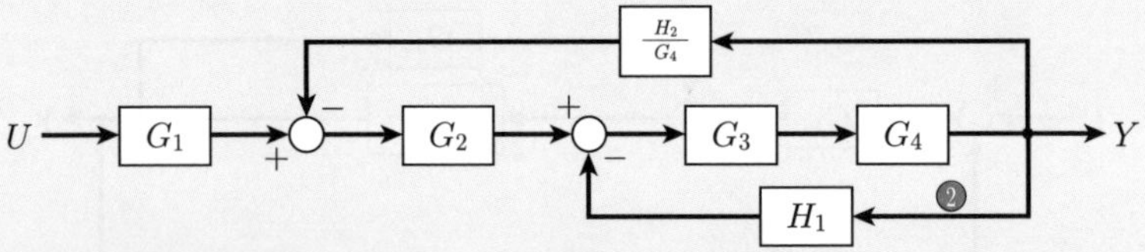

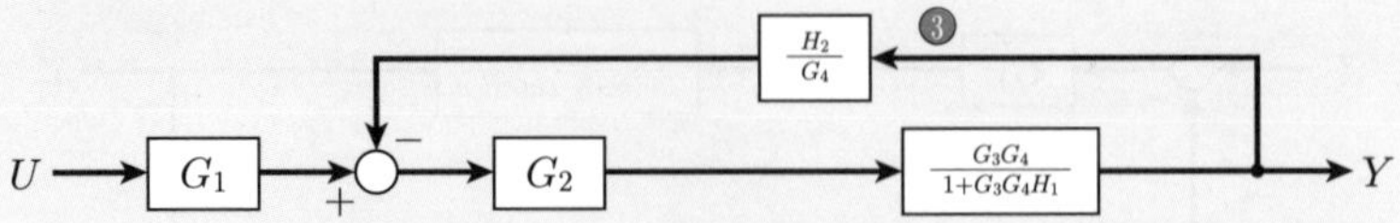

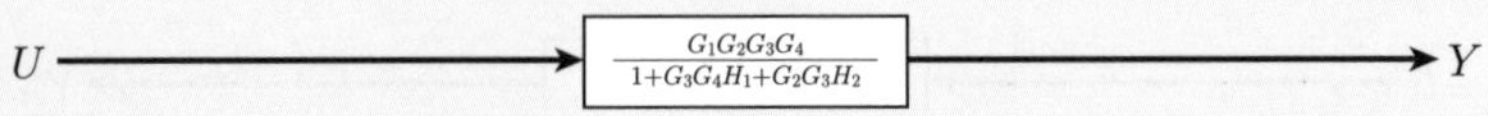

2.1 伝達関数法

■ **例題2.5** ■

(1) 単位ステップ関数，(2) デルタ関数，(3) 指数関数，(4) 関数の積分，および (5) 導関数をラプラス変換せよ．

【解答】 (1) ラプラス変換の定義式から導いた大きさ 1 の単位ステップ関数のラプラス変換は

$$\mathcal{L}[u(t)] = \int_{0_-}^{\infty} u(t)\varepsilon^{-st} dt = \left[\tfrac{1}{s}\varepsilon^{-st}\right]_{\infty}^{0_-} = \tfrac{1}{s} - \tfrac{1}{s}\lim_{t\to\infty}\varepsilon^{-st} = \tfrac{1}{s}$$

ただし，Re[s] > 0 したがって $\lim_{t\to\infty}\varepsilon^{-st} \approx 0$

(2) デルタ関数は高さと幅の積が 1，すなわち関数の面積が 1 である関数である．

$$\mathcal{L}[\delta(t)] = \int_{0_-}^{\infty} \delta(t)\varepsilon^{-st} dt = \int_{0_-}^{0_+} \delta(t) dt = 1$$

$$\delta(t) = \begin{cases} \infty & (t=0) \\ 0 & (t \neq 0) \end{cases} \quad \text{したがって} \quad \int_{-\infty}^{\infty} \delta(t) dt = 1$$

(3) $y(t) = \varepsilon^{at}$

$$Y(s) = \int_{0_-}^{\infty} \varepsilon^{at}\varepsilon^{-st} dt = \int_{0_-}^{\infty} \varepsilon^{(a-s)t} dt = \left[\tfrac{1}{a-s}\varepsilon^{(a-s)t}\right]_{0_-}^{\infty}$$

$$= \tfrac{1}{s-a} - \tfrac{1}{s-a}\left[\lim_{t\to\infty}\varepsilon^{(a-s)t}\right]$$

Re[a − s] < 0 のとき $\lim_{t\to\infty}\varepsilon^{(a-s)t} \approx 0$ より $Y(s) = \tfrac{1}{s-a}$

(4) $\tfrac{d}{dt}\int y(t) dt = y(t)$

$$\mathcal{L}\left[\tfrac{d}{dt}\int y(t) dt\right] = s\mathcal{L}\left[\int y(t) dt\right] - \left[\int y(t) dt\right]_{t=0}$$

$$\mathcal{L}\left[\int y(t) dt\right] = \tfrac{Y(s)}{s} + \tfrac{\left[\int y(t) dt\right]_{t=0}}{s}$$

(5) ラプラス変換は定義式に部分積分を適用して，以下に示すように求めることができる．定義式は $X(s) = \int_{0_-}^{\infty} x(t)\varepsilon^{-st} dt$ である．$u = x(t), v = \varepsilon^{-st}$ とすると $u' = x'(t), v' = -s\varepsilon^{-st}$ であるので部分積分を行うと $uv = \int u'v dt + \int uv' dt$ であるので

$$\left[x(t)\varepsilon^{-st}\right]_0^{\infty} = \int_0^{\infty} x'(t)\varepsilon^{-st} dt - s\int_0^{\infty} x(t)\varepsilon^{-st} dt$$

いま $\left[x(t)\varepsilon^{-st}\right]_0^{\infty} = 0 - x(0)$ である．したがって $-x(0) = \mathcal{L}\left[\tfrac{dx(t)}{dt}\right] - sX(s)$ となり結局，$\mathcal{L}\left[\tfrac{dx(t)}{dt}\right] = sX(s) - x(0)$ ∎

例題2.6

次の関数のラプラス変換を求めよ．
(1) $f(t) = t \quad (t > 0)$ (2) $f(t) = t\varepsilon^{-\alpha t}$
(3) $f(t) = 1 - \varepsilon^{-\alpha t}$

【解答】 (1) ラプラス変換の定義式に代入して演算すると

$$\mathcal{L}[t] = \int_0^\infty t\varepsilon^{-st} dt = \left[-t\frac{\varepsilon^{-st}}{s}\right]_0^\infty + \int_0^\infty \frac{\varepsilon^{-st}}{s} dt$$
$$= \frac{1}{s}\int_0^\infty \varepsilon^{-st} dt = \frac{1}{s^2}$$

が得られる．ただし，$\lim_{t\to\infty} \frac{t}{s}\varepsilon^{-st} = \frac{1}{s}\lim_{t\to\infty} \frac{t}{\varepsilon^{st}} \approx 0$

(2) 裏推移の定理より

$$\mathcal{L}[\varepsilon^{-\alpha t} x(t)] = X(s+\alpha)$$

$\mathcal{L}[t] = \frac{1}{s^2}$ であるので $\mathcal{L}[t\varepsilon^{-\alpha t}] = \frac{1}{(s+\alpha)^2}$

(3) 線形性より $F(s) = \frac{1}{s} - \frac{1}{s+\alpha} = \frac{1}{s(s+\alpha)}$

例題2.7

次の関数のラプラス変換を求めよ．
(1) $f(t) = \sin\omega t$ (2) $f(t) = \cos\omega t$

【解答】 (1) 指数関数で表現すると $f(t) = \sin\omega t = \frac{1}{j2}(\varepsilon^{j\omega t} - \varepsilon^{-j\omega t})$ となる．指数関数のラプラス変換式を用いて上式の最右辺をそれぞれラプラス変換して整理すると次式が得られる．

$$\mathcal{L}[\varepsilon^{j\omega t}] = \frac{1}{s-j\omega}$$
$$\mathcal{L}[\varepsilon^{-j\omega t}] = \frac{1}{s+j\omega}$$
$$\mathcal{L}[\sin\omega t] = \frac{1}{j2}\left(\mathcal{L}[\varepsilon^{j\omega t}] - \mathcal{L}[\varepsilon^{-j\omega t}]\right)$$
$$= \frac{1}{j2}\left(\frac{1}{s-j\omega} - \frac{1}{s+j\omega}\right)$$
$$= \frac{s+j\omega-(s-j\omega)}{j2(s^2+\omega^2)} = \frac{\omega}{s^2+\omega^2}$$

(2) $f(t) = \cos\omega t = \frac{1}{2}(\varepsilon^{j\omega t} + \varepsilon^{-j\omega t})$
したがって

$$\mathcal{L}[\cos\omega t] = \frac{1}{2}\left(\frac{1}{s-j\omega} + \frac{1}{s+j\omega}\right) = \frac{s}{s^2+\omega^2}$$

例題2.8

展開定理 (2.3) の $A_\infty, A_{1+l}, A_{1j}$ を求めよ．

【解答】 A_∞ は $m < n$ の場合，$s \to \infty$ とすると $X(s)$ は A_∞ だけ残るので $A_\infty = 0$ となる．$m = n$ の場合，$A_\infty = b_0$ である．

A_{1+l} は展開式の両辺に $s - p_{1+l}$ を掛け，s に p_{1+l} を代入すると

$$A_{1+l} = \lim_{s \to p_{1+l}} [(s - p_{1+l})X(s)]$$

上式に $X(s)$ を代入すると

$$A_{1+l} = \frac{(b_0 p_{1+l}^m + b_1 p_{1+l}^{m-1} + \cdots + b_{m-1} p_{1+l} + b_m)(p_{1+l} - p_{1+l})}{(p_{1+l} - p_{1+l})(p_{1+l} - p_{1+l+1})(p_{1+l} - p_{1+l+2}) \cdots (p_{1+l} - p_m)}$$

A_{1j} は展開式の両辺に $(s - p_1)^l$ を掛けると

$$(s - p_1)^l X(s) = A_\infty (s - p_1)^l + A_{11} + A_{12}(s - p_1) + A_{13}(s - p_1)^2$$
$$+ \cdots + A_{1l}(s - p_1)^{l-1} + (s - p_1)^l \left(\frac{A_{1+l}}{s - p_{1+l}} + \cdots + \frac{A_n}{s - p_n} \right)$$

ここで $s \to p_1$ とすると右辺は A_{11} だけ残り

$$A_{11} = \lim_{s \to p_1} \{(s - p_1)^l X(s)\}$$

上式を s で微分すると

$$\frac{d(s - p_1)^l X(s)}{ds} = lA_\infty (s - p_1)^{l-1} + A_{12} + 2A_{13}(s - p_1)$$
$$+ \cdots + (l - 1)A_{1l}(s - p_1)^{l-2} + \frac{dX_r(s)}{ds}$$

ただし，$X_r(s) = (s - p_1)^l \left(\frac{A_{1+l}}{s - p_{1+l}} + \cdots + \frac{A_n}{s - p_n} \right)$ である．ここで $s = p_1$ とすると

$$A_{12} = \lim_{s \to p_1} \frac{d(s - p_1)^l X(s)}{ds}$$

以下，同様にして $A_{1j} = \frac{1}{(j-1)!} \lim_{s \to p_1} \frac{d^{j-1}(s - p_1)^l X(s)}{ds^{j-1}}$ ■

例題2.9

展開定理 (2.3) のラプラス逆変換を求めよ．

【解答】 部分分数に展開して求めた各係数を用いてラプラス逆変換は次式となる．

$$x(t) = \mathcal{L}^{-1}[X(s)]$$
$$= A_\infty \delta(t) + \left[\left\{ \frac{A_{11}}{(l-1)!} t^{l-1} + \cdots + \frac{A_{1j}}{(l-j)!} t^{l-j} + \cdots + A_{1l} \right\} \varepsilon^{p_1 t} \right.$$
$$\left. + A_{1+l} \varepsilon^{p_{1+l} t} + \cdots + A_n \varepsilon^{p_2 t} \right] u(t)$$

■

■ 例題2.10 ■

次の関数のラプラス逆変換を求めよ．

(1) $X(s) = \frac{1}{1+sT}$ (2) $X(s) = \frac{1}{s(sT+1)}$

(3) $X(s) = \frac{1}{s^2-a^2}$ (4) $X(s) = \frac{10}{(s+1)^3(s+2)}$

【解答】 (1) $X(s) = \frac{1}{T}\frac{1}{s+\frac{1}{T}}$, $x(t) = \frac{1}{T}\varepsilon^{-t/T}$

(2) $X(s) = \frac{1}{s} - \frac{1}{s+\frac{1}{T}}$, $\mathcal{L}^{-1}[X(s)] = 1 - \varepsilon^{-t/T}$

(3) $X(s) = \frac{1}{s^2-a^2} = \frac{1}{(s-a)(s+a)} = \frac{1}{2a}\left(\frac{1}{s-a} + \frac{1}{s+a}\right)$

$\mathcal{L}^{-1}[X(s)] = \frac{1}{2a}(\varepsilon^{at} - \varepsilon^{-at}) = \frac{1}{a}\sinh at$

(4) 展開定理を用いて与式を部分分数に変形すると

$$X(s) = \frac{A_{11}}{(s+1)^3} + \frac{A_{12}}{(s+1)^2} + \frac{A_{13}}{(s+1)} + \frac{A_4}{(s+2)}$$

したがって

$$A_{11} = \lim_{s \to -1}(s+1)^3 X(s) = \frac{10}{(-1+2)} = 10$$

$$(s+1)^3 X(s) = A_{11} + (s+1)A_{12} + (s+1)^2 A_{13} + \frac{(s+1)^3 A_4}{s+2}$$

s で1回微分すると

$$\frac{d(s+1)^3 X(s)}{ds} = A_{12} + 2(s+1)A_{13} + A_4 \frac{3(s+1)^2(s+2)-(s+1)^3}{(s+2)^2}$$

$s \to -1$ とすると

$$A_{12} = \lim_{s \to -1}\left[\frac{d(s+1)^3 X(s)}{ds}\right] = \lim_{s \to -1}\left[\frac{d\left(\frac{10}{s+2}\right)}{ds}\right]$$

$$= \left[\frac{-10}{(s+2)^2}\right]_{s=-1} = -10$$

同様に s で2回微分して

$$A_{13} = \frac{1}{2!}\lim_{s \to -1}\left[\frac{d^2(s+1)^3 X(s)}{ds^2}\right] = 10$$

$$A_4 = \lim_{s \to -2}[(s+2)X(s)] = -10$$

したがって

$$x(t) = \left\{\left(\frac{10}{2!}t^2 - 10t + 10\right)\varepsilon^{-t} - 10\varepsilon^{-2t}\right\}u(t)$$

2.1 伝達関数法

例題2.11

関数 $F(s) = \dfrac{2}{s(s^2+2s+2)}$ のラプラス逆変換を求めよ．

【解答】極は $s=0, -1\pm j$ であるので $F(s) = \dfrac{2}{s(s+1+j)(s+1-j)}$ より

$$\begin{aligned}\mathcal{L}^{-1}[F] &= [sF(s)]_{s\to 0} + [(s+1+j)F(s)]_{s\to -1-j}\,\varepsilon^{(-1-j)t} \\ &\quad + [(s+1-j)F(s)]_{s\to -1+j}\,\varepsilon^{(-1+j)t} \\ &= 1 + \dfrac{2}{(-1-j)(-2j)}\varepsilon^{(-1-j)t} + \dfrac{2\varepsilon^{(-1+j)t}}{(-1+j)(2j)} = 1 + \varepsilon^{-t}\left\{\dfrac{\varepsilon^{-jt}}{j(1+j)} + \dfrac{\varepsilon^{jt}}{j(j-1)}\right\} \\ &= 1 + \varepsilon^{-t}\left[\dfrac{1}{-2j}\left\{(1+j)\varepsilon^{jt} + (j-1)\varepsilon^{-jt}\right\}\right] \\ &= 1 + \varepsilon^{-t}\left\{\dfrac{j(\varepsilon^{jt}+\varepsilon^{-jt})}{-2j} + \dfrac{\varepsilon^{jt}-\varepsilon^{-jt}}{-2j}\right\} = 1 - \varepsilon^{-t}(\cos t + \sin t)\end{aligned}$$

∎

例題2.12

制御系における基本的な伝達要素と伝達関数を示せ．

【解答】下表となる．

基本的な伝達要素と伝達関数

伝達要素の名称	伝達関数 ($G(s)$)	説明
(1) 比例要素	$G(s) = K_\mathrm{p}$	K_p：比例係数 出力は入力に比例した量
(2) 積分要素	$G(s) = \dfrac{1}{T_\mathrm{I} s}$	T_I：定数（積分時間） 出力は入力が積分された量
(3) 微分要素	$G(s) = T_\mathrm{D} s$	T_D：定数（微分時間） 出力は入力が微分された量
(4) 一次遅れ要素	$G(s) = \dfrac{K}{1+sT}$	K：定数 T：時定数 分母が s に関する一次の式
(5) 二次遅れ要素	$G(s) = \dfrac{K\omega_\mathrm{n}^2}{s^2+2\zeta\omega_\mathrm{n} s+\omega_\mathrm{n}^2}$	ω_n：固有角周波数 ζ：減衰係数 分母が s に関する二次の式
(6) むだ時間要素	$G(s) = \varepsilon^{-Ls}$	L：むだ時間 $C(s) = \varepsilon^{-Ls}E(s)$ $c(t) = e(t-L)$

∎

例題2.13

下図の伝達関数 $G(s)$ を求めよ.

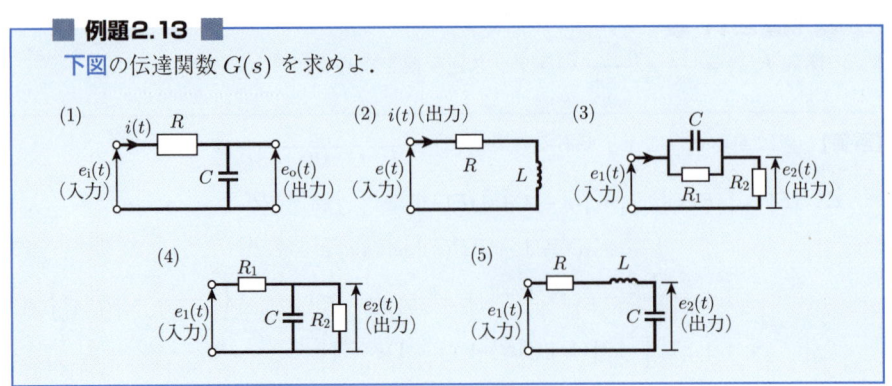

【解答】 (1) 回路方程式は $Ri(t) + \frac{1}{C}\int i(t)dt = e_i(t), e_o(t) = \frac{1}{C}\int i(t)dt$ となり，整理すると入力と出力の関係を表す微分方程式は

$$RC\frac{de_o(t)}{dt} + e_o(t) = e_i(t)$$

となる．上式をラプラス変換して，初期値を0とすると

$$RCsE_o(s) + E_o(s) = E_i(s)$$

したがって，伝達関数は

$$G(s) = \frac{E_o(s)}{E_i(s)} = \frac{1}{1+RCs}$$

(2) 回路方程式は $L\frac{di}{dt} + Ri = e$．ラプラス変換して初期値を0とすると

$$(Ls + R)I(s) = E(s)$$

したがって，伝達関数は $G(s) = \frac{I(s)}{E(s)} = \frac{1}{R+sL}$

(3) キルヒホフの電流則で回路方程式を求めると

$$C\frac{d}{dt}(e_1 - e_2) + \frac{1}{R_1}(e_1 - e_2) = \frac{e_2}{R_2}$$

整理してラプラス変換を行い初期値を0とすると

$$\left(sC + \frac{1}{R_1} + \frac{1}{R_2}\right)E_2(s) = \left(sC + \frac{1}{R_1}\right)E_1(s)$$

したがって，伝達関数は $G(s) = \frac{E_2(s)}{E_1(s)} = \frac{sC + \frac{1}{R_1}}{sC + \frac{1}{R_1} + \frac{1}{R_2}}$

(4) R_1 を流れる電流を i_1，C を流れる電流を i_C とおくと回路方程式は

$$i_C = C\frac{de_2}{dt}, \quad i_1 = i_C + \frac{e_2}{R_2}, \quad e_2 + R_1 i_1 = e_1$$

上式をラプラス変換すると

$$I_C(s) = sCE_2(s), \quad I_1(s) = I_C(s) + \frac{E_2(s)}{R_2}, \quad E_2(s) + R_1 I_1(s) = E_1(s)$$

したがって，伝達関数は $G(s) = \frac{E_2(s)}{E_1(s)} = \frac{1}{1+\frac{R_1}{R_2}+R_1 sC} = \frac{\frac{R_2}{R_1+R_2}}{1+sC\frac{R_1 R_2}{R_1+R_2}}$

(5) 回路方程式は流れる電流を i とおくと

$$L\frac{di}{dt} + Ri + \int \frac{i}{C} dt = e_1, \quad \int \frac{i}{C} dt = e_2$$

ラプラス変換して整理すると伝達関数は $G(s) = \frac{E_2(s)}{E_1(s)} = \frac{1}{1+RCs+LCs^2}$

例題2.14

次の直線運動系の入力の力 $f(t)$ に対する質量 M の変位 $x(t)$ を出力として伝達関数を求めよ．ただし，K：バネ定数，D：制動係数（摩擦係数），M：質量．

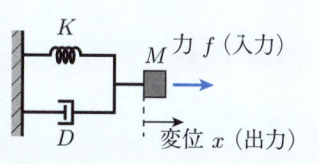

【解答】 ニュートンの運動方程式は $M\frac{d^2 x(t)}{dt^2} = f(t) - Kx(t) - D\frac{dx(t)}{dt}$ で与えられる．ただし，反抗力はばね $K : f_K(t) = Kx(t)$，ダッシュポット $D : f_D(t) = D\frac{dx(t)}{dt}$，質量 $M : f_M(t) = M\frac{d^2 x(t)}{dt^2}$．上式をラプラス変換して，すべての初期値を 0 とおくと

$$Ms^2 X(s) = F(s) - KX(s) - DsX(s)$$

が得られ，結局，伝達関数は

$$G(s) = \frac{X(s)}{F(s)} = \frac{1}{Ms^2+Ds+K}$$

例題2.15

次の回転運動系で入力をトルク T とし，出力を回転角 θ とした伝達関数 $G(s) = \frac{\Theta(s)}{T(s)}$ を求めよ．ただし，J：慣性モーメント，D：回転摩擦係数．

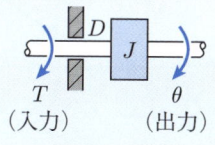

【解答】 運動方程式は $T = J\frac{d\omega(t)}{dt} + D\omega(t)$．ここで，$J\frac{d\omega}{dt} = J\frac{d^2\theta}{dt^2}$，$D\omega = D\frac{d\theta}{dt}$ とおきラプラス変換して初期値を 0 とすると

$$Js^2 \Theta(s) = T(s) - Ds\Theta(s)$$

したがって，伝達関数は

$$G(s) = \frac{\Theta(s)}{T(s)} = \frac{1}{s(sJ+D)}$$

■ **例題2.16** ■

信号流れ線図の構成単位を説明せよ．

【解答】 構成単位は下表のとおりである．

信号流れ線図の構成単位

名称	意味
(1) 節（node）	信号を意味し，○で表す．
(2) 枝（branch）	信号間の関係を示すもので━━▶で表す．矢印は信号の流れる方向を意味し，枝は必ず節の間にある．
(3) トランスミッタンス（transmittance）	信号伝達の程度を表すもので，伝達関数と考えてよい（当然符号をも含んでいる）．
(4) 加算（addition）	1つの節に複数本の枝が入る場合である（下図 **(a)**）．
(5) 分枝（break away）	1つの節から複数本の枝が出る場合をいう（下図 **(b)**）．
(6) 入力節（input node source）	出る枝だけを持つ節．
(7) 出力節（output node sink）	入る枝だけを持つ節．

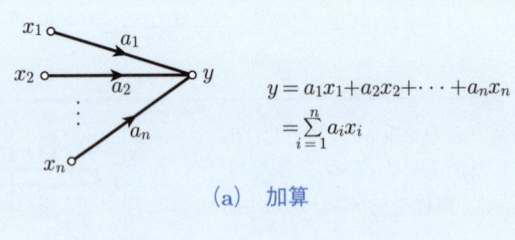

(a) 加算

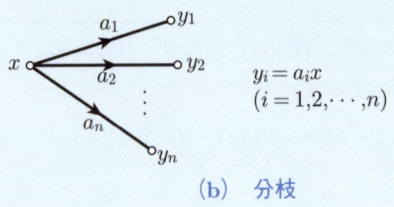

(b) 分枝

例題 2.17

信号流れ線図の基本的な等価変換を示せ．

【解答】 等価変換は因果関係式から求められ，下表のとおりである．

等価変換

		変換前	変換後
(1)	直列接続（節の消去）	a, y, b : $x \to y \to z$ $y = ax$ $z = by$	ab : $x \to z$ $z = abx$
(2)	並列接続（枝の消去）	$x \to y$ with a (上) and b (下) $y = ax + bx$	$a+b$: $x \to y$ $y = (a+b)x$
(3)	節の消去	$x_1 \to y \leftarrow x_2$, $z_1 \uparrow$, $z_2 \downarrow$ $y = a_1 x_1 + a_2 x_2$ $z_1 = b_1 y$ $z_2 = b_2 y$	$a_1 b_1$, $a_2 b_1$ から z_1；$a_1 b_2$, $a_2 b_2$ から z_2 $z_1 = a_1 b_1 x_1 + a_2 b_1 x_2$ $z_2 = a_1 b_2 x_1 + a_2 b_2 x_2$
(4)	FB ループの消去	$x \xrightarrow{a} y_1 \xrightarrow{b} y_2 \xrightarrow{d} z$, c feedback $y_1 = ax + cy_2$ $y_2 = by_1$ $z = dy_2$	$\frac{abd}{1-cb}$: $x \to z$ $z = \frac{abd}{1-cb} x$
(5)	自己ループの消去	$x \xrightarrow{a} y \xrightarrow{b} z$, self-loop c $y = ax + cy$ $z = by$	$\frac{ab}{1-c}$: $x \to z$ $z = \frac{ab}{1-c} x$
(6)	信号流れの反転	$x_1 \xrightarrow{a} y \xrightarrow{c} z$, $x_2 \xrightarrow{b} y$ $y = ax_1 + bx_2$ $z = cy$	$1/a$, $1/c$, $-b/a$: $x_1 \leftarrow y \to z$, $y \leftarrow x_2$ $x_1 = \frac{1}{a} y - \frac{b}{a} x_2$ $y = \frac{1}{c} z$

■ **例題2.18** ■

メイソンの公式を説明せよ．

【解答】 入力節から出力節までのグラフトランスミッタンス T を求めるメイソン（Mason）の公式は

$$T = \frac{\sum_i P_i \Delta_i}{\Delta}$$

で与えられる．

Δ：グラフデターミナントといわれ

$$\Delta = 1 - \sum L_i + \sum L_i L_j - \sum L_i L_j L_k + \cdots + (-1)^n \overbrace{\sum L_i L_j \cdots}^{n}$$

$\sum L_i$ ：S.F.G. 中のすべてのループトランスミッタンスの総和

$\sum L_i L_g$ ：S.F.G. 中の互いに独立な二つのループのループトランスミッタンスの積の総和

$\sum L_i L_g L_k$ ：S.F.G. 中の互いに独立な三つのループのループトランスミッタンスの積の総和

P_i ：S.F.G. の一つのパス p_i のパストランスミッタンス

Δ_i ：パス p_i とこれに付着する枝をもとの S.F.G. が除去した残りの S.F.G. のグラフデターミナント

$\sum_i p_i \Delta_i$ ：$P_i \Delta_i$ をすべてのパスについて加え合わせることを意味する．

ただし

(1) **パス（path）** S.F.G. において，入力節から出発し，枝の矢印の方向に進み，同じ節を2度通ることなく出力節に達する通路をいう．p_i で表す．パス上にある枝のトランスミッタンスの積を**パストランスミッタンス**と呼び，P_i で表す．

(2) **ループ（loop）** S.F.G. において，ある節から出発し，枝の矢印の方向に進み，同じ節を2度通ることなくもとの節に戻る経路をいい，l_i で表す．ループ上にある枝のトランスミッタンスの積を**ループトランスミッタンス**と呼び L_i で表す．

(3) **ループの独立性** 複数個のループが互いに共通の節を含んでいないとき**互いに独立**という．

■ 例題2.19 ■

下図のグラフトランスミッタンスを求めよ．

【解答】 グラフトランスミッタンスの求め方に従い以下のように求められる．

$$\text{パス} \begin{cases} p_1: v_1 \xrightarrow{a} x_1 \xrightarrow{b} x_2 \xrightarrow{c} x_3 \xrightarrow{f} x_4 \xrightarrow{1} x_5 & P_1 = abcf \\ p_2: v_1 \xrightarrow{e} x_3 \xrightarrow{f} x_4 \xrightarrow{1} x_5 & P_2 = ef \end{cases}$$

$$\text{ループ} \begin{cases} l_1: x_1 \xrightarrow{b} x_2 \xrightarrow{d} x_1 & L_1 = bd \\ l_2: x_3 \xrightarrow{f} x_4 \xrightarrow{g} x_3 & L_2 = fg \\ l_3: x_1 \xrightarrow{b} x_2 \xrightarrow{c} x_3 \xrightarrow{f} x_4 \xrightarrow{h} x_1 & L_3 = bcfh \end{cases}$$

ループは l_1, l_2, l_3 より

$$\sum L_i = L_1 + L_2 + L_3 = bd + fg + bcfh$$

l_1 と l_2：互いに独立なので

$$\sum L_i L_j = L_1 L_2 = bdfg$$

3つ独立なループないため

$$\sum L_i L_j L_k = 0$$

したがって

$$\therefore \quad \Delta = 1 - (bd + fg + bcfh) + bdfg$$

$$\sum_i P_i \Delta_i = P_1 \Delta_1 + P_2 \Delta_2$$

$$= abcf + ef(1 - bd)$$

$$\Delta_1 = 1, \quad \Delta_2 = 1 - bd$$

$$\therefore \quad T = \frac{abcf + ef(1 - bd)}{1 - (bd + fg + bcfh) + bdfg}$$

2.2 状態変数法

2.2.1 状態変数法とは

状態変数法は，制御システムの内部状態の時間的推移に注目して時間領域で取り扱い，初期値を考慮した多入力多出力のシステムに適用する方法である．

状態変数と状態方程式　状態方程式は，3 変数で記述される．(1) システムへの入力を表す変数の**入力変数**，(2) システムの出力を表す**出力変数**，および (3) システムの内部状態を表す必要最小限の数の**状態変数**で，制御システムの内部の振る舞いを表す量である．状態方程式は状態変数の 1 階連立微分方程式の

$$\frac{d\boldsymbol{x}(t)}{dt} = A\boldsymbol{x}(t) + B\boldsymbol{u}(t) \tag{2.4}$$

で表される．ただし

$$\boldsymbol{u}(t) = \begin{bmatrix} u_1 \\ u_2 \\ \vdots \\ u_l \end{bmatrix}, \quad \boldsymbol{y}(t) = \begin{bmatrix} y_1 \\ y_2 \\ \vdots \\ y_m \end{bmatrix}, \quad \boldsymbol{x}(t) = \begin{bmatrix} x_1 \\ x_2 \\ \vdots \\ x_n \end{bmatrix}$$

　　　　　入力変数ベクトル　　　出力変数ベクトル　　　状態変数ベクトル

出力方程式は次の形式で表示される．

$$\boldsymbol{y}(t) = C\boldsymbol{x}(t) + D\boldsymbol{u}(t) \tag{2.5}$$

A：係数行列（システム行列），B：制御行列，C：出力行列，D：伝達行列．

2.2.2 状態方程式の解

(1) <u>入力変数がすべて 0 で，初期値だけがある場合</u>　入力変数がすべて 0 である線形斉次方程式は $\frac{d\boldsymbol{x}(t)}{dt} = A\boldsymbol{x}(t)$ より，初期値に対する応答 $\boldsymbol{x}(t)$ は

$$\boldsymbol{x}(t) = \mathcal{L}^{-1}[(sI - A)^{-1}]\boldsymbol{x}(0_+) = \Phi(t)\boldsymbol{x}(0_+)$$

出力方程式は，$\boldsymbol{y}(t) = C\Phi(t)\boldsymbol{x}(0_+)$．
ただし，$\Phi(t) = \mathcal{L}^{-1}[(sI - A)^{-1}]$：状態推移行列（遷移行列），$\boldsymbol{x}(0_+)$：初期値．

(2) <u>入力変数があり，初期値もある場合</u>　状態推移方程式（state transition equation）は

$$\boldsymbol{x}(t) = \mathcal{L}^{-1}[(sI - A)^{-1}]\boldsymbol{x}(0_+) + \mathcal{L}^{-1}[(sI - A)^{-1}B\boldsymbol{U}(s)]$$

または

$$\boldsymbol{x}(t) = \Phi(t)\boldsymbol{x}(0_+) + \int_0^t \Phi(t - \tau)B\boldsymbol{U}(\tau)d\tau$$

出力方程式は，$\boldsymbol{y}(t) = C\Phi(t)\boldsymbol{x}(0_+) + C\int_0^t \Phi(t - \tau)B\boldsymbol{U}(\tau)d\tau + D\boldsymbol{u}(t)$．

ただし $\boldsymbol{x}(0_+) = \begin{bmatrix} x_1(0_+) \\ x_2(0_+) \\ \vdots \\ x_n(0_+) \end{bmatrix}$, $\boldsymbol{U}(s) = \begin{bmatrix} \mathcal{L}[u_1(t)] \\ \mathcal{L}[u_2(t)] \\ \vdots \\ \mathcal{L}[u_l(t)] \end{bmatrix}$, $I: n \times n$ の単位行列

2.2.3 状態推移行列の性質

状態推移行列 $\Phi(t) = \varepsilon^{At} = \mathcal{L}^{-1}[(sI - A)^{-1}]$ は，次の基本的な性質がある．

(1) $\Phi(0) = I$
(2) $\Phi(t_2 - t_1)\Phi(t_1 - t_0) = \Phi(t_2 - t_0)$
(3) $\Phi(t + t_1) = \Phi(t)\Phi(t_1) = \Phi(t_1)\Phi(t)$
(4) $\Phi^{-1}(t) = \Phi(-t)$
(5) $(\Phi(t))^n = \Phi(nt)$

2.2.4 状態変数線図と伝達関数

(1) <u>状態変数線図</u>　入力変数，状態変数，および出力変数の間の因果関係を信号流れ線図で示したものを**状態変数線図**という．

(2) <u>伝達関数</u>　$\dfrac{出力}{入力}$ を求めると伝達関数の次式が得られる．

$$G(s) = \frac{\boldsymbol{Y}(s)}{\boldsymbol{U}(s)} = C(sI - A)^{-1}B$$

■ **例題2.20** ■

ブロック線図と信号流れ線図の対応関係を示せ．

【解答】　下表のとおりである．

ブロック線図と信号流れ線図の対応関係

		ブロック線図	信号流れ線図
(1)	伝達関数	$X(s) \to \boxed{G(s)} \to Y(s)$	$X(s) \xrightarrow{G(s)} Y(s)$
(2)	減算点	$x \xrightarrow{+} \bigcirc \xrightarrow{} z = x-y$，$y \uparrow -$	$x \xrightarrow{1} \circ \xrightarrow{} z = x-y$，$y \xrightarrow{-1} \uparrow$
(3)	加算点	$x \xrightarrow{+} \bigcirc \xrightarrow{} z = x+y$，$y \uparrow +$	$x \xrightarrow{1} \circ \xrightarrow{} z = x+y$，$y \xrightarrow{1} \uparrow$

■ 例題2.21 ■

伝達関数法と状態変数法の性質を比較せよ．

【解答】 下表のとおりである．

伝達関数法と状態変数法の比較

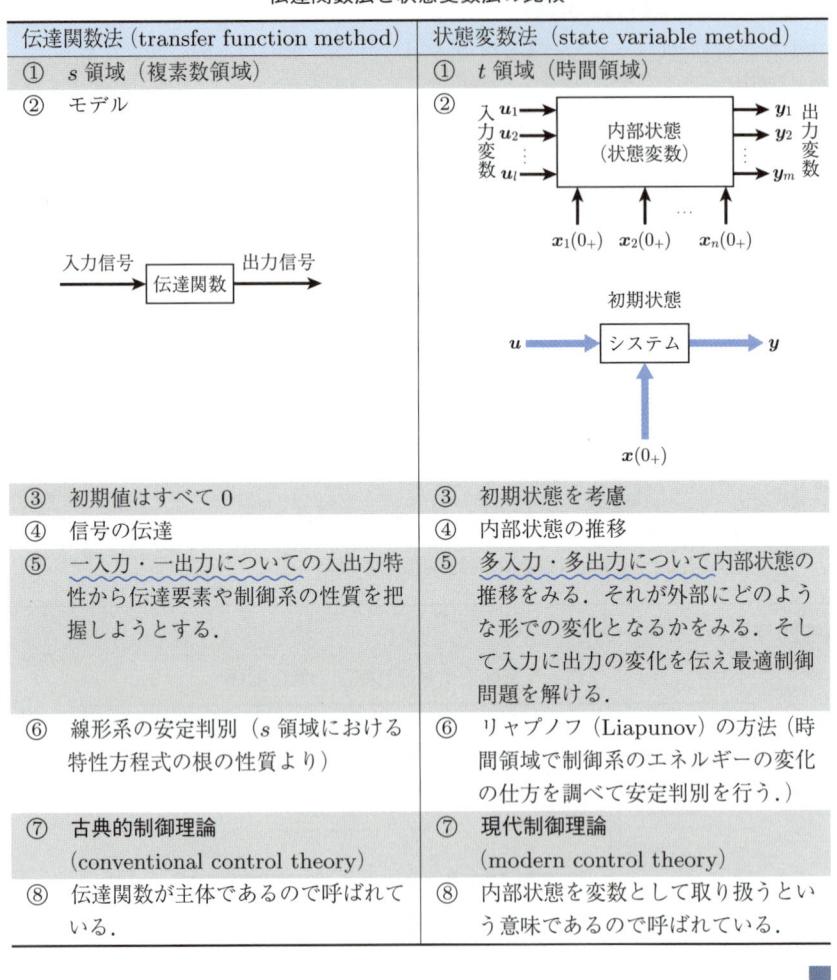

伝達関数法（transfer function method）	状態変数法（state variable method）
① s 領域（複素数領域）	① t 領域（時間領域）
② モデル（入力信号 → 伝達関数 → 出力信号）	② モデル（入力変数 $u_1, u_2, \ldots, u_l$ → 内部状態（状態変数）→ 出力変数 $y_1, y_2, \ldots, y_m$、初期値 $x_1(0_+), x_2(0_+), \ldots, x_n(0_+)$；初期状態 u → システム → y、$x(0_+)$）
③ 初期値はすべて 0	③ 初期状態を考慮
④ 信号の伝達	④ 内部状態の推移
⑤ 一入力・一出力についての入出力特性から伝達要素や制御系の性質を把握しようとする．	⑤ 多入力・多出力について内部状態の推移をみる．それが外部にどのような形での変化となるかをみる．そして入力に出力の変化を伝え最適制御問題を解ける．
⑥ 線形系の安定判別（s 領域における特性方程式の根の性質より）	⑥ リャプノフ（Liapunov）の方法（時間領域で制御系のエネルギーの変化の仕方を調べて安定判別を行う．）
⑦ **古典的制御理論**（conventional control theory）	⑦ **現代制御理論**（modern control theory）
⑧ 伝達関数が主体であるので呼ばれている．	⑧ 内部状態を変数として取り扱うという意味であるので呼ばれている．

2.2 状態変数法

■ **例題2.22** ■

次の3階微分方程式の状態方程式と出力方程式を求めよ．ただし，入力：$u(t)$，出力：$y_1(t) = x_1(t), y_2(t) = x_2(t)$ とし，状態変数を $x_1(t) = x(t), x_2(t) = \dot{x}(t), x_3(t) = \ddot{x}(t)$，係数 a, b, c, d は定数とする．

$$a\frac{d^3x(t)}{dt^3} + b\frac{d^2x(t)}{dt^2} + c\frac{dx(t)}{dt} + dx(t) = u(t)$$

【解答】 状態変数を用いて上式を書くと

$$a\dot{x}_3(t) + bx_3(t) + cx_2(t) + dx_1(t) = u(t)$$

整理すると状態方程式は

$$\dot{x}_1(t) = x_2(t)$$
$$\dot{x}_2(t) = x_3(t)$$
$$\dot{x}_3(t) = -\frac{d}{a}x_1(t) - \frac{c}{a}x_2(t) - \frac{b}{a}x_3(t) + \frac{u(t)}{a}$$

出力方程式は

$$y_1(t) = x_1(t)$$
$$y_2(t) = x_2(t)$$

マトリックス形式で書くと

状態方程式
$$\begin{bmatrix} \dot{x}_1(t) \\ \dot{x}_2(t) \\ \dot{x}_3(t) \end{bmatrix} = \begin{bmatrix} 0 & 1 & 0 \\ 0 & 0 & 1 \\ -\frac{d}{a} & -\frac{c}{a} & -\frac{b}{a} \end{bmatrix} \begin{bmatrix} x_1(t) \\ x_2(t) \\ x_3(t) \end{bmatrix} + \begin{bmatrix} 0 \\ 0 \\ \frac{1}{a} \end{bmatrix} u(t)$$

出力方程式
$$\begin{bmatrix} y_1(t) \\ y_2(t) \end{bmatrix} = \begin{bmatrix} 1 & 0 & 0 \\ 0 & 1 & 0 \end{bmatrix} \begin{bmatrix} x_1(t) \\ x_2(t) \\ x_3(t) \end{bmatrix}$$

上式を式 (2.4), (2.5) の形式で表現すると下式になる．

$$\dot{\boldsymbol{x}}(t) = A\boldsymbol{x}(t) + B\boldsymbol{u}(t), \quad \boldsymbol{y}(t) = C\boldsymbol{x}(t) + D\boldsymbol{u}(t)$$

$$A = \begin{bmatrix} 0 & 1 & 0 \\ 0 & 0 & 1 \\ -\frac{d}{a} & -\frac{c}{a} & -\frac{b}{a} \end{bmatrix}, \quad B = \begin{bmatrix} 0 \\ 0 \\ \frac{1}{a} \end{bmatrix}$$

$$C = \begin{bmatrix} 1 & 0 & 0 \\ 0 & 1 & 0 \end{bmatrix}, \quad D = 0$$

例題2.23

右図に示す電気回路の状態方程式と出力方程式を求めよ．ただし，入力は $e(t)$，出力は $i(t)$ とする．

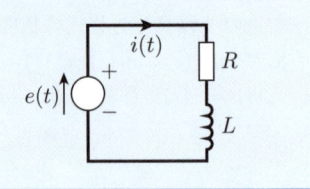

【解答】 回路のループ方程式は $e(t) = Ri(t) + L\frac{di(t)}{dt}$ となる．電流に関する導関数を左辺に移項して変形すると

$$\frac{di(t)}{dt} = -\frac{R}{L}i(t) + \frac{1}{L}e(t)$$

いま，電荷量 $q(t)$ $(= x_1(t))$ と電流 $i(t)$ $(= x_2(t) = \dot{x}_1(t))$ を状態変数に選び，入力電圧 $e(t)$ $(= u(t))$ として整理すると状態方程式は

$$\dot{x}_1(t) = x_2(t) \quad \left(\frac{dq}{dt} = i\right)$$

$$\dot{x}_2(t) = -\frac{R}{L}x_2(t) + \frac{1}{L}u(t)$$

マトリックス形式で書くと $\begin{bmatrix} \dot{x}_1(t) \\ \dot{x}_2(t) \end{bmatrix} = \begin{bmatrix} 0 & 1 \\ 0 & -\frac{R}{L} \end{bmatrix} \begin{bmatrix} x_1(t) \\ x_2(t) \end{bmatrix} + \begin{bmatrix} 0 \\ \frac{1}{L} \end{bmatrix} u(t)$ で表現できる．これらの式が $x_1(t), x_2(t)$ を状態変数とした状態方程式である．出力方程式は

$$y(t) = \begin{bmatrix} 0 & 1 \end{bmatrix} \begin{bmatrix} x_1(t) \\ x_2(t) \end{bmatrix}$$

■

例題2.24

次式で示される状態方程式を解き，時間領域の状態変数ベクトルを求めよ．ここで，初期値を $\boldsymbol{x}(0_+)$ として入力 $u(t) = 1$（単位ステップ関数）とする．

$$\begin{bmatrix} \frac{dx_1(t)}{dt} \\ \frac{dx_2(t)}{dt} \end{bmatrix} = \begin{bmatrix} 0 & 1 \\ -2 & -3 \end{bmatrix} \begin{bmatrix} x_1(t) \\ x_2(t) \end{bmatrix} + \begin{bmatrix} 0 \\ 1 \end{bmatrix} u(t)$$

$$A = \begin{bmatrix} 0 & 1 \\ -2 & -3 \end{bmatrix}, \quad B = \begin{bmatrix} 0 \\ 1 \end{bmatrix}$$

【解答】 状態推移行列を求める．

$$sI - A = s\begin{bmatrix} 1 & 0 \\ 0 & 1 \end{bmatrix} - \begin{bmatrix} 0 & 1 \\ -2 & -3 \end{bmatrix} = \begin{bmatrix} s & -1 \\ 2 & s+3 \end{bmatrix}$$

$sI - A$ の逆行列は $\mathrm{Adj}(sI - A) = \begin{bmatrix} s+3 & 1 \\ -2 & s \end{bmatrix}$ であるので次式となる．

2.2 状態変数法

$$(sI - A)^{-1} = \frac{1}{s(s+3)+2}\begin{bmatrix} s+3 & 1 \\ -2 & s \end{bmatrix} = \frac{\begin{bmatrix} s+3 & 1 \\ -2 & s \end{bmatrix}}{(s+1)(s+2)}$$

$$\Phi(t) = \mathcal{L}^{-1}[(sI - A)^{-1}] = \begin{bmatrix} 2\varepsilon^{-t} - \varepsilon^{-2t} & \varepsilon^{-t} - \varepsilon^{-2t} \\ -2\varepsilon^{-t} + 2\varepsilon^{-2t} & -\varepsilon^{-t} + 2\varepsilon^{-2t} \end{bmatrix}$$

$$\boldsymbol{x}(t) = \begin{bmatrix} x_1(t) \\ x_2(t) \end{bmatrix}$$

$$= \Phi(t)\boldsymbol{x}(0_+) + \int_0^t \begin{bmatrix} 2\varepsilon^{-(t-\tau)} - \varepsilon^{-2(t-\tau)} & \varepsilon^{-(t-\tau)} - \varepsilon^{-2(t-\tau)} \\ -2\varepsilon^{-(t-\tau)} + 2\varepsilon^{-2(t-\tau)} & -\varepsilon^{-(t-\tau)} + 2\varepsilon^{-2(t-\tau)} \end{bmatrix} \begin{bmatrix} 0 \\ 1 \end{bmatrix} d\tau$$

$$= \begin{bmatrix} 2\varepsilon^{-t} - \varepsilon^{-2t} & \varepsilon^{-t} - \varepsilon^{-2t} \\ -2\varepsilon^{-t} + 2\varepsilon^{-2t} & -\varepsilon^{-t} + 2\varepsilon^{-2t} \end{bmatrix} \boldsymbol{x}(0_+) + \begin{bmatrix} \frac{1}{2} - \varepsilon^{-t} + \frac{1}{2}\varepsilon^{-2t} \\ \varepsilon^{-t} - \varepsilon^{-2t} \end{bmatrix} \quad (t \geq 0)$$

【上式右辺第 2 項 の別解】

$$\mathcal{L}^{-1}[(sI - A)^{-1}B\boldsymbol{U}(s)] = \mathcal{L}^{-1}\left\{\frac{1}{s^2+3s+2}\begin{bmatrix} s+3 & 1 \\ -2 & s \end{bmatrix}\begin{bmatrix} 0 \\ 1 \end{bmatrix}\frac{1}{s}\right\}$$

$$= \mathcal{L}^{-1}\left\{\frac{1}{s^2+3s+2}\begin{bmatrix} \frac{1}{s} \\ 1 \end{bmatrix}\right\} = \begin{bmatrix} \frac{1}{2} - \varepsilon^{-t} + \frac{1}{2}\varepsilon^{-2t} \\ \varepsilon^{-t} - \varepsilon^{-2t} \end{bmatrix} \quad ■$$

■ 例題2.25 ■

次式の状態方程式と出力方程式を求めよ．ただし，入力：$u_1(t)$, $u_2(t)$, 出力：y_1, y_2 とし，状態変数 $x_1 = y_1$, $x_2 = \dot{y}_1 = \dot{x}_1$, $x_3 = y_2$ と選ぶ．

$$\begin{cases} \frac{d^2 y_1}{dt^2} + 4\frac{dy_1}{dt} - 3y_2 = u_1(t) \\ \frac{dy_2}{dt} + \frac{dy_1}{dt} + y_1 + 2y_2 = u_2(t) \end{cases}$$

【解答】 上式は $\dot{x}_1 = x_2$, $\dot{x}_2 = -4x_2 + 3x_3 + u_1(t)$, $\dot{x}_3 = -x_1 - x_2 - 2y_2 + u_2(t)$ になるので行列で書くと状態方程式と出力方程式は

$$\begin{bmatrix} \dot{x}_1 \\ \dot{x}_2 \\ \dot{x}_3 \end{bmatrix} = \begin{bmatrix} 0 & 1 & 0 \\ 0 & -4 & 3 \\ -1 & -1 & -2 \end{bmatrix}\begin{bmatrix} x_1 \\ x_2 \\ x_3 \end{bmatrix} + \begin{bmatrix} 0 & 0 \\ 1 & 0 \\ 0 & 1 \end{bmatrix}\begin{bmatrix} u_1 \\ u_2 \end{bmatrix}$$

$$\begin{bmatrix} y_1 \\ y_2 \end{bmatrix} = \begin{bmatrix} 1 & 0 & 0 \\ 0 & 0 & 1 \end{bmatrix}\begin{bmatrix} x_1 \\ x_2 \\ x_3 \end{bmatrix} \quad ■$$

例題2.26

直線運動系の (1) 状態方程式と出力方程式を求めよ．ただし，状態変数を $x_1 = x$（変位），$x_2 = \dot{x}_1$（速度）とし，入力：$f(t)$（力），出力：x（変位），K：バネ定数，D：摩擦係数，M：質量とする．

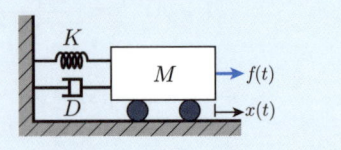

(2) また，$\frac{K}{M} = 3, \frac{D}{M} = 4, \frac{1}{M} = 1$ のときの自由応答を計算せよ．

【解答】(1) 運動方程式は
$$M\ddot{x} + D\dot{x} + Kx = f(t)$$
状態変数 $\dot{x}_1 = x_2, \dot{x}_2 = -\frac{K}{M}x_1 - \frac{D}{M}x_2 + \frac{f}{M}$ を用いて状態方程式と出力方程式を求めると

$$\begin{bmatrix} \dot{x}_1 \\ \dot{x}_2 \end{bmatrix} = \begin{bmatrix} 0 & 1 \\ -\frac{K}{M} & -\frac{D}{M} \end{bmatrix} \begin{bmatrix} x_1 \\ x_2 \end{bmatrix} + \begin{bmatrix} 0 \\ \frac{1}{M} \end{bmatrix} f(t)$$

$$y = x_1 = \begin{bmatrix} 1 & 0 \end{bmatrix} \begin{bmatrix} x_1 \\ x_2 \end{bmatrix}$$

(2) 題意により $A = \begin{bmatrix} 0 & 1 \\ -3 & -4 \end{bmatrix}$ となるので

$$[sI - A] = \begin{bmatrix} s & -1 \\ 3 & s+4 \end{bmatrix}$$

$$[sI - A]^{-1} = \frac{1}{(s+1)(s+3)} \begin{bmatrix} s+4 & 1 \\ -3 & s \end{bmatrix}$$

$$\phi(t) = \begin{bmatrix} \mathcal{L}^{-1}\left[\frac{s+4}{(s+1)(s+3)}\right] & \mathcal{L}^{-1}\left[\frac{1}{(s+1)(s+3)}\right] \\ \mathcal{L}^{-1}\left[\frac{-3}{(s+1)(s+3)}\right] & \mathcal{L}^{-1}\left[\frac{s}{(s+1)(s+3)}\right] \end{bmatrix}$$

$$= \begin{bmatrix} \frac{1}{2}(3\varepsilon^{-t} - \varepsilon^{-3t}) & \frac{1}{2}(\varepsilon^{-t} - \varepsilon^{-3t}) \\ -\frac{3}{2}(\varepsilon^{-t} - \varepsilon^{-3t}) & -\frac{1}{2}(\varepsilon^{-t} - 3\varepsilon^{-3t}) \end{bmatrix}$$

自由応答は $\boldsymbol{x}(t) = \phi(t)\boldsymbol{x}(0_+)$ で $\boldsymbol{x}(0_+) = \begin{bmatrix} 1 \\ 0 \end{bmatrix}$ とおく．

$$\boldsymbol{x}(t) = \begin{bmatrix} x_1(t) \\ x_2(t) \end{bmatrix} = \begin{bmatrix} \frac{1}{2}(3\varepsilon^{-t} - \varepsilon^{-3t}) \\ -\frac{3}{2}(\varepsilon^{-t} - \varepsilon^{-3t}) \end{bmatrix}$$

例題2.27

入力がすべて 0 で初期値 $\boldsymbol{x}(0_+)$ だけある方程式 $\frac{d\boldsymbol{x}(t)}{dt} = A\boldsymbol{x}(t)$ の解は $\boldsymbol{x}(t) = \varepsilon^{At}\boldsymbol{x}(0_+)$ であることを証明せよ．

【解答】 ε^{At} を t について微分すると，次式となる．

$$\frac{d(\varepsilon^{At})}{dt} = A + A^2 t + \cdots + A^n \frac{t^{n-1}}{(n-1)!} + \cdots = A\varepsilon^{At}$$

したがって，与式より $\boldsymbol{x}(t) = \varepsilon^{At}$ となる．この式は $\boldsymbol{x}(0_+) = I$ の初期条件での与式の解となっていることがわかる．ただし，$\varepsilon^{A \cdot 0} = I$ である．また

$$\frac{d}{dt}(\varepsilon^{At}\boldsymbol{x}_0) = A\varepsilon^{At}\boldsymbol{x}_0$$

であるから $\boldsymbol{x}(t) = \varepsilon^{At}\boldsymbol{x}_0$ は $\boldsymbol{x}(0_+) = \boldsymbol{x}_0$ を満足する与式の解である． ■

例題2.28

2.2.3 項の状態推移行列の性質 (1)～(5) を証明せよ．

【解答】 (1)　行列指数関数は

$$I + At + \frac{A^2}{2!}t^2 + \cdots + \frac{A^n}{n!}t^n + \cdots = \varepsilon^{At}$$

この式で $t = 0$ とおくと

$$\Phi(0) = \varepsilon^0 = I$$

(2)　$\Phi(t_2 - t_1) = \varepsilon^{A(t_2 - t_1)}$, $\Phi(t_1 - t_0) = \varepsilon^{A(t_1 - t_0)}$ より

$$\Phi(t_2 - t_1)\Phi(t_1 - t_0) = \varepsilon^{A(t_2 - t_1)}\varepsilon^{A(t_1 - t_0)}$$
$$= \varepsilon^{A(t_2 - t_1 + t_1 - t_0)} = \varepsilon^{A(t_2 - t_0)}$$

したがって

$$\Phi(t_2 - t_1)\Phi(t_1 - t_0) = \Phi(t_2 - t_0)$$

(3)　$\Phi(t + t_1) = \varepsilon^{A(t + t_1)} = \varepsilon^{At}\varepsilon^{At_1} = \Phi(t)\Phi(t_1) = \Phi(t_1)\Phi(t)$
したがって

$$\Phi(t + t_1) = \Phi(t)\Phi(t_1)$$

(4)　$\Phi^{-1}(t) = (\varepsilon^{At})^{-1} = \varepsilon^{-At} = \varepsilon^{A(-t)} = \Phi(-t)$
したがって

$$\Phi^{-1}(t) = \Phi(-t)$$

(5)　$\{\Phi(t)\}^n = (\varepsilon^{At})^n = \varepsilon^{nAt} = \varepsilon^{Ant} = \Phi(nt)$
したがって

$$\{\Phi(t)\}^n = \Phi(nt)$$

■

例題 2.29

次の状態方程式および出力方程式の状態変数線図を描け．
$$\frac{d\boldsymbol{x}(t)}{dt} = A\boldsymbol{x}(t) + B\boldsymbol{u}(t), \quad \boldsymbol{y}(t) = C\boldsymbol{x}(t) + D\boldsymbol{u}(t)$$

【解答】 状態方程式および出力方程式をラプラス変換すると次式となる．

$$s\boldsymbol{X}(s) - \boldsymbol{x}(0_+) = A\boldsymbol{X}(s) + B\boldsymbol{U}(s)$$
$$\boldsymbol{Y}(s) = C\boldsymbol{X}(s) + D\boldsymbol{U}(s)$$

変形して

$$\boldsymbol{X}(s) = \frac{I}{s}\{s\boldsymbol{X}(s) - \boldsymbol{x}(0_+)\} + \frac{I}{s}\boldsymbol{x}(0_+)$$
$$s\boldsymbol{X}(s) - \boldsymbol{x}(0_+) = A\boldsymbol{X}(s) + B\boldsymbol{U}(s)$$
$$\boldsymbol{Y}(s) = C\boldsymbol{X}(s)$$

ただし，$D=0$ とする．上の3式を状態変数線図に描くと**右図**のように描ける．

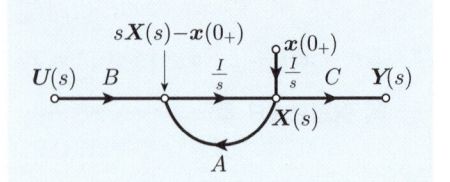

例題 2.30

次の方程式の状態変数線図を求めよ．ただし，a, c は定数．
$$\dot{x}(t) + ax(t) = u(t), \quad y(t) = cx(t)$$

【解答】 与えられた式をラプラス変換すると

$$sX(s) - x(0_+) = -aX(s) + U(s), \quad Y(s) = cX(s)$$
$$X(s) = \frac{1}{s}(sX(s) - x(0_+)) + \frac{1}{s}x(0_+)$$

であるので状態変数線図は**右図**となる．

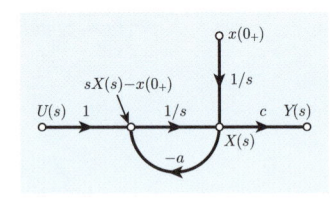

例題 2.31

状態方程式と出力方程式から**伝達関数行列** (transfer function matrix) を求めよ．

【解答】 状態方程式の初期値をすべて0として整理すると

$$s\boldsymbol{X}(s) = A\boldsymbol{X}(s) + B\boldsymbol{U}(s), \quad \boldsymbol{Y}(s) = C\boldsymbol{X}(s)$$

となる．この式から $\frac{出力}{入力}$ を求めると伝達関数行列は次式から

$$\boldsymbol{X}(s) = (sI - A)^{-1}B\boldsymbol{U}(s) \quad \therefore \quad \boldsymbol{Y}(s) = C(sI - A)^{-1}B\boldsymbol{U}(s)$$

伝達関数行列 $G(s)$ は $G(s) = \frac{\boldsymbol{Y}(s)}{\boldsymbol{U}(s)} = C(sI - A)^{-1}B$ となる．

例題 2.32

次の伝達関数の状態方程式および出力方程式を求めよ．

$$G(s) = \frac{a_0 s^2 + a_1 s + a_2}{b_0 s^2 + b_1 s + b_2} = \frac{Y(s)}{U(s)}$$

【解答】 **ステップ 1** 分母（または分子）の s の最高次数の逆数を分母分子に掛ける．

ステップ 2 ダミー変数（みせかけの変数）$X(s)$ を分母分子に掛ける．

$$\frac{Y(s)}{U(s)} = \frac{a_0 + a_1 s^{-1} + a_2 s^{-2}}{b_0 + b_1 s^{-1} + b_2 s^{-2}} \times \frac{X(s)}{X(s)}$$

ステップ 3 両辺の分母分子はそれぞれ等しいとおく．

$$Y(s) = (a_0 + a_1 s^{-1} + a_2 s^{-2}) X(s)$$

$$U(s) = (b_0 + b_1 s^{-1} + b_2 s^{-2}) X(s)$$

ステップ 4 上式を因果関係の式にまとめる．

$$X(s) = \tfrac{1}{b_0} U(s) - \tfrac{b_1}{b_0} s^{-1} X(s) - \tfrac{b_2}{b_0} s^{-2} X(s)$$

$$Y(s) = (a_0 + a_1 s^{-1} + a_2 s^{-2}) X(s)$$

ステップ 5 ここで，$X_1(s) = s^{-2} X(s)$, $X_2(s) = s^{-1} X(s)$ とおいて整理する．

$$\left. \begin{array}{l} s X_2(s) = \tfrac{1}{b_0} U(s) - \tfrac{b_1}{b_0} X_2(s) - \tfrac{b_2}{b_0} X_1(s) \\ Y(s) = a_0 X(s) + a_1 X_2(s) + a_2 X_1(s) \end{array} \right\}$$

上式から下図の状態変数線図が得られる．

ステップ 6 時間関数の式に書き換え，マトリックス形式で書くと

$$\begin{bmatrix} \frac{dx_1(t)}{dt} \\ \frac{dx_2(t)}{dt} \end{bmatrix} = \begin{bmatrix} 0 & 1 \\ -\frac{b_2}{b_0} & -\frac{b_1}{b_0} \end{bmatrix} \begin{bmatrix} x_1(t) \\ x_2(t) \end{bmatrix} + \begin{bmatrix} 0 \\ \frac{1}{b_0} \end{bmatrix} u(t)$$

$$y(t) = a_0 \left(\tfrac{1}{b_0} u(t) - \tfrac{b_1}{b_0} x_2(t) - \tfrac{b_2}{b_0} x_1(t) \right) + a_1 x_2(t) + a_2 x_1(t)$$

$$= \left(a_2 - \tfrac{a_0 b_2}{b_0} \right) x_1(t) + \left(a_1 - \tfrac{a_0 b_1}{b_0} \right) x_2(t) + \tfrac{a_0}{b_0} u(t)$$

の状態方程式と出力方程式が得られる．この方式を **直接分解法** という．

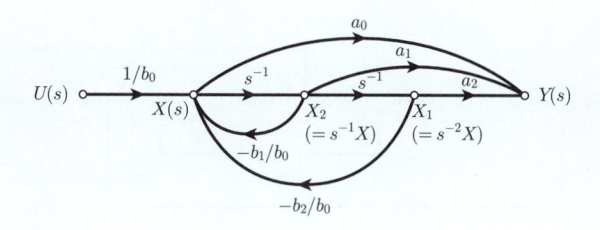

2章の問題

2.1 次のブロック線図の等価変換において，正しいのはどれか． （昭 58・III）

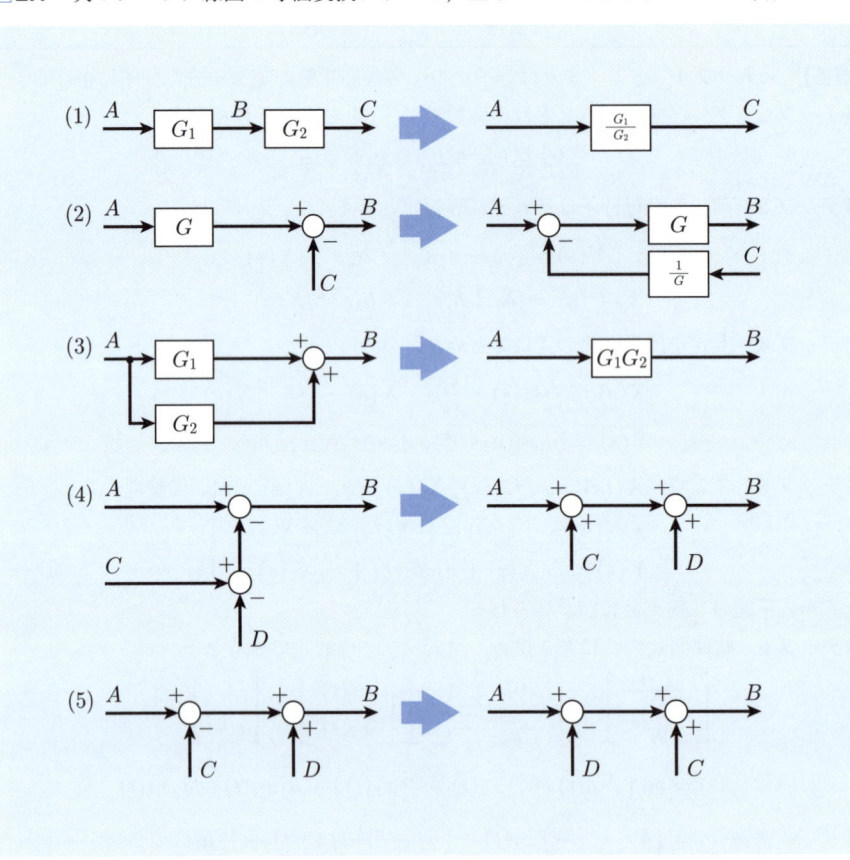

2.2 下図のブロック線図を簡素化せよ．

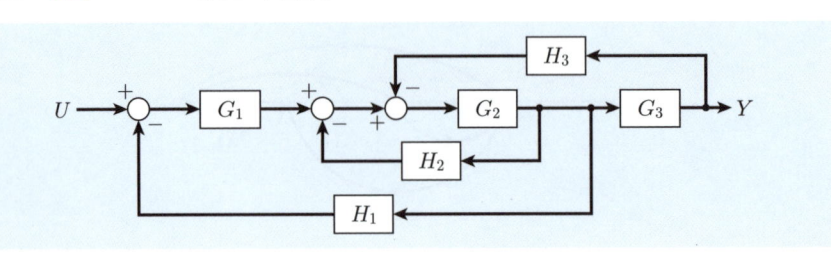

2.3 下図のブロック線図を簡素化せよ．

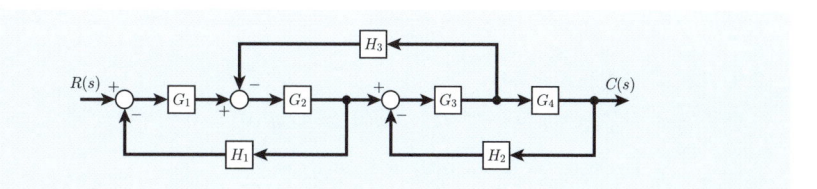

2.4 右図に示すフィードバック制御系において，目標値 $R(s)$ と制御量 $C(s)$ の間の伝達関数 $\frac{C(s)}{R(s)}$ および外乱 $D(s)$ と $C(s)$ の間の伝達関数 $\frac{C(s)}{D(s)}$ はそれぞれいくらか．正しい値を組み合わせたものを次のうちから選べ．

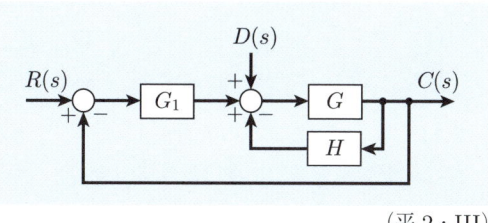

(平 2・III)

(1) $\frac{C(s)}{R(s)} = \frac{GG_1}{1+G(G_1+H)}$, $\quad \frac{C(s)}{D(s)} = \frac{G_1}{1+G(G_1+H)}$

(2) $\frac{C(s)}{R(s)} = \frac{GH}{1+GG_1H}$, $\quad \frac{C(s)}{D(s)} = \frac{G}{1+GG_1H}$

(3) $\frac{C(s)}{R(s)} = \frac{GG_1}{1+G(G_1+H)}$, $\quad \frac{C(s)}{D(s)} = \frac{G}{1+G(G_1+H)}$

(4) $\frac{C(s)}{R(s)} = \frac{GH}{1+GG_1H}$, $\quad \frac{C(s)}{D(s)} = \frac{G_1}{1+G(G_1+H)}$

(5) $\frac{C(s)}{R(s)} = \frac{GG_1}{1+G_1(G+H)}$, $\quad \frac{C(s)}{D(s)} = \frac{G}{1+G(G_1+H)}$

2.5 右図のブロック線図で示す制御系において，$R(s)$ と $C(s)$ 間の合成伝達関数 $\frac{C(s)}{R(s)}$ を示す式として，正しいのは次のうちどれか．（平 8・III）

(1) $\frac{G_1G_3}{1+G_1G_2G_3}$ (2) $\frac{G_1G_2}{1+G_1G_2G_3}$

(3) $\frac{G_1-G_2}{1+(G_1-G_2)G_3}$ (4) $\frac{G_1+G_2+G_1G_2}{1+G_2+G_1G_2G_3}$

(5) $\frac{G_1}{1+G_1G_2+G_1G_3}$

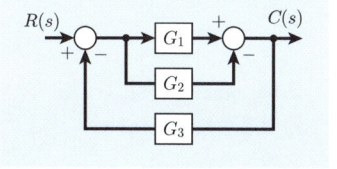

2.6 次の時間 t の関数を定義式に従いラプラス変換せよ．

(1) $Eu(t)$ (2) ε^{-at} (3) $\varepsilon^{-at}\sin\omega t$ (4) $\frac{d^2f(t)}{dt^2}$ (5) t^2

2.7 次の微分方程式をラプラス変換せよ．

(1) $L\frac{di}{dt} + Ri + \frac{1}{C}\int i\,dt = E$

(2) $L\frac{d^2q}{dt^2} + R\frac{dq}{dt} + \frac{1}{C}q = E\sin\omega t$

2.8 次の関数のラプラス逆変換を求めよ．

(1) $\dfrac{2s+1}{s(s+1)^2}$ (2) $\dfrac{5s+3}{(s+1)(s+2)(s+3)}$

2.9 次の微分方程式を解け．

(1) $\dfrac{d^2y}{dt^2} - \dfrac{dy}{dt} - 6y = 5$ ただし，$y(0) = 1, y'(0) = 0$

(2) $\dfrac{d^2y}{dt^2} + y = 0$ ただし，$y(0) = 1, y'(0) = 1$

2.10 次の関数 $F(s)$ の時間関数 $f(t)$ について，初期値，最終値を求めよ．

(1) $\dfrac{1}{s}$ (2) $\dfrac{1}{s^2}$ (3) $\dfrac{K}{s+a}$ (4) $\dfrac{K}{s(s+a)}$

(5) $\dfrac{s+b}{s(s+a)}$ (6) $\dfrac{s+1}{(s+1)^2+1}$ (7) $\dfrac{\omega}{s^2+\omega^2}$

2.11 ある制御要素への入力が $1 + \varepsilon^{-2t}$ であるとき，出力が $1 + 2\varepsilon^{-t} + \varepsilon^{-4t}$ であった．この制御要素の伝達関数を求めよ．

2.12 下図のブロック線図で表されるフィードバック制御系がある．基準入力 $R(s)$ に対する制御量 $C(s)$ の伝達関数 $W(s)$ が $W(s) = \dfrac{C(s)}{R(s)} = \dfrac{a}{s^2+bs+a}$ で表されるとき，a および b の値はそれぞれいくらか．正しい値の組合せを次のうちから選べ．　(平 3・III)

(1) $a = 0.8, b = 0.1$ (2) $a = 1.6, b = 0.2$ (3) $a = 1.8, b = 0.5$
(4) $a = 2.2, b = 1$ (5) $a = 4, b = 2$

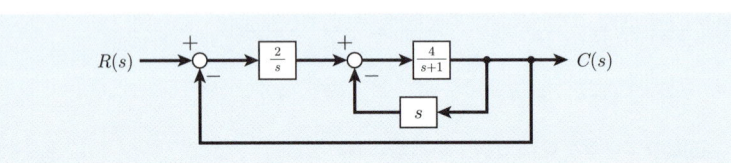

2.13 右図に示すような二次の直結フィードバック系の閉路伝達関数 $\left(W(s) = \dfrac{C(s)}{R(s)}\right)$ の二つの極として，正しいのは次のうちどれか．　(平 4・III)

(1) $-1 \pm j\sqrt{3}$ (2) $-2 \pm j\sqrt{3}$ (3) $-2 \pm j2$
(4) $-1 \pm j\sqrt{5}$ (5) $-1 \pm j2$

2.14 右図に示すような RC 回路を2段接続した回路がある．この回路において ab 端子と cd 端子間の伝達関数 $G(s) = \dfrac{E_2(s)}{E_1(s)}$ を求めよ．ただし，$R_1C_1 = T_1$，$R_2C_2 = T_2$，$R_1C_2 = T_{12}$ とせよ．　(昭 57・II)

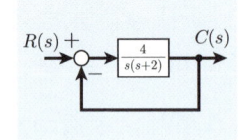

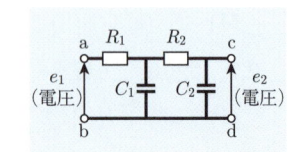

2.15 次の直線運動系の伝達関数を求めよ．

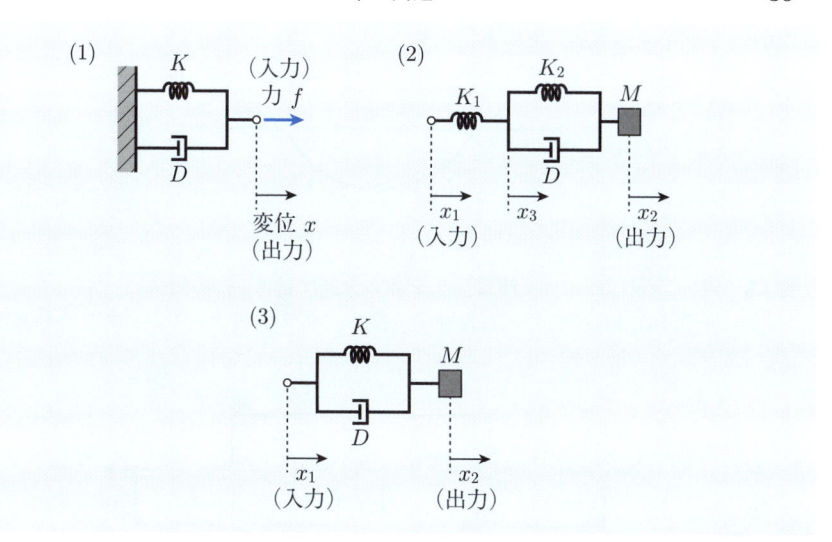

2章の問題　　**39**

(1) 機械系図：ばね K、ダンパ D、（入力）力 f、変位 x（出力）

(2) 機械系図：ばね K_1、ばね K_2、ダンパ D、質量 M、x_1（入力）、x_3、x_2（出力）

(3) 機械系図：ばね K、ダンパ D、質量 M、x_1（入力）、x_2（出力）

□**2.16** 次の回転運動系の伝達関数を求めよ．

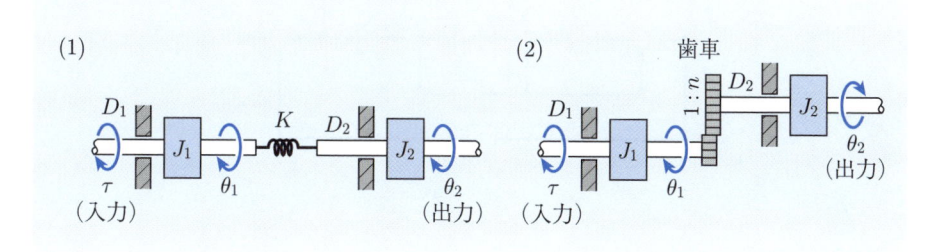

(1) D_1, J_1, K, D_2, J_2：τ（入力）、θ_1、θ_2（出力）

(2) D_1, J_1, 歯車 $1:n$, D_2, J_2：τ（入力）、θ_1、θ_2（出力）

□**2.17** 右図に示すような直流他励電動機において，入力電圧 $e_i(t)$ [V] に対する回転角度 $\theta_o(t)$ [rad] の伝達関数 $G_M(s) = \dfrac{\Theta_o(s)}{E_i(s)}$ を求めよ．ただし，電機子のインダクタンスを無視し，内部抵抗を R_a [Ω] とし，電機子の誘起起電力係数を k_e [V·rad^{-1}·s] とする．界磁電流 i_f は一定であり，発生トルク $\tau(t)$ [N·m] は電機子電流 $i_a(t)$ に比例するものとして，その係数を k_τ [N·m·A^{-1}] とする．また，$\tau(t)$ は負荷および電機子の慣性モーメント J [kg·m^2]，粘性摩擦係数 B [N·m·rad^{-1}·s] による反抗トルクに抗して負荷を加速するものとする．

(平 5・II)

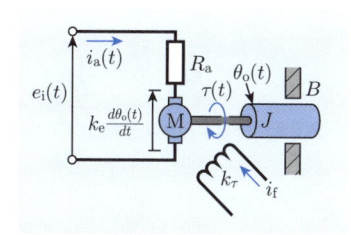

□**2.18** 下図を等価変換して簡素化せよ．

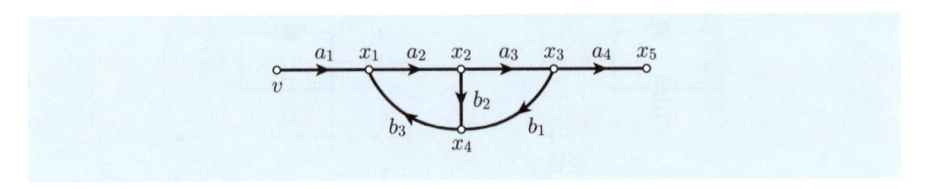

□**2.19** (1) 下図 **(a)**, **(b)** を簡素化し全体の伝達関数 $\left(\frac{C}{R}\right)$ を求めよ．
(2) 下図 **(a)**, **(b)** を信号流れ線図に変換し，グラフトランスミッタンスを求めよ．

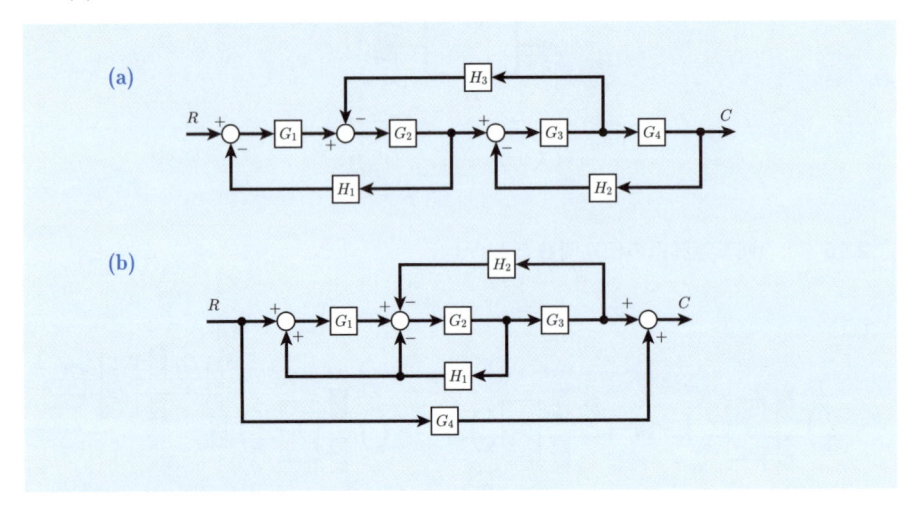

□**2.20** 次の行列の逆行列を求めよ．
(1) $A = \begin{bmatrix} a_{11} & a_{12} \\ a_{21} & a_{22} \end{bmatrix}$
(2) $B = \begin{bmatrix} b_{11} & b_{12} & b_{13} \\ b_{21} & b_{22} & b_{23} \\ b_{31} & b_{32} & b_{33} \end{bmatrix}$

□**2.21** 下図の直線運動系について状態方程式を求めよ．ただし，M：質量，D：制動係数，$f(t)$：外力，$x(t)$：変位，$v(t)$：速度とする．

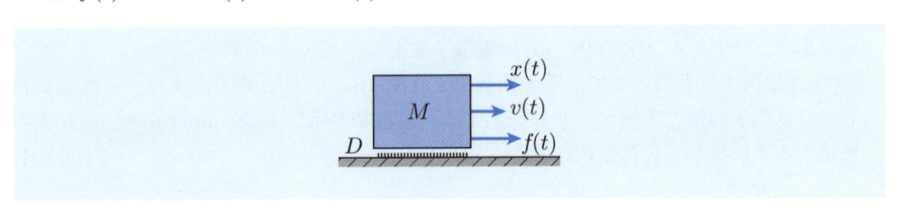

2章の問題

2.22 右図のように質量 M の台車に，質量 m，長さ $2l$ の一様な棒が点 A を中心として自由に回転できるように取り付けられている．x 方向に台車に作用する力 f を入力とし，$\theta, \dot{\theta}, x, \dot{x}$ を状態変数として状態方程式を導け．ただし θ は小さいものとする．

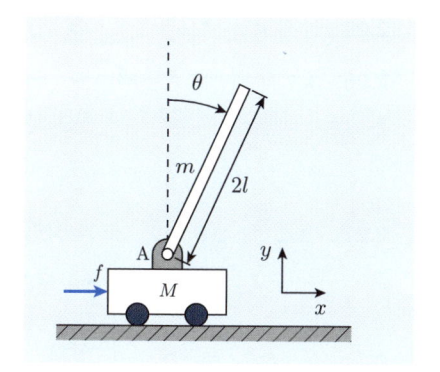

2.23 下図に示す台車の位置制御システムの状態方程式と出力方程式を求めよ．ここで F_1, K_2：ばね定数，D：摩擦係数，M：台車の質量，u_1, u_2：位置入力，$u(t)$：台車の速度，$x(t)$：台車の変位である．ただし，入力は，台車の両側から押したり引いたりして，台車の位置を制御するものとし，出力は台車の変位と速度とする．

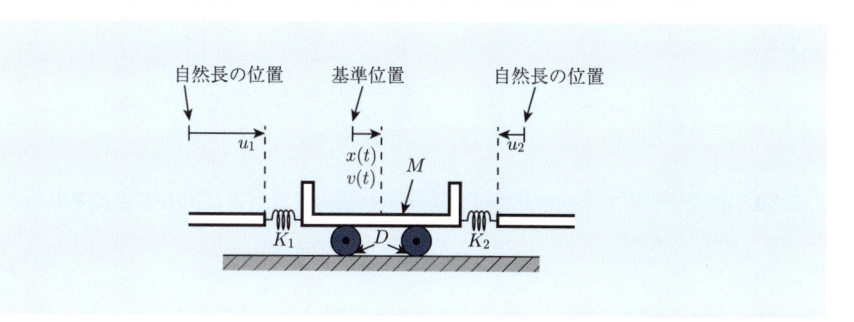

2.24 下図のような電気回路において，コイルに流れる電流 i，コンデンサの電荷 q を状態変数，電圧 e を入力，回路に流れる電流 i_0 を出力とし，状態方程式および出力方程式を導け．

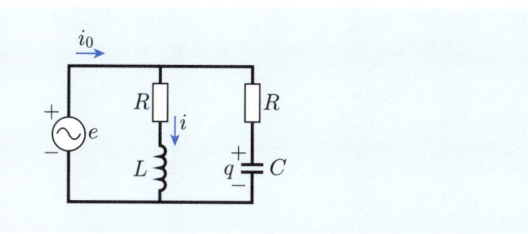

☐ **2.25** 行列 A が $A = \begin{bmatrix} 0 & 1 \\ 1 & -3 \end{bmatrix}$ のように与えられているとき，ε^{At} を求めよ．

☐ **2.26** 次の状態方程式を解いて，$\boldsymbol{x}(t)$ を求めよ．ただし，$A = \begin{bmatrix} -1 & 2 \\ -1 & -3 \end{bmatrix}$，$\boldsymbol{b} = \begin{bmatrix} 0 \\ 1 \end{bmatrix}$，$u(t) = 1$．また，初期条件は $\boldsymbol{x}(0) = \begin{bmatrix} -1 \\ 0 \end{bmatrix}$ とせよ．

$$\dot{\boldsymbol{x}} = A\boldsymbol{x} + \boldsymbol{b}u$$

☐ **2.27** 次式で表されるシステムの伝達関数 $G(s)$ を求めよ．

$$\dot{\boldsymbol{x}} = A\boldsymbol{x} + \boldsymbol{b}u, \quad y = \boldsymbol{c}^\mathrm{T}\boldsymbol{x}$$

$$A = \begin{bmatrix} 0 & 1 & 0 \\ 0 & 0 & 1 \\ -a & -b & -c \end{bmatrix}, \quad \boldsymbol{b} = \begin{bmatrix} 0 \\ 0 \\ 1 \end{bmatrix}, \quad \boldsymbol{c} = \begin{bmatrix} 1 \\ 0 \\ 0 \end{bmatrix}$$

☐ **2.28** 次式の状態方程式と出力方程式を求めよ．ただし，$P(s)$ は二次以下の s についての多項式であるとする．

$$\frac{Y(s)}{U(s)} = \frac{P(s)}{(s+p_1)(s+p_2)}$$

☐ **2.29** 次式の伝達関数行列を求めよ．ただし，入力は u_1, u_2 とし，出力は q_1, q_2 とする．

$$\frac{d^2 q_1}{dt^2} + 4\frac{dq_1}{dt} - 3q_2 = u_1$$

$$\frac{dq_2}{dt} + \frac{dq_1}{dt} + q_1 + 2q_2 = u_2$$

☐ **2.30** 直接分解法で次式の状態変数線図，状態方程式および出力方程式を求めよ．

$$\frac{Y(s)}{U(s)} = \frac{s^2 + 5s + 6}{s^3 + 9s^2 + 20s}$$

☐ **2.31** 縦続分解法で問題 2.30 の式の状態変数線図，状態方程式および出力方程式を求めよ．

3 制御系の時間応答
―過渡特性と定常特性―

　制御システムの応答には，任意の指令信号に対する時間領域における出力の応答（時間応答）と，正弦波指令信号に対する定常状態における周波数領域の出力応答（周波数応答）がある．この制御システムの応答とは，システムへの任意の入力信号に対するそのシステムの外部への反応のことをいう．

3.1　時間応答

3.1.1　制御システムにおける応答

(1) 時間応答　図3.1において任意の入力信号 $r(t)$ がシステム M に印加されたとき，出力 $c(t)$ は

$$c(t) = c_t(t) + c_{ss}(t)$$

ただし，$c_t(t)$：過渡応答，$c_{ss}(t)$：定常応答．

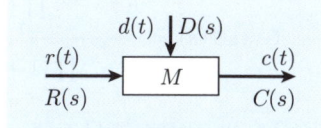

図3.1　制御システムの応答

　上式で過渡応答（現象）を伴うシステムを**動的システム**，伴わないかまたは無視できるシステムを**静的システム**と呼び，制御系は一般に動的システムである．

(2) 目標値および外乱に対する出力（制御量）の応答と制御偏差　信号伝達に着目して基本的なブロック線図で示すと図3.2のようになる．

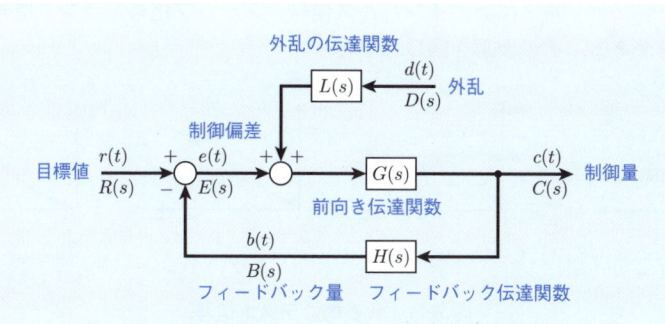

図3.2　外乱のある基本ブロック線図と名称

目標値と外乱に対する制御量の応答は

$$C(s) = \frac{G(s)}{1+G(s)H(s)}R(s) + \frac{L(s)G(s)}{1+G(s)H(s)}D(s) \quad (3.1)$$

また，目標値と外乱による制御偏差 $E(s)$ は，等価変換により求められる．その制御偏差は

$$E(s) = \frac{1}{1+G(s)H(s)}R(s) - \frac{L(s)G(s)H(s)}{1+G(s)H(s)}D(s) \quad (3.2)$$

制御量と制御偏差への目標値および外乱の応答には，式 (3.1) と (3.2) でわかるように分母に式 $1+G(s)H(s)$ があり，この分母を 0 とおくことによって得られる複素数 s に関する方程式

$$1+G(s)H(s) = 0$$

が**特性方程式**である．特性方程式にある前向き伝達関数 $G(s)$ とフィードバック伝達関数 $H(s)$ の積 $G(s)H(s)$ のことを**一巡伝達関数**と呼ぶ．

一般に一巡伝達関数は

$$G(s)H(s) = \frac{K\varepsilon^{-sT_d}\prod_{h=1}^{r}(1+sT_h)\prod_{l=1}^{v}\left\{1+2\left(\frac{\zeta_l}{\omega_{nl}}\right)s+\left(\frac{1}{\omega_{nl}}\right)^2 s^2\right\}}{s^k\prod_{i=1}^{p}(1+sT_i)\prod_{j=1}^{q}\left\{1+2\left(\frac{\zeta_j}{\omega_{nj}}\right)s+\left(\frac{1}{\omega_{nj}}\right)^2 s^2\right\}} \quad (3.3)$$

で与えられ，乗積記号 $\prod$ を使って表す．ただし，K：ゲイン定数，$k+p+2q=n$（分母の次数），$r+2v=m$（分子の次数）．一般に $n>m$ である．分子にある ε^{-sT_d} は遅れ要素を表し，分母には s^k の前向き経路の積分，一次遅れ要素，二次遅れ要素などがある．

3.1.2 基本テスト入力信号と時間応答

(1) テスト信号の種類 時間応答の過渡特性と定常特性を調べるための基準となるテスト入力信号にはデルタ関数のインパルス信号，ステップ信号，ランプ信号および定加速度信号がある．その波形を**図3.3**に示す．

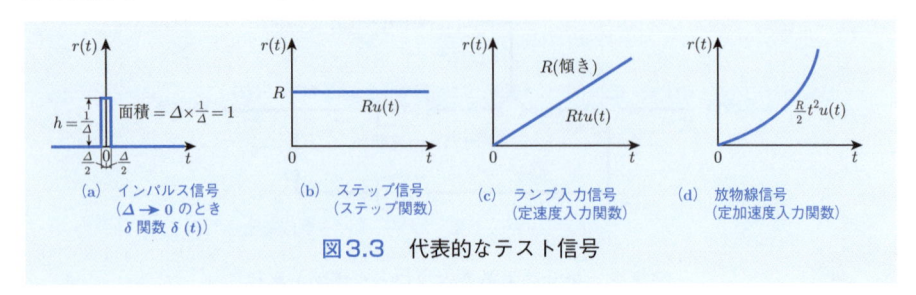

図3.3 代表的なテスト信号

(2) 過渡応答と定常応答 図3.4は単位ステップ入力信号に対する代表的な応答波形を示している．

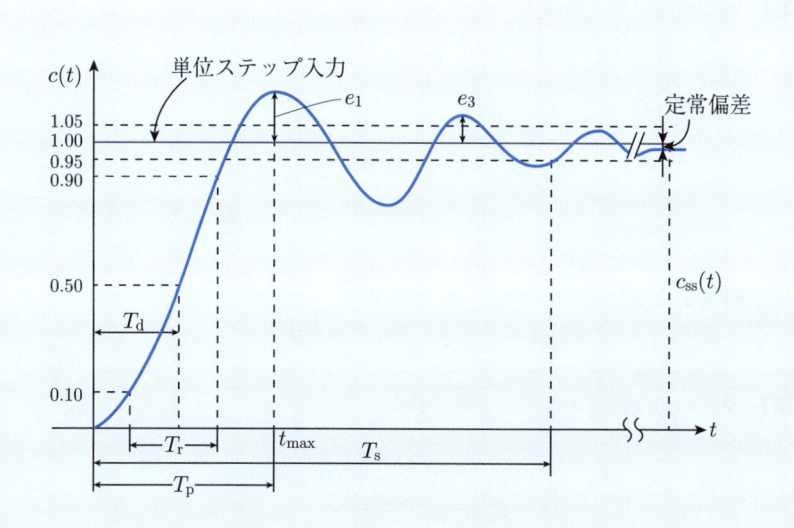

図3.4 過渡応答と定常応答

(1) **立ち上がり時間**（rising time）T_r
(2) **整定時間**（settling time）T_s
   最終値の上下にそれぞれ5%の幅を考え，応答がこの幅も中に入り，以後再び飛び出さないようになる時間
(3) **最大行き過ぎ量**（maximum over shoot）e_1
   応答が振動的で，最初の最大値（最終値からの値）A_p の最終値に対する比
   T_p, t_{max}：最大値 A_p を生じる時間（行き過ぎ時間）
   振幅減衰比 $= \frac{e_3}{e_1}$　0.25位が適当
(4) **遅延時間**（delay time）T_d
   最終値の50%に達する時間．

■ 例題3.1 ■

図3.1で $r(t) = \varepsilon^{-t} u(t)$, $M(s) = \frac{6}{(s+2)(s+3)}$ のとき $c(t)$ を求めよ．

【解答】 $r(t)$ をラプラス変換すると

$$R(s) = \frac{1}{s+1}$$

したがって $C(s)$ は

$$C(s) = M(s)R(s) = \frac{6}{(s+1)(s+2)(s+3)}$$

$$c(t) = (3\varepsilon^{-t} - 6\varepsilon^{-2t} + 3\varepsilon^{-3t})u(t)$$

■ 例題3.2 ■

図3.2のブロック線図において式(3.1)を求めよ．

【解答】 下図のように等価変換して得られる．

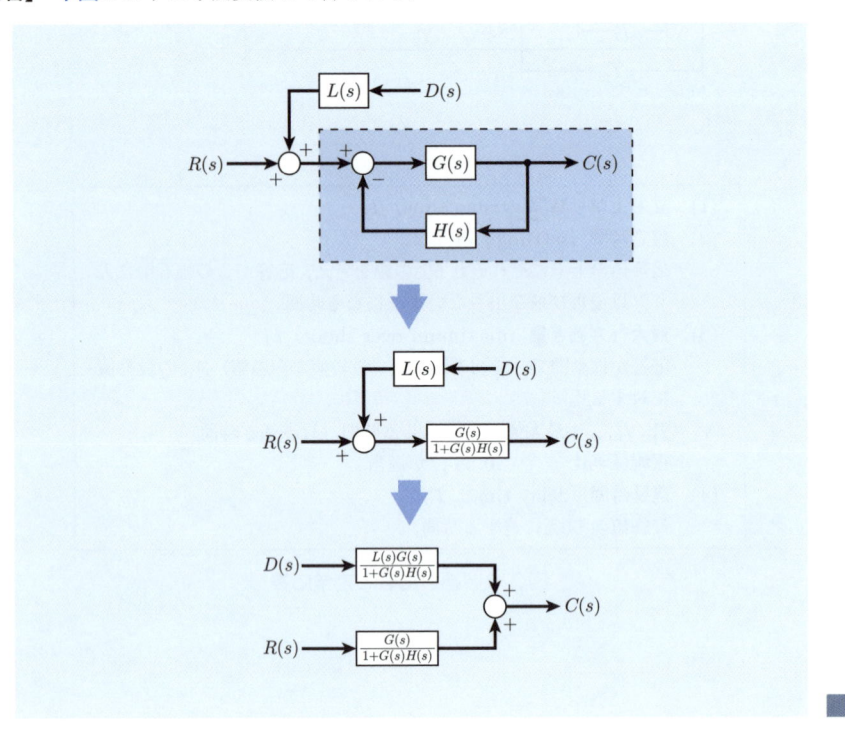

例題3.3

図3.2に示すブロック線図において式 (3.2) を求めよ.

【解答】 下図のように等価変換して求められる.

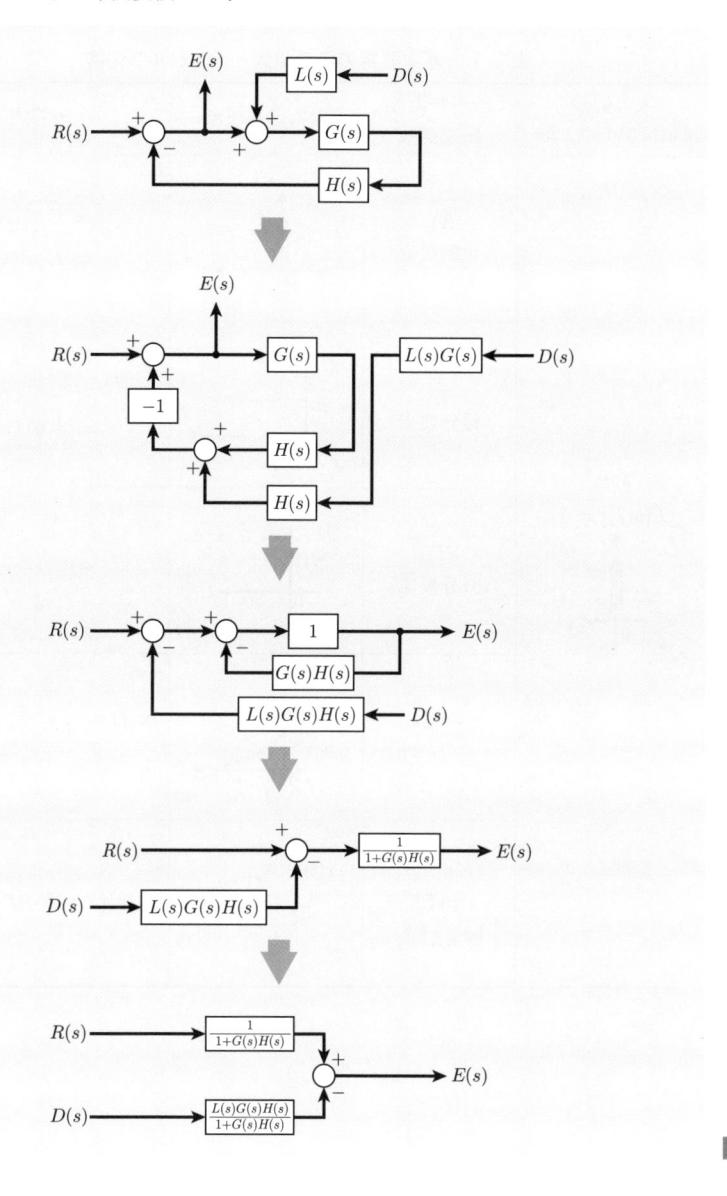

$$E(s) = \frac{1}{1+G(s)H(s)} R(s) - \frac{L(s)G(s)H(s)}{1+G(s)H(s)} D(s)$$

3.2 過渡応答

3.2.1 基本要素のインパルス応答

表3.1に基本的な制御要素の伝達関数とインパルス応答波形を示す．

表3.1 基本要素の伝達関数とインパルス応答

入力信号 （単位インパルス入力）	基本要素と 伝達関数	出力応答波形	応答式
$\delta(t)$ $(\mathcal{L}[\delta(t)] = 1)$	K_P （比例要素）		$c(t) = \mathcal{L}^{-1}[K_P \cdot 1]$ $= K_P \delta(t)$
	$\dfrac{1}{sT_I}$ （積分要素）		$c(t) = \mathcal{L}^{-1}\left[\dfrac{1}{sT_I} \cdot 1\right]$ $= \dfrac{1}{T_I} u(t)$
	sT_D （微分要素）		$c(t) = \pm\infty$
	$\dfrac{K}{1+Ts}$ （一次遅れ要素）		$c(t) = \dfrac{K}{T} \varepsilon^{-(1/T)} u(t)$ T：時定数
	$K\varepsilon^{-sL}$ （遅れ要素， むだ時間要素）		$c(t) = K\delta(t - L)$

3.2.2 基本要素のインディシャル応答

表3.2に基本的な制御要素の伝達関数とインディシャル応答波形を示す．

表3.2 基本要素の伝達関数とインディシャル応答

入力信号 (単位ステップ入力)	基本要素と 伝達関数	出力応答波形	応答式
$u(t)$ ($\mathcal{L}[u(t)] = \frac{1}{s}$)	K_P (比例要素)		$c(t) = K_P u(t)$
	$\frac{1}{sT_I}$ (積分要素)		$c(t) = \mathcal{L}^{-1}[c(s)]$ $= \mathcal{L}^{-1}\left[\frac{1}{T_I s^2}\right]$ $= \frac{1}{T_I} t u(t)$
	sT_D (微分要素)		$c(t) = \mathcal{L}^{-1}\left[\frac{1}{s}T_D s\right]$ $= \mathcal{L}^{-1}[T_D]$ $= T_D \delta(t)$
	$\frac{K}{1+Ts}$ (一次遅れ要素)		$c(t) = K\{1 - \varepsilon^{-(1/T)t}\}$ $\times u(t)$ T：時定数
	$K\varepsilon^{-sL}$ (遅れ要素)		$c(t) = Ku(t-L)$

3.2.3 二次遅れ要素の過渡応答

二次遅れ要素の伝達関数 $M(s)$ を，次式で与える．

$$M(s) = \frac{K\omega_n^2}{s^2+2\zeta\omega_n s+\omega_n^2} \tag{3.4}$$

(a) **インパルス応答**　式 (3.4) の伝達関数に単位インパルス入力を与えると

$$C(s) = \frac{K\omega_n^2}{s^2+2\zeta\omega_n s+\omega_n^2}$$

の応答となる．特性方程式は，上式の分母を 0 とする方程式であり，その根は ζ の値によって実数，複素数，または虚数になる．

(b) **インディシャル応答**　式 (3.4) の伝達関数に単位ステップ入力を与えると次の応答となる．

$$C(s) = \frac{K\omega_n^2}{s^2+2\zeta\omega_n s+\omega_n^2}\frac{1}{s}$$

3.2.4 過渡特性と特性根の配置

二次遅れ系の伝達関数について，その特性根とパラメータ $\alpha, \zeta, \omega_n, \beta$ の関係は

$$s_1 = -\alpha + j\beta, \quad s_2 = -\alpha - j\beta, \quad \alpha = \zeta\omega_n, \quad \beta = \omega_n\sqrt{1-\zeta^2} \quad (=\omega)$$

であり，複素平面では図 3.5 になる．

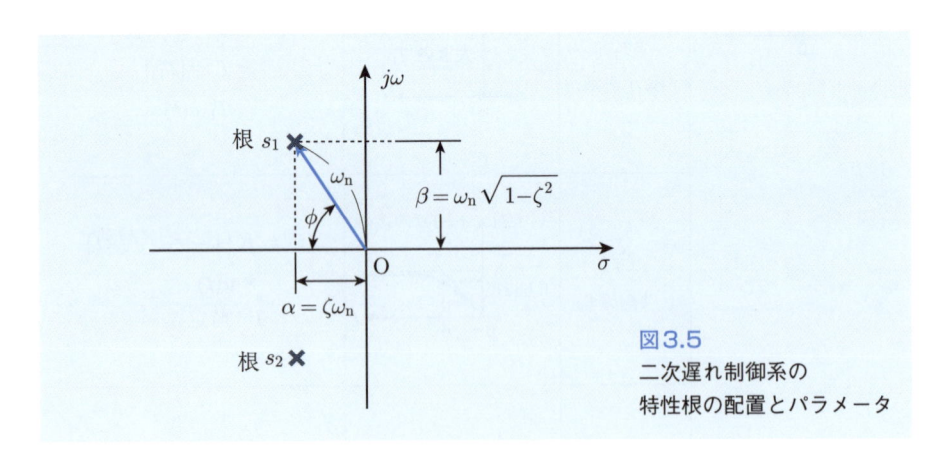

図 3.5 二次遅れ制御系の特性根の配置とパラメータ

3.2.5 外乱に対する過渡応答

外乱やノイズに対する過渡応答は，制御系に外乱やノイズが加わる位置により異なる．図 3.2 の制御系のように外乱が加わる場合は，式 (3.1) の右辺第 2 項より求めることが出来る．

3.2 過渡応答

■ 例題3.4

図3.4に示す (1)〜(4) の値はどのような特性を表すか．

【解答】 (1) 立ち上がり時間 T_r：応答の速さを表す．
(2) 整定時間 T_s：応答の速さと減衰性を表す．
(3) 最大行き過ぎ量 e_1：減衰成分の大きさを表す．
(4) 遅延時間 T_d：遅れ時間，むだ時間を表す． ■

■ 例題3.5

一次遅れ要素の (1) インパルス応答と，(2) インディシャル応答を求めよ．

【解答】 (1) 入力信号は
$$r(t) = \delta(t)$$
したがって，$R(s) = 1$．出力応答 $C(s)$ は，一次遅れ要素の伝達関数が [例題 2.12] より
$$G(s) = \frac{K}{1+sT}$$
であるので
$$C(s) = \frac{K}{1+sT} \cdot 1$$
$$= \frac{K}{T} \frac{1}{s+\frac{1}{T}}$$
ラプラス逆変換すると出力の時間応答は次式となる．
$$c(t) = \frac{K}{T} \varepsilon^{-(1/T)t} u(t) \quad T：時定数$$

応答波形は指数関数となる．時定数 T は過渡応答の目安を与え，T が小さいほど応答が速く，初期値の 36.8% になるまでの時間で求められる．

(2) 入力信号は $r(t) = u(t)$ であるので
$$R(s) = \frac{1}{s}$$
出力応答は
$$C(s) = \frac{K}{1+sT} \frac{1}{s} = K\left(\frac{1}{s} - \frac{1}{s+\frac{1}{T}}\right)$$
となるのでラプラス逆変換すると出力の時間応答は次式となる．
$$c(t) = K\{1 - \varepsilon^{-(1/T)t}\} u(t) \quad T：時定数$$

時定数 T は，時刻 0 でのインディシャル（ステップ）応答の接線が定常値と交わる時間，またはインディシャル（ステップ）応答が定常値の 63.2% に達するまでの時間である． ■

例題3.6

二次遅れ要素のインパルス応答を求め，応答波形を描け．

【解答】 伝達関数に単位インパルス入力を与えると次の応答となる．

$$C(s) = \frac{K\omega_n^2}{s^2+2\zeta\omega_n s+\omega_n^2} = \frac{K\omega_n^2}{(s-s_1)(s-s_2)} \tag{1}$$

ただし

$$s_1 = -\zeta\omega_n + \omega_n\sqrt{\zeta^2-1}, \quad s_2 = -\zeta\omega_n - \omega_n\sqrt{\zeta^2-1}$$

特性方程式は，上式の分母を0とする方程式であり，その根はζの値によって実数，複素数，または虚数になる．インパルス応答はζの値によって様子が異なるので場合分けして解いてゆく．

① $\zeta > 1$ のとき s_1, s_2 は共に実根であり，式(1)は

$$C(s) = \frac{A_1}{s-s_1} + \frac{A_2}{s-s_2}$$

と部分分数展開できる．ここで

$$A_1 = \left[\frac{K\omega_n^2}{(s-s_1)(s-s_2)}(s-s_1)\right]_{s=s_1} = \frac{K\omega_n}{2\sqrt{\zeta^2-1}}$$

$$A_2 = \left[\frac{K\omega_n^2}{(s-s_1)(s-s_2)}(s-s_2)\right]_{s=s_2} = \frac{-K\omega_n}{2\sqrt{\zeta^2-1}}$$

であるから，これらを式(1)に代入して逆変換すると，インパルス応答は

$$c(t) = \frac{K\omega_n}{2\sqrt{\zeta^2-1}}\varepsilon^{-\zeta\omega_n t}(\varepsilon^{\omega_n\sqrt{\zeta^2-1}\,t} - \varepsilon^{\omega_n\sqrt{\zeta^2-1}\,t})$$

$$= \frac{K\omega_n}{\sqrt{\zeta^2-1}}\varepsilon^{-\zeta\omega_n t}\sinh(\omega_n\sqrt{\zeta^2-1}\,t)$$

となり，単調に減衰する二つの指数関数の差であり $t \to \infty$ のとき $c(t) \to 0$ となる．

② $\zeta = 1$ のとき $s_1 = s_2 = -\omega_n$ であり

$$C(s) = \frac{K\omega_n^2}{(s+\omega_n)^2}$$

となる．よってラプラス逆変換するとインパルス応答は

$$c(t) = K\omega_n^2 t\varepsilon^{-\omega_n t}$$

となり，$t \to \infty$ で $c(t) \to 0$ となる．

③ $\zeta < 1$ のとき s_1, s_2 は

$$s_1 = -\alpha + j\omega$$

$$s_2 = -\alpha - j\omega$$

ただし，$\alpha = \zeta\omega_n, \omega = \sqrt{1-\zeta^2}\,\omega_n$ の共役複素根となる．式(1)は

3.2 過渡応答

$$C(s) = \frac{B_1}{s-(-\alpha+j\omega)} + \frac{B_2}{s-(-\alpha-j\omega)} \tag{2}$$

と部分分数展開できる．ここで

$$B_1 = \left[\frac{K\omega_n^2}{\{s-(-\alpha+j\omega)\}\{s-(-\alpha-j\omega)\}}\{s-(-\alpha+j\omega)\}\right]_{s=-\alpha+j\omega}$$

$$= \frac{K\omega_n^2}{2j\omega} = \frac{K\omega_n^2}{2\omega}\varepsilon^{-j(\pi/2)}$$

$$B_2 = \left[\frac{K\omega_n^2}{\{s-(-\alpha+j\omega)\}\{s-(-\alpha-j\omega)\}}\{s-(-\alpha-j\omega)\}\right]_{s=-\alpha-j\omega}$$

$$= \frac{K\omega_n^2}{-2j\omega} = \frac{K\omega_n^2}{2\omega}\varepsilon^{j(\pi/2)}$$

と求められるので，式 (2) に代入すると

$$C(s) = \frac{K\omega_n^2}{2\omega}\left\{\frac{\varepsilon^{-j(\pi/2)}}{s-(-\alpha+j\omega)} + \frac{\varepsilon^{+j(\pi/2)}}{s-(-\alpha-j\omega)}\right\}$$

となる．これをラプラス逆変換するとインパルス応答は

$$c(t) = \frac{K\omega_n^2}{2\omega}\{\varepsilon^{-j(\pi/2)}\varepsilon^{(-\alpha+j\omega)t} + \varepsilon^{j(\pi/2)}\varepsilon^{(-\alpha-j\omega)t}\}$$

$$= \frac{K\omega_n^2}{\omega}\varepsilon^{-\alpha t}\sin\omega t$$

または

$$c(t) = \frac{K\omega_n}{\sqrt{1-\zeta^2}}\varepsilon^{-\zeta\omega_n t}\sin(\omega_n\sqrt{1-\zeta^2}\,t)$$

インパルス応答の波形は下図となる．

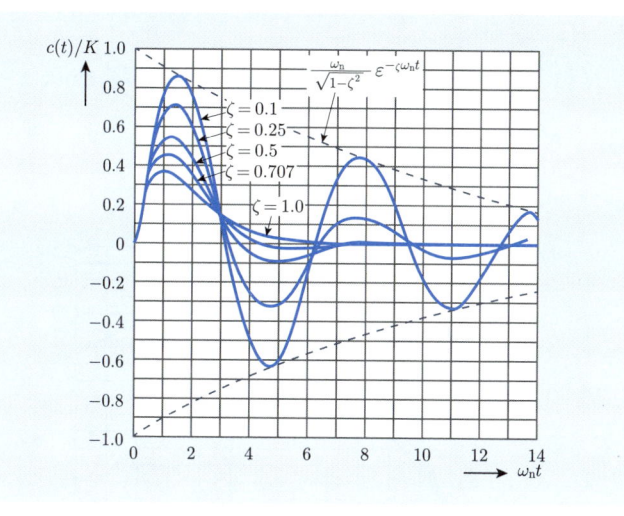

■ 例題3.7 ■

二次遅れ要素のインディシャル応答を求め，応答波形を描け．

【解答】 伝達関数に単位ステップ入力を与えると応答は $C(s) = \frac{K\omega_n^2}{s^2+2\zeta\omega_n s+\omega_n^2}\frac{1}{s}$ となる．インディシャル応答も ζ の値によって様子が異なるので場合分けして解く．

① $\zeta > 1$ の場合 $s_1, s_2 < 0$（実数でともに負）

$$s_1 = -\alpha+\gamma, \quad s_2 = -\alpha-\gamma, \quad \alpha = \zeta\omega_n, \quad \gamma = \omega_n\sqrt{\zeta^2-1}$$

$$C(s) = \frac{K\omega_n^2}{s(s+\alpha-\gamma)(s+\alpha+\gamma)} = \frac{K}{s} + \frac{\frac{K\omega_n^2}{2\gamma(-\alpha+\gamma)}}{s+\alpha-\gamma} - \frac{\frac{K\omega_n^2}{2\gamma(-\alpha-\gamma)}}{s+\alpha+\gamma}$$

$$\therefore \quad c(t) = K\left\{1 + \frac{\omega_n^2}{2\gamma(-\alpha+\gamma)}\varepsilon^{(-\alpha+\gamma)t} - \frac{\omega_n^2}{2\gamma(-\alpha-\gamma)}\varepsilon^{(-\alpha-\gamma)t}\right\}$$

$$= K\left\{1 - \varepsilon^{-\alpha t}\left(\cosh\gamma t + \frac{\alpha}{\gamma}\sinh\gamma t\right)\right\}$$

$$= K\left\{1 - \varepsilon^{-\zeta\omega_n t}\left(\cosh(\omega_n\sqrt{\zeta^2-1})t + \frac{\zeta}{\sqrt{\zeta^2-1}}\sinh(\omega_n\sqrt{\zeta^2-1})t\right)\right\}u(t)$$

② $\zeta = 1$ の場合 $s = s_1 = s_2 = -\omega_n$

$$C(s) = \frac{K\omega_n^2}{s(s+\omega_n)^2} = \frac{K}{s} - \frac{K\omega_n}{(s+\omega_n)^2} - \frac{K}{s+\omega_n}$$

$$\therefore \quad c(t) = K(1 - \omega_n t\varepsilon^{-\omega_n t} - \varepsilon^{-\omega_n t}) = K\{1-(\omega_n t+1)\varepsilon^{-\omega_n t}\}u(t)$$

③ $|\zeta| < 1$ の場合 $s_1 = -\alpha+j\beta, s_2 = -\alpha-j\beta, \alpha = \zeta\omega_n, \beta = \omega_n\sqrt{1-\zeta^2}$

$$C(s) = \frac{K\omega_n^2}{s\{(s+\alpha)^2+\beta^2\}} = \frac{K}{s} - \frac{K(s+2\alpha)}{(s+\alpha)^2+\beta^2} = \frac{K}{s} - \frac{K(s+\alpha)}{(s+\alpha)^2+\beta^2} - \frac{K\alpha}{\beta}\frac{\beta}{(s+\alpha)^2+\beta^2}$$

$$c(t) = K\left\{1 - \varepsilon^{-\alpha t}\left(\cos\beta t + \frac{\alpha}{\beta}\sin\beta t\right)\right\} = K\left\{1 - \frac{\varepsilon^{-\zeta\omega_n t}}{\sqrt{1-\zeta^2}}\sin(\sqrt{1-\zeta^2}\omega_n t+\phi)\right\}$$

$$\phi = \tan^{-1}\frac{\sqrt{1-\zeta^2}}{\zeta}$$

インディシャル応答の波形は下図となる．

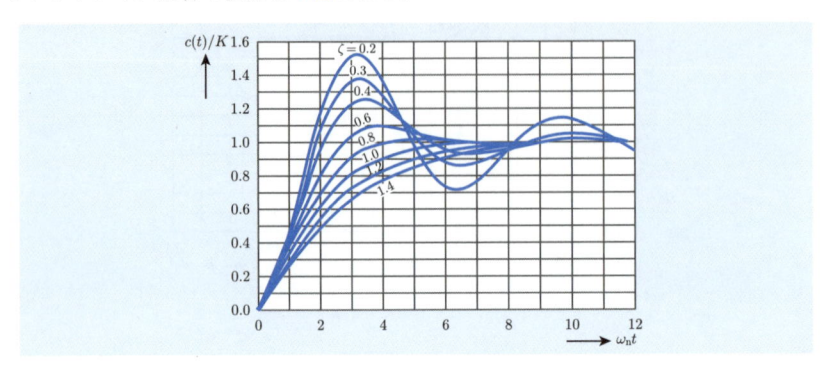

例題3.8

次の伝達関数を持つ制御系のインディシャル応答を求め,その波形の概形を描き,特性根の配置を s 平面上に描け.

$$M(s) = \frac{8}{s^2+2s+4}$$

【解答】 インディシャル応答は

$$C(s) = \frac{8}{s(s^2+2s+4)}$$
$$= \frac{2}{s} - \frac{2(s+1)}{(s+1)^2+3} - \frac{2}{\sqrt{3}}\frac{\sqrt{3}}{(s+1)^2+3}$$

したがって,ラプラス逆変換を行うと

$$c(t) = 2\left\{1 - \varepsilon^{-t}\left(\cos\sqrt{3}\,t + \frac{1}{\sqrt{3}}\sin\sqrt{3}\,t\right)\right\}$$
$$= 2\left\{1 - \frac{2}{\sqrt{3}}\varepsilon^{-t}\sin(\sqrt{3}\,t + \phi)\right\}$$

ただし,$\phi = \tan^{-1}\sqrt{3}$.

下図 **(a)** に応答波形,**(b)** に特性根の配置を示す.

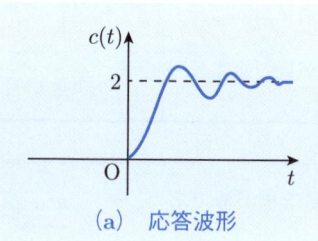

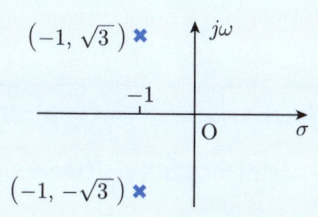

(a) 応答波形

(b) s 平面上での特性根の配置

例題3.9

二次遅れ要素の特性根の配置とインディシャル応答の概形を示せ.

【解答】 特性根の配置と応答の名称，および応答の概形は下表のとおりである．

根配置と応答

根配置	応答波形	根配置	応答波形
s_1, s_2 は $\zeta > 1$ で負の実数（過制動）		$\zeta = 0$ で虚数（非制動）	
$\zeta = 1$ で負の重根（臨界制動）		$0 > \zeta > -1$ で実数部が正の複素数（負制動）	
$1 > \zeta > 0$ で実数部が負の複素数（不足制動）		$-1 \geq \zeta$ で正の実数（負制動）	

■ 例題 3.10 ■

右図の制御系の伝達関数を標準形で求め，パラメータの関係を示せ．

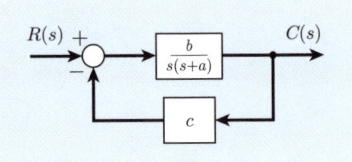

【解答】 全体の伝達関数 $M(s)$ は $M(s) = \dfrac{G(s)}{1+G(s)H(s)}$ とおける．問図では

$$G(s) = \frac{b}{s(s+a)}, \quad H(s) = c$$

であるので伝達関数は

$$M(s) = \frac{\frac{b}{s(s+a)}}{1+\frac{b}{s(s+a)}c} = \frac{b}{s^2+as+bc}$$

となる．標準形は $M(s) = \dfrac{K\omega_n^2}{s^2+2\zeta\omega_n s+\omega_n^2}$ であるのでパラメータは次の関係にある．

$$\omega_n = \sqrt{bc}, \quad \zeta = \frac{a}{2\sqrt{bc}}, \quad K = \frac{1}{c}$$

例題 3.11

下図に示すブロック線図で,入力がランプ関数であるとき制御偏差 $e(t)$ と定常偏差 e_{ss} を求めよ.

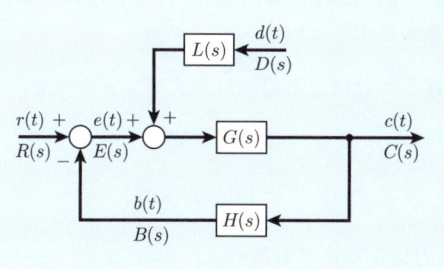

【解答】 目標値と外乱による制御偏差をブロック線図で示すと図 **(a)** となる.したがって,目標値に対する制御偏差は

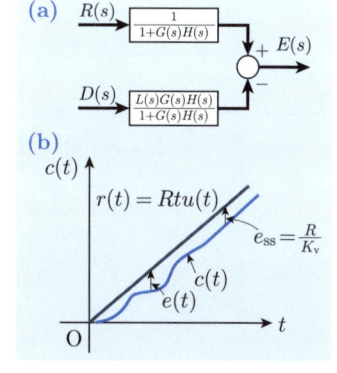

$$e(t) = r(t) - b(t)$$

ただし,$H(s) = 1$ のとき $b(t) = c(t)$.制御偏差と定常偏差は基準入力がランプ関数である場合は図 **(b)** となる.

定常偏差(steady state error)は

$$e_{ss} = \lim_{t \to \infty} e(t)$$

に示すように時間が ∞ になったときの誤差であると定義されている.定常特性は過渡応答の項が無視できる程度になるまでの時間を取れば十分であるが数学的には $t \to \infty$ の極限の場合の誤差特性である.これは制御系の**精度**(accuracy)を表している.

外乱が 0 のときの制御偏差は

$$E(s) = \frac{1}{1+G(s)H(s)} R(s)$$

であり,最終値の定理を用いると制御系の定常偏差は

$$e_{ss} = \lim_{t \to \infty} e(t) = \lim_{s \to 0} sE(s)$$

で表すことができる.ただし,$sE(s)$ の分母を 0 とする根は,系を不安定にする複素平面の右半分であってはいけない.定常偏差は次式となる.

$$e_{ss} = \lim_{s \to 0} \frac{sR(s)}{1+G(s)H(s)}$$

3.3 定常特性

制御系のタイプ　一般に一巡伝達関数は式 (3.3) に示したような有理関数で与えられ，積分要素の次数を制御系のタイプという．

目標値に対する定常偏差　一般に定常偏差は次式で与えられる．

$$e_{ss} = \lim_{t \to \infty} e(t)$$
$$= \lim_{s \to 0} sE(s)$$

(1) ステップ関数入力による定常偏差

$$e_{ss} = \frac{R}{1+\lim_{s \to 0} G(s)H(s)}$$
$$= \frac{R}{1+K_p} \tag{3.5}$$

ただし

$$r(t) = Ru(t), \quad \lim_{s \to 0} G(s)H(s) = K_p, \quad K_p：位置偏差定数$$

(2) ランプ関数入力による定常偏差

$$e_{ss} = \frac{R}{\lim_{s \to 0} sG(s)H(s)}$$
$$= \frac{R}{K_v} \tag{3.6}$$

ただし，

$$r(t) = Rtu(t), \quad K_v = \lim_{s \to 0} sG(s)H(s), \quad K_v：速度偏差定数$$

(3) 定加速度入力による定常偏差

$$e_{ss} = \frac{R}{\lim_{s \to 0} s^2 G(s)H(s)}$$
$$= \frac{R}{K_a} \tag{3.7}$$

ただし

$$r(t) = \frac{R}{2}t^2 u(t), \quad K_a = \lim_{s \to 0} s^2 G(s)H(s), \quad K_a：加速偏差定数$$

制御系の形と外乱による定常偏差　外乱による定常偏差は，外乱が入る位置より前の伝達関数によって決まる．

例題3.12

目標値に対する定常偏差と制御系のタイプの関係を各テスト信号について求めよ．

【解答】 下表のとおりになる．

入力関数と偏差

入力の形 $r(t)$		ステップ関数入力 $r(t) = Ru(t)$	ランプ関数入力 $r(t) = Rtu(t)$	定加速度関数入力 $r(t) = \frac{R}{2}t^2 u(t)$
制御量 $c(t)$ 制御偏差 $e(t)$ 定常偏差 $e_{ss}(t)$	0形系	$e_{ss}(\infty) = \frac{R}{1+K}$	$e_{ss}(\infty) = \infty$	$e_{ss}(\infty) = \infty$
	1形系	$e_{ss}(\infty) = 0$	$e_{ss}(\infty) = \frac{R}{K_v}$	$e_{ss}(\infty) = \infty$
	2形系	$e_{ss}(\infty) = 0$	$e_{ss}(\infty) = 0$	$e_{ss}(\infty) = \frac{R}{K_a}$
		$e_{ss} = e_{sp}$ （位置定常偏差）	$e_{ss} = e_{sv}$ （速度定常偏差）	$e_{ss} = e_{sa}$ （加速度定常偏差）

例題3.13

右図に示す制御系で次の目標値が入力されたときの定常偏差を求めよ．
(1) ステップ信号　$r(t) = Ru(t)$
(2) ランプ信号　$r(t) = Rtu(t)$

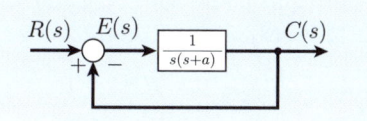

【解答】 (1) $G(s)H(s) = \frac{1}{s(s+a)}$ であるので

$$e_{ss} = \frac{R}{1+K_p}, \quad K_p = \lim_{s \to 0} G(s)H(s) = \lim_{s \to 0} \frac{1}{s(s+a)} = \infty$$

したがって，$e_{ss} = 0$ となり，1形系のステップ入力定常偏差となる．

(2) $e_{ss} = \frac{R}{\lim_{s \to 0} sG(s)H(s)} = \frac{R}{K_v}, \quad K_v = \lim_{s \to 0} \frac{s}{s(s+a)} = \lim_{s \to 0} \frac{1}{s+a} = \frac{1}{a}$

したがって，$e_{ss} = aR$ となり，1形系のランプ入力定常偏差となる．

例題3.14

一巡伝達関数が $G(s)$ であるとき次の目標値に対する定常偏差を求めよ．

(1) $r(t) = r_\mathrm{p}$　(2) $r(t) = r_\mathrm{v} t u(t)$　(3) $r(t) = \frac{1}{2} r_\mathrm{a} t^2 u(t)$

【解答】(1) $R(s) = \frac{r_\mathrm{p}}{s}$, $e_\mathrm{ss} = \lim_{s \to 0} \frac{r_\mathrm{p}}{1+G(s)}$

(2) $R(s) = \frac{r_\mathrm{v}}{s^2}$, $e_\mathrm{ss} = \lim_{s \to 0} \frac{r_\mathrm{v}}{sG(s)}$

(3) $R(s) = \frac{r_\mathrm{a}}{s^3}$, $e_\mathrm{ss} = \lim_{s \to 0} \frac{r_\mathrm{a}}{s^2 G(s)}$

例題3.15

下図の制御偏差 $E(s)$ を求めよ．ただし，$H(s) = 1$ とおく．

【解答】$E(s) = \frac{1}{1+G_1(s)G_2(s)} R(s) - \frac{G_2(s)}{1+G_1(s)G_2(s)} D(s)$

外乱に対する定常偏差は

$$e(\infty) = -\lim_{s \to 0} \frac{sG_2(s)}{1+G_1(s)G_2(s)} D(s) = -\lim_{s \to 0} \frac{s}{\frac{1}{G_2(s)}+G_1(s)} D(s)$$

例題3.16

[例題3.15] の制御系に対して外乱として (1) 単位ステップ関数，(2) 単位ランプ関数，(3) 定加速度関数が加わったときの制御量の定常偏差を求めよ．ただし

$$R(s) = 0,\quad H(s) = 1,\quad G_1(s) = \frac{K_1}{s(T_1 s+1)},\quad G_2(s) = \frac{K_2}{s(T_2 s+1)}$$

【解答】(1) $D(s) = \frac{1}{s}$ であるので外乱による定常偏差は

$$e_\mathrm{sd} = -\lim_{s \to 0} \frac{\frac{sK_2}{s(T_2 s+1)}}{1+\frac{K_1}{s(T_1 s+1)} \frac{K_2}{s(T_2 s+1)}} \frac{1}{s} = 0$$

(2) $D(s) = \frac{1}{s^2}$ であるので $e_\mathrm{sd} = -\frac{1}{K_1}$

(3) $D(s) = \frac{1}{s^3}$, $e_\mathrm{sd} = -\infty$

例題3.17

[例題 3.15] の制御系で $R(s) = \frac{R_r}{s}$, $D(s) = \frac{R_d}{s}$ のとき，次の制御量の定常偏差を求めよ．

(1) $G_1(s) = \frac{K_1}{1+sT_1}$, $G_2(s) = \frac{K_2}{s(1+sT_2)}$

(2) $G_1(s) = \frac{K_1}{s(1+sT_1)}$, $G_2(s) = \frac{K_2}{(1+sT_2)}$

【解答】 (1) $E(s) = \frac{1}{1+\frac{K_1 K_2}{s(1+sT_1)(1+sT_2)}} \frac{R_r}{s} - \frac{\frac{K_2}{s(1+sT_2)}}{1+\frac{K_1 K_2}{s(1+sT_1)(1+sT_2)}} \frac{R_d}{s}$

$e_{\mathrm{sd}} = \lim_{s \to 0} sE(s) = -\lim_{s \to 0} \frac{\frac{sK_2}{s(1+sT_2)}}{1+\frac{K_1 K_2}{s(1+sT_1)(1+sT_2)}} \frac{R_d}{s} = -\frac{R_d}{K_1}$

(2) $E(s) = \frac{1}{1+\frac{K_1 K_2}{s(1+sT_1)(1+sT_2)}} \frac{R_r}{s} - \frac{\frac{K_2}{1+sT_2}}{1+\frac{K_1 K_2}{s(1+sT_1)(1+sT_2)}} \frac{R_d}{s}$, $e_{\mathrm{sd}} = 0$

例題3.18

下図に示す制御系で外乱による定常偏差を述べよ．ただし，$G_1(s)$, $G_2(s)$ は

$G_1(s) = \frac{1}{s^m} F_1(s)$, $G_2(s) = \frac{1}{s^{k-m}} F_2(s)$

$$F(s) = F_1(s) F_2(s) = \frac{K \prod_{h=1}^{r}(1+sT_h) \prod_{l=1}^{v}\left(1+2\zeta_l \frac{s}{w_{\mathrm{n}l}} + \frac{s^2}{w_{\mathrm{n}l}^2}\right)}{\prod_{i=1}^{p}(1+sT_i) \prod_{j=1}^{q}\left(1+2\zeta_j \frac{s}{w_{\mathrm{n}j}} + \frac{s^2}{w_{\mathrm{n}j}^2}\right)}$$

で表されるとする．また，$m \leq k$, $H(s) = 1$ とおく．$F_1(s)$, $F_2(s)$ はともに $s = 0$ で極を持たず，$F(s)$ の $s \to 0$ での極限は一定の値の K となる．

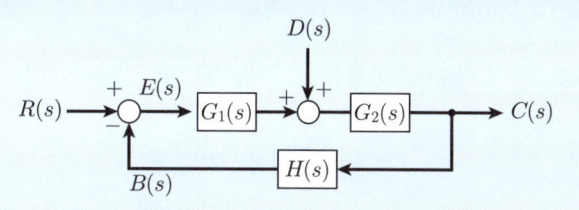

【解答】 外乱による制御量との伝達関数は $\frac{C(s)}{D(s)} = \frac{G_2(s)}{1+G_1(s)G_2(s)H(s)}$ であるので外乱による定常偏差の大きさ e_{sd} は次式である．

$$e_{\mathrm{sd}} = \lim_{s \to 0} s\left[\frac{G_2(s)}{1+G_1(s)G_2(s)}\right] D(s) = \lim_{s \to 0} s\left[\frac{\frac{1}{s^{k-m}}F_2(s)}{1+\frac{1}{s^k}F(s)}\right] D(s)$$

$$= \lim_{s \to 0} \left[\frac{s^{m+1}F_2(s)}{s^k + F(s)}\right] D(s)$$

(i) **目標値に対して 0 形制御系の場合**　この場合，$k=0$ であるから $m=0$ だけであるので

$$e_{\text{sd}} = \lim_{s \to 0} \frac{sF_2(s)}{1+F(s)} D(s)$$
$$= \frac{\lim_{s \to 0} sF_2(s)D(s)}{1+K}$$

外乱がステップ関数の場合，定常偏差は

$$e_{\text{sd}} = \frac{\lim_{s \to 0} sF_2(s)\frac{1}{s}}{1+K} = \frac{1}{1+K}$$

であり有限な値となる．ランプ関数の外乱では定常偏差は ∞ となる．目標値に対する 0 形系の定常偏差と同様，外乱に対しても 0 形の制御系になる．

(ii) **目標値に対して 1 形制御系の場合**　この場合，$k=1$ であるから $m=0,1$ の 2 つのケースがあり，以下の式で表せる．

$$m=0: \quad e_{\text{sd}} = \lim_{s \to 0} \frac{sF_2(s)}{s+F(s)} D(s)$$
$$= \frac{1}{K} \lim_{s \to 0} F_2(s)sD(s)$$
$$m=1: \quad e_{\text{sd}} = \lim_{s \to 0} \frac{s^2F(s)}{s+F(s)} D(s)$$
$$= \frac{1}{K} \lim_{s \to 0} F_2(s)s^2D(s)$$

　積分要素が $G_2(s)$ にある場合は，定常偏差はステップ関数外乱のみ有限な値となりランプ関数外乱では ∞ となるので外乱に対して 0 形制御系である．

　積分要素が $G_1(s)$ にある場合は，定常偏差はステップ関数外乱に対して 0 であり，ランプ関数外乱に対して有限の値となる．この場合は外乱に対して 1 形制御系であることがわかる．

(iii) **目標値に対して 2 形制御系の場合**　この場合は，$k=2$ であるから $m=0,1,2$ のケースがあり

$$e_{\text{sd}} = \lim_{s \to 0} \frac{s^{m+1}F_2(s)}{s^2+F(s)} D(s)$$
$$= \frac{1}{K} \lim_{s \to 0} F_2(s)s^{m+1}D(s)$$

で表せる．ただし，$k=2, m=2,1,0$．上式から次のことがわかる．すなわち，外乱による定常偏差は，$m=0$ の場合は外乱に対して 0 形の制御系，$m=1$ は外乱に対して 1 形の制御系，$m=2$ は外乱に対して 2 形の制御系となる．したがって，外乱による定常偏差を少なくするためには，積分を表す $\frac{1}{s^k}$ をできるだけ $G_1(s)$ に含ませ，そのゲイン定数を大きくすることが必要である．

　以上のように，外乱によって生じる定常偏差は，外乱が入る位置より前の伝達関数によって決まることがわかる．

3章の問題

3.1 $G(s) = \frac{K}{1+Ts}$ なる伝達関数で表される要素を (ア) 要素と呼んでいる．T は，(イ) であり，過渡応答の目安を与え，T が小さいほど応答が速い．また，K は定常ゲインを表し，定常値が入力の大きさの K 倍となることを示している．したがって，ステップ応答が得られると定常値から定常ゲイン K の値が求められ，零時刻でのステップ応答の (ウ) が定常値と交わる時間，またはステップ応答が定常値の (エ) [%] に達するまでの時間から時間から T が求められる．

上記の記述中の空白箇所 (ア)，(イ)，(ウ) および (エ) に記入する字句または数値として，正しいものを組み合わせたのは次のうちどれか． (昭 63・III)

(1) (ア) 一次　　(イ) 時定数　　(ウ) 立ち上り　(エ) 95.0
(2) (ア) 一次遅れ (イ) 時定数　　(ウ) 接線　　　(エ) 63.2
(3) (ア) 一次　　(イ) 減衰係数　(ウ) 残差　　　(エ) 63.2
(4) (ア) 一次遅れ (イ) 時定数　　(ウ) 接線　　　(エ) 70.2
(5) (ア) 一次遅れ (イ) 減衰例数　(ウ) 立ち上り　(エ) 70.2

3.2 右図のようなステップ応答 $h(t)$ を示すプロセス系がある．このプロセス系の伝達関数として，正しいのは次のうちどれか． (平 5・III)

(1) $G(s) = \frac{K}{T+s}$　　(2) $G(s) = \frac{K}{1+Ts}$

(3) $G(s) = \frac{K}{\frac{1}{T}+s}$　　(4) $G(s) = \frac{K}{1+\frac{s}{T}}$

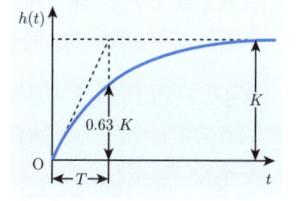

(5) $G(s) = \frac{T}{1+Ks}$

3.3 図 (a) に示す R-L 回路において，端子 a, a′ 間に単位階段状のステップ電圧 $v(t)$ [V] を加えたとき，抵抗 R [Ω] に流れる電流を $i(t)$ [A] とすると，$i(t)$ は図 (b) のようになった．この回路の R [Ω]，L [H] の値および入力を a, a′ 間の電圧とし，出力を R [Ω] に流れる電流としたときの周波数伝達関数 $G(j\omega)$ の式として，正しいものを組み合わせたのは次のうちどれか．R [Ω]，L [H]，$G(j\omega)$ の順に示す． (平 18・III)

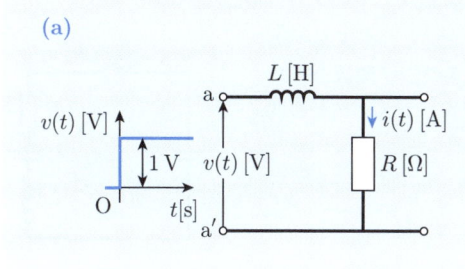

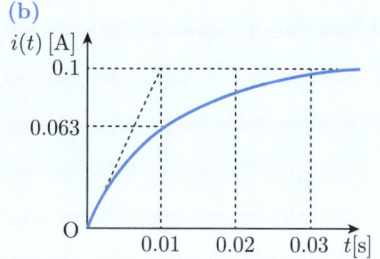

(1) $10, 0.1, \frac{0.1}{1+j0.01\omega}$ (2) $10, 1, \frac{0.1}{1+j0.1\omega}$ (3) $100, 0.01, \frac{1}{1+j0.01\omega}$
(4) $10, 0.1, \frac{1}{1+j0.01\omega}$ (5) $100, 0.01, \frac{1}{100+j0.01\omega}$

□ **3.4** 右図のブロック線図で表される定値制御系がある．外乱 $D(s)$ に対する制御量 $C(s)$ の伝達関数 $\frac{C(s)}{D(s)}$ を示す式として，正しいのは次のうちどれか． (平 5・III)

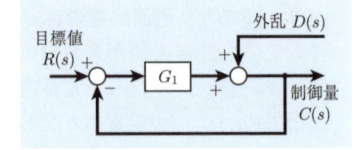

(1) $\frac{G(s)}{1+G(s)}$ (2) $\frac{G(s)}{1+G(s)} + 1$ (3) 1
(4) $\frac{1}{1+G(s)}$ (5) $\frac{1}{1-G(s)}$

□ **3.5** 右図に示すように一次遅れ要素 $G(s) = \frac{K}{1+Ts}$ をフィードバックした制御系がある．この系の閉路伝達関数

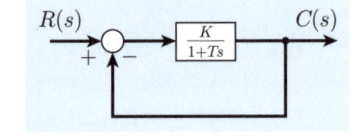

$$W(s) = \frac{C(s)}{R(s)} = \frac{K'}{1+T's}$$

の時定数 T' を開路伝達関数 $G(s)$ の時定数 T の $\frac{1}{10}$ にしたい．ゲイン K の値をいくらにすればよいか，正しい値を次のうちから選べ． (平 5・III)

(1) 9 (2) 10 (3) 11 (4) 12 (5) 13

□ **3.6** 下図に示すようなフィードバック制御系がある．閉路系の伝達関数 $W(s)$ は一次遅れ要素となるが，この場合のゲインおよび時定数として，正しい値を組み合わせたのは次のうちどれか．ゲイン，時定数の順に示す． (平 1・III)

(1) $\frac{1}{K}, TK$ (2) $1, \frac{T}{K}$ (3) K, TK (4) $1, \frac{K}{T}$ (5) $\frac{1}{K}, \frac{T}{K}$

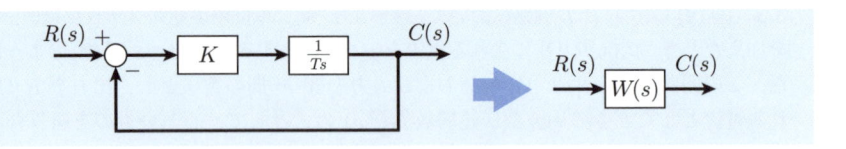

□ **3.7** 二次遅れ制御系のインディシャル応答で $\zeta = -1$ のときの応答波形を求めよ．

□ **3.8** 右図に示す電気回路でスイッチ S を閉じ，直流電圧 E を入力として電荷 $q(t)$ を出力としたときの伝達関数を求めよ．また，二次遅れ制御系の標準形式の各パラメータとの関係を示せ．

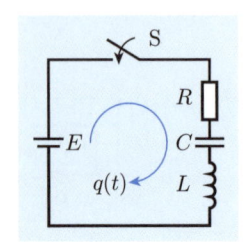

3章の問題

3.9 下図は二次振動系のステップ応答を示している。$\zeta = 0.4$ で $\omega_n = 10\,[\text{rad}\cdot\text{s}^{-1}]$ の場合の最大行き過ぎ量 ϕ_p およびその値に到達するまでの時間 $t_p\,[\text{s}]$ は，それぞれいくらか，正しい値を組み合わせたものを次のうちから選べ． (平1・III)

(1) $\phi_p = 0.25, t_p = 0.35$　(2) $\phi_p = 0.25, t_p = 3.5$　(3) $\phi_p = 0.25, t_p = 35$
(4) $\phi_p = 1.25, t_p = 3.5$　(5) $\phi_p = 1.25, t_p = 35$

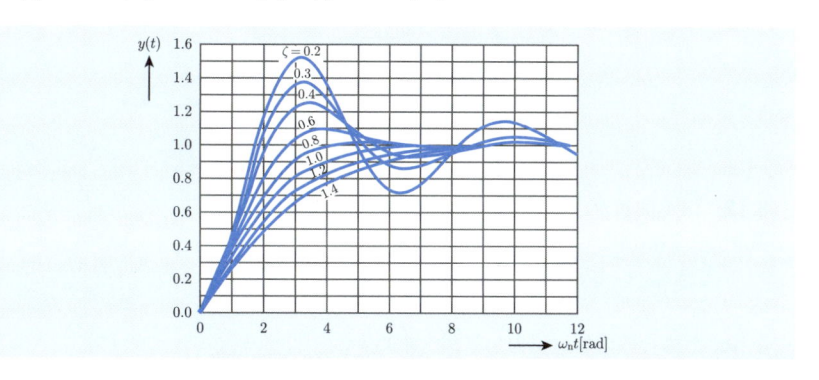

3.10 二次系の周波数伝達関数は，一般に $G(j\omega) = \dfrac{K\omega_n^2}{(j\omega)^2 + 2\zeta\omega_n(j\omega) + \omega_n^2}$ なる形で表しているが，ζ は (ア) ，ω_n は (イ) と呼ばれている．$\zeta < 1$ では (ウ) 応答を示し，$\zeta > 1$ では (エ) になる．$\zeta = 1$ がそれらの境界であり， (オ) 応答となる．

上記の記述中の空白箇所 (ア)，(イ)，(ウ)，(エ) および (オ) に記入する字句として，正しいものを組み合わせたのは次のうちどれか． (昭60・III)

(1) (ア) 固有角周波数　(イ) 減衰率　(ウ) 非振動的　(エ) 振動的　(オ) 臨界減衰
(2) (ア) 減衰率　(イ) 固有角周波数　(ウ) 非振動的　(エ) 臨界減衰　(オ) 振動的
(3) (ア) 固有角周波数　(イ) 減衰率　(ウ) 振動的　(エ) 非振動的　(オ) 臨界減衰
(4) (ア) 減衰率　(イ) 固有角周波数　(ウ) 非振動的　(エ) 振動的　(オ) 臨界減衰
(5) (ア) 減衰率　(イ) 固有角周波数　(ウ) 振動的　(エ) 非振動的　(オ) 臨界減衰

3.11 図は，フィードバック制御系の過渡特性を表す代表的な応答を示したものである．図示している過渡特性を表現する各部の名称として，正しいものを組み合わせたのは次のうちどれか．T_d, T_s, T_r, ϕ_p の順に示す． (昭61・III)

(1) 半応答時間　定常応答時間　遅れ時間　最大量
(2) 半応答時間　有限整定応答　立ち上り時間　最大行き過ぎ量
(3) 遅れ時間　整定時間　立ち上り時間　最大行き過ぎ量
(4) 遅れ時間　整定時間　応答時間　オーバシュート
(5) 立ち上り時間　有限整定時間　遅れ時間　振幅最大値

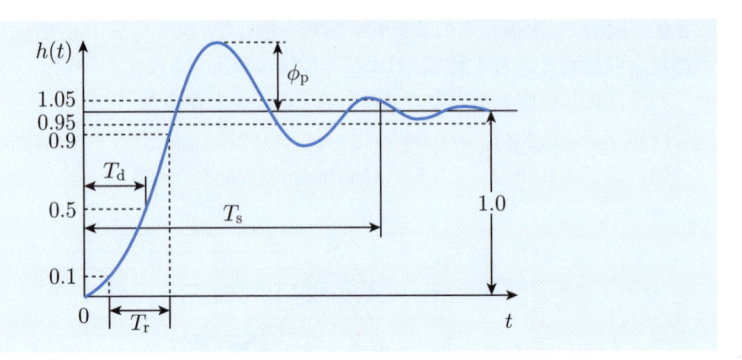

□**3.12** 伝達関数が $\frac{s^2+16s+36}{s^2+7s+12}$ である系に，入力信号として

$$g(t) = \begin{cases} 4 & (t \geq 0) \\ 0 & (t < 0) \end{cases}$$

を与えた場合の応答（出力信号）を求めよ． (平3・II)

□**3.13** 出力の初期値が 0 である $\frac{5}{1+2s}$ の系に単位ステップ入力を加えた場合，その出力を時間関数の形で表し，かつ，2秒後の出力値がいくらになるかを計算せよ．また，この場合のインディシャル応答を表す略図を描き，立ち上り時間 T_r，遅れ時間 T_d および整定時間 T_s が，この図中でどのように示されるか記入せよ． (昭47・II)

□**3.14** 空欄に適切な用語または数式を挿入せよ．

二次遅れ要素について，ω を角周波数，ω_n を A ，ζ を B とすると，この要素の伝達関数は，$G(s) = \frac{\omega_n^2}{\boxed{C}}$ なる一般式で表される．縦軸にゲインを，横軸に角周波数を取って，この要素のゲイン特性を描くと，ζ の値いかんにより共振ピーク値 (M_p) が現われるが，この値は ζ との間に，$M_p = \frac{1}{\boxed{D}}$ なる関係がある．なお，この要素のインディシャル応答は，ζ の値が E ときに振動的になる． (昭54・II)

□**3.15** 右図のようなブロック線図で表される制御系がある．次の問に答えよ． 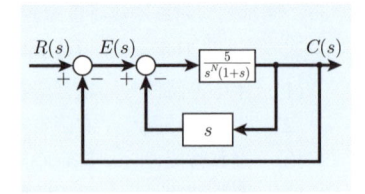
(1) 閉路伝達関数 $M(s) = \frac{C(s)}{R(s)}$ を求めよ．
(2) $N = 1$ なる場合に対して，$R(s) = \frac{1}{s}$ なるステップ入力を加えたときの応答 $C(t)$ を求めよ．
(3) (a) $N = 0$ および，(b) $N = 1$ とした場合について，$E(s)$ の定常位置偏差および定常速度偏差を求めよ． (昭59・II)

3章の問題

3.16 伝達関数 $H(s)$ が，$H(s) = \frac{1}{1+sT}$ （T：正の実数）で与えられる回路がある．次の問に答えよ．

(1) 入力として，ステップ関数 $x(t) = 0$ ($t < 0$), $x(t) = 1$ ($t \geq 0$) を入れたところ，出力は右図に示すような結果となった．出力が最終値の 10% から 90% になるまでの時間 t_r を求めよ．

【参考】 $\log_\varepsilon 0.1 = -2.3$, $\log_\varepsilon 0.9 = -0.1$

(2) この回路に低周波の正弦波を入力した場合より，3 dB 振幅が小さくなる周波数 f_0 を求め，t_r との関係を示せ． (昭 62・II)

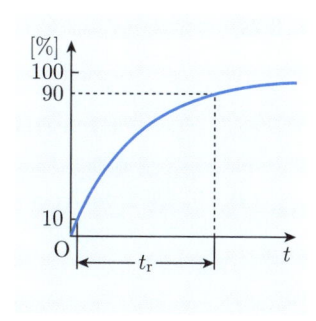

3.17 (1) 伝達関数が $G(s) = \frac{1}{(sT_1+1)(sT_2+1)}$ で表される系がある．
 (a) この系のインパルス応答を求めよ．
 (b) この系のインディシャル応答を求めよ．
(2) インディシャル応答が次式で示される場合の系の伝達関数を求めよ．

$$y(t) = 1 - \varepsilon^{-2t}\cos 4t - \tfrac{1}{2}\varepsilon^{-2t}\sin 4t$$

3.18 右図のようなフィードバック制御系がある．次の問に答えよ． (昭 63・II)

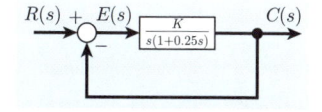

(1) 閉路伝達関数 $W(s) = \frac{C(s)}{R(s)}$ を求めよ．
(2) 閉路系が振動的になるためのゲイン K の値が範囲を求めよ．
(3) 閉路系の減衰係数 $\zeta = 0.4$ になるように設計したい．そのときの K の値および固有角周波数 ω_n を求めよ．
(4) $K = 5$ とした場合，$R(s)$ にステップ入力を加えたときの $C(s)$ の応答を計算せよ．

3.19 入出力特性が次式で表される制御要素（図 (a)）がある．次の問に答えよ． (平 9・II)

$$y(t) + \tfrac{1}{T}\int y(t)dt = x(t)$$

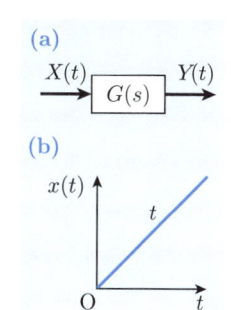

(1) この制御要素の伝達関数 $G(s)$ を求めよ．
(2) 図 (b) のような時間関数 $x(t) = t$ のラプラス変換 $X(s)$ を示せ．
(3) 図 (a) の制御要素に入力 $x(t)$ として，図 (b) のような時間が加わったときの出力の過渡応答 $y(t)$ を求めよ．

□**3.20** 下図に示すフィードバック系がある．次の問に答えよ． (平 10・II)
(1) 図のブロック線図を等価変換し，$E(s)$ における引き出しを $G_2(s)$ の出力側に移したときのブロック線図を描け．
(2) (1) で求めたブロック線図を用いて，入力 $R(s)$ と出力 $C(s)$ の間の伝達関数 $\frac{C(s)}{R(s)}$ を求めよ．
(3) 伝達関数が $G_1(s) = 1, G_2(s) = \frac{2}{s}$ の場合について，$R(s)$ が単位インパルス関数のときの応答，すなわち単位インパルス応答 $c(t)$ を求めよ．

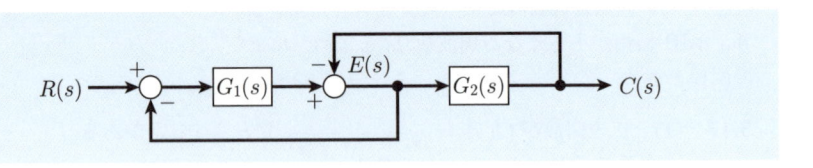

□**3.21** 次に示す一巡伝達関数 $G(s)$ を持つ直結フィードバック制御系がある．
$$G(s) = \frac{5K}{s(s+4)}$$
(1) 応答が振動的となる K の値を求めよ．
(2) $K = 1$ としたときのステップ応答を求めよ．
(3) 最大の行き過ぎ量を求めよ．

□**3.22** 右図に示す制御系で次の目標値が入力されたときの定常偏差を求めよ．
(1) ステップ入力 $r(t) = Ru(t)$, $R(s) = \frac{R}{s}$
(2) ランプ入力 $r(t) = Rtu(t)$, $R(s) = \frac{R}{s^2}$

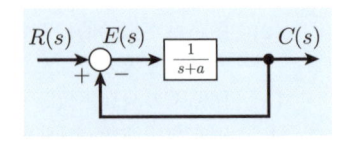

□**3.23** 下図においてそれぞれの伝達関数が次式で与えられるとき，(1) ステップ関数外乱 $d(t) = u(t)$, (2) ランプ関数外乱 $d(t) = tu(t)$ に対する定常偏差を求めよ．
$$G_1(s) = \frac{K}{s}, \quad G_2(s) = \frac{1}{(s+1)(s+2)}, \quad H(s) = 1$$

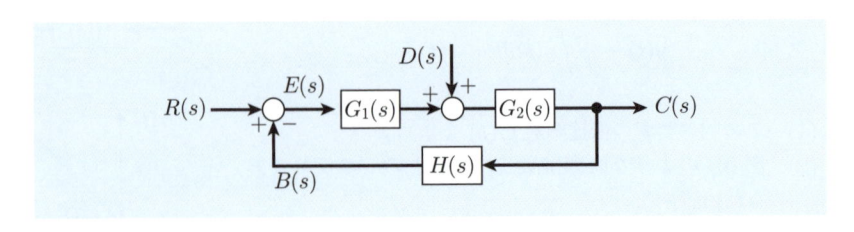

3章の問題

3.24 次の文章は，フィードバック制御系の定常特性に関する記述である．文中の□□□に当てはまる語句を解答群の中から選べ．

フィードバックループの中における前向き径路にある (1) の数を制御系の型と呼び定常偏差を決める重要な要素である．0型の系では一定の (2) があり，定常速度偏差は (3) となる．1型の系では (2) は零となるが，定常速度偏差が残る．2型にすると定常速度偏差は零にできるが，制御系を (4) することが難しい．したがって，一般のサーボ系では1型を用いて一巡伝達関数 (5) を大きく取り，定常速度偏差を小さくするようにしている．
(平11・II)

【解答群】　(イ) 一次遅れ要素　(ロ) 微分要素　(ハ) ゲイン
　　　　　(ニ) 定常速度偏差　(ホ) 最適化　　(ヘ) 無限大
　　　　　(ト) 有限　　　　　(チ) 定常位置偏差 (リ) 定常加速度偏差
　　　　　(ヌ) 零　　　　　　(ル) バンド幅　 (ヲ) 積分要素
　　　　　(ワ) 最小化　　　　(カ) 位相　　　 (ヨ) 安定化

3.25 下図に示すフィードバック制御系について，次の問に答えよ．ただし，$R(s)$ は目標値，$C(s)$ は制御量，$E(s)$ は偏差，K_1 および K_2 は定数である． (平12・II)
(1) 閉ループ伝達関数 $W(s) = \frac{C(s)}{E(s)}$ を求めよ．
(2) $W(s)$ を二次遅れ要素の標準形式で表したときの減衰係数 ζ が 0.5，固有角周波数 ω_n が $10\,[\mathrm{rad\cdot s^{-1}}]$ であるとして K_1 および K_2 の値を求めよ．
(3) (2)で求めた K_1 および K_2 の値を用いて，閉ループ伝達関数 $W_e(s) = \frac{E(s)}{R(s)}$ を求めよ．
(4) (3) の結果を用いて，$R(s)$ にランプ関数 $r(t) = t$ を加えたときの定常速度偏差 e_s を求めよ．

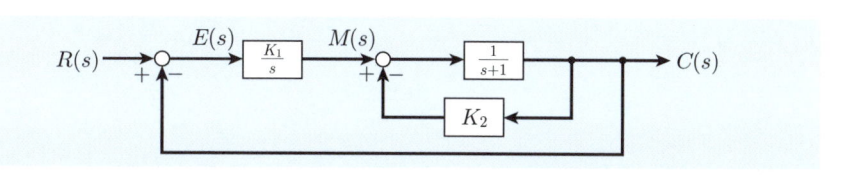

3.26 右図のようなフィードバック制御系がある．ここで $R(s)$ は目標値，$C(s)$ は制御量である．この制御系について次の問に答えよ． (平14・II)
(1) この系の固有角周波数 ω_n および減衰係数 ζ をゲイン K および時定数 T を用いて表せ． 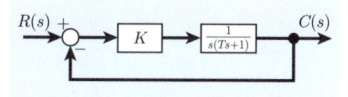
(2) 時定数 T が一定の場合，減衰係数 ζ を 0.2 から 0.6 に増加させるためには，ゲイン K の値をもとの何倍にすればよいか．
(3) (2) において，固有角周波数 ω_n の値はもとの何倍になるか．

(4) この系において，$K = \frac{100}{12}, T = \frac{1}{12}$ [s] とし，$R(s)$ が単位ステップ関数のときの過渡応答 $c(t)$ を求めよ．

3.27 次の一巡伝達関数を有する直結フィードバック制御系がある．この入力に対する定常偏差を求めよ．

$$G(s) = \frac{100}{s(1+0.1s)}, \quad r(t) = 1 + t + t^2$$

3.28 次の一巡伝達関数を有するサーボ機構がある．$20° \cdot s^{-1}$ の一定角速度入力に対し定常偏差を $1°$ 以内にするためには K の値をいくら選べばよいか．

$$G(s) = \frac{K(0.3s+1)}{s(s+1)(0.1s+1)}, \quad H(s) = 1$$

3.29 下図に示す制御系がある．次の各問に答えよ．
(1) この制御系を次式で示す状態方程式の形式で表せ．

$$\begin{bmatrix} \dot{x}_1 \\ \dot{x}_2 \end{bmatrix} = \begin{bmatrix} a_{11} & a_{12} \\ a_{21} & a_{22} \end{bmatrix} \begin{bmatrix} x_1 \\ x_2 \end{bmatrix} + \begin{bmatrix} b_1 \\ b_2 \end{bmatrix} u, \quad y = \begin{bmatrix} c_1 & c_2 \end{bmatrix} \begin{bmatrix} x_1 \\ x_2 \end{bmatrix}$$

(2) この制御系の伝達関数を求めよ．
(3) この制御系に単位ステップ信号を与えたときの応答を求めよ．

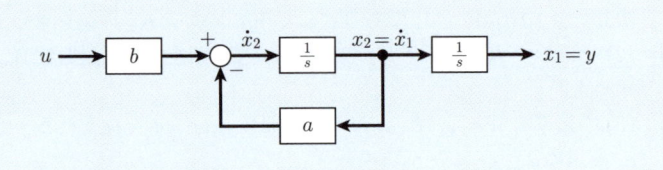

4 制御系の周波数応答 —周波数特性—

制御系の特性を表す方法に周波数応答がある．目標値の正弦波信号が印加され，過渡現象が終了した後の定常状態で制御量とその目標値との関係を示す方法である．

4.1 周波数応答

周波数伝達関数　伝達関数 $G(s)$ と入力信号 $E(s)$ と出力信号 $C(s)$ の関係が

$$C(s) = G(s)E(s)$$

で与えられたとする．s を $j\omega$ に置き換えて入力信号をフーリエ変換すると制御量の周波数応答 $C(j\omega)$ は

$$C(j\omega) = G(j\omega)E(j\omega)$$

で与えられ

$$G(j\omega) = G(\omega)\varepsilon^{j\phi(\omega)}$$

が**周波数伝達関数**（frequency transfer function）である．

$$G(\omega) = |G(j\omega)|$$
$$= \frac{|C(j\omega)|}{|E(j\omega)|}$$
$$\phi(\omega) = \angle G(j\omega)$$
$$= \angle C(j\omega) - \angle E(j\omega)$$

周波数応答　周波数伝達関数は，制御系の性質と入力信号の周波数に依存する．この振幅比および位相差を周波数の関数として表現したものが**周波数応答**（frequency response）である．

$G(j\omega)$ を図表を用いて表す方法にベクトル軌跡（vector locus），ボード線図（Bode's diagram），ゲイン–位相線図（gain phase diagram），およびニコルズ線図（Nichols chart）がある．

例題4.1

右図に示す制御系の周波数伝達関数を求めよ.

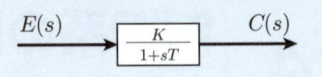

$$E(s) \longrightarrow \boxed{\frac{K}{1+sT}} \longrightarrow C(s)$$

【解答】 出力は

$$C(s) = \frac{K}{1+sT}E(s) \quad \therefore \quad (sT+1)C(s) = KE(s)$$

微分方程式に変換すると

$$\frac{T}{K}\frac{dc(t)}{dt} + \frac{c(t)}{K} = e(t)$$

いま，入力・出力信号を正弦波とおき，オイラーの公式で表現すると

$$e(t) = A_\text{i}\sin\omega t = \text{Im}[A_\text{i}\varepsilon^{j\omega t}]$$

$$c(t) = A_\text{o}\sin(\omega t + \phi_0) = \text{Im}[A_\text{o}\varepsilon^{j(\omega t+\phi_0)}]$$

上の2式を微分方程式に代入すると

$$\text{Im}\left[\frac{T}{K}A_\text{o}\frac{d\varepsilon^{j(\omega t+\phi_0)}}{dt} + \frac{1}{K}A_\text{o}\varepsilon^{j(\omega t+\phi_0)}\right] = \text{Im}[A_\text{i}\varepsilon^{j\omega t}]$$

微分を行い，左辺にまとめて整理すると

$$\text{Im}\left[\frac{T}{K}A_\text{o}j\omega\varepsilon^{j\phi_0} + \frac{A_\text{o}}{K}\varepsilon^{j\phi_0} - A_\text{i}\right]\varepsilon^{j\omega t} = 0$$

かっこの内を0とすると $\frac{T}{K}A_\text{o}\varepsilon^{j\phi_0}\left(j\omega + \frac{1}{T}\right) - A_\text{i} = 0$ であるので周波数伝達関数は

$$G(j\omega) = \frac{A_\text{o}\varepsilon^{j\phi_0}}{A_\text{i}} = \frac{K}{1+j\omega T} = \frac{1}{\sqrt{(\omega T)^2+1}}\angle(-\tan^{-1}\omega T)$$

振幅比と位相差は

$$\frac{A_\text{o}}{A_\text{i}} = \frac{1}{\sqrt{1+(\omega T)^2}}$$

$$\phi_0 = -\tan^{-1}\omega T$$

例題4.2

周波数応答の求め方を説明せよ.

【解答】 周波数伝達関数 $G(j\omega)$ は $G(j\omega) = \frac{C(j\omega)}{E(j\omega)} = |G(j\omega)|\angle G(j\omega)$ であるので，周波数伝達関数は出力および入力の各周波数成分の振幅比および位相差を意味する．入力を $e(t) = A_\text{i}\sin\omega t$，出力を $c(t) = A_\text{o}\sin(\omega t + \phi_0)$ とすると $G(j\omega) = \frac{A_\text{o}}{A_\text{i}}\varepsilon^{+j\phi_0}$ となる．したがって次式によって求めることができる．

$$振幅比：|G(j\omega)| = \frac{A_\text{o}(\omega)}{A_\text{i}(\omega)}$$

$$位相差：\angle G(j\omega) = \phi_0(\omega)$$

■ 例題4.3 ■

[例題 2.13] に示す下図の回路の周波数伝達関数を求めよ．

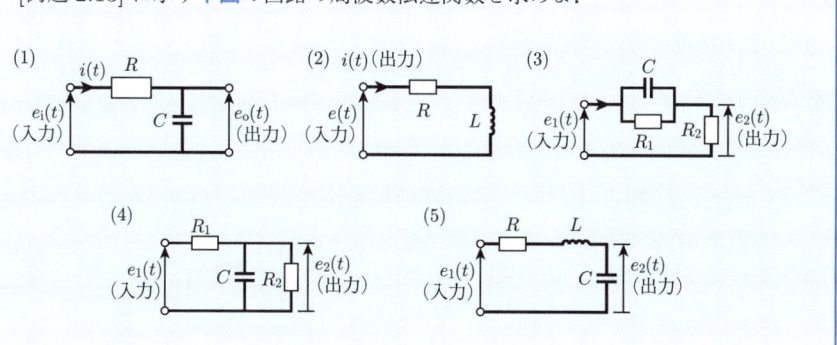

【解答】 (1) [例題 2.13] の伝達関数 $G(s)$ より

$$G(s) = \frac{1}{1+RCs}$$

であるので，s を $j\omega$ とおいて次式となる．

$$G(j\omega) = \frac{1}{1+j\omega RC}$$

(2) $G(s) = \frac{1}{R+sL}$ であるので

$$G(j\omega) = \frac{1}{R+j\omega L}$$

(3) $G(s) = \dfrac{sC+\frac{1}{R_1}}{sC+\frac{1}{R_1}+\frac{1}{R_2}}$ であるので

$$G(j\omega) = \frac{j\omega C+\frac{1}{R_1}}{j\omega C+\frac{1}{R_1}+\frac{1}{R_2}}$$

(4) $G(s) = \dfrac{\frac{R_2}{R_1+R_2}}{1+sC\frac{R_1R_2}{R_1+R_2}}$ であるので

$$G(j\omega) = \frac{\frac{R_2}{R_1+R_2}}{1+j\omega C\frac{R_1R_2}{R_1+R_2}}$$

(5) $G(s) = \dfrac{1}{1+sRC+s^2LC}$ であるので

$$G(j\omega) = \frac{1}{1+(j\omega)^2 LC+j\omega RC}$$
$$= \frac{1}{1-\omega^2 LC+j\omega RC}$$

4.2 ベクトル軌跡（ナイキスト線図）

ベクトル軌跡は周波数伝達関数 $G(j\omega)$ において，ω を 0 から $+\infty$ まで変化させたときの $G(j\omega)$ の先端が複素平面上を描く軌跡である．一方，一巡周波数伝達関数の $G(j\omega)H(j\omega)$ の ω が $-\infty$ から $+\infty$ まで変化するときの先端が複素平面上を描く軌跡は**ナイキスト線図**（Nyquist diagram）と呼ばれる．

例題4.4

[例題 2.14] に示す右図の直線運動系の入力の力 $f(t)$ に対する質量 M の変位 $x(t)$ を出力として周波数伝達関数を求めよ．ただし，K：バネ定数，D：制動係数（摩擦係数），M：質量．

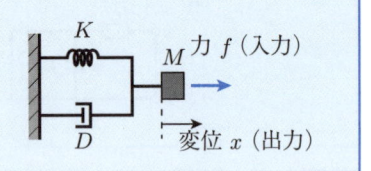

【解答】 [例題 2.14] より伝達関数が $G(s) = \frac{1}{Ms^2 + Ds + K}$ であるので，周波数伝達関数は

$$G(j\omega) = \frac{1}{K - \omega^2 M + j\omega D}$$

例題4.5

積分要素のベクトル軌跡を描け．

【解答】 $G(s) = \frac{K}{s}$ において，$s = j\omega$ とおくと

$$G(j\omega) = \frac{K}{j\omega} = -j\frac{K}{\omega} \quad (|G(j\omega)| = \frac{K}{\omega},\ \phi = -90°)$$

$\omega = 0 \to \infty$ に対し，$G(j\omega) = -j\infty \to j0$ となるので，この要素のベクトル軌跡は右図に示すように負の虚軸上に存在する．

$G(s) = Ks$ なる微分要素のベクトル軌跡は，上と同様の理由で，$\omega = 0 \to \infty$ に対し，正の虚軸上を原点から無限遠方に至る直線となる．

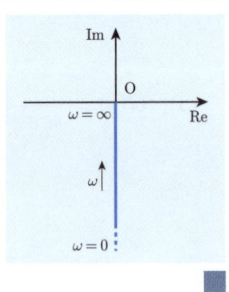

例題4.6

一次遅れ要素のベクトル軌跡を描け．

【解答】 伝達関数は $G(s) = \frac{1}{1+sT} = \frac{\frac{1}{T}}{\frac{1}{T}+s}$ である．いま，$\omega_1 = \frac{1}{T}$ とおくと $G(s) = \frac{\omega_1}{s+\omega_1}$ であるので周波数伝達関数は

$$G(j\omega) = \frac{\omega_1}{j\omega + \omega_1} = \frac{1}{1 + j\frac{\omega}{\omega_1}}$$

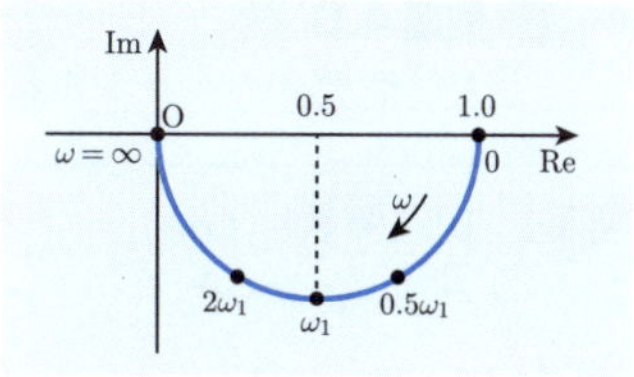

4.2 ベクトル軌跡（ナイキスト線図）

複素平面の実軸を x 軸，虚軸を y 軸に取れば

$$\frac{1}{1+j\frac{\omega}{\omega_1}} = x + jy$$

上式から

$$x - \frac{\omega}{\omega_1}y + j\left(\frac{\omega}{\omega_1}x + y\right) = 1$$

$$\therefore \quad \left.\begin{array}{l} x - \frac{\omega}{\omega_1}y = 1 \\ \frac{\omega}{\omega_1}x + y = 0 \end{array}\right\}$$

上式から ω を消去すると

$$\left(x - \tfrac{1}{2}\right)^2 + y^2 = \left(\tfrac{1}{2}\right)^2$$

となり，ベクトル軌跡は $\left(\tfrac{1}{2}, j0\right)$ を中心とし半径が $\tfrac{1}{2}$ の円となる．x, y を求めれば

$$x = \frac{1}{1+\left(\frac{\omega}{\omega_1}\right)^2}, \quad y = \frac{-\frac{\omega}{\omega_1}}{1+\left(\frac{\omega}{\omega_1}\right)^2}$$

例題4.7

二次遅れ要素のベクトル軌跡を描け．

【解答】 二次遅れ要素の伝達関数を次式とおく．

$$G(s) = \frac{\omega_n^2}{s^2 + 2\zeta\omega_n s + \omega_n^2}$$

ここで，$s = j\omega$ とおき整理すると周波数伝達関数は

$$G(j\omega) = \frac{1}{\left\{1 - \left(\frac{\omega}{\omega_n}\right)^2\right\} + j2\zeta\omega_n\omega}$$

上式の ω に値を代入して，得られた複素数をプロットすると下図のようにベクトル軌跡が描ける．特に

$\omega = 0$ のとき $G(j0) = 1$

$\omega = \omega_n$ のとき $G(j\omega_n) = -j\frac{1}{2\zeta}$

$\omega = \infty$ のとき $G(j\infty) = 0$

さらに

$$G(j\omega) \simeq \begin{cases} \frac{1}{1+j2\zeta\frac{\omega}{\omega_n}} & \cdots \frac{\omega}{\omega_n} \ll 1 \\ -\left(\frac{\omega_n}{\omega}\right)^2 & \cdots \frac{\omega}{\omega_n} \gg 1 \end{cases}$$

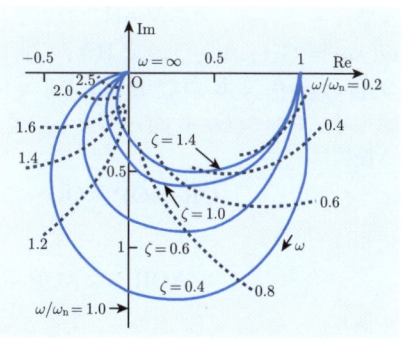

例題 4.8

むだ時間要素のベクトル軌跡を描け．

【解答】 伝達関数は $G(s) = \varepsilon^{-Ls}$．ここで，$s = j\omega$ とおくと

$$G(j\omega) = \varepsilon^{-j\omega L}$$

したがって，$|G(j\omega)|$, ϕ は

$$|G(j\omega)| = 1, \quad \phi = -\omega L$$

となり，$|G(j\omega)|$ は ω に無関係で一定，ϕ は ω に比例して変化する．したがって，このベクトル軌跡は右図に示されるように，半径が 1 の円で，ω の増加とともにベクトル $G(j\omega)$ は円周上を時計方向に回転する．

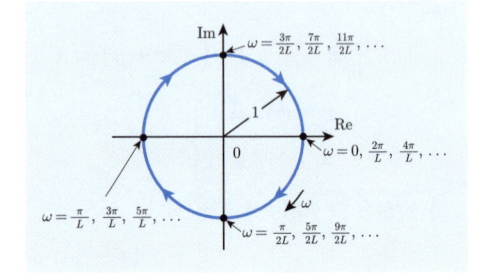

例題 4.9

次の伝達関数のベクトル軌跡を描け．

$$G(s) = \frac{K}{s(1+sT)}$$

【解答】 $s = j\omega$ とすると，$G(j\omega) = \frac{K}{j\omega(1+j\omega T)}$．ここで，$\omega T = u$ とおくと

$$|G(j\omega)| = \frac{KT}{u\sqrt{1+u^2}}, \quad \phi = -90° - \tan^{-1} u$$

$u = 0$ のとき，$|G(j\omega)| = \infty, \phi = -90°$, $u = \infty$ のとき，$|G(j\omega)| = 0, \phi = -180°$ となる．$KT = 1$ として，この要素のベクトル軌跡を示すと右図のようになる．なお，$\frac{K}{s}$ と $\frac{1}{1+Ts}$ との関係は次のように説明できる．$G(j\omega) = G_1(j\omega)G_2(j\omega)$ とおき，$G_1(j\omega) = \frac{1}{1+j\omega T}$, $G_2(j\omega) = \frac{K}{j\omega}$ とおけば，振幅は $|G| = |G_1| \times |G_2|$ で位相は $\angle G = \angle G_1 + \angle G_2$ であるので $u = 0.5$ のとき振幅は

$$\overrightarrow{OR} = \overrightarrow{OP} \times \overrightarrow{OQ}$$

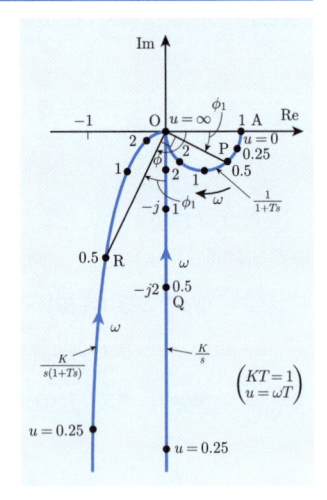

位相は

$$\angle AOR = \angle AOP + \angle AOQ = \angle AOP + \angle POR$$

であり，$\phi = \phi_1 + \phi_2$ となる．したがって u を $0 \sim +\infty$ まで変化させ，それぞれの P, Q, R から合成のベクトル軌跡を描くことができる．

例題 4.10

次の制御要素のベクトル軌跡の概形を描け．ただし，$T_1 > T_2 > T_3$ とする．

(1) $G(s) = \dfrac{K}{(1+sT_1)(1+sT_2)(1+sT_3)}$

(2) $G(s) = \dfrac{K}{1+sT}\varepsilon^{-s\tau}$

【解答】 $G(j\omega) = \dfrac{K}{1-\omega^2(T_1T_2+T_2T_3+T_3T_1)+j\omega\{(T_1+T_2+T_3)-\omega^2 T_1T_2T_3\}}$

(i) $G(j0) = K$

(ii) $\omega T_1, \omega T_2, \omega T_3 \gg 1$ のとき

$$G(j\omega) \approx j\dfrac{K}{\omega^3 T_1 T_2 T_3}$$

(iii) 虚軸との交点では $1 - \omega_1^2(T_1T_2+T_2T_3+T_3T_1) = 0$

$$\omega_1 = \sqrt{\dfrac{1}{T_1T_2+T_2T_3+T_3T_1}}$$

$$G(j\omega_1) = -j\dfrac{K}{\omega_1\{(T_1+T_2+T_3)-\omega_1^2 T_1T_2T_3\}}$$

(iv) 実軸との交点では $T_1 + T_2 + T_3 - \omega_2^2 T_1 T_2 T_3 = 0$

$$\omega_2 = \sqrt{\dfrac{T_1+T_2+T_3}{T_1T_2T_3}}$$

$$G(j\omega_2) = \dfrac{K}{1-\omega_2^2(T_1T_2+T_2T_3+T_3T_1)}$$

概形を下図 **(a)** に示す．

(2) $G(j\omega) = \dfrac{K(\cos\omega\tau - j\sin\omega\tau)}{1+j\omega T}$

$\varepsilon^{-j\omega\tau}$ のため周波数に比例した位相 $\omega\tau$ だけ遅れ，一次遅れ制御要素のベクトル軌跡の大きさは変わらない．概形を下図 **(b)** に示す．

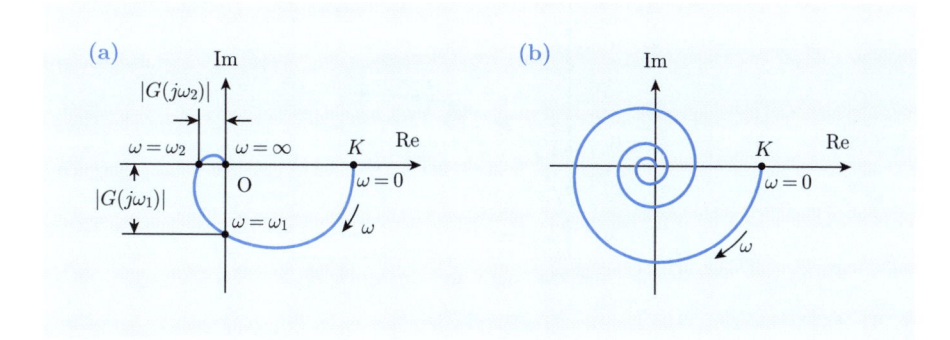

4.3 ゲイン-位相線図

デシベル表示のゲインを縦軸に，位相差を横軸に取り，ω を 0 から ∞ まで変化させて描いたベクトルは軌跡となる．この軌跡を**ゲイン-位相線図**と呼んでいる．

例題4.11

(1) 積分要素と，(2) 一次遅れ要素のゲイン-位相線図を描け．

【解答】 (1) 積分要素の $G(s)$ は

$$G(s) = \frac{1}{sT}$$

として

$$g = 20\log\frac{1}{j\omega T} = -20\log\omega T$$

$$\phi = \angle\frac{1}{j\omega T} = -90°$$

線図 **(a)** となる．

(2) 一次遅れ要素の $G(s)$ は，$G(s) = \frac{1}{1+sT}$ であるので

$$g = 20\log\sqrt{1+(\omega T)^2}$$

$$\phi = -\tan^{-1}\omega T$$

線図 **(b)** となる．

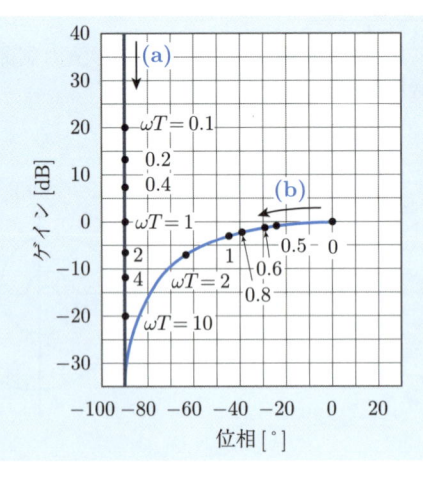

4.3 ゲイン–位相線図

■ **例題4.12** ■

次の伝達関数のゲイン–位相線図を描け.

$$G(s) = \frac{1}{s(1+sT)}$$

【解答】 周波数伝達関数は

$$G(j\omega) = \frac{T}{j\omega T(1+j\omega T)}$$

この要素を $G_1(j\omega) = \frac{T}{j\omega T}$ と $G_2(j\omega) = \frac{1}{1+j\omega T}$ の直列結合と考える.それぞれのゲイン,位相差は

$$\left.\begin{array}{l} G_1\,[\mathrm{dB}] = 20\log T - 20\log \omega T, \quad \phi_1 = -90° \\ G_2\,[\mathrm{dB}] = -20\log \sqrt{1+(\omega T)^2}, \quad \phi_2 = -\tan^{-1}\omega T \end{array}\right\}$$

$G(s)$ のゲイン–位相線図を $G_1(s)$, $G_2(s)$ のゲイン–位相線図から図面上でベクトル和として合成すると,下図が得られる.

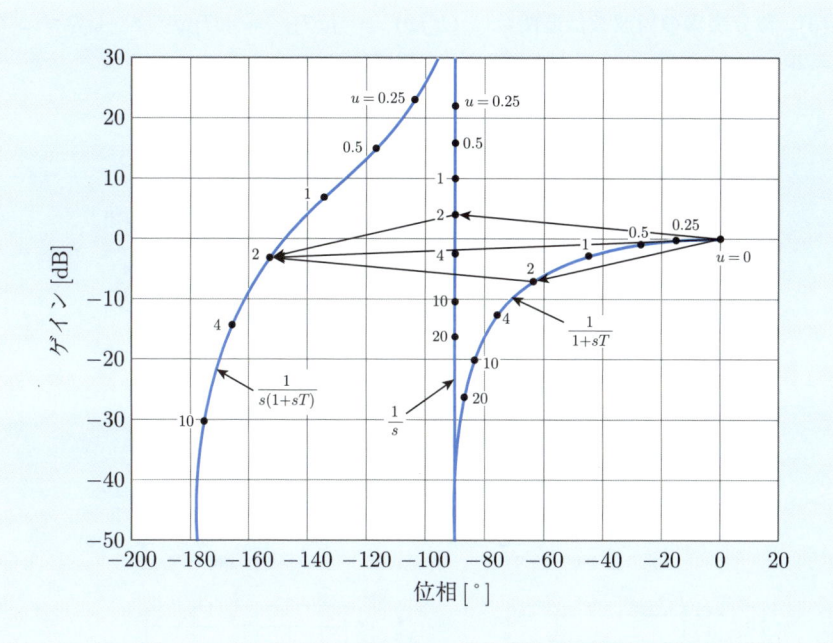

4.4 ボード線図

ゲイン–位相線図に用いたゲイン g と位相 ϕ を縦軸に，それぞれ ω の対数値を横軸に目盛をつけた線図が**ボード線図**（Bode's diagram）である．

例題4.13

(1) 比例要素，(2) 積分要素，および (3) 微分要素のボード線図を描け．

【解答】 (1) 比例要素の伝達関数は $G(s) = K_\mathrm{P}$．デシベルで表したゲインを g，位相を ϕ とすると次式であるのでボード線図は図 **(a)** となる．

$$g = 20\log_{10} K_\mathrm{P}, \quad \phi = \angle K = \begin{cases} 0° & (K_\mathrm{P} > 0) \\ -180° & (K_\mathrm{P} < 0) \end{cases}$$

(2) 積分要素の周波数伝達関数 $G(j\omega)$ は $G(j\omega) = \dfrac{1}{T_\mathrm{I} j\omega} = \dfrac{1}{\omega T_\mathrm{I}} \varepsilon^{-j\pi/2}$．したがって，$g = 20\log \dfrac{1}{\omega T_\mathrm{I}} = -20\log \omega T_\mathrm{I}$，$\phi = -90°$ であるのでボード線図は図 **(b)** となる．

(3) 微分要素の周波数伝達関数は $G(j\omega) = j\omega T_\mathrm{D} = \omega T_\mathrm{D} \varepsilon^{j\pi/2}$．したがって，$g = 20\log \omega T_\mathrm{D}$，$\phi = 90°$ であるのでボード線図は図 **(c)** となる．

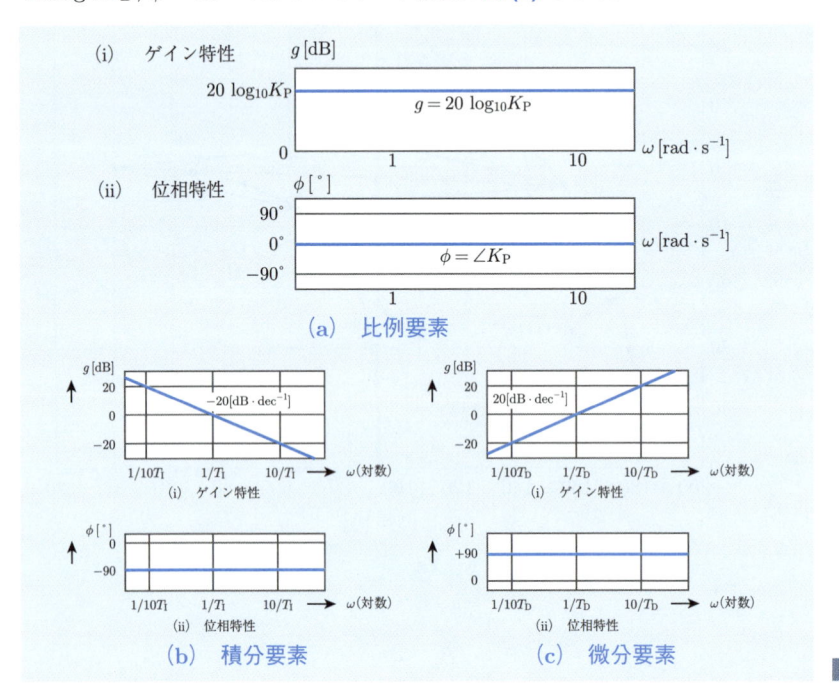

(a) 比例要素

(b) 積分要素

(c) 微分要素

4.4 ボード線図

■ **例題4.14** ■

一次遅れ要素のボード線図を描け．

【解答】 周波数伝達関数は $G(j\omega) = \frac{1}{1+j\omega T}$．

$$g = 20\log|G(j\omega)|$$
$$= -20\log\sqrt{1+\omega^2 T^2}$$
$$\phi = \angle(1+j\omega T)^{-1}$$
$$= -\angle\tan^{-1}(\omega T)$$

ボード線図の概形を作図する．ゲイン g の値が ω を 0 に近づけたときに漸近する直線と ∞ に近づけたときに漸近する直線を以下のように求める．これらの直線を**漸近線**と呼ぶ．

(a) $\omega T \ll 1$ のとき
$$\omega^2 T^2 \ll 1$$
であるので，ω を 0 に近づけたときの漸近線 g_1 は
$$g_1 \approx -20\log_{10} 1$$
$$= 0\,[\text{dB}]$$

(b) $\omega T \gg 1$ のとき
$$1 + \omega^2 T^2 \approx \omega^2 T^2$$
であるので，ω を ∞ に近づけたときの漸近線 g_2 は
$$g_2 \approx -20\log_{10}\sqrt{\omega^2 T^2}$$
$$= -20\log\omega T$$
傾斜は $-20\,\text{dB}\cdot\text{dec}^{-1}$ である．

(c) g_1 と g_2 の交点は次のように求められる．$g_2 = 0\,[\text{dB}]$ すなわち
$$20\log_{10}\omega T = 0$$
のとき g_1 と公差するので
$$\omega T = 1$$
$$\therefore\quad \omega_1 = \tfrac{1}{T}$$
のとき公差する．ここで $\omega_1 = \frac{1}{T}$ を**折点角周波数**（corner angular freqnency）と呼ぶ．
折点角周波数 $\omega = \frac{1}{T}$ での漸近線と実際のゲイン特性曲線との差は
$$g - g_1 = -20\log_{10}\sqrt{1+\omega^2 T^2} - 0$$
$$= -10\log_{10} 2$$
$$= -3.01\,[\text{dB}]$$

となり誤差は少ない．この誤差は折点角周波数で最大の 3.01 dB であるが，$\omega T = 0.1$ または 10 のときには 0.043 dB であり漸近線を用いてゲイン特性曲線を描いても大きな誤差はないことがいえる．

位相特性曲線は，以下で求めるように 3 本の漸近線を用いて描くことができる．

(a) $\omega T \ll 1$ のとき

$$\phi_1 = \angle(1+j\omega)^{-1} \approx -\angle 1 \approx 0°$$

(b) $\omega T \gg 1$ のとき

$$\phi_2 = \angle(1+j\omega T)^{-1} \approx \angle(j\omega T)^{-1} \approx -90°$$

(c) $\omega T = 1$ のとき

$$\phi_3(\omega T = 1) = \angle(1+j)^{-1}$$
$$= -\angle(1+j) = -45°$$

(d) $\omega T = 1$ で $\phi_3 = -45°$ で点対称であり，実際の曲線にその点で接線を引くと ϕ_3 は $\omega T = \frac{1}{5}$ で 0°，$\omega T = 5$ で $-90°$ となる．誤差は $\omega = \frac{1}{5T}$，および $\frac{5}{T}$ で 11.3° である．位相特性曲線は折れ線近似により求められる．

一次遅れ要素のボード線図は下図のようになる．

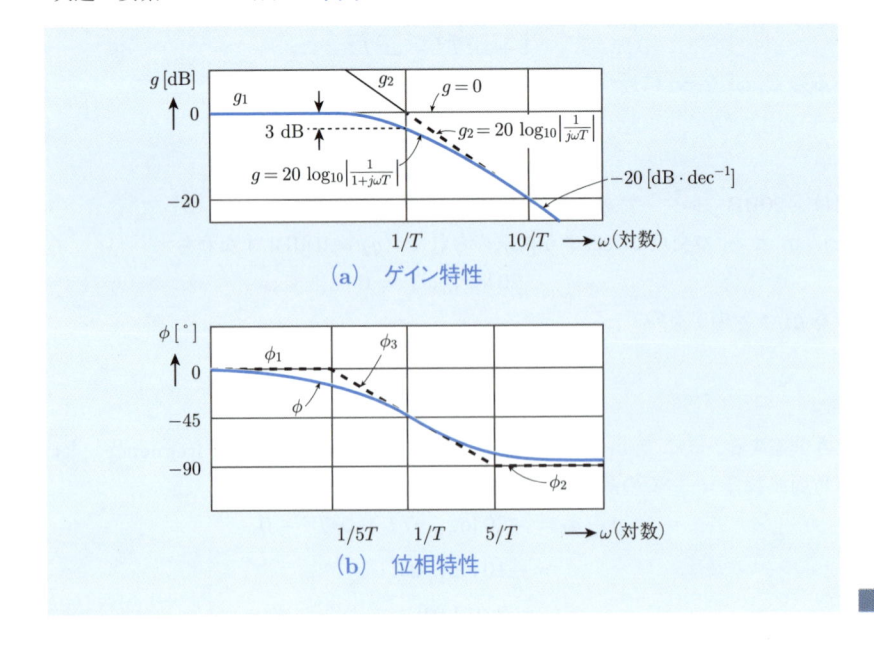

(a) ゲイン特性

(b) 位相特性

4.4 ボード線図

例題4.15

二次遅れ要素のボード線図を描け．

【解答】 $G(j\omega) = \frac{\omega_n^2}{(j\omega)^2 + 2j\zeta\omega_n\omega + \omega_n^2} = \frac{1}{1-\left(\frac{\omega}{\omega_n}\right)^2 + 2j\zeta\frac{\omega}{\omega_n}}$ であるのでゲイン特性は

$$g = 20\log_{10}|G(j\omega)| = -20\log_{10}\sqrt{\left\{1-\left(\frac{\omega}{\omega_n}\right)^2\right\}^2 + 4\zeta^2\left(\frac{\omega}{\omega_n}\right)^2}$$

位相特性は $\phi = -\tan^{-1}\left\{\frac{2\zeta\frac{\omega}{\omega_n}}{1-\left(\frac{\omega}{\omega_n}\right)^2}\right\}$ となるのでそれぞれの式に角周波数 ω を代入して特性値を求めボード線図を描く必要がある．漸近線は以下となる．

(a) $\frac{\omega}{\omega_n} \ll 1$ のとき $g_1 \approx -20\log_{10}1 = 0$ [dB]

(b) $\frac{\omega}{\omega_n} \gg 1$ のとき $g_2 \approx -20\log_{10}\sqrt{\left(\frac{\omega}{\omega_n}\right)^4} = -40\log\frac{\omega}{\omega_n}$ [dB]

傾斜は $-40\,\mathrm{dB}\cdot\mathrm{dec}^{-1}$ である．

(c) 折点周波数は $\omega = \omega_n$ となる．

ゲイン特性は漸近線 g_1 および g_2 であるが位相特性とともに ζ の値により特性が大きく変化することがわかる．すべての位相特性は折点角周波数 $\omega = \omega_n$ で ζ の値に無関係で位相は $-90°$ となり，この点に関して点対称である．

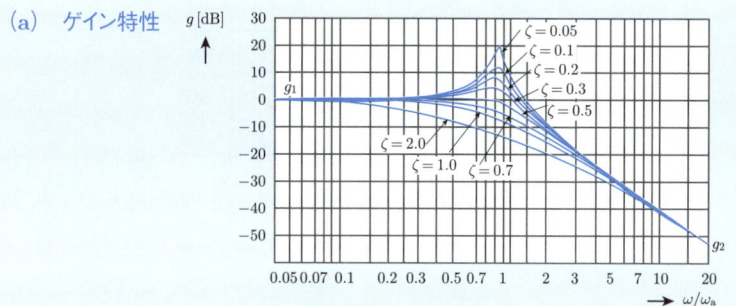

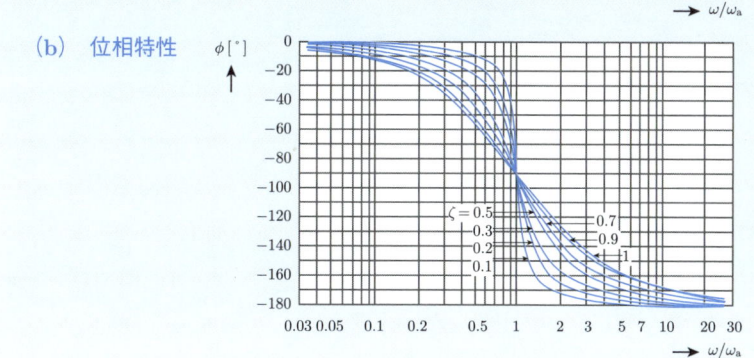

(a) ゲイン特性

(b) 位相特性

例題4.16

むだ時間要素のボード線図を描け.

【解答】 $G(j\omega) = \varepsilon^{-j\omega T_\mathrm{d}}$ であるのでむだ時間要素のゲイン特性と位相特性は

$$g = 20\log_{10}|G(j\omega)|$$
$$= 20\log_{10}|\varepsilon^{-j\omega T_\mathrm{d}}|$$
$$= 20\log_{10} 1$$
$$= 0\,[\mathrm{dB}]$$
$$\phi = \angle G(j\omega)$$
$$= -\omega T_\mathrm{d}$$
$$= -\frac{180\omega T_\mathrm{d}}{\pi}\,[°]$$

になり,ゲイン特性曲線は $0\,\mathrm{dB}$ で一定,位相特性は $-\omega T_\mathrm{d}$ となる.

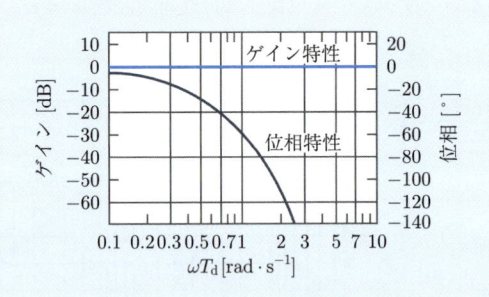

4.4 ボード線図

■ **例題4.17** ■

次の伝達関数（位相進み補償要素）のボード線図を描け．ただし $\alpha = 0.1$ とする．
$$G(s) = \frac{\alpha(1+sT)}{1+\alpha sT} \quad (0 < \alpha < 1)$$

【解答】 この要素を $G_1(s) = \frac{1}{1+\alpha Ts}$ と $G_2(s) = \alpha(1+Ts)$ の直列結合と考え，$s = j\omega$ とおいて，$G\,[\text{dB}], \phi$ を求めると

$$G\,[\text{dB}] = G_1\,[\text{dB}] + G_2\,[\text{dB}]$$
$$= -20\log\sqrt{1+(\alpha u)^2} + 20\log\alpha + 20\log\sqrt{1+u^2}$$
$$\phi = \phi_1 + \phi_2$$
$$= -\tan^{-1}\alpha u + \tan^{-1}u$$

ただし，$u = \omega T$．上式より，ゲイン曲線は $u \ll 1$ では $-20\log\alpha\,[\text{dB}]$ に，$u \gg \frac{1}{\alpha}$ では $0\,\text{dB}$ に漸近し，位相曲線は $u \ll 1$，$u \gg \frac{1}{\alpha}$ でともに $0°$ に漸近することがわかる．また位相差 ϕ は，$\alpha < 1$ ゆえ常に正で，$u = \frac{1}{\sqrt{\alpha}}$ において最大となり，その最大値は

$$\phi_{\max} = \tan^{-1}\frac{1-\alpha}{2\sqrt{\alpha}}$$

下図は $G_1(s), G_2(s)$ のボード線図の合成により求めたこの要素のボード線図である．$1 < \omega T < 10$ の間では位相を進めることができる．

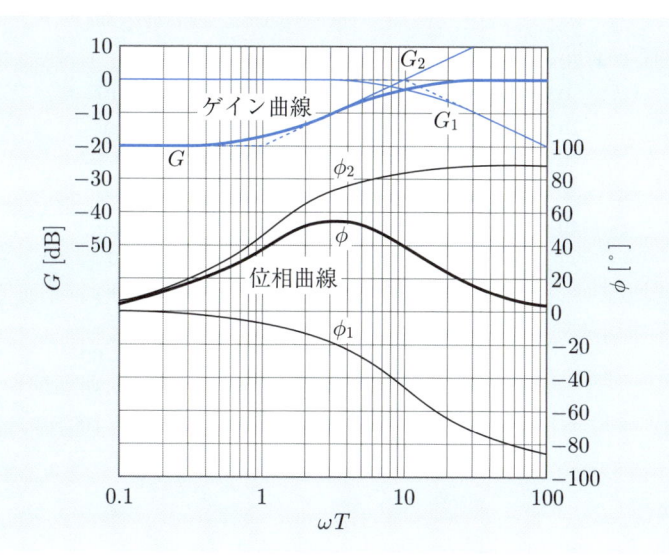

例題 4.18

次の伝達関数（位相遅れ補償要素）のボード線図を描け．ただし $\beta = 10$ とする．

$$G(s) = \frac{1+sT}{1+\beta sT} \quad (\beta > 1)$$

【解答】 $G_1(s) = \frac{1}{1+\beta Ts}$, $G_2(s) = 1+Ts$ の直列結合と考える．G [dB], ϕ は

$$G[\text{dB}] = G_1[\text{dB}] + G_2[\text{dB}]$$
$$= -20\log\sqrt{1+(\beta u)^2} + 20\log\sqrt{1+u^2}$$

$$\phi = \phi_1 + \phi_2$$
$$= -\tan^{-1}\beta u + \tan^{-1} u$$

ただし，$u = \omega T$．ゲイン曲線は $u \ll \frac{1}{\beta}$ では 0 dB に，$u \gg 1$ では $-20\log\beta$ [dB] に漸近し，位相曲線は $u \ll \frac{1}{\beta}, u \gg 1$ ではともに $0°$ に漸近する．この場合 $\beta > 1$ ゆえ，位相差 ϕ は常に負で，$u = \frac{1}{\sqrt{\beta}}$ において最小となる．その最小値は

$$\phi_{\min} = -\tan^{-1}\frac{\beta-1}{2\sqrt{\beta}}$$

$0.1 < \omega T < 1$ 付近で位相を遅らせることができる．

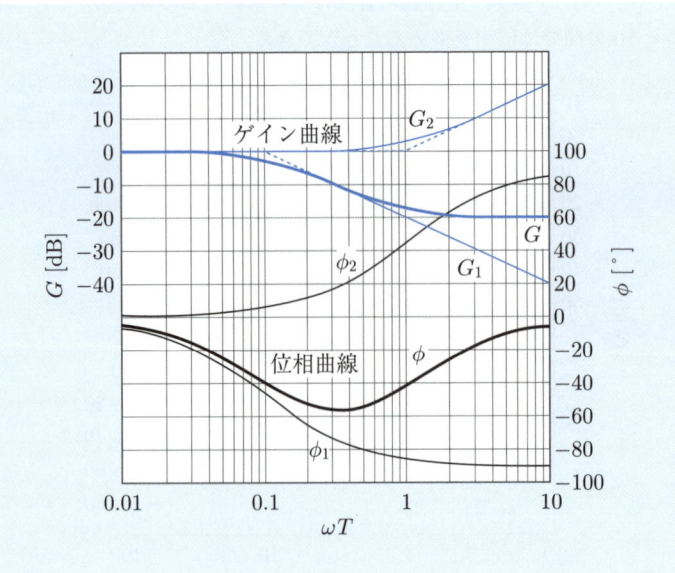

例題4.19

次の伝達関数のボード線図を描け．

$$G(s) = \frac{4}{s(1+s)(4+s)}$$

【解答】 いま，$G_1(s) = \frac{1}{s}$, $G_2(s) = \frac{1}{1+s}$, $G_3(s) = \frac{1}{1+\frac{s}{4}}$ なる3つの要素の直列結合と考える．ここで，$s = j\omega$ とおいて，$G\,[\mathrm{dB}], \phi$ を求めると

$$G\,[\mathrm{dB}] = G_1\,[\mathrm{dB}] + G_2\,[\mathrm{dB}] + G_3\,[\mathrm{dB}]$$
$$= -20\log\omega - 20\log\sqrt{1+\omega^2} - 20\log\sqrt{1+\left(\frac{\omega}{4}\right)^2}$$

$$\phi = \phi_1 + \phi_2 + \phi_3$$
$$= -90° - \tan^{-1}\omega - \tan^{-1}\frac{\omega}{4}$$

ゲイン曲線は $\omega \ll 1$ では $-20\,\mathrm{dB\cdot dec^{-1}}$ なる直線，$\omega \gg 4$ では $-60\,\mathrm{dB\cdot dec^{-1}}$ なる直線に漸近し，位相曲線は $\omega \ll 1$ では $-90°$，$\omega \gg 4$ では $-270°$ に漸近する．

この要素のボード線図は，$G_1(s), G_2(s), G_3(s)$ のボード線図を図面上で合成して下図のように描かれる．

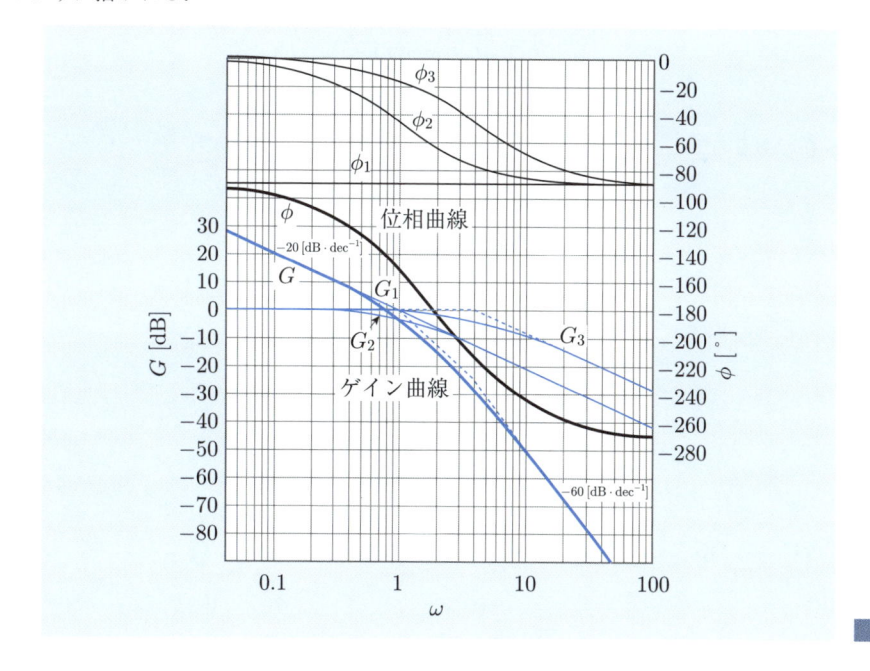

4.5 ニコルズ線図

ニコルズ線図は，一巡伝達関数のボード線図またはベクトル軌跡からフィードバック制御系全体の周波数応答，すなわち目標値に対する制御量の周波数応答が容易に求められる方法である．

■ 例題4.20 ■

二次遅れ要素でゲイン特性曲線が最大値を取る ω_p（共振角周波数）とそのときのゲインの共振値 M_p を求めよ．

【解答】
$$G(j\omega) = \frac{\omega_\mathrm{n}^2}{(j\omega)^2 + j2\zeta\omega_\mathrm{n}\omega + \omega_\mathrm{n}^2}$$
$$= \frac{1}{\left\{1-\left(\frac{\omega}{\omega_\mathrm{n}}\right)^2\right\} + j2\zeta\frac{\omega}{\omega_\mathrm{n}}}$$

したがって，$\frac{d|G(j\omega)|}{d\omega} = 0$ より ω を求める．

$$|G(j\omega)| = \frac{\omega_\mathrm{n}^2}{\sqrt{(\omega_\mathrm{n}^2-\omega^2)^2 + 4\zeta^2\omega^2\omega_\mathrm{n}^2}}$$

$$\frac{d|G(j\omega)|}{d\omega} = \frac{2\omega_\mathrm{n}^2\{(\omega_\mathrm{n}^2-\omega^2) - 2\zeta^2\omega_\mathrm{n}^2\}\omega}{\{(\omega_\mathrm{n}^2-\omega^2)^2 + 4\zeta^2\omega^2\omega_\mathrm{n}^2\}^{3/2}}$$
$$= 0$$

$\omega_\mathrm{p} > 0$ であるので

$$\omega_\mathrm{p} = \omega_\mathrm{n}\sqrt{1-2\zeta^2}$$

$$|G(j\omega_\mathrm{p})| = M_\mathrm{p} \quad (共振値)$$

とおくと

$$M_\mathrm{p} = \frac{1}{\sqrt{(2\zeta^2)^2 + (2\zeta)^2(1-2\zeta^2)}}$$
$$= \frac{1}{2\zeta\sqrt{1-\zeta^2}}$$

4章の問題

☐ **4.1** 伝達関数と周波数伝達関数の関係を図式で示せ．

☐ **4.2** 周波数伝達関数と正弦波応答波形との関係を示せ．

☐ **4.3** 右図に示す制御系で，正弦波入力に対する周波数伝達関数と周波数応答を求めよ．

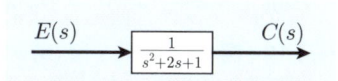

$E(s) \longrightarrow \boxed{\dfrac{1}{s^2+2s+1}} \longrightarrow C(s)$

☐ **4.4** 複素平面で $G(j\omega)$ のベクトル軌跡を示せ．

☐ **4.5** 伝達関数が次式のベクトル軌跡を描け．

$$G(s) = \dfrac{10}{s(s+1)(s+2)}$$

☐ **4.6** 問題 4.5 の伝達関数のベクトル軌跡において，ω が 0 と ∞ のときの大きさと位相差，および実軸または虚軸との交点での ω と G の値を求めよ．

☐ **4.7** 次式の周波数伝達関数のゲイン特性と位相特性を示せ．ここで $K, T_1, T_a, \zeta_1, \zeta_a, \mu_1, \mu_a, T_d, \mu_1 = \dfrac{\omega}{\omega_{n1}}, \mu_a = \dfrac{\omega}{\omega_{na}}$ は実数．

$$G(j\omega) = \dfrac{K\varepsilon^{-sT_d}(1+j\omega T_1)(1+j2\zeta_1\mu_1-\mu_1^2)}{j\omega(1+j\omega T_a)(1+j2\zeta_a\mu_a-\mu_a^2)}$$

☐ **4.8** 次式で与えられた周波数伝達関数のボード線図の概形を描け．

$$G(s) = \dfrac{10}{s(s+1)}$$

☐ **4.9** 枠内 A～E に適切な用語または数式を挿入せよ．

自動制御系において，T を時定数，K をゲイン定数，ω を角周波数とすれば，一次遅れ要素の周波数伝達関数は，一般に $\dfrac{\boxed{\text{A}}}{\boxed{\text{B}}}$ として表される．また，ゲインは $\dfrac{K}{\boxed{\text{C}}}$ であり，位相差は $\boxed{\text{D}}$ である．なお，この要素のベクトル軌跡を描くと，その形状は，$\boxed{\text{E}}$ となる．

(昭 50・III)

☐ **4.10** 枠内 A～E に適切な用語または数値を挿入せよ．

自動制御系において，むだ時間 L を持ち，ゲインが1である要素に極座標表示で $A\varepsilon^{j\omega t}$ なる正弦波入力が入ると，その出力波は，同じく極座標表示で $\boxed{\text{A}}$ となる．したがって，この要素の周波数伝達関数は $\boxed{\text{B}}$ であり，また，出力波の入力波に対する位相のずれを ϕ とすると，$\phi = \boxed{\text{C}}$ [rad] $= \boxed{\text{D}}$ [度] である．なお，この要素のベクトル軌跡の形は，$\boxed{\text{E}}$ となる．

(昭 54・III)

4.11 右図のようなブロック線図で表される
フィードバック制御系がある．rとcとの間の
周波数伝達関数を求めよ．ただし，rは目標値，
cは制御量，eは偏差，bはフィードバック量
とし，$KG(j\omega)$は前向きの周波数伝達関数，
$H(j\omega)$はフィードバックの周波数伝達関数とする．

(昭 55・III)

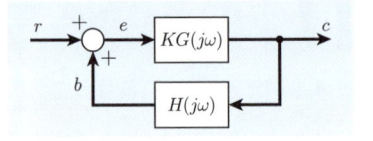

4.12 図 (a) の回路を図 (b) のブロック線図で表すとき，その伝達要素中 B に該当するものは，次のうちどれか． (昭 58・III)

(1) $\frac{1}{R}$ (2) R (3) $j\omega C$ (4) $\frac{1}{j\omega C}$ (5) $\frac{1}{j\omega L}$

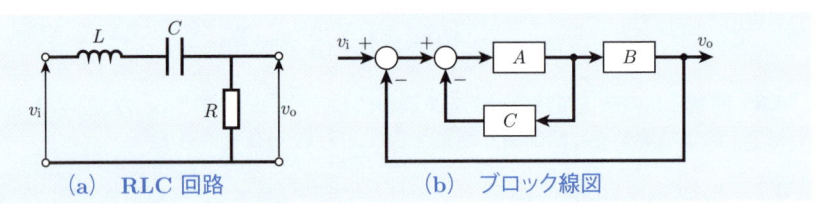

(a) RLC 回路 (b) ブロック線図

4.13 周波数伝達関数が $G(j\omega) = \frac{j\omega T}{1+j\omega T}$ で与えられる一次位相進み要素では，時定数は (ア) であるから，折点周波数 ω_1 は (イ) になり，ボード線図におけるゲイン特性は $\omega \ll \omega_1$ の範囲では (ウ) $[\text{dB} \cdot \text{dec}^{-1}]$ の半直線，$\omega_1 \ll \omega$ の範囲では (エ) $[\text{dB}]$ 一定の半直線で近似できる．両半直線の交点 ω の値が折点周波数 ω_1 であるが，その点における真のゲインと交点のゲインとの相違は，約 (オ) $[\text{dB}]$ である．

上記の記述中の空白箇所 (ア)，(イ)，(ウ)，(エ) および (オ) に記入する字句または数値として，正しいものを組み合わせたのは次のうちどれか． (昭 62・III)

(1) (ア) T (イ) $\frac{1}{T}$ (ウ) 20 (エ) 10 (オ) 6
(2) (ア) T (イ) $\frac{1}{T}$ (ウ) 20 (エ) 0 (オ) 3
(3) (ア) $\frac{1}{T}$ (イ) T (ウ) -20 (エ) 20 (オ) 3
(4) (ア) T (イ) $\frac{1}{T}$ (ウ) -20 (エ) 0 (オ) 6
(5) (ア) $\frac{1}{T}$ (イ) T (ウ) 10 (エ) 0 (オ) 3

4.14 次式で表される二次振動要素の周波数伝達関数の系がある．

$$G(j\omega) = \frac{4}{(j\omega)^2 + 1.6(j\omega) + 4}$$

この周波数伝達関数について，次の (a) および (b) に答えよ． (平 12・III)

(a) 位相が $90°$ 遅れるときの角周波数 $\omega\,[\text{rad} \cdot \text{s}^{-1}]$ の値として，正しいのは次のうちどれか．

(1) 1 (2) 2 (3) 3 (4) 4 (5) 5

(b) ベクトル軌跡が虚軸を切る点のゲイン $|G(j\omega)|$ の値として，正しいのは次のうちどれか．
(1) 0.5　　(2) 0.75　　(3) 1.00　　(4) 1.25　　(5) 2.5

☐ **4.15** 右図のような一次遅れの回路の周波数伝達関数 $G(j\omega) = \frac{E_o(j\omega)}{E_i(j\omega)}$ を求め，$G(j\omega)$ のベクトル軌跡が円となることを示せ．また，円の中心の位置と半径の値を求めよ．なお，$\omega = 0$ から ∞ まで変化したときの $G(j\omega)$ の軌跡の範囲を図で示せ． (平 6・II)

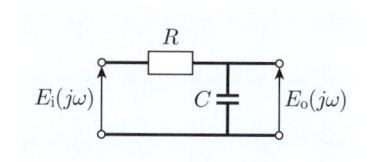

☐ **4.16** 入力を $u(t)$，出力を $x(t)$ とするとき，次の微分方程式で記述される制御システムがある．

$$T\frac{d^2x}{dt^2} + \frac{dx}{dt} = Ku$$
$$T > 0, \quad K > 0$$

このシステムについて次の問に答えよ． (平 13・II) 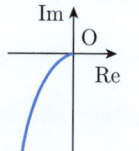
(1) 伝達関数 $G(s)$ を求めよ．
(2) 入力が単位ステップ関数のときの出力の応答 $x(t)$ を求めよ．
(3) 周波数伝達関数を求め，そのベクトル軌跡を描くと右図のようになる．この図の軌跡上に，角周波数 $\omega = 0$, $\omega = \frac{1}{T}$ および $\omega = \infty$ における点の座標を直角座標を用いて示せ．

☐ **4.17** $G(s) = \frac{\varepsilon^{-Ls}}{1+Ts}$ なる要素のベクトル軌跡を描け．

☐ **4.18** 伝達関数が有理多項式の比として，$G(s) = \frac{K(1+a_1s+a_2s^2+\cdots+a_ms^m)}{s^n(1+b_1s+b_2s^2+\cdots+b_rs^r)}$ のように与えられる要素の $\omega \to 0$ および $\omega \to \infty$ におけるベクトル軌跡の形状について述べよ．

☐ **4.19** 次に示す要素のボード線図を描け．
(a) $G_0(s) = \frac{200}{s(1+0.01s)}$　　(b) $G_0(s) = \frac{5}{(1+0.05s)(1+0.02s)}$
(c) $G_0(s) = \frac{10(1+0.005s)}{1+0.001s}$　　(d) $G_0(s) = \frac{500}{(s+5)(s^2+10s+100)}$
(e) $G_0(s) = K_P\left(1 + \frac{1}{sT_I}\right)$　　$K_P = 0.1$, $T_I = 5$
(f) $G_0(s) = \{1 + G_1(s)\}G_2(s)$　　$G_1(s) = \frac{10^5}{s+10}$, $G_2(s) = \frac{10^9}{s+10^7}$

☐ **4.20** 右図に示すフィードバック制御系の周波数応答で共振角周波数と共振値を求めよ．
(昭 46・II)

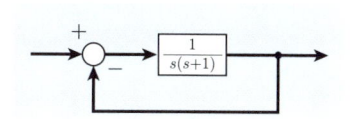

□ **4.21** 右図のようなユニティフィードバック（直結帰還）のサーボ系がある．閉路周波数伝達関数 $W(j\omega) = \frac{C(j\omega)}{R(j\omega)}$ の振幅特性が最大値を示すときの周波数を ω_p，その値を $M_\mathrm{p} = |W(j\omega)|_{\omega=\omega_\mathrm{p}}$ とする．M_p が 1.3 となるようなゲイン K およびそのときの ω_p の値をそれぞれ求めよ．

(平 1・II)

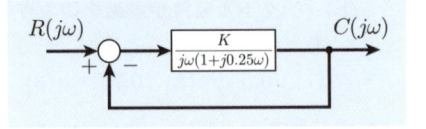

□ **4.22** 右図に示す直結フィードバック制御系のニコルズ線図を描く方法を示せ．

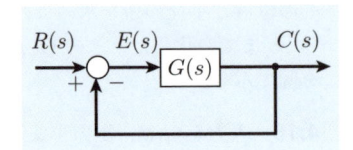

□ **4.23** 下図に示すニコルズ線図の特徴と読み取れる特性を示せ．

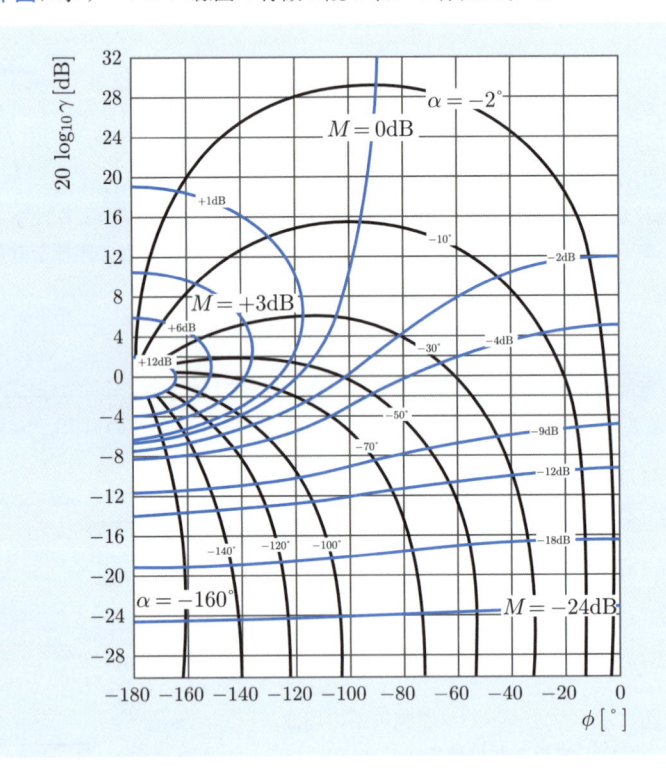

4.24 $H(j\omega)=1$ の直結フィードバック制御系において $G(j\omega)$ が下表の値を取るとき，閉ループとしてのゲイン M と位相 α の値をニコルズ線図より読み取れ．

$G(j\omega)$ の特性

$\omega\,[\mathrm{rad}\cdot\mathrm{s}^{-1}]$	20	50	100	200	500
$\lvert G\rvert$ [dB]	20	11	3	-7	-22
$\angle G$ [°]	-101	-117	-135	-154	-169

4.25 下図に示す一般のフィードバック制御系の周波数特性をニコルズ線図を用いて求める方法を示せ．

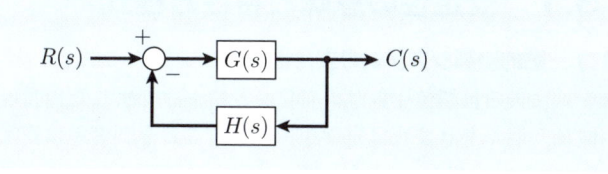

5 制御系の安定判別

制御系の重要な基本3仕様の一つである安定性を判断する方法について述べる．

5.1 安定性の意味と特性方程式

5.1.1 動的制御システムの安定性

システムに入る目標値や外乱の変化などによって生じた過渡現象が時間の経過とともに消滅し，偏差が0または定常値に達することを制御系は**安定**であるという．

5.1.2 特性方程式と安定判別法

動的制御システムが安定か不安定かは，過渡応答のふるまいによって決まる．線形動的制御システムの過渡応答を支配するものは，システムの特性方程式である．特性方程式は

$$1 + G(s)H(s) = 0, \quad G(s)H(s) = 一巡伝達関数$$

であり，この方程式の解である s の値を**特性根**という．ただし次式とおく．

$$G(s)H(s) = \frac{K(s-z_1)(s-z_2)\cdots(s-z_l)}{(s-p_1)(s-p_2)\cdots(s-p_m)}$$

ここで $l < m$ である．一巡伝達関数を特性方程式に代入すると

$$1 + \frac{K(s-z_1)(s-z_2)\cdots(s-z_l)}{(s-p_1)(s-p_2)\cdots(s-p_m)} = \frac{(s-p_1)(s-p_2)\cdots(s-p_m) + K(s-z_1)(s-z_2)\cdots(s-z_l)}{(s-p_1)(s-p_2)\cdots(s-p_m)}$$

となり，分子を s の降べきの順に並べると

$$1 + G(s)H(s) = \frac{a_0 s^m + a_1 s^{m-1} + \cdots + a_{m-1}s + a_m}{(s-p_1)(s-p_2)\cdots(s-p_m)} = 0$$

となる．ただし $a_0 \sim a_m$ は実係数とする．したがって，特性方程式は，上式の分子が因数分解できれば次式となる．

$$\frac{a_0(s-s_1)(s-s_2)\cdots(s-s_m)}{(s-p_1)(s-p_2)\cdots(s-p_m)} = 0$$

できなければ次式を書ける．

$$a_0 s^m + a_1 s^{m-1} + \cdots + a_{m-1} s + a_m = 0$$

安定判別法は上記の特性根を求めることができないとき，制御系の安定性を判別する方法で主に4種類がある．

5.2 ラウス–フルビッツの安定判別法

ラウスの方法 ラウスの方法は多項式の係数から作る**ラウス表**をもとに判断する．フルビッツの方法はその係数から行列を作り判断する．この二つの方法は独立に考案されたが本質的にまったく等価であることが証明されているので**ラウス–フルビッツの安定判別法**と呼ばれている．

フルビッツの方法 フルビッツの行列式を作り，安定を判別する．

■ **例題 5.1** ■
ラウスの安定判別法を説明せよ．

【解答】 特性方程式

$$\Delta(s) = a_0 s^m + a_1 s^{m-1} + \cdots + a_{m-1} s + a_m$$
$$= 0$$

の係数からラウス表を作る．この第1列目 $(a_0, a_1, b_1, c_1, d_1, \ldots, j_1, k_1)$ を**ラウス数列**といい，この数列から安定性を判断する．制御系が安定であるための条件は次の通りである．

> 必要条件：多項式の係数すべてが存在し，かつ同一符号であること．
> 必要十分条件：ラウス数列のすべての符号が同一であること．

必要条件は次のように証明できる．次のように多項式が因数分解でき，根 $(r_1, r_2, \ldots)$ が s 平面の左半面にあるとする．

$$\Delta(s) = a_0(s - r_1)(s - r_2) \cdots (s - r_m)$$
$$= 0$$

この式を開き，降べきの順に並べると

$$\begin{aligned}
\Delta(s) = &\, a_0 s^m - a_0(r_1 + r_2 + \cdots + r_m) s^{m-1} \\
&+ a_0(r_1 r_2 + r_1 r_3 + r_2 r_3 + \cdots) s^{m-2} \\
&- a_0(r_1 r_2 r_3 + r_1 r_2 r_4 + \cdots) s^{m-3} \\
&+ a_0(-1)^m r_1 r_2 \cdots r_m = 0
\end{aligned}$$

となり根がすべて負の実数であるとすれば係数はすべて a_0 と同一符号であることが必要になる．しかしこの条件は必要であって十分ではない．そこでラウス表から判断することになる．

ラウス表から得られる安定の基準は，ラウス数列の符号に注目して次のことがいえる．

(a) すべての符号が同じであれば制御系は安定
(b) 正，負の符号が混在すれば制御系は不安定
(c) 数列に沿って符号の変化回数が特性根のうち根平面の虚軸より右半面に存在する根（不安定根）の数に相当

ラウス表

s^m 行	a_0	a_2	a_4	a_6	a_8	$\cdots$
s^{m-1} 行	a_1	a_3	a_5	a_7	a_9	$\cdots$
s^{m-2} 行	$b_1 = \frac{a_1 a_2 - a_0 a_3}{a_1}$	$b_2 = \frac{a_1 a_4 - a_0 a_5}{a_1}$	$b_3 = \frac{a_1 a_6 - a_0 a_7}{a_1}$	$b_4 = \frac{a_1 a_8 - a_0 a_9}{a_1}$	b_5	$\cdots$
s^{m-3} 行	$c_1 = \frac{b_1 a_3 - a_1 b_2}{b_1}$	$c_2 = \frac{b_1 a_5 - a_1 b_3}{b_1}$	$c_3 = \frac{b_1 a_7 - a_1 b_4}{b_1}$	$c_4 = \frac{b_1 a_9 - a_1 b_5}{b_1}$	c_5	$\cdots$
s^{m-4} 行	$d_1 = \frac{c_1 b_2 - b_1 c_2}{c_1}$	$d_2 = \frac{c_1 b_3 - b_1 c_3}{c_1}$	$d_3 = \frac{c_1 b_4 - b_1 c_4}{c_1}$	$d_4 = \frac{c_1 b_5 - b_1 c_5}{c_1}$	d_5	$\cdots$
$\vdots$	$\vdots$	$\vdots$	$\vdots$	$\vdots$	$\vdots$	$\vdots$
s^5 行	f_1	f_2	f_3	0	0	
s^4 行	g_1	g_2	g_3	0	0	
s^3 行	$h_1 = \frac{g_1 f_2 - f_1 g_2}{g_1}$	$h_2 = \frac{g_1 f_3 - f_1 g_3}{g_1}$	0	0	0	
s^2 行	$i_1 = \frac{h_1 g_2 - g_1 h_2}{h_1}$	$i_2 = \frac{h_1 g_3}{h_1} = g_3$	0	0	0	
s^1 行	$j_1 = \frac{i_1 h_2 - h_1 i_2}{i_1}$	0	0	0	0	
s^0 行	$k_1 = \frac{j_1 i_2}{j_1} = i_2$	0	0	0	0	

例題5.2

フルビッツの安定判別法を説明せよ．

【解答】 特性方程式は $\Delta(s) = a_0 s^m + a_1 s^{m-1} + \cdots + a_{m-1} s + a_m = 0$ であるとする．

必要条件：多項式の係数すべてが存在し，かつ同一符号であること．

ここで，以下のように $k \times k$ 次の**フルビッツの行列式** H_k $(k=1\sim m)$ を作る．

$$H_i = \begin{vmatrix} a_1 & a_3 & a_5 & \cdots & \cdots & a_{2i-1} \\ a_0 & a_2 & a_4 & \cdots & \cdots & a_{2i-2} \\ 0 & a_1 & a_3 & a_5 & \cdots & a_{2i-3} \\ 0 & a_0 & a_2 & a_4 & \cdots & a_{2i-4} \\ 0 & 0 & a_1 & a_3 & \cdots & a_{2i-5} \\ 0 & 0 & a_0 & a_2 & \cdots & a_{2i-6} \\ 0 & 0 & 0 & \cdots & \cdots & \cdots \\ 0 & 0 & 0 & \cdots & \cdots & \cdots \\ 0 & 0 & 0 & 0 & \cdots & a_i \end{vmatrix} \tag{1}$$

行列式の要素 a_k は $k<0$ または $k>m$ の場合は 0 とおく．左上の a_1 から始まり右へ 1 つ移るごとに添え字を 2 増やし，各列とも下へ移るごとに添え字を 1 減らす．対応する係数がないときは 0 とする．たとえば

$$\left. \begin{aligned} H_1 &= a_1, \quad H_2 = \begin{vmatrix} a_1 & a_3 \\ a_0 & a_2 \end{vmatrix} = a_1 a_2 - a_0 a_3 \\ H_3 &= \begin{vmatrix} a_1 & a_3 & a_5 \\ a_0 & a_2 & a_4 \\ 0 & a_1 & a_3 \end{vmatrix} = a_1 a_2 a_3 - a_1^2 a_4 - a_3^2 a_0 \end{aligned} \right\} \tag{2}$$

すべての根が実数部に負の値を持つための必要十分条件は，先の必要条件に加えて次の条件を満たすことである．

必要十分条件：主小行列式がすべて正（>0）であること．

たとえば，特性方程式の多項式が

$$a_0 s^4 + a_1 s^3 + a_2 s^2 + a_3 s + a_4 = 0 \tag{3}$$

で与えられたとき，フルビッツの行列式の H_4 は

$$H_4 = \begin{vmatrix} a_1 & a_3 & 0 & 0 \\ a_0 & a_2 & a_4 & 0 \\ 0 & a_1 & a_3 & 0 \\ 0 & a_0 & a_2 & a_4 \end{vmatrix} = (a_1 a_2 a_3 - a_1^2 a_4 - a_3^2 a_0) a_4 \tag{4}$$

であり，主小行列式の H_1, H_2, H_3 は式 (2) と同一である．

制御系が安定であるためには式 (2) および (4) が正であることになる．ラウスの方法との関係は次のように説明できる．

式 (3) から得られるラウス表のラウス数列 a_1, a_0, b_1, c_1, d_1 は

$$b_1 = \frac{a_1 a_2 - a_0 a_3}{a_1}$$

$$c_1 = \frac{b_1 a_3 - a_1 b_3}{b_1} = \frac{a_1 a_2 a_3 - a_1^2 a_4 - a_3^2 a_0}{a_1 a_2 - a_0 a_3}$$

$$d_1 = \frac{c_1 b_2}{c_1} = b_2 = a_4$$

この式とフルビッツの行列式との関係は

$$a_1 = H_1, \quad b_1 = \frac{H_2}{H_1}$$

$$c_1 = \frac{H_3}{H_2}, \quad d_1 = \frac{H_4}{H_3}$$

となり，一般的に n 次多項式に拡張できる．したがって，すべての根が安定根である条件のラウス数列がすべて正であることはフルビッツの行列式がすべて正であることになる．

この関係は一意的な関係であり，特性方程式の安定根の有無に関してはラウスの方法もフルビッツの方法も本質的にまったく同じ条件を示していることがわかる．

例題5.3

次の特性方程式を持つ制御系の安定判別をラウスの方法を用いて行え．
(1) $s^4 + 2s^3 + 2s^2 + 3s + 6 = 0$
(2) $s^5 + 4s^4 + 8s^3 + 9s^2 + 6s + 2 = 0$

【解答】 (1) ラウス表は**表 a** となる．ラウス表の最左辺の符号の変化が 2 回あるので不安定である．

(2) ラウス表は**表 b** となる．ラウス表の最左辺の符号の変化はないので安定である．

表 a ラウス表

s^4	1	2	6
s^3	2	3	
s^2	0.5	6	
s^1	-21		
s^0	6		

表 b ラウス表

s^5	1	8	6
s^4	4	9	2
s^3	$\frac{32-9}{4} = \frac{32}{4}$	$\frac{24-2}{4} = \frac{22}{4}$	
s^2	$\frac{119}{23}$	2	
s^1	$\frac{390}{119}$		
s^0	2		

例題 5.4

[例題 5.3] の制御系の安定判別をフルビッツの方法で行え．

【解答】 (1) $a_0 = 1, a_1 = 2, a_2 = 2, a_3 = 3, a_4 = 6$ であるのでフルビッツの行列式は

$$H_1 = 2$$

$$H_2 = \begin{vmatrix} a_1 & a_3 \\ a_0 & a_2 \end{vmatrix} = \begin{vmatrix} 2 & 3 \\ 1 & 2 \end{vmatrix} = 2$$

$$H_3 = \begin{vmatrix} a_1 & a_3 & a_5 \\ a_0 & a_2 & a_4 \\ 0 & a_1 & a_3 \end{vmatrix} = \begin{vmatrix} 2 & 3 & 0 \\ 1 & 2 & 6 \\ 0 & 2 & 3 \end{vmatrix} = -21$$

$$H_4 = \begin{vmatrix} a_1 & a_3 & a_5 & a_7 \\ a_0 & a_2 & a_4 & a_6 \\ 0 & a_1 & a_3 & a_5 \\ 0 & a_0 & a_2 & a_4 \end{vmatrix} = \begin{vmatrix} 2 & 3 & 0 & 0 \\ 1 & 2 & 6 & 0 \\ 0 & 2 & 3 & 0 \\ 0 & 1 & 2 & 6 \end{vmatrix} = 6H_3 = -126$$

$$H_5 = \begin{vmatrix} a_1 & a_3 & a_5 & a_7 & a_9 \\ a_0 & a_2 & a_4 & a_6 & a_8 \\ 0 & a_1 & a_3 & a_5 & a_7 \\ 0 & a_0 & a_2 & a_4 & a_6 \\ 0 & 0 & a_1 & a_3 & a_5 \end{vmatrix} = 0 \quad (\because \quad a_5 \sim a_9 \to 0)$$

H_3, H_4 が負であるので不安定である．

(2) $a_0 = 1, a_1 = 4, a_2 = 8, a_3 = 9, a_4 = 6, a_5 = 2$ であるのでフルビッツの行列式は

$$H_1 = 4, \quad H_2 = \begin{vmatrix} 4 & 9 \\ 1 & 8 \end{vmatrix} = 23, \quad H_3 = \begin{vmatrix} 4 & 9 & 2 \\ 1 & 8 & 6 \\ 0 & 4 & 9 \end{vmatrix} = 119$$

$$H_4 = \begin{vmatrix} 4 & 9 & 2 & 0 \\ 1 & 8 & 6 & 0 \\ 0 & 4 & 9 & 2 \\ 0 & 1 & 8 & 6 \end{vmatrix} = 1584, \quad H_5 = \begin{vmatrix} 4 & 9 & 2 & 0 & 0 \\ 1 & 8 & 6 & 0 & 0 \\ 0 & 4 & 9 & 2 & 0 \\ 0 & 1 & 8 & 6 & 0 \\ 0 & 0 & 4 & 9 & 2 \end{vmatrix} = 2H_4$$

$H_1 \sim H_5$ まですべて正であるので安定である．

例題5.5

次の特性方程式を持つ制御系の安定判別をラウスの方法を用いて行え.
(1) $s^4 + 2s^3 + 11s^2 + 18s + 18 = 0$ (2) $s^4 + 2s^3 + 7s^2 + 8s + 12 = 0$
(3) $s^4 + s^3 + 3s^2 + 3s + 3 = 0$ (4) $s^5 + 2s^4 + 3s^3 + 4s^2 + 5s + 6 = 0$

【解答】 (1) **表 a** に示すようにある行の要素がすべて 0 である.この場合,ラウス表の該当する行のすぐ上の行の係数を用いて,補助多項式を作る.この多項式を s について微分して得られた多項式の係数を該当行の係数として用いてラウス表を完成させる.

ラウス表を作成すると**表 a** となり,s^1 行が 0 となる.したがって s^2 行の係数を用いて補助多項式 $2s^2 + 18 = 0$ を得る.この式を s で微分すると $4s + 0 = 0$ となる.

補助多項式を用いてラウス表を作成すると**表 b** となり,ラウス数列の符号の反転はない.したがって,この制御系は不安定根を持たないことがわかる.

表 a ラウス表

s^4	1	11	18
s^3	2	18	
s^2	2	18	
s^1	0	0	
s^0			

表 b 補助多項式を用いたラウス表

s^4	1	11	18
s^3	2	18	
s^2	2	18	
s^1	4	0	
s^0	18		

ここで補助多項式の根は元の制御系の特性根に含まれることを示す.補助多項式を解くと $s^2 + 9 = 0$,$s = \pm j3$ の純虚数が得られる.この式を用いて与式を因数分解すると $(s^2+9)(s^2+2s+2) = 0$ となり補助多項式の根は特性方程式の根に含まれることがわかり,判定結果が正しいことを裏付けている.

(2) ラウス表は**表 c** となり,第 4 行の要素がすべて 0 となる.したがって,$f_3(s) = s^2 + 4$ を作り,これを s で微分した $f_3'(s) = 2s$ の係数を第 4 行の要素として用いると,**表 d** となり,ラウス数列が完成する.これから第 1 列の要素はすべて正であるので実数部が正となる根はない.しかし,補助方程式 $s^2 + 4 = 0$ の根は $s = \pm j2$ であり,これは特性方程式の根でもあるので,この系には持続振動が生じ,系は安定限界にある.

表 c ラウス表

s^4	1	7	12
s^3	(2)	(8)	0
	1	4	0
s^2	(3)	(12)	0
	1	4	
s^1	0	0	0

表 d 補助多項式のラウス表の続き

s^1	2	0	0
s^0	4	0	0

5.2 ラウス–フルビッツの安定判別法

(3) ラウス表の途中に 0 があり，同じ行に 0 でない要素がある．この場合は元の特性方程式に $(s+1)$ を掛け，得られた方程式についてラウス表を作成して判断する．与式のラウス表は**表 e** となりラウス数列に 0 が現れ，その行の 2 列目は 0 ではないことがわかる．与式に $(s+1)$ を掛けた $\Delta_1(s)$ を求めると

$$\Delta_1(s) = (s+1)(s^4 + s^3 + 3s^2 + 3s + 3)$$
$$= s^5 + 2s^4 + 4s^3 + 4s^2 + 6s + 3 = 0$$

となる．ラウス表を作成すると**表 f** となり表を完成できる．この表からラウス数列に 2 回の符号反転があるので，2 個の不安定根を持つことがわかる．与式を数値計算で解くと 2 個の不安定根があることが確かめられる．

表 e 原式のラウス表

s^4	1	3	3
s^3	1	3	
s^2	0	3	
s^1	∞		
s^0			

表 f $\Delta_1(s)$ のラウス表

s^5	1	4	6
s^4	2	4	3
s^3	$2 = \frac{2\times 4 - 4}{2}$	$4.5 = \frac{2\times 6 - 3}{2}$	0
s^2	$-0.5 = \frac{8-9}{2}$	$3 = \frac{6}{2}$	
s^1	$6 = \frac{-9-6}{-0.5}$	0	
s^0	3		

(4) ラウス表は**表 g** のようになり，途中に 0 が現われている．したがって，与式に $(s+1)$ を掛け $\Delta_1(s)$ を求めると

$$\Delta_1(s) = (s+1)(s^5 + 2s^4 + 3s^3 + 4s^2 + 5s + 6)$$
$$= s^6 + 3s^5 + 5s^4 + 7s^3 + 9s^2 + 11s + 6 = 0$$

となる．ラウス表は**表 h** となり，表を完成できる．この表からラウス数列に 2 回の符号反転があるので，2 個の不安定根を持つことがわかる．

表 g 原式のラウス表

s^5	1	3	5
s^4	2	4	6
s^3	1	2	0
s^2	0	3	0

表 h $\Delta_1(s)$ のラウス表

s^6	1	5	9	6
s^5	3	7	11	
s^4	$\frac{8}{3}$	$\frac{16}{3}$	6	
s^3	1	$\frac{34}{8}$		
s^2	-6	6		
s^1	$\frac{21}{4}$			
s^0	6			

例題5.6

次の特性方程式を持つ制御系の安定判別をフルビッツの方法を用いて行え．
(1) $s^4 + 2s^3 + 7s^2 + 8s + 12 = 0$
(2) $s^4 + s^3 + 3s^2 + 3s + 3 = 0$

【解答】 (1) $a_0 = 1, a_1 = 2, a_2 = 7, a_3 = 8, a_4 = 12$ であるのでフルビッツの行列式は

$$H_1 = 2$$

$$H_2 = \begin{vmatrix} 2 & 8 \\ 1 & 7 \end{vmatrix} = 6$$

$$H_3 = \begin{vmatrix} 2 & 8 & 0 \\ 1 & 7 & 12 \\ 0 & 2 & 8 \end{vmatrix} = 0$$

$$H_4 = \begin{vmatrix} 2 & 8 & 0 & 0 \\ 1 & 7 & 12 & 0 \\ 0 & 2 & 8 & 0 \\ 0 & 1 & 7 & 12 \end{vmatrix} = 0$$

$H_1 \sim H_4$ まですべて正（>0）ではないので安定ではない．

(2) $a_0 = 1, a_1 = 1, a_2 = 3, a_3 = 3, a_4 = 3$ であるのでフルビッツの行列式は

$$H_1 = 1$$

$$H_2 = \begin{vmatrix} 1 & 3 \\ 1 & 3 \end{vmatrix} = 0$$

$$H_3 = \begin{vmatrix} 1 & 3 & 0 \\ 1 & 3 & 3 \\ 0 & 1 & 3 \end{vmatrix} = -3$$

$$H_4 = \begin{vmatrix} 1 & 3 & 0 & 0 \\ 1 & 3 & 3 & 0 \\ 0 & 1 & 3 & 0 \\ 0 & 1 & 3 & 3 \end{vmatrix}$$

$$= 3H_3 = -9$$

したがって，$H_1 \sim H_4$ に 0，または負の値があるので安定ではない．

例題5.7

次の一巡伝達関数を持つフィードバック制御系の安定判別をラウスの方法により行い，未定のパラメータがある場合は安定の範囲を求めよ．

(1) $G(s)H(s) = \frac{K}{(1+sT_1)(1+sT_2)}$ (2) $G(s)H(s) = \frac{K(1+s)}{2(1+2s)(1+sT)}$

【解答】 (1) 特性方程式は

$$T_1 T_2 s^2 + (T_1 + T_2)s + 1 + K = 0$$

となる．必要条件より

$$T_1 T_2 > 0, \quad T_1 + T_2 > 0, \quad 1 + K > 0$$

である．ラウス表は右表となる．したがって，安定のためには次式の条件が成り立つ．

$$T_1 > 0, \quad T_2 > 0, \quad K > -1$$

ラウス表

s^2	$T_1 T_2$	$1+K$
s^1	$T_1 + T_2$	
s^0	$1+K$	

(2) 特性方程式は

$$2Ts^3 + (T+2)s^2 + (K+1)s + K = 0$$

必要条件より $T > 0, K > 0$ でありラウス表は右表となる．$2T > 0, T + 2 > 0, -TK + 2K + T + 2 > 0, K > 0$ であるので

$$0 < K < \frac{T+2}{T-2} = \frac{4}{T-2} + 1, \quad T > 0$$

ラウス表

s^3	$2T$	$K+1$
s^2	$T+2$	K
s^1	$\frac{-TK+2K+T+2}{T+2}$	
s^0	K	

例題5.8

下図の制御系で安定である K の範囲を求めよ．

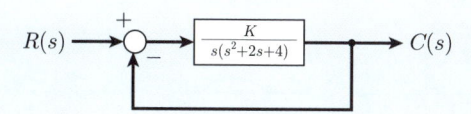

$R(s) \rightarrow +\bigcirc- \rightarrow \boxed{\frac{K}{s(s^2+2s+4)}} \rightarrow C(s)$

【解答】 特性方程式は

$$s^3 + 2s^2 + 4s + K = 0$$

ラウス表は右表となる．安定であるためには $8-K > 0, K > 0$ より安定な K の範囲は $8 > K > 0$ となる．

ラウス表

s^3	1	4
s^2	2	K
s^1	$\frac{8-K}{2}$	0
s^0	K	

5.3 ナイキストの安定判別法

ナイキストの安定判別法は，特性方程式の根の実数部が正であるものが存在するか，しないかを判定するために一巡周波数伝達関数 $G(j\omega)H(j\omega)$ のベクトル軌跡を用いる方法である．$G(j\omega)H(j\omega)$ のベクトル軌跡を**ナイキスト線図**と呼ぶ．

例題 5.9

(1) 簡単化されたナイキストの安定判別法と (2) 遅れ要素を持つ一巡伝達関数の取扱い法を説明せよ．

【解答】(1) 安定判別は次の順序で行う．
① 一巡伝達関数 $G(s)H(s)$ の極の実数部に正となるものがないことを確認する．
② 一巡周波数伝達関数 $G(j\omega)H(j\omega)$ のベクトル軌跡を角周波数 $\omega = 0 \sim +\infty$ の範囲で作図する．
③ ω を $0 \sim +\infty$ に変化させたとき，ベクトル軌跡が点 $(-1, 0)$ を常に左に見れば安定，右に見れば不安定となる．また，ある角周波数で点 $(-1, 0)$ を通れば安定限界である．

(2) 遅れ要素を持つ伝達関数が

$$G(s)H(s) = \varepsilon^{-sT_\mathrm{d}} G_1(s) H_1(s)$$

であるとすると一巡周波数伝達関数は

$$G(j\omega)H(j\omega) = (\cos\omega T_\mathrm{d} - j\sin\omega T_\mathrm{d}) G_1(j\omega) H_1(j\omega)$$

となり，このベクトル軌跡を描くことにより安定判別ができる．

例題 5.10

下図に示す一巡周波数伝達関数 $G(j\omega)H(j\omega)$ のベクトル軌跡の安定判別を行え．ただし，$G(s)H(s)$ の極に実数部が正となるものはないとする．

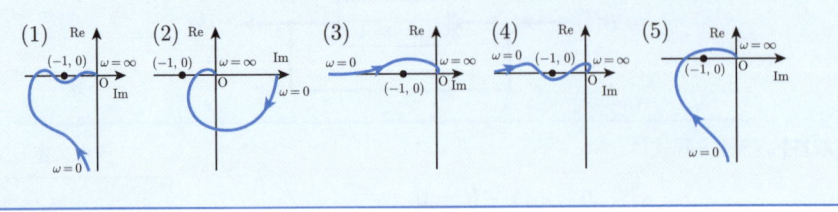

【解答】(1) ω が $0 \sim +\infty$ に変化するとき点 $(-1, 0)$ をベクトル軌跡は常に左に見るので安定である．
(2) 安定　(3) 点 $(-1, 0)$ を常に右に見るので不安定である．
(4) 安定　(5) 不安定

5.3 ナイキストの安定判別法

例題5.11

一巡伝達関数が次式であるとき安定であるための K の範囲をナイキストの方法によって行え．ただし，$T_1 > T_2 > T_3 > 0$ とする．

$$G(s) = \frac{K}{(1+sT_1)(1+sT_2)(1+sT_3)}$$

【解答】 $G(j\omega)$ のベクトル軌跡は次のように求められる．

$$G(j\omega) = \frac{K}{1-\omega^2(T_1T_2+T_2T_3+T_3T_1)+j\omega\{(T_1+T_2+T_3)-\omega^2 T_1T_2T_3\}}$$

(i) $G(j0) = K$

(ii) $\omega T_1, \omega T_2, \omega T_3 \gg 1$ のとき $G(j\omega) \approx j\dfrac{K}{\omega^3 T_1 T_2 T_3}$ （すなわち $\omega \approx \infty$ のとき）

(iii) 虚軸との交点では $1 - \omega_1^2(T_1T_2 + T_2T_3 + T_3T_1) = 0$

$$\omega_1 = \sqrt{\frac{1}{T_1T_2+T_2T_3+T_3T_1}}, \quad G(j\omega_1) = -j\frac{K}{\omega_1\{(T_1+T_2+T_3)-\omega_1^2 T_1T_2T_3\}}$$

(iv) 実軸との交点では $T_1 + T_2 + T_3 - \omega_2^2 T_1T_2T_3 = 0$ が成り立ち，$\omega = \omega_2$ とする．

$$\omega_2 = \sqrt{\frac{T_1+T_2+T_3}{T_1T_2T_3}}$$

$$G(j\omega_2) = \frac{K}{1-\omega_2^2(T_1T_2+T_2T_3+T_3T_1)}$$

ベクトル軌跡は下図となる．安定であるためには実軸との交点が $(-1, 0)$ より右にあればよい．

$$|G(j\omega_2)| = \frac{K}{1-\omega_2^2(T_1T_2+T_2T_3+T_3T_1)} < 1$$

したがって，$K > \omega_2^2(T_1T_2 + T_2T_3 + T_3T_1) - 1$．結局

$$K > \frac{(T_1+T_2+T_3)(T_1T_2+T_2T_3+T_3T_1)-T_1T_2T_3}{T_1T_2T_3}$$

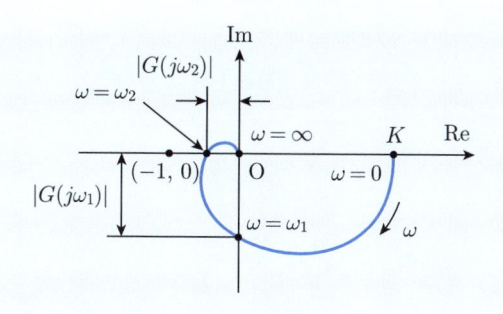

■ 例題5.12 ■

一巡伝達関数が次式で示される制御系を安定にするための K の範囲をナイキストの方法で求めよ．ただし，$K > 0, \tau > 0, T = 1$ とする．

$$G(s)H(s) = \frac{K}{1+sT}\varepsilon^{-s\tau}$$

【解答】 $G(j\omega) = \frac{K(\cos\omega\tau - j\sin\omega\tau)}{1+j\omega T}$

$\varepsilon^{-j\omega\tau}$ のため周波数に比例した位相 $\omega\tau$ だけ遅れ，一次遅れ制御要素のベクトル軌跡の大きさは変わらない．

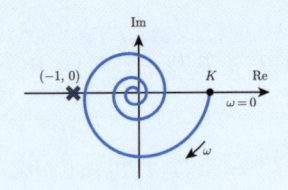

図示のベクトル軌跡が点 $(-1, +j0)$ を囲まなければ安定である．安定限界では

$$\frac{K(\cos\omega\tau - j\sin\omega\tau)}{1+j\omega} = -1$$

上式から $K\cos\omega\tau = -1, K\sin\omega\tau = \omega$ を得る．これらの式から $\omega\tau$ を消去すると

$$K^2 = 1 + \omega^2$$

$$\therefore \omega = \sqrt{K^2 - 1}$$

したがって，安定限界の K の値は

$$K\cos(\sqrt{K^2-1}\,\tau) = -1$$

(i) $K < 1$ のとき上式は成り立たない．

(ii) $K = 1 + \alpha \ (0 < \alpha \leq 1)$ のとき
$$K \approx \frac{\pi^2}{2\tau^2} + 1$$

(iii) $K \gg 1$ のとき
$$K \approx \frac{\pi}{2\tau}$$

(iv) $K = \sqrt{2}$ のとき
$$\tau = \frac{3\pi}{4}$$

$K = 2$ のとき
$$\tau = \frac{2\pi}{3\sqrt{3}}$$

5.4 ボード線図による安定判別

一巡周波数伝達関数 $G(j\omega)H(j\omega)$ の ω を変化させ横軸に対数表示して縦軸にゲインと位相を表したものがボード線図である．

■ **例題5.13** ■

ボード線図による安定判別法を説明せよ．

【解答】 ボード線図でゲインが 0 dB 付近，ナイキスト線図では点 $(-1, 0)$ 付近の 2 つの線図を示すと下表のようになる．ただし，ω_{cg}：ゲイン交差角周波数，ω_{cp}：位相交差角周波数．

ボード線図とナイキスト線図の関係

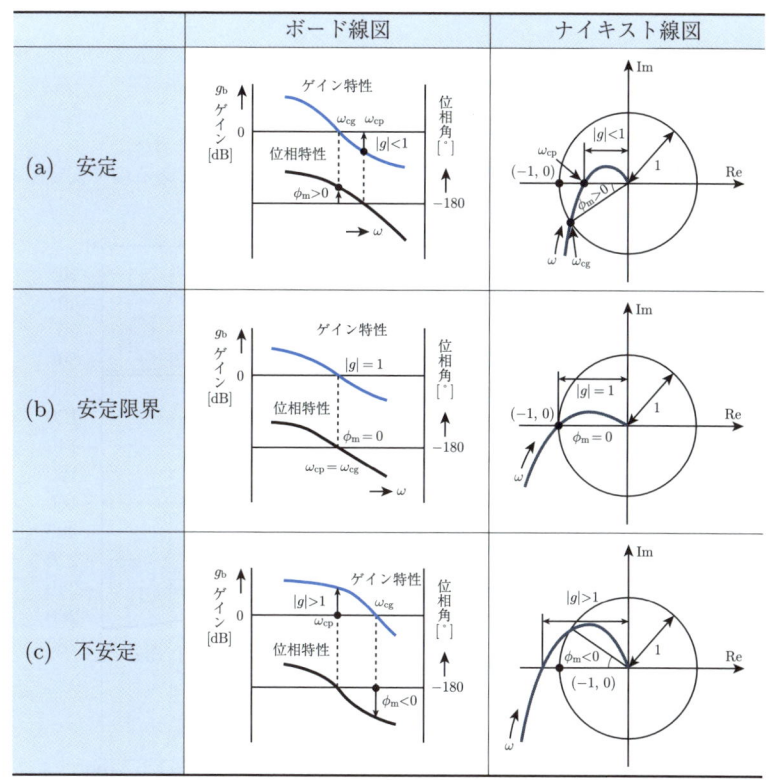

	ボード線図	ナイキスト線図
(a) 安定	$\|g\|<1$, $\phi_\mathrm{m}>0$	$\|g\|<1$, $\phi_\mathrm{m}>0$
(b) 安定限界	$\|g\|=1$, $\phi_\mathrm{m}=0$, $\omega_{\mathrm{cp}}=\omega_{\mathrm{cg}}$	$\|g\|=1$, $\phi_\mathrm{m}=0$
(c) 不安定	$\|g\|>1$, $\phi_\mathrm{m}<0$	$\|g\|>1$, $\phi_\mathrm{m}<0$

ナイキスト線図とボード線図の対応から次のことがいえる．

$|g| < 1,\ \phi_\mathrm{m} > 0,\ \omega_{\mathrm{cg}} < \omega_{\mathrm{cp}}$　　$g_\mathrm{b} < 0\,[\mathrm{dB}]$ のとき安定

$|g| = 1,\ \phi_\mathrm{m} = 0,\ \omega_{\mathrm{cg}} = \omega_{\mathrm{cp}}$　　$g_\mathrm{b} = 0\,[\mathrm{dB}]$ のとき安定限界

$|g| > 1,\ \phi_\mathrm{m} < 0,\ \omega_{\mathrm{cg}} > \omega_{\mathrm{cp}}$　　$g_\mathrm{b} > 0\,[\mathrm{dB}]$ のとき不安定

例題 5.14

次の一巡伝達関数を持つ制御系の安定判別をボード線図を用いて行え．

$$G(s)H(s) = \frac{1}{s(1+s)\left(1+\frac{s}{4}\right)}$$

【解答】 いま，伝達係数は $G_1(s) = \frac{1}{s}$, $G_2(s) = \frac{1}{1+s}$, $G_3(s) = \frac{1}{1+\frac{s}{4}}$ とおき 3 つの要素の直列結合であると考える．ゲインは

$$\begin{aligned} g_b &= G_1 + G_2 + G_3 \\ &= -20\log\omega - 20\log\sqrt{1+\omega^2} - 20\log\sqrt{1+\left(\frac{\omega}{4}\right)^2} \end{aligned}$$

位相は

$$\begin{aligned} \phi_b &= \phi_1 + \phi_2 + \phi_3 \\ &= -90° - \tan^{-1}\omega - \tan^{-1}\frac{\omega}{4} \end{aligned}$$

となるので下図のボード線図が作図できる．図より $\omega_{cg} < \omega_{cp}$ であるので安定である．

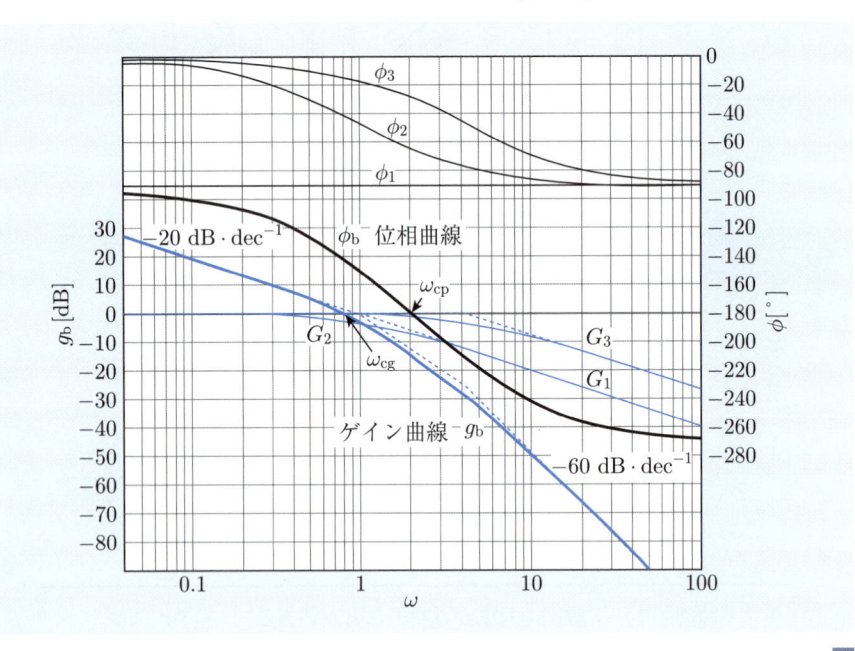

5.5 ゲイン余有と位相余有

　$G(j\omega)H(j\omega)$ のベクトル軌跡が負の実軸と交わる点（この点を**位相交点**という）と虚軸との距離 g は，不安定になるまではまだ GH を $1-g$ だけ，すなわちゲイン係数を $\frac{1}{g}$ だけ増加するゆとりがあることを示している．この値をゲインの dB で示し，**ゲイン余有**（gain Margin）という．この点の角周波数は**位相交差角周波数** ω_{cp}（phase cross-over angular frequency）である．

　また，ナイキスト線図が単位円と交わる点 P（この点を**ゲイン交点**という）におけるベクトル $\overrightarrow{\mathrm{OP}}$ が負の実軸となす角 ϕ_m は $G(j\omega)H(j\omega)$ のベクトル軌跡が点 $(-1,0)$ を通るには ϕ_m のゆとりがあること示している．これを**位相余有**（phase margin）といい，この点の角周波数は**ゲイン交差角周波数** ω_{cg}（gain cross-over angular frequency）である．

例題 5.15

ゲイン余有と位相余有をナイキスト線図，およびボード線図を用いて説明せよ．

【解答】 図 (a) において $G(j\omega)H(j\omega)$ のベクトル軌跡が負の実軸と交わる点 Q と虚軸との距離 g は，不安定になるまではまだ $G(j\omega)H(j\omega)$ を $1-g$ だけ，すなわちゲイン係数 K を $\frac{1}{g}$ だけ増加するゆとりがあることを示している．そこで

$$g_\mathrm{m} = 20\log_{10}\frac{1}{|g|}$$
$$= -20\log_{10}|g|$$

のようにこの値 g_m をゲインの dB で示し，ゲイン余有という．この点の角周波数は位相交差角周波数 ω_{cp} である．

　また，ナイキスト線図が単位円と交わる点 P におけるベクトル $\overrightarrow{\mathrm{OP}}$ が負の実軸となす角 ϕ_m は $G(j\omega)H(j\omega)$ のベクトル軌跡が点 $(-1,0)$ を通るには ϕ_m のゆとりがあること示している．これを位相余有といい，次式で与えられる．

$$\phi_\mathrm{m} = \angle\mathrm{QOP} = \angle G(j\omega)H(j\omega)\big|_{\omega=\omega_{\mathrm{cg}}} - (-180°)$$
$$= \angle G(j\omega_{\mathrm{cg}})H(j\omega_{\mathrm{cg}}) + 180°$$

に示す．この点の角周波数はゲイン交差角周波数 ω_{cg} である．このゲイン余有と位相余有は安定度の目安として役に立つ．

　図 (b) はボード線図でのゲイン余有と位相余有を示している．ゲイン余有は位相交差角周波数でのゲイン特性曲線から 0 dB までの大きさを，位相余有はゲイン交差角周波数での $-180°$ から位相特性曲線の値までの位相を表している．

(a) ナイキスト線図

(b) ボード線図

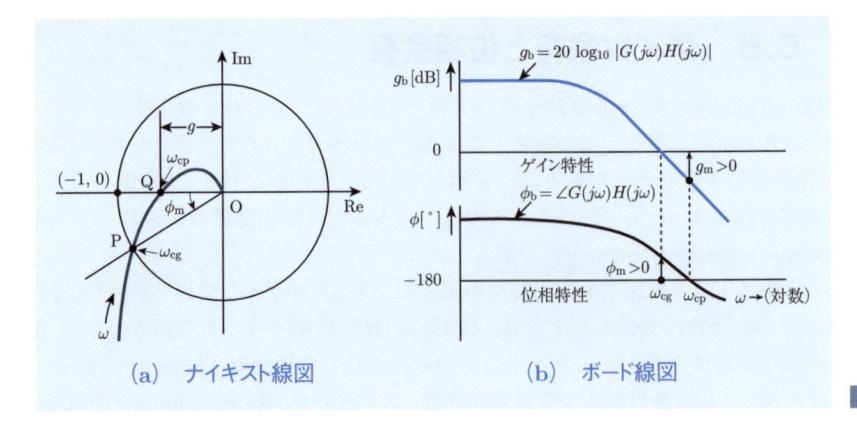

例題5.16

次式の一巡伝達関数で示される制御系のゲイン余有と位相余有を求めよ．

$$G(s)H(s) = \frac{10}{s(s+1)(s+10)}$$

【解答】 周波数伝達関数は

$$G(j\omega)H(j\omega) = \frac{1}{j\omega(j\omega+1)(0.1j\omega+1)} = \frac{1}{j\omega(1-0.1\omega^2+j1.1\omega)}$$

$$= \frac{1}{-1.1\omega^2+j\omega(1-0.1\omega^2)}$$

$$= \frac{-1.1\omega^2-j\omega(1-0.1\omega^2)}{(-1.1\omega^2)^2+\omega^2(1-0.1\omega^2)^2}$$

より

$$g_b = 20\log_{10}1 - 20\log_{10}|j\omega| - 20\log_{10}|j\omega+1| - 20\log_{10}|0.1j\omega+1|$$

$$\phi_b = \angle 1 - \angle j\omega - \angle(j\omega+1) - \angle(0.1j\omega+1) = -90° + A + B$$

ボード線図は図 **(a)** の通りである．ボード線図より

$$|G(j\omega)H(j\omega)| = \frac{10}{\omega\sqrt{(10-\omega^2)^2+121\omega^2}} = 1$$

のとき $\omega = \omega_{cg}$ であるので

$$\omega_{cg} = 0.786\,[\mathrm{rad \cdot s^{-1}}], \qquad \omega_{cg}^2 = 0.615, \quad \phi_m = 46°,$$

$$\omega_{cp} = \sqrt{10} = 3.16\,[\mathrm{rad \cdot s^{-1}}], \quad g = \left|-\frac{1}{11}\right| = |-0.091|$$

$$g_m = -20\log|g| = 20\log|-11| = 20.8\,[\mathrm{dB}]$$

であり安定である．ナイキスト線図は図 **(b)** である．

5.5 ゲイン余有と位相余有

(a) グラフ: $g_b[\text{dB}]$, $g_m \approx 21\,\text{dB}$, $\phi_m \approx 46°$, $\omega_{cg} \approx 0.786$, $\omega_{cp} = \sqrt{10} = 3.16$, $\phi_b = -90° + A + B$

(b) s 平面, $\omega_{cp} = \sqrt{10}$, $(-0.091, 0)$

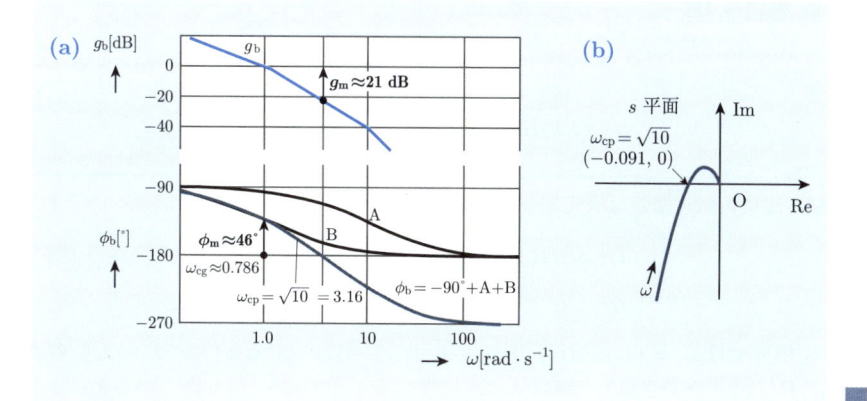

例題5.17

一巡伝達関数が次式である制御系のゲイン余有が $20\,\text{dB}$ となる K を決め，位相交差角周波数 ω_{cp} を求めよ．ただし，$K > 0$ とする．

$$G(s)H(s) = \frac{K}{(1+s)(1+2s)(1+3s)}$$

【解答】 $g_m = 20 \log_{10} \frac{1}{|g|}\,[\text{dB}]$ であるので

$$20 = 20 \log_{10} \frac{1}{|g|}$$

となる．$\log_{10} \frac{1}{|g|} = 1$ であり $\frac{1}{|g|} = 10^1$，したがって

$$|g| = \frac{1}{10} = 0.1$$

周波数伝達関数は

$$G(j\omega)H(j\omega) = \frac{K}{1 - 11\omega^2 + j6\omega(1-\omega^2)}$$

g_m は位相が $-180°$ のとき求められるので

$$6\omega(1-\omega^2) = 0$$

となる $\omega = 0$ または ± 1．

$\omega = 0$ のとき $G(j\omega)H(j\omega)|_{\omega=0} < 0$ であるので $K < 0$ となり不適である．
$\omega = 1$ のとき $G(\omega)H(j\omega)|_{\omega=1} = \frac{K}{1-11} = \frac{-K}{10} < 0$ となり $K > 0$ を満足する．

したがって

$$\left|\frac{-K}{10}\right| = |g| = 0.1$$

より解は $K = 1$ である．位相交差角周波数 ω_{cp} は $\phi_b = -180°$ のときの ω であるので

$$\omega_{cp} = 1\,[\text{rad}\cdot\text{s}^{-1}]$$

■ 例題5.18 ■

一巡伝達関数が次式で与えられる制御系の安定限界での K の値を求めよ．ただし，$K > 0$ とする．

$$G(s)H(s) = \frac{K}{(1+4s)(1+s)(1+0.5s)}$$

【解答】 周波数伝達関数は次式となる．

$$G(j\omega)H(j\omega) = \frac{K}{(1+4j\omega)(1+j\omega)(1+0.5j\omega)}$$
$$= \frac{K}{1-6.5\omega^2+j\omega(5.5-2\omega^2)}$$

安定限界では $g = G(j\omega)H(j\omega) = -1$, $\phi = -180°$ であるので $\omega = \omega_{\mathrm{cp}}$ のとき，$G(j\omega)H(j\omega)$ の虚数部は 0 である．

したがって

$$\omega_{\mathrm{cp}}(5.5 - 2\omega_{\mathrm{cp}}^2) = 0$$

より

$$\omega_{\mathrm{cp}}^2 = \frac{5.5}{2} = 2.75, \quad \omega_{\mathrm{cp}} = \pm 1.66 \quad \text{または} \quad \omega_{\mathrm{cp}} = 0$$

$\omega_{\mathrm{cp}} = 1.66$ を $G(j\omega)H(j\omega)$ に代入すると

$$G(j\omega_{\mathrm{cp}})H(j\omega_{\mathrm{cp}}) = \frac{K}{1-6.5\times 2.75} = \frac{K}{16.9}$$

この ω_{cp} のとき

$$G(j\omega_{\mathrm{cp}})H(j\omega_{\mathrm{cp}}) = g = -1$$

したがって $K = 16.9$

$\omega_{\mathrm{cp}} = 0$ のとき $g = -1 = K$, $K > 0$ であるので結局，$K = 16.9$

■ 例題5.19 ■

[例題 5.14] のゲイン余有 g_{m}，位相余有 ϕ_{m}，ゲイン交差角周波数 ω_{cg}，および位相交差角周波数 ω_{cp} の概数をボード線図から読み取れ．

【解答】 [例題 5.14] のボード線図より

$$\omega_{\mathrm{cg}} \simeq 0.8\,[\mathrm{rad}\cdot\mathrm{s}^{-1}], \quad \phi_{\mathrm{m}} \simeq 40°$$
$$\omega_{\mathrm{cp}} = 2\,[\mathrm{rad}\cdot\mathrm{s}^{-1}], \quad g_{\mathrm{m}} = 14\,[\mathrm{dB}]$$

が読み取れる．位相交差角周波数 ω_{cp} は周波数伝達関数の虚数部を 0 とおき，$\omega_{\mathrm{cp}} = 2$ が得られる．また g_{m} は $\omega = 2$ を周波数伝達関数に代入して，$g_{\mathrm{m}} = -20\log\left|\frac{1}{5}\right|$ であり，$g_{\mathrm{m}} = 20\log 5 = 13.98$ が得られる．

5.6 根軌跡法とその応用

根軌跡法は，特性根の配置を s 平面に図示し，ゲインなどのパラメータの変化による根の軌跡を作図して，その図形上の根の配置から直接安定性を判断する方法である．

根軌跡の定義式　式 (5.1) を満足する s を求めると K の変化に対応する根軌跡の一点が定まる．

$$\left. \begin{array}{c} 1 + G(s)H(s) = 0 \\ \frac{(s-p_1)(s-p_2)\cdots(s-p_m)}{(s-z_1)(s-z_2)\cdots(s-z_l)} = K\varepsilon^{jn\pi} \end{array} \right\} \tag{5.1}$$

ただし

$$G(s)H(s) = \frac{K(s-z_1)(s-z_2)\cdots(s-z_l)}{(s-p_1)(s-p_2)\cdots(s-p_m)}$$

であり $-K = K\varepsilon^{jn\pi}$, $-1 = \varepsilon^{jn\pi}$ $(n = \pm 1, \pm 3, \pm 5, \ldots)$，$z_1 \sim z_l$：$G(s)H(s)$ の零点，$p_1 \sim p_m$：$G(s)H(s)$ の極とする．

式 (5.1) は，複素方程式であるので，大きさを示す**ゲイン条件式**と位相の関係を示す**位相条件式**の 2 つの式に分けられる．

(i) ゲイン条件式

$$\frac{|s-p_1|\,|s-p_2|\cdots|s-p_m|}{|s-z_1|\,|s-z_2|\cdots|s-z_l|} = K \tag{5.2}$$

(ii) 位相条件式

$$\angle(s-p_1) + \angle(s-p_2) + \cdots + \angle(s-p_m)$$
$$- \{\angle(s-z_1) + \angle(s-z_2) + \cdots + \angle(s-z_l)\} = n\pi \tag{5.3}$$

ただし，n の順序は $n = +1, -1, +3, -3, +5, -5, \ldots$

根軌跡の基本的構造と性質

(1) 根軌跡は $G(s)H(s)$ の極から出発して零点および無限大に到達する．
(1)' 軌跡の枝の本数は極の数に等しくなる（すべて極から出発するので）．
(2) 軌跡は根平面上の実軸に対し対称である．
(3) 実軸上の根軌跡は GH の極および零点で分割された実軸の各区間のうち右から奇数番目と次の偶数番目を結んだ線分がその区間の軌跡になる．
(4) 無限遠点にのびる根軌跡は，$\omega = \lambda(\sigma - \sigma_c)$ の直線（**漸近線**）に漸近する．本数は，極の数から零点の数を引いた $(m-l)$ 個が無限遠点に零点を持つのでこの数に等しくなる．ただし

$$\lambda = \tan\frac{n\pi}{m-l}, \quad \sigma_c = \frac{(p_1+p_2+\cdots+p_m)-(z_1+z_2+\cdots+z_l)}{m-l}$$

(5) 根軌跡の実軸との分岐点では

$$\frac{1}{s-p_1} + \frac{1}{s-p_2} + \cdots + \frac{1}{s-p_m} - \left(\frac{1}{s-z_1} + \frac{1}{s-z_2} + \cdots + \frac{1}{s-z_l}\right) = 0$$

を満足する．角度は実軸と $90°$ である．

(6) 根軌跡の虚軸との交点はラウスの安定判別法より求められる．安定限界の示す K を求め，根を解く．
(7) 実軸以外に配置された極から出発したり，零点に到達するときの角度は式 (5.3) の位相条件式によって決まる．
(8) K の値は，ゲイン条件式によって決まる．
(9) 根軌跡の分岐の中で，どれか1つでも右半面に入ると，その制御系は不安定になる．

根軌跡法の応用 次のようなことがある．
(1) 遅れ要素がある場合の根軌跡
(2) $G(s)H(s)$ に極または零点を加える効果
(3) パラメータが複数の場合の根軌跡
(4) 多項式の求根に対する応用

■ 例題5.20 ■

根軌跡のゲイン条件式と位相条件式を次の一巡伝達関数を用いて図式的に説明せよ．

$$G(s)H(s) = \frac{K(s+z_1)}{s(s+p_2)(s+p_3)}$$

【解答】 図に示す複素平面上の任意の点 s_1 を選ぶ．この s_1 が根軌跡上の点であれば，以下の条件式が満たされる．

(i) ゲイン条件式

$$\frac{|s_1||s_1+p_2||s_1+p_3|}{|s_1+z_1|} = K$$

$$\frac{BCD}{A} = K$$

ただし，大きさ $|s_1+z_1| = A$, $|s_1| = B$, $|s_1+p_2| = C$, $|s_1+p_3| = D$

(ii) 位相条件式

$$\angle s_1 + \angle(s_1+p_2) + \angle(s_1+p_3) - \angle(s_1+z_1) = n\pi$$

$$\theta_{p_1} + \theta_{p_2} + \theta_{p_3} - \theta_{z_1} = n\pi$$

ただし

$\angle s_1 = \theta_{p_1}$, $\angle(s_1+p_2) = \theta_{p_2}$, $\angle(s_1+p_3) = \theta_{p_3}$

$\angle(s_1+z_1) = \theta_{z_1}$

$n = +1, -1, +3, -3, +5, -5, \ldots$

5.6 根軌跡法とその応用

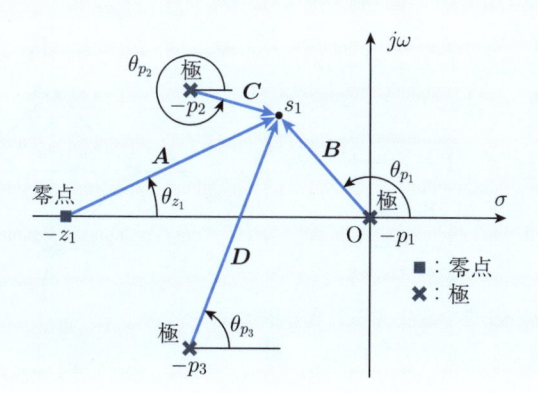

■ **例題5.21** ■

一巡伝達関数が次式で与えられる制御系の根軌跡を描け．ただし，$T > 0$：一定，$K : 0 \sim \infty$ に変化．

$$G(s)H(s) = \frac{K}{s\left(s + \frac{1}{T}\right)}$$

【解答】 (i) ゲイン条件式 $|s|\left|s + \frac{1}{T}\right| = K$

(ii) 位相条件式 $\angle s + \angle\left(s + \frac{1}{T}\right) = n\pi$

ただし，$n = +1, -1$

(1) $K = 0$ のとき，s の値は極 $s = 0, -\frac{1}{T}$ から出発する．

(2) s が 0 と $-\frac{1}{T}$ の間にあるとき

$$\angle(s+1) = 0, \quad \angle s = \pi$$

で (ii) を満足する．

(3) 0 と $-\frac{1}{T}$ を結ぶ線分の垂直2等分線上は

 (a) 上半面 $\angle s = \pi - \theta, \angle\left(s + \frac{1}{T}\right) = \theta$ であり

$$\angle s + \angle\left(s + \frac{1}{T}\right) = \pi$$

 (b) 下半面 $\angle s = -(\pi - \theta), \angle\left(s + \frac{1}{T}\right) = -\theta$ であり

$$\angle s + \angle\left(s + \frac{1}{T}\right) = -\pi$$

で (ii) を満足する．

(4) 分岐点は $s_1 = -\frac{1}{2T}$ であり $\left|-\frac{1}{2T}\right|\left|-\frac{1}{2T} + \frac{1}{T}\right| = K$ となり，$K = \frac{1}{4T^2}$ のとき (i) を満足する．

(5) 右図の根は (i), (ii) の条件式を満足するので根軌跡である．

(6) 特性方程式は $s^2 + \frac{s}{T} + K = 0$

解は (a) $0 \leq K \leq \frac{1}{4T^2}$ のとき，実数で

$$s_1, s_2 = \frac{-1}{2T} \pm \sqrt{\left(\frac{1}{2T}\right)^2 - K}$$

(b) $K \geq \frac{1}{4T^2}$ のとき，複素数で

$$s_1, s_2 = \frac{-1}{2T} \pm j\sqrt{K - \frac{1}{4T^2}}$$

となり，K が $0 \sim \infty$ まで変化するときの根は右図の軌跡を描くことが証明された．■

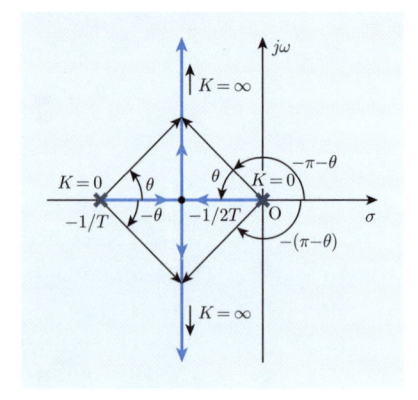

■ **例題5.22** ■

一巡伝達関数が次式で与えられるフィードバック制御系の根軌跡を描け．

(1) $G(s)H(s) = \dfrac{K}{s(s+2)(s+4)}$　　(2) $G(s)H(s) = \dfrac{K}{(s+2)^2(s+4)}$

(3) $G(s)H(s) = \dfrac{K}{(s+2)^3}$

【解答】(1) 極は $p_1 = 0, p_2 = -2, p_3 = -4$，零点はない．したがって，$m = 3$, $l = 0$, 軌跡の本数は 3 本，出発点は $0, -2, -4$ である．漸近線の方向は $\lambda = \tan \frac{n\pi}{m-l}$ より $\lambda_1 = \tan \frac{\pi}{3}, \lambda_2 = \tan \frac{-\pi}{3}, \lambda_3 = \tan \pm \pi$, $\sigma_c = \frac{p_1+p_2+p_3}{m-l} = \frac{0-2-4}{3} = -2$．実軸上の軌跡は $0 \sim -2$, $-4 \sim -\infty$．実軸からの分岐点 s は $\frac{1}{s} + \frac{1}{s+2} + \frac{1}{s+4} = 0$ より

$$s = -2 + \frac{\sqrt{12}}{3} \simeq -0.845$$

虚軸との交点は特性方程式

$$s^3 + 6s^2 + 8s + K = 0$$

のラウス数列より $K = 48$ のとき

$$s = \pm j\sqrt{8} \simeq \pm 2.83j$$

軌跡は図 **(a)** となる．

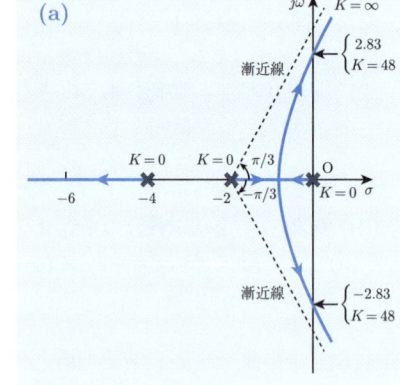

(2) 極は $p_1 = p_2 = -2$（二重極），$p_3 = -4$，零点はない．$m = 3, l = 0$, したがって，軌跡の本数は 3 本．漸近線の方向は

$$\lambda_1 = \tan \tfrac{\pi}{3}, \quad \lambda_2 = \tan \tfrac{-\pi}{3}, \quad \lambda_3 = \tan \pm \pi$$

$$\sigma_c = \frac{-2-2-4}{3} = -\frac{8}{3} \simeq -2.67$$

5.6 根軌跡法とその応用

実軸上の区間は $-4 \sim -\infty$, 実軸との分岐点は -2 である. 虚軸との交点は特性方程式は $s^3 + 8s^2 + 20s + 16 + K = 0$ である. ラウス表より安定限界では $K = 144$ となり上式は

$$(s^2 + 20)(s + 8) = 0$$

となる. したがって, $s = \pm j\sqrt{20} = \pm 4.47, -8$ となり, 軌跡は図 **(b)** となる.

(3) 極は $p_1 = p_2 = p_3 = -2$, 零点はない. 軌跡の本数は3本. 軌跡はすべて -2 から出発する. 漸近線の方向は $\lambda_1 = \tan\frac{\pi}{3}, \lambda_2 = \tan\frac{-\pi}{3}, \lambda_3 = \tan\pm\pi, \sigma_c = \frac{-2-2-2}{3} = -2$ となる. 実軸には $-2 \sim -\infty$, 虚軸との交点はラウス数列より $K = 64$ で $s = \pm 3.46j$ となる. 軌跡は図 **(c)** となる.

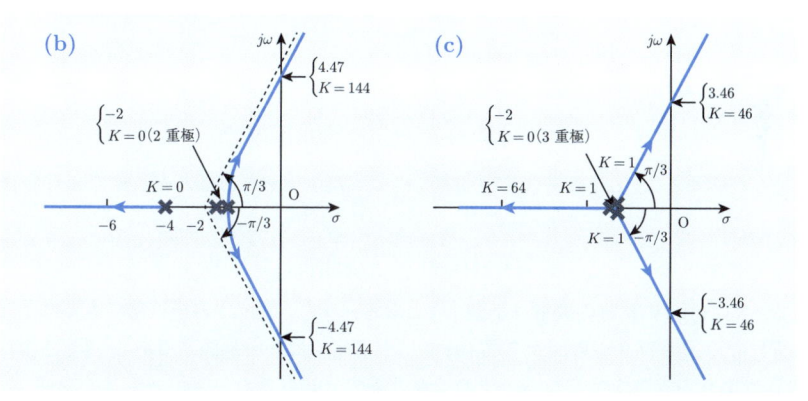

例題5.23

遅れ要素がある場合の根軌跡を描く方法を述べよ.

【解答】 遅れ要素の伝達関数は, $G_{T_d}(s) = \varepsilon^{-sT_d} = \varepsilon^{-\sigma T_d}\angle(-\omega T_d)$ である. ただし, $s = \sigma + j\omega$ である. 位相は負の角度を持ち, 大きさは角周波数に比例することがわかる. 根軌跡は, 一巡伝達関数に遅れ要素を加えた伝達関数としてゲイン条件式と位相条件式を求め, 先に述べた方法で根軌跡を描くことができる. たとえば, 遅れ要素を含む一巡伝達関数が

$$G(s)H(s) = \frac{K\varepsilon^{-sT_d}}{s(s-p_2)} = \frac{K\varepsilon^{-\sigma T_d}\varepsilon^{-j\omega T_d}}{s(s-p_2)} \quad (K > 0)$$

で与えられるとき, 大きさと位相に分割して条件を求めることができる. ゲイン条件式と位相条件式は以下の式で表される. これらの条件式から遅れ要素を持つ制御系の根軌跡を描くことができる.

(i) ゲイン条件式　　$|s||s-p_2|\varepsilon^{\sigma T_d} = K$
(ii) 位相条件式　　$\angle s + \angle(s-p_2) + \angle \omega T_d = n\pi$

ただし, $n = +1, -1, +3, -3, \ldots$

例題5.24

一巡伝達関数 $G(s)H(s)$ に極または零点を加える効果について説明せよ．

【解答】 実際の制御系では，特性を解析し，改善したり設計する場合は，制御装置に比例要素や積分要素などを加えたり，極や零点の配置を変えるなどの試行錯誤する．そこで，$G(s)H(s)$ に極または零点を加える効果や影響を調べる．

> (a) $G(s)H(s)$ に極を加えると根軌跡を s 平面の右半面の方向にシフトする影響がある．
> (b) $G(s)H(s)$ に零点を加えると根軌跡を s 平面の左半面の方向にシフトする効果がある．

いま，$G(s)H(s)$ が

$$G(s)H(s) = \frac{K}{s(s+a)} \quad (a>0) \tag{1}$$

で与えられるとして，(a) の場合を調べよう．上式に極 $(-b)$ を加えると新たな $G(s)H(s)$ は

$$G(s)H(s) = \frac{K}{s(s+a)(s+b)} \tag{2}$$

となる．式 (1) の根軌跡の概形は下図 **(a)** となる．また，式 (2) の根軌跡の概形は下図 **(b)** のようになる．この2つの図から図 **(a)** では不安定ではない制御系であるが同図 **(b)** では K の値により不安定な系になる．また，漸近線の分岐点での角度が $\pm\frac{\pi}{2}$ から $\pm\frac{\pi}{3}$ に変化し，分岐点の位置が実軸で $\frac{-a}{2}$ から $\frac{-(a+b)}{2}$ に移動していることがわかる．

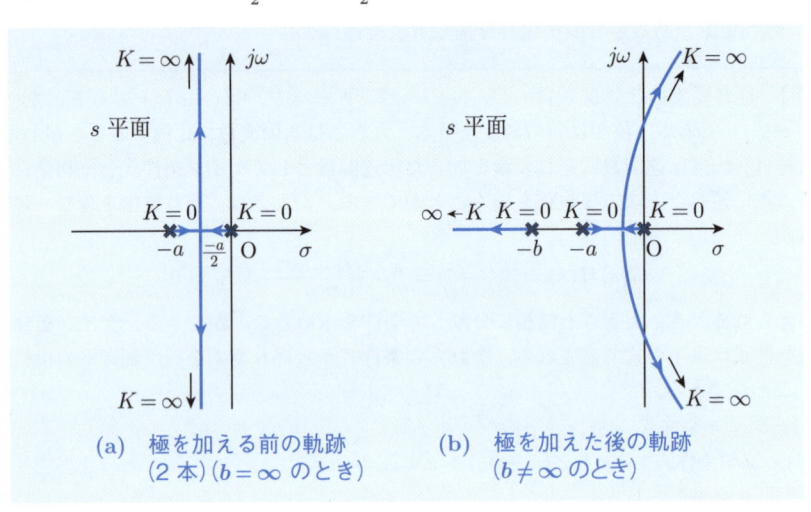

(a) 極を加える前の軌跡
(2本)($b=\infty$ のとき)

(b) 極を加えた後の軌跡
($b \neq \infty$ のとき)

■ 例題5.25 ■

下図のようにパラメータが複数の場合の根軌跡を求めよ．

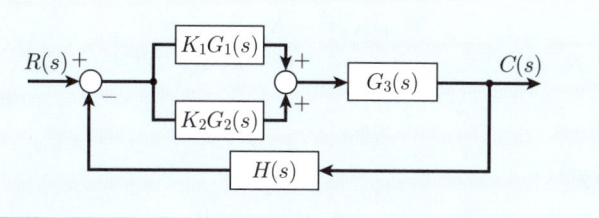

【解答】 一巡伝達関数は

$$G(s)H(s) = [K_1G_1(s)G_3(s) + K_2G_2(s)G_3(s)]H(s)$$

となる．この式を

$$G(s)H(s) = \frac{K_1Q_1(s) + K_2Q_2(s)}{P(s)}$$

のように多項式の形式に変形すると，特性方程式は

$$1 + G(s)H(s) = 1 + \frac{K_1Q_1(s) + K_2Q_2(s)}{P(s)} = 0 \tag{1}$$

となる．式 (1) は

$$P(s) + K_1Q_1(s) + K_2Q_2(s) = 0 \tag{2}$$

のように2個のパラメータを含む s に関する多項式で表現できる．ただし，K_1, K_2 は変化するパラメータ，$P(s), Q_1(s), Q_2(s)$ は s についての多項式．

ここで，パラメータの1つ（K_2）を0とおくと

$$P(s) + K_1Q_1(s) = 0 \tag{3}$$

となる．この式はパラメータ K_1 だけを含む．式 (3) の両辺を $P(s)$ で割ると

$$1 + \frac{K_1Q_1(s)}{P(s)} = 0$$

を得る．したがって，前述の根軌跡作図法に基づき根軌跡を描くことができる．

次に，K_1 を固定して，K_2 を変化させる．式 (2) の両辺を $P(s) + K_1Q_1(s)$ で割ると

$$1 + \frac{K_2Q_2(s)}{P(s) + K_1Q_1(s)} = 0$$

を得る．ここで，この式は

$$G_2(s)H_2(s) = \frac{Q_2(s)}{P(s) + K_1Q_1(s)} \tag{4}$$

として整理できる．ただし，$1 + K_2G_2(s)H_2(s) = 0$ である．したがって，K_1 を固定して K_2 を変化させる根軌跡は式 (4) を用いて描くことができる．このようにすることでパ

ラメータが 2 個以上の場合も根軌跡を描くことができる．

以上の方法を用いて，次の一巡伝達関数の根軌跡を描く．
$$s^3 + K_2 s^2 + K_1 s + K_1 = 0 \tag{5}$$
ここで，K_1, K_2 は変化するパラメータで $0 \sim \infty$ まで変化する．まず，$K_2 = 0$ とおくと式 (5) は
$$s^3 + K_1 s + K_1 = 0 \tag{6}$$
K_1 を変数のパラメータとして，s^3 で上式を割ると
$$1 + \frac{K_1(s+1)}{s^3} = 0$$
となる．

式 (6) の根軌跡は，下図 (a) に示すように $G_1(s)H_1(s) = \frac{s+1}{s^3}$ を用いて描くことができる．

次に，K_1 を 0 ではない一定の値に固定して K_2 を $0 \sim \infty$ に変化させ軌跡を描く．式 (5) の両辺を $s^3 + K_1 s + K_1$ で割って
$$1 + \frac{K_2 s^2}{s^3 + K_1 s + K_1} = 0$$
を得る．
$$G_2(s)H_2(s) = \frac{s^2}{s^3 + K_1 s + K_1}$$
をもとに K_2 が $0 \sim \infty$ まで変化するときの根軌跡を描くと下図 (b) のようになる．

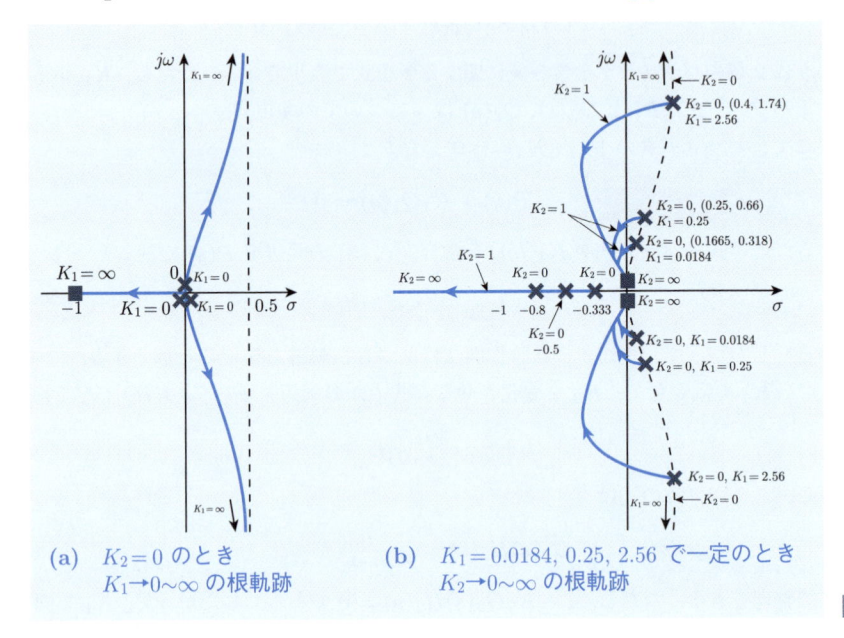

(a) $K_2 = 0$ のとき $K_1 \to 0 \sim \infty$ の根軌跡

(b) $K_1 = 0.0184, 0.25, 2.56$ で一定のとき $K_2 \to 0 \sim \infty$ の根軌跡

5章の問題

5.1 右図の制御系が安定であるための K の条件をラウスの方法を用いて求めよ．

5.2 前問の K の条件をフルビッツの方法を用いて求めよ．

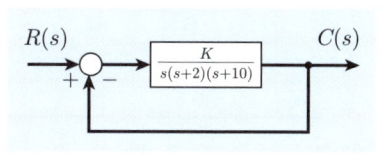

5.3 [例題 5.7] の安定判別をフルビッツの方法で求めよ．

5.4 右図は，ある自動制御系の開路伝達関数 $KG(j\omega)$ のベクトル軌跡（ナイキスト線図）を示す．(ア),(イ) および (ウ) のそれぞれの場合において，この系は，安定か不安定か．正しいものを組み合わせたものを次のうちから選べ．ただし，$KG(j\omega)$ 自身は，不安定根を持たない安定な系とする．　　（昭 58・III）

(1) （ア） 安　定　　（イ） 安　定　　（ウ） 不安定
(2) （ア） 安　定　　（イ） 不安定　　（ウ） 不安定
(3) （ア） 不安定　　（イ） 不安定　　（ウ） 安　定
(4) （ア） 不安定　　（イ） 安　定　　（ウ） 不安定
(5) （ア） 不安定　　（イ） 安　定　　（ウ） 安　定

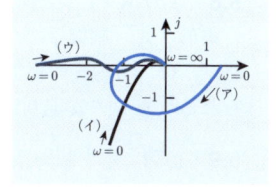

5.5 ボード線図によるフィードバック制御系の安定判別を行うとする．次の図のうち，系が安定（安定限界にあるものは除く）なのはどれか．ただし，G は開ループ伝達関数（一巡伝達関数）のゲインを，ϕ はその位相角を，ω は角周波数を表す．また，G それ自身は安定であるものとする．　　（平 2・III）

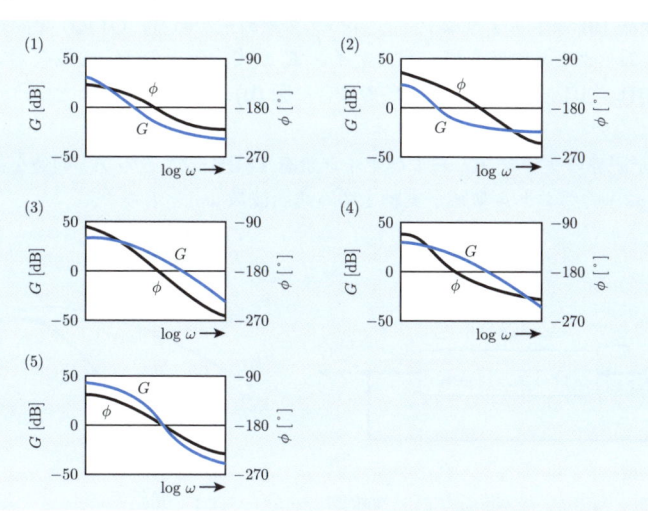

5.6 開路伝達関数が $\frac{K(1+s)}{s(1-s)}$ であるプラントを帰還（フィードバック）系としたとき，K が次の各場合に対して安定であるか，不安定であるかを答えよ． (昭 48・II)

	負　帰　還 （ネガティブフィードバック）		正　帰　還 （ポジティブフィードバック）	
K	0.5	3.0	0.5	3.0

5.7 次の A〜E に適切な用語を挿入せよ．
　自動制御系において，系の特性方程式の ［ A ］ の実数部がすべて負であれば，その系は ［ B ］ である．このことは，ナイキストの安定判別法において，［ C ］ 増加に対する伝達関数のベクトル軌跡が -1 の点を ［ D ］ に見て負実軸を通れば，その系は ［ E ］ であるという表現とも，基本においては一致している． (昭 51・II)

5.8 次の A〜E に適切な用語を示せ．
　線形 ［ A ］ 制御系の安定判別法として，ベクトル軌跡から求める ［ B ］ の安定判別法，［ C ］ 方程式の係数から表を作って求める ［ D ］ の安定判別法，行列式の形で与えられる ［ E ］ の安定判別法などがある． (昭 59・II)

5.9 右図に示す制御系において，$G(s)$ および $H(s)$ が (1) および (2) のように与えられている二つの場合について，それぞれ系が安定であるか否かを判別せよ． (昭 60・II)

(1)　$G(s) = \frac{1}{s(s-2)}$，　$H(s) = \frac{s-2}{s+2}$

(2)　$G(s) = \frac{s-1}{s^2(s+2)}$，　$H(s) = \frac{2s+1}{1-s}$

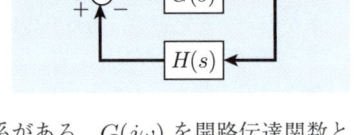

5.10 下図 (a) に示すようなフィードバック制御系がある．$G(j\omega)$ を開路伝達関数として，そのベクトル軌跡を描くと，ゲイン K が安定限界の K_0 の場合およびゲイン余有が $12\,\mathrm{dB}$ ($20\log_{10} 4\,\mathrm{dB}$) の K' の場合に図 (b) のようになったという．次の問に答えよ． (昭 61・II)

(1)　安定限界のゲイン K_0 およびゲイン余有 $12\,\mathrm{dB}$ のときの K' の値を計算せよ．
(2)　$G(j\omega)$ のベクトル軌跡が実軸を切る角周波数 ω_0 を求めよ．

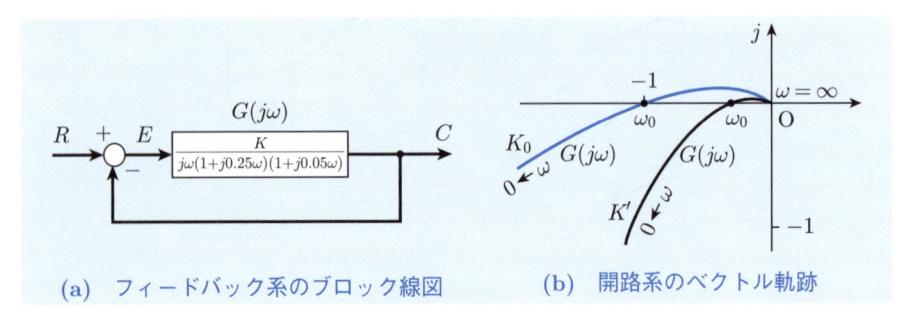

(a)　フィードバック系のブロック線図　　(b)　開路系のベクトル軌跡

5章の問題

5.11 むだ時間要素は，入力 $x(t)$ が時間 D 遅れてそのまま出力 $y(t)$ となるものである．次の問に答えよ． (平4・II)
(1) 入力と出力の時間領域での関係式を書け．
(2) (1)で求めた関係式から伝達関数を求めよ．
(3) むだ時間要素のナイキスト線図を描け．
(4) フィードバック制御系において，制御対象がむだ時間要素を含む場合，むだ時間要素が系の安定性に及ぼす影響について述べよ．

5.12 一巡伝達関数が $G(s) = 1 + s + \frac{1}{s}$ の制御系について，次の問に答えよ． (平8・II)
(1) ナイキスト線図を描け．
(2) (1)の線図を用いてこの制御系の安定性を判別せよ．

5.13 次の文章は，フィードバック制御系のナイキストの安定判別法に関する記述である．文中の □ に当てはまる式または数値を解答群の中から選べ．

開ループ伝達関数が次式で与えられるフィードバック制御系がある．ここで，K はゲイン定数である．

$$G(s)H(s) = \frac{K}{s(s+1)(2s+1)} \quad ①$$

a. ①式で $s = j\omega$ とおけば，開ループ周波数伝達関数となる．すなわち

$$G(j\omega)H(j\omega) = \frac{K}{-3\omega^2 + j\omega(1 - \boxed{(1)})} \quad ②$$

b. 位相交点角周波数 ω_0，すなわち，$G(j\omega)H(j\omega)$ のベクトル軌跡が複素平面の負の実軸と交わるときの角周波数は，②式を用いて次のようになる．

$$\omega \equiv \omega_0 = \boxed{(2)} \, [\text{rad} \cdot \text{s}^{-1}] \quad ③$$

c. この ω_0 の値を②式に代入すれば，$G(j\omega_0)H(j\omega_0)$ が求められる．

$$G(j\omega_0)H(j\omega_0) = \boxed{(3)} \quad ④$$

d. ナイキストの安定判別法によれば，このようなフィードバック制御系が安定であるためには，$G(j\omega_0)H(j\omega_0)$ の振幅が $\boxed{(4)}$ より小さくなければならない．したがって，この条件よりゲイン定数 K の値は

$$0 < K < \boxed{(5)}$$

となる． (平13・II)

[解答群]　(イ) $\frac{2K}{3}$　(ロ) 1　(ハ) $\frac{\omega^2}{2}$　(ニ) 15
　　　　　(ホ) $2\omega^2$　(ヘ) $\sqrt{2}$　(ト) -1　(チ) $-\frac{2K}{3}$
　　　　　(リ) $4\omega^2$　(ヌ) 0.5　(ル) 0.15　(ヲ) 0
　　　　　(ワ) 1.5　(カ) $\frac{3K}{2}$　(ヨ) $\frac{1}{\sqrt{2}}$

□**5.14** 下図のようなフィードバック制御系について，次の問に答えよ．ただし，$R(s)$ は目標値，$D(s)$ は外乱，$Y(s)$ は制御量，$E(s)$ は偏差とする．また，数値で答える場合には，小数点以下 3 桁目を四捨五入した 2 桁とする．
(平 19・II)

(1) $R(s) = 0, C(s) = K$ のとき，外乱 $D(s)$ の時間関数がランプ関数 $d(t) = 2t$ で与えられる場合の定常速度偏差を求めよ．

(2) $C(s) = K$ のとき，閉ループ系の安定性の指標の一つである減衰定数 ζ を 0.8 に設定するため K の値を求めよ．

(3) $C(s) = A\frac{s+1}{0.1s+1}$ の場合について，$R(s)$ から $Y(s)$ までの閉ループ伝達関数を求めよ．

(4) (3) の $C(s)$ を用いた閉ループ系の減衰定数 ζ が 0.8 になるような A の値を求めよ．このとき，(2) の場合と比較して閉ループ系の固有角周波数を求めることにより速応性はどのくらい変化したかを説明せよ．

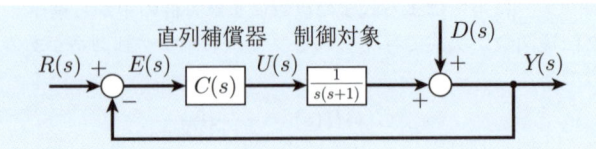

□**5.15** 次の文章は，下図のフィードバック制御系に関する記述である．文中の □ に当てはまる式または数値を解答群の中から選べ．

外乱 $D_2(s) = 0$ の場合，外乱 $D_1(s)$ から偏差 $E(s)$ までの伝達関数は

$$\frac{E(s)}{D_1(s)} = -\frac{\boxed{(1)}}{T_c T_p s^3 + (T_c + T_p)s^2 + s + K_c K_p}$$

となり，外乱 $D_1(s)$ が単位ステップ関数のときの定常位置偏差は，$\boxed{(2)}$ となる．

一方，外乱 $D_1(s) = 0$ の場合，外乱 $D_2(s)$ から偏差 $E(s)$ までの伝達関数は

$$\frac{E(s)}{D_2(s)} = -\frac{\boxed{(3)}}{T_c T_p s^3 + (T_c + T_p)s^2 + s + K_c K_p}$$

となり，外乱 $D_2(s)$ が単位ステップ関数のときの定常偏差は，$\boxed{(4)}$ となる．このように外乱の付加する場所により定常位置偏差の値が異なる．

また，図のフィードバック制御系が安定となる条件は

$$0 < K_c < \boxed{(5)}$$

である．ただし，$T_c > 0, T_p > 0$ とする．
(平 20・II)

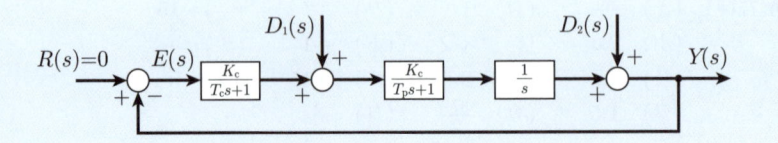

〔解答群〕 (イ) ∞　　(ロ) $\frac{T_cT_pK_p}{T_c+T_p}$　　(ハ) $s(T_cs+1)(T_ps+1)$
(ニ) $-\frac{1}{K_p}$　　(ホ) $K_p(T_cs+1)$　　(ヘ) $-\frac{1}{K_c}$
(ト) $K_c(T_cs+1)$　　(チ) $-\frac{1}{1+K_cK_p}$　　(リ) $-\frac{1}{K_pK_c}$
(ヌ) $(T_cs+1)(T_ps+1)$　　(ル) $\frac{T_c+T_p}{T_cT_pK_p}$　　(ヲ) $\frac{K_p(T_c+T_p)}{T_cT_p}$
(ワ) 0　　(カ) $s(T_ps+1)$　　(ヨ) $K_p(T_ps+1)$

□**5.16** フィードバック制御系について，次の問に答えよ． (平 15・II)

(1) 制御要素の単位インパルス応答 $g(t)$ が次式で表されるとき，この要素の伝達関数 $G(s)$ を求めよ．ただし，t は時間 [s] とする．

$$\left.\begin{array}{l} g(t) = 0 \quad\quad\quad\quad\quad\quad\quad t < 0 \\ g(t) = \frac{1}{2} - \varepsilon^{-t} + \frac{1}{2}\varepsilon^{-2t} \quad t \geq 0 \end{array}\right\}$$

(2) この要素 $G(s)$ に，下図のようなフィードバックを掛けたときの閉ループ伝達関数 $W(s) = \frac{C(s)}{U(s)}$ を求めよ．ここで，K は定数であり，$K > 0$ である．

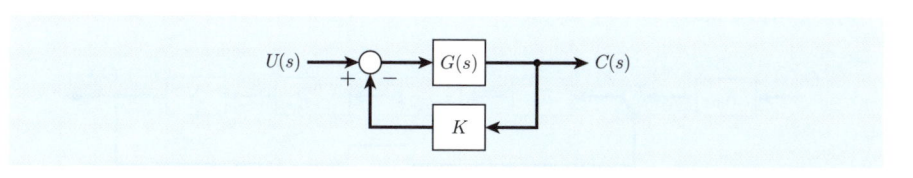

(3) (2) の閉ループ系の安定限界における K の値およびそのときの持続振動の角周波数 ω [rad·s^{-1}] を求めよ．

□**5.17** フィードバック制御系の目標値を単位ステップ状に変化させたときの制御量 $C(t)$ の応答が次のような形の式で与えられている．ただし，A, B, α および β は，任意の正の実数値である． (平 3・III)

① $C(t) = 1 - A\varepsilon^{\alpha t} + B\varepsilon^{-\beta t}$
② $C(t) = 1 - A\varepsilon^{-\alpha t} + B\varepsilon^{-\beta t}\sin(\omega t + \phi)$
③ $C(t) = 1 + A\varepsilon^{-\alpha t} - B\varepsilon^{\beta t}\sin(\omega t + \phi)$
④ $C(t) = 1 + A\varepsilon^{-\alpha t} - B\varepsilon^{-\beta t}$
⑤ $C(t) = 1 - A\varepsilon^{-\alpha t} + Bt\varepsilon^{-\beta t}$

上記 5 個の応答のうち不安定なもの 2 個を組み合わせたのは，次のうちどれか．
(1) ①と③　　(2) ①と⑤　　(3) ②と③
(4) ②と⑤　　(5) ③と④

5.18 一巡伝達関数が $G(s)H(s) = \dfrac{5}{(s+1)(s+1.5)(s+2)}$ で与えられるフィードバック制御系がある．次の問に答えよ．
(1) ナイキスト線図を描け．
(2) 安定性を調べよ．
(3) 安定な場合にはゲイン余有を求めよ．

5.19 次の一巡伝達関数を持つフィードバック制御系の安定判別を行い，未定のパラメータがある場合は安定な範囲を求めよ．
(1) $G(s)H(s) = \dfrac{100}{s^3+20s^2+9s}$
(2) $G(s)H(s) = \dfrac{K(s+a)}{s(s+1)(s+2)(s+3)}$ （$a>0$ とする）

5.20 一巡伝達関数が $G(s)H(s) = \dfrac{2}{s(1+s)\left(1+\frac{s}{3}\right)}$ で与えられる制御系の安定判別をボード線図を用いて行え．

5.21 下図に示すサーボ機構の安定条件を (1) ラウスの判別法，(2) フルビッツの判別法を用いて求めよ．

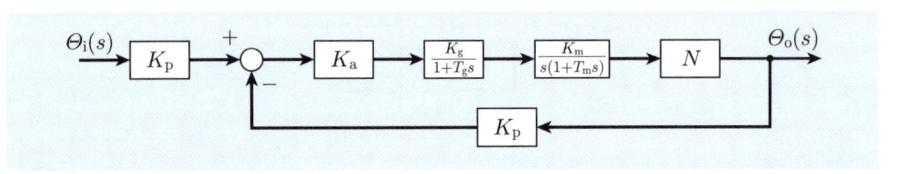

5.22 本文の根軌跡の構造の (1)〜(3) を証明せよ．

5.23 本文の根軌跡の構造の (4) および (5) の証明せよ．

5.24 開ループ伝達関数 $G(s) = \dfrac{K(s+2)}{s(s+1)(s+3)}$ を持つ制御系の根軌跡の概形を描け．

5.25 一巡伝達関数が $G(s)H(s) = \dfrac{K(s+2)}{s(s^2+2s+2)}$ の制御系の根軌跡の概形を描け．

5.26 一巡伝達関数が $G(s)H(s) = \dfrac{K(s+1)}{s(s+2)(s+3)}$ の制御系の根軌跡の概形を描け．

5.27 下図に示す制御系の根軌跡の概形を描け．

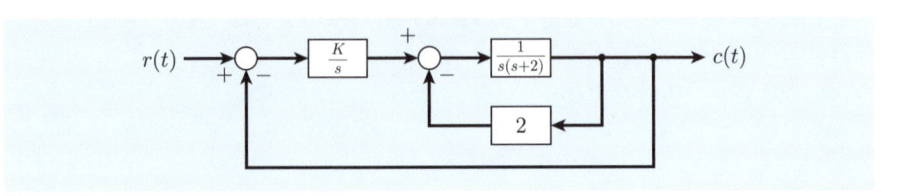

5章の問題

- **5.28** 開ループ伝達関数 $G(s) = \frac{K(s+5)}{(s+1)(s+3)}$ を持つ制御系の根軌跡の概形を描け．

- **5.29** 開ループ伝達関数 $G(s) = \frac{K\varepsilon^{-s}}{1+s}$ を持つ閉ループ制御系の根軌跡を求めよ．

- **5.30** 一巡伝達関数が $G(s)H(s) = \frac{K(s+4)}{s(s+2)}$ の根軌跡を描け．

- **5.31** 特性方程式 $s^3 + 3s^2 + 3s + 2 = 0$ を $(s+3)$ で分割して，根軌跡法を用いて根を求めよ．

- **5.32** 問題 5.31 の特性方程式の根を他の分割によって求めよ．

6 制御系の性能と特性設計

制御システムの基本3仕様である制御精度，速応性，および安定性（減衰特性）をもとに制御系の制御性能を解析し評価する．制御システムの設計には特性設計と製作設計があるが，ここでは，特性を改善し補償する方法，および与えられた制御仕様を満たす基本的な特性設計法について述べる．

6.1 制御系の基本性能と基本仕様

制御系の制御性能は基本3仕様で判断できる．すなわち，(1) 定常状態で目標値に到達する正確さ，すなわち制御精度（定常偏差），(2) 目標値に到達する速さ，すなわち制御系の応答の速さ（速応性），(3) 過渡応答の減衰の速さ，すなわち目標値に整定できるかどうか（安定性）である．

精度 フィードバック制御系で，定常偏差は (i) 目標値に対する制御量との差の偏差と，(ii) 外乱に対する制御量の偏差がある．特性は第3章で説明した．

速応性 応答の速さの指標には，(i) **速応性**と (ii) 振動がある場合の**減衰性**がある．速応性は，どれくらい速く目標値に到達するかを定量的に評価し，減衰性は制御量が定常値に達するまでの振動の状態を評価する振動成分の減衰性である．

- **時間応答** インディシャル応答の波形は図3.4に示されている．過渡特性による評価として，**遅れ時間** T_d，**立ち上がり時間** T_r，**応答時間** T_p が小さいほど速応性に優れている．**整定時間** T_s は速応性と減衰性の両方の影響を与える．
- **閉ループ周波数応答** 閉ループ周波数伝達関数 $M(j\omega)$ を $M(j\omega) = \dfrac{\omega_n^2}{(j\omega)^2 + j2\zeta\omega_n\omega + \omega_n^2}$ とする．ボード線図のゲイン特性は標準的に図6.1のようになる．ゲイン特性はデシベル表示の g_b と振幅比の M を示す．

速応性の目安を示す値に (i) **帯域幅**（BW：bandwidth）ω_{off}，(ii) **共振ピーク角周波数**（resonant peak frequency）ω_p，(iii) 一巡伝達関数のゲイン交差角周波数（cross-over frequency）ω_{cg} があり，これらの値が大きいほど速い．

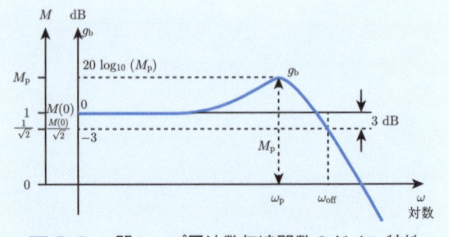

図6.1 閉ループ周波数伝達関数のゲイン特性

6.1 制御系の基本性能と基本仕様

安定度 図6.2に示すゲイン余有と位相余有は，安定性の度合いを定量的に評価する一つの指標であり

$$\text{ゲイン余有} \quad g_\mathrm{m} = 20\log_{10}\left|\frac{1}{\overline{\mathrm{OC}}}\right| = -20\log_{10}|\overline{\mathrm{OC}}|$$
$$= -20\log|G(j\omega_\mathrm{cp})H(j\omega_\mathrm{cp})|\ [\mathrm{dB}]$$

$$\text{位相余有} \quad \phi_\mathrm{m} = \angle\mathrm{AOB} = \alpha\ [°]$$
$$= \angle(G(j\omega_\mathrm{cg})H(j\omega_\mathrm{cg})) - (-180°)$$

ただし，ω_cp：位相交差角周波数，ω_cg：ゲイン交差角周波数．

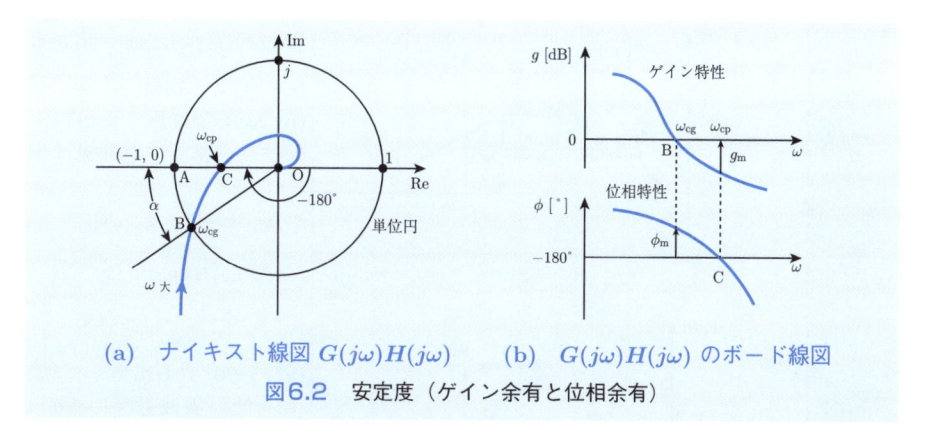

(a) ナイキスト線図 $G(j\omega)H(j\omega)$ (b) $G(j\omega)H(j\omega)$ のボード線図

図6.2 安定度（ゲイン余有と位相余有）

■ 例題6.1 ■

下図の外乱 $D(s)$ と目標値 $R(s)$ に対するフィードバック制御系の制御偏差 $E(s)$ を求めよ．

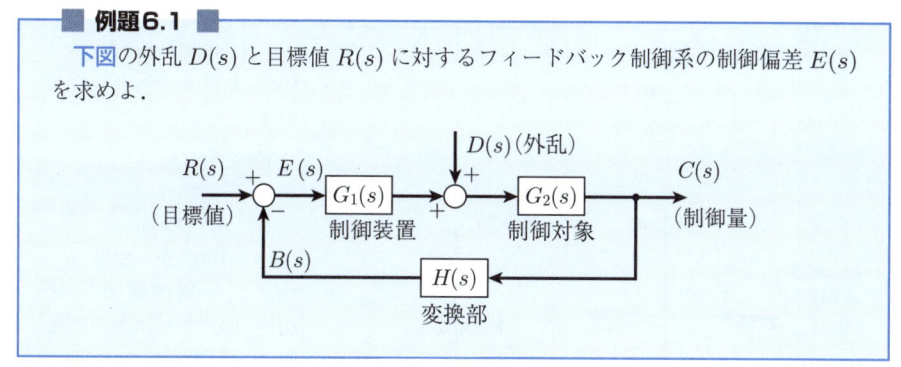

【解答】 問図の等価変換によって制御偏差は次式となる．

$$E(s) = R(s) - H(s)C(s) = \left(1 - \frac{G(s)H(s)}{1+G(s)H(s)}\right)R(s) - \frac{G_2(s)H(s)}{1+G(s)H(s)}D(s)$$

ただし，$G(s) = G_1(s)G_2(s)$ とおく．

例題 6.2

制御系のタイプ（0 形，1 形，2 形）とナイキスト線図，およびボード線図との関係を説明せよ．

【解答】 制御系のタイプの数は積分の回数に等しいのでナイキスト線図では $\omega = 0$ 付近，ボード線図のゲイン特性では $\omega = 1$ 付近の概形に特徴があり，その関係は下表となる．

制御系のタイプと周波数特性との関係

	(a) ナイキスト線図の概形	(b) ボード線図ゲイン特性の概形	特徴
(i) 0 形			$G(j\omega)H(j\omega)\|_{\omega=0} = K_p$ (a) $0°$ から出発 (b) 低い周波数で $0\,\mathrm{dB}\cdot\mathrm{dec}^{-1}$ の傾きの漸近線は $\omega = 1$ で $g_b = -20\log_{10}K_p$
(ii) 1 形			$G(j\omega)H(j\omega)\|_{\omega=0}$ $= \left.\dfrac{K_v}{j\omega}\right\|_{\omega=0} = -j\infty$ (a) $-90°$ から出発 (b) 低い周波数で $-20\,\mathrm{dB}\cdot\mathrm{dec}^{-1}$ の傾きの漸近線は $\omega = 1$ で $g_b = 20\log_{10}K_v$ $0\,\mathrm{dB}$ とは $\omega = K_v$ で交わる．
(iii) 2 形			$G(j\omega)H(j\omega)\|_{\omega=0}$ $= \left.\dfrac{K_a}{(j\omega)^2}\right\|_{\omega=0} = -\infty$ (a) $-180°$ から出発 (b) 低い周波数で $-40\,\mathrm{dB}\cdot\mathrm{dec}^{-1}$ の傾きの漸近線は $\omega = 1$ で $g_b = 20\log_{10}K_a$ $0\,\mathrm{dB}$ とは $\omega = \sqrt{K_a}$ で交わる．

例題 6.3

[例題 6.1] に示す制御系で (1) 目標値と，(2) 外乱のステップ入力に対する定常偏差を求めよ．

【解答】 (1) ステップ入力は，$r(t) = Ru(t)$，したがって $R(s) = \mathcal{L}[Ru(t)] = \frac{R}{s}$．最終値の定理 $f(\infty) = \lim_{s \to 0} sF(s)$ より目標値に対する定常偏差 e_{sR} は

$$e_{\mathrm{sR}} = \lim_{s \to 0} \left[s \left\{ 1 - \frac{G(s)H(s)}{1+G(s)H(s)} \right\} \frac{R}{s} \right] = \lim_{s \to 0} \left[\frac{R}{1+G(s)H(s)} \right] = \frac{R}{1+\lim_{s \to 0} G(s)H(s)}$$

ここで，$\lim_{s \to 0} G(s)H(s) = K_{\mathrm{p}}$，$K_{\mathrm{p}}$：位置偏差定数

0 形の系　　$e_{\mathrm{sR}} = \frac{R}{1+K_{\mathrm{p}}}$　　(K_{p}：一定)　$\cdots$ 定常偏差あり

1 形系以上　$e_{\mathrm{ss}} = 0$　　　　　　(K_{p}：∞)　$\cdots$ 定常偏差なし

$\Rightarrow$ タイプを増すと定常偏差は 0 となる．

(2) 外乱の入力は $d(t) = Du(t)$，したがって $D(s) = \frac{D}{s}$．外乱による定常偏差 e_{sD} の大きさは $G(s) = G_1(s)G_2(s)$ とすると $e_{\mathrm{sD}} = \lim_{s \to 0} \left[s \frac{G_2(s)H(s)}{1+G(s)H(s)} \frac{D}{s} \right] = \lim_{s \to 0} \frac{G_2(s)H(s)D}{1+G(s)H(s)}$

[I]　$G_1(s), G_2(s)$ と $H(s)$ がそれぞれ 0 形の場合

$$e_{\mathrm{sD}} = \frac{G_2(0)H(0)D}{1+G_1(0)G_2(0)H(0)} \qquad \cdots \text{定常偏差あり}$$

ただし，$G_2(0), G_1(0), H(0)$ は定数となる．

[II]　$G_1(s)G_2(s)H(s) = G(s)H(s)$ が 1 形の場合で

(a)　$G_2(s)$ または $H(s)$ が 1 形で，$G_1(s)$ は 0 形のとき

$$e_{\mathrm{sD}} = \lim_{s \to 0} \frac{\frac{G'_2(s)}{s}H(s)D}{1+G_1(s)\frac{G'_2(s)}{s}H(s)} = \frac{G'_2(0)H(0)D}{G_1(0)G'_2(0)H(0)} = \frac{D}{G_1(0)} \qquad \cdots \text{定常偏差あり}$$

ただし，$G_2(s)$ が 1 形のとき $G_2(s) = \frac{G'_2(s)}{s}$ とおく．したがって $G_1(s)$ が 0 形であれば $G_2(s)$ または $H(s)$ のタイプを増しても定常偏差は 0 にできない．

(b)　$G_1(s)$ が 1 形で，$G_2(s)$ および $H(s)$ が 0 形のとき

$$e_{\mathrm{sD}} = \lim_{s \to 0} \frac{G_2(s)H(s)D}{1+\frac{G'_1(s)}{s}G_2(s)H(s)} = 0 \qquad \cdots \text{定常偏差なし}$$

ただし，$G_1(s)$ が 1 形のとき $G_1(s) = \frac{G'_1(s)}{s}$ とおく．したがって，外乱が入る位置よりも前（目標値側）にある伝達関数のタイプが増すと定常偏差は 0 となる．

[III]　$G(s)H(s)$ が 2 形の場合　$G_1(s)$ のタイプが $G_2(s)$ と $H(s)$ の積のタイプと等しいか，それより大きいときの外乱による偏差は 0 となる．

定常特性から伝達関数のタイプが増加するほど定常偏差が少なくなり，特に外乱の影響は外乱が入る位置より前の目標値側にある伝達関数 $G_1(s)$ のタイプを増すと定常偏差は減少できる．一方，制御系のタイプが増すと安定化しにくくなるので注意を要する．　■

例題6.4

次の基準入力に対する定常偏差を 0 形，1 形および 2 形の制御系について求めよ．ただし，$K_{\mathrm{p}} = \lim_{s \to 0} G(s)H(s)$, $K_{\mathrm{v}} = \lim_{s \to 0} sG(s)H(s)$.

(1) $r(t) = Ru(t)$
(2) $r(t) = Rtu(t)$

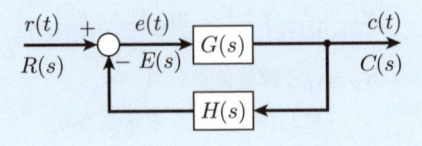

【解答】 定常偏差 e_{ss} は

$$e_{\mathrm{ss}} = \lim_{t \to \infty} e(t)$$
$$= \lim_{s \to 0} sE(s)$$
$$= \lim_{s \to 0} \frac{sR(s)}{1+G(s)H(s)}$$

(1) $R(s) = \frac{R}{s}$ であるので上式に代入する．

$$e_{\mathrm{ss}} = \lim_{s \to 0} \frac{s\frac{R}{s}}{1+G(s)H(s)}$$
$$= \frac{R}{1+\lim_{s \to 0} G(s)H(s)}$$
$$= \frac{R}{1+K_{\mathrm{P}}}$$

∴ 0 形：$e_{\mathrm{ss}} = \frac{R}{1+K_{\mathrm{P}}}$（一定），

1 形および 2 形は $K_{\mathrm{P}} \to \infty$ であるので $e_{\mathrm{ss}} = 0$

(2) $e_{\mathrm{ss}} = \lim_{s \to 0} \frac{s\frac{R}{s^2}}{1+G(s)H(s)}$
$$= \lim_{s \to 0} \frac{R}{s+sG(s)H(s)}$$
$$= \frac{R}{\lim_{s \to 0} sG(s)H(s)} = \frac{R}{K_{\mathrm{v}}}$$

∴ 0 形：$e_{\mathrm{ss}} = \infty$ $(K_{\mathrm{v}} \to 0)$

1 形：$e_{\mathrm{ss}} = \frac{R}{K_{\mathrm{v}}}$（一定）$(K_{\mathrm{v}} \to $ 一定$)$

2 形：$e_{\mathrm{ss}} = 0$ $(K_{\mathrm{v}} \to \infty)$

例題6.5

標準二次遅れ制御系のインディシャル応答を示し，速応性について説明せよ．

【解答】 標準二次遅れ系の特性方程式は $s^2 + 2\zeta\omega_n s + \omega_n^2 = 0$ である．ここで根 $s_1, s_2 = -\alpha \pm j\beta$ とする．インディシャル応答は

$$c(t) = 1 - \frac{\varepsilon^{-\zeta\omega_n t}}{\sqrt{1-\zeta^2}} \cos\left(\sqrt{1-\zeta^2}\,\omega_n t - \tan^{-1}\frac{\zeta}{\sqrt{1-\zeta^2}}\right) = 1 - \frac{\varepsilon^{-\alpha t}}{\sqrt{1-\zeta^2}} \cos(\beta t - \phi)$$

ただし，$\alpha = \zeta\omega_n, \beta = \omega_n\sqrt{1-\zeta^2}, \phi = \tan^{-1}\frac{\zeta}{\sqrt{1-\zeta^2}}$

図 (a) に，応答波形を図 (b) に特性根の根配置と速応性の関係を示す．同図 (a) より過渡特性による評価として遅れ時間 T_d，立ち上がり時間 T_r，応答時間 T_p が小さいほど速応性に優れている．整定時間 T_s は速応性と減衰性の両方の影響を与えることがわかる．

(i) α：応答の減衰項，β：応答の振動項 $\Rightarrow$ 過渡応答を支配

$\alpha \to$ 大：応答が速い，$\beta \to$ 大：振動周波数が高い

(ii) α：減衰率 $\cdots$ 応答の速さの定量的評価

$\kappa = \frac{\alpha}{\beta} = \frac{\zeta}{\sqrt{1-\zeta^2}}$：減衰度 $\cdots$ 振動の状態をも考慮した応答の速さを評価

また，図 (a), (b) の包絡線より α を大きくすると T_s が小さくなり応答は速くなり，根配置より根の位置が虚軸に近いほど応答が遅くなることが読み取れる．

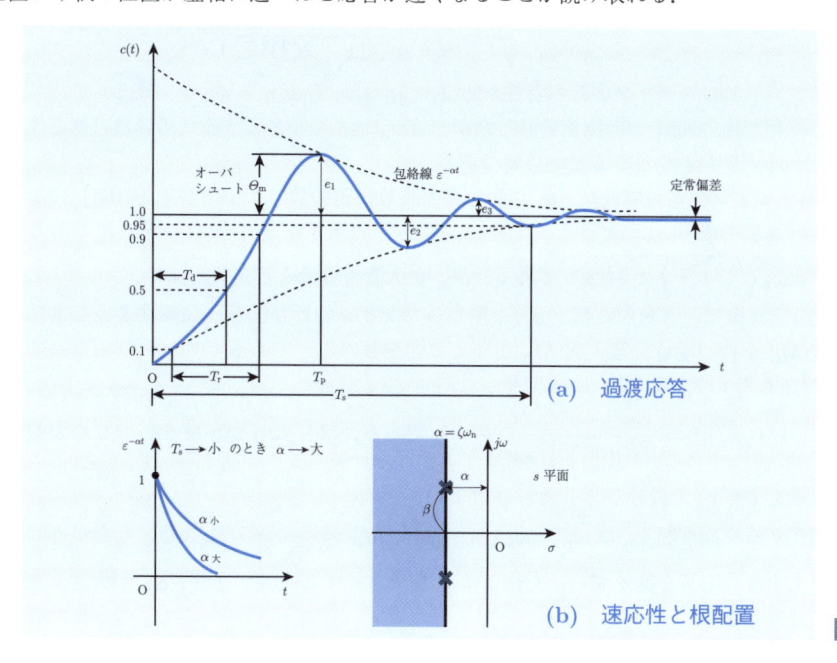

例題6.6

標準二次遅れ系の周波数応答を用いて速応性について説明せよ．

【解答】 標準二次遅れ系の閉ループ伝達関数（全体のフィードバック伝達関数）$M(s)$ は $M(s) = \frac{\omega_n^2}{s^2+2\zeta\omega_n s+\omega_n^2}$ であるので周波数伝達関数 $M(j\omega)$ は $M(j\omega) = \frac{\omega_n^2}{\omega_n^2-\omega^2+j2\zeta\omega_n\omega}$．この式のボード線図の標準的なゲイン特性は図6.1のようになる．

一般の制御系でも全体のフィードバック伝達関数について周波数応答のゲイン特性をこの図に示すように表示し，速応性に関する制御性能を評価できる．

この周波数応答から時間応答の過渡特性と関連させて速応性について述べる．

速応性の目安を示す値には (i) 帯域幅 (BW)，(ii) ゲイン交差角周波数 (ω_{cg}) および (iii) 共振ピーク角周波数 (ω_p) がある．

(i) 帯域幅 (ω_off)：図6.1において閉ループ周波数応答のゲインが低周波 ($\omega \to 0$) でのゲイン $M(0)$ の $\frac{1}{\sqrt{2}}$ 倍になり，3 dB 減衰する周波数を帯域幅といい，**遮断角周波数** (cutoff frequency) ともいう．

$$\Delta g_b = 20\log_{10} M(0) - 20\log_{10} \frac{M(0)}{\sqrt{2}}$$
$$= 20\log_{10} M(0) - 20\log_{10} M(0) + 20\log_{10}(2)^{-1/2}$$
$$= -10\log_{10} 2 = -3.01 \text{ [dB]}$$

$|M(j\omega)| = \frac{M(0)}{\sqrt{2}}$ より

$$\omega_\text{off} = \omega_n \sqrt{1-2\zeta^2 + \sqrt{(1-2\zeta^2)^2+1}}$$

理想フィルタのステップ応答の特性から $T_r\omega_\text{off} \approx \pi$，$T_d\omega_\text{off} = \phi_b$ がいえる．
ϕ_b：位相特性の ω_off での位相角．したがって T_r，T_d を小さくするためには（速応性を高める）ω_off を大きくとることが必要である．

(ii) ゲイン交差角周波数 (ω_{cg})：一巡周波数伝達関数のゲインが 1（0 dB）になるときの周波数であり ω_{cg} と書く．一巡周波数応答のゲインが 1 になる周波数であるから $\omega_{cg} = \omega_n\sqrt{\sqrt{4\zeta^2+1}-2\zeta^2}$ である．ω_{cg} が大きくなると速応性がよい．

(iii) 共振ピーク角周波数 (ω_p)：閉ループゲイン特性が図6.1に示すように共振ピーク値 M_p を持つ場合，最大値 M_p を与える周波数のことである．

[例題 6.5] の T_p は $\frac{dc(t)}{dt} = 0$ より $\omega_n\sqrt{1-\zeta^2}\,t = \pi$ ∴ $T_p = \frac{\pi}{\omega_n\sqrt{1-\zeta^2}} = \frac{\pi}{\beta}$ 一方，$|M(j\omega)|^2 = \frac{1}{\left\{1-\left(\frac{\omega}{\omega_n}\right)^2\right\}^2+4\zeta^2\left(\frac{\omega}{\omega_n}\right)^2}$ である．$|M(j\omega)|$ が極値を持つための条件はこの式を $\left(\frac{\omega}{\omega_n}\right)^2$ で微分して 0 とおけばよい．

共振ピーク周波数 ω_p は $\omega_p = \omega_n\sqrt{1-2\zeta^2}$，$M_p = \frac{1}{2\zeta\sqrt{1-\zeta^2}}$ となる．したがって，T_p を短くする（応答を速くする）ためには β を大きくする必要があり，ω_p が大きくなれば応答は速くなる． ∎

例題6.7

一次遅れ制御系の帯域幅と速応性の関係について述べよ．

【解答】 閉ループ伝達関数 $M(s)$ は

$$M(s) = \frac{1}{1+T_1 s}$$

インディシャル応答 $c(t)$ は

$$c(t) = 1 - \varepsilon^{-t/T_1}$$

立ち上がり時間 T_r は

$$\begin{aligned} T_\mathrm{r} &= t_2 - t_1 \\ &= T_1(\ln 0.9 - \ln 0.1) \\ &= T_1 \ln 9 = 2.20 T_1 \end{aligned}$$

ただし，t_1, t_2：それぞれ $c(t)$ が最終値の 10％および 90％に達するまでの時間．

次に $|M(j\omega)|$ は

$$\begin{aligned} |M(j\omega)| &= \left| \frac{1}{1+j\omega T_1} \right| \\ &= \frac{1}{\sqrt{1+(\omega T_1)^2}} \end{aligned}$$

であるので $|M(j\omega)|$ が $\frac{1}{\sqrt{2}}$ になる場合は

$$\omega_\mathrm{off} T_1 = 1$$

であり，下表からもわかるように $\omega_\mathrm{off} = \frac{1}{T_1}$ となり

$$T_\mathrm{r} \propto T_1 = \frac{1}{\omega_\mathrm{off}}$$

帯域幅が大きくなると応答は速くなることがわかる．

速応性を示す周波数応答と時間応答の関係

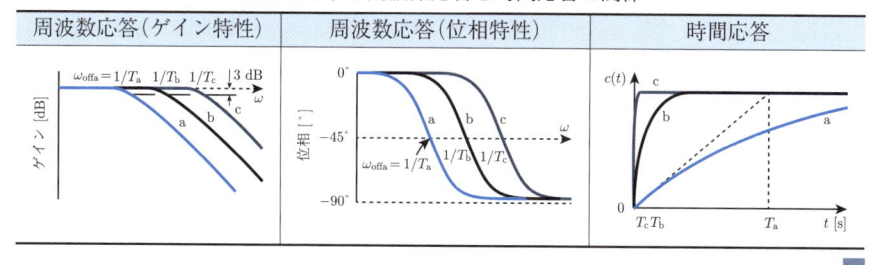

6.2 高次制御系の特性評価—代表特性根—

安定な制御系の特性根のうち，一番虚軸に近い特性根の成分が最も応答が遅く，最後まで過渡状態として残る成分である．この成分について注目し，速応性と安定性について検討する．過渡特性はこの成分で代表されるので，この虚軸に最も近い特性根を **代表特性根**（dominant root）という．

■ 例題6.8 ■
(1) 代表特性根とは何か，また，(2) 代表特性根による速応性と安定性の目安を説明せよ．

【解答】 (1) 安定な制御系の特性根はすべて根平面の左半面にある．このうち，最も虚軸に近い特性根の成分が最も応答が遅く，最後まで過渡状態として残る成分である．それゆえに，この成分について注目し，速応性と安定度について検討すればよい．過渡特性はこの成分で代表されるので，この虚軸に最も近い特性根を代表特性根という．

(2) (a) **代表特性根が実数の場合** 振動成分が存在しないので，安定度がよく，その絶対値が大きいほど速応性がよい．
(b) **代表特性根が複素数の場合** 多項式で表される特性方程式の代表特性根が複素根である場合は，その方程式は

$$s^2 + 2\zeta\omega_n s + \omega_n^2 = 0$$

である．代表特性根は

$$s = -\omega_n\zeta \pm j\omega_n\sqrt{1-\zeta^2}$$
$$= -\alpha \pm j\beta$$

となり，自然角周波数 ω_n と減衰係数 ζ によって速応性と安定度の評価ができる．
(c) **代表特性根による速応性と安定性の評価** 図に制御性能の速応性と安定度に関する代表特性根の配置と性能評価の目安を示す．図 (a) に ω_n と ζ の関係およびそれらの値に対する代表特性根の位置の変化を示す．

ω_n を大きくすると応答は左に移動するため速応性がよくなる．したがって，ω_n は速応性の尺度となる．また，ζ を小さくすると振動的になり，大きくすると非振動的になり振動の減衰が速くなる．したがって，ζ は安定度（減衰性）の目安となることがわかる．

以上のことより，速応性と安定度とよくするためには図 (b) に示す水色の範囲が望ましい．すなわち，速応性の要求からは虚軸との距離が必要であるので線 AB の左に，安定度の要求からは ζ は線 COD の左の範囲が好ましいことになる．

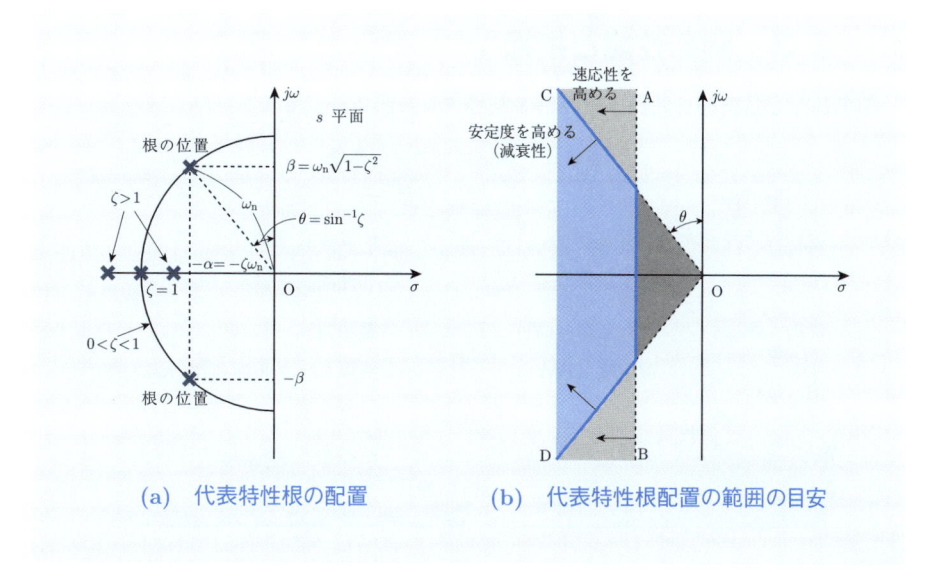

6.2 高次制御系の特性評価—代表特性根—

(a) 代表特性根の配置

(b) 代表特性根配置の範囲の目安

例題6.9

次のループ伝達関数の代表特性根を求めよ．

(1) $M(s) = \frac{10}{s^2+11s+10}$

(2) $M(s) = \frac{10}{s^3+7s^2+12s+10}$

【解答】 (1) 因数分解すると

$$M(s) = \frac{10}{(s+10)(s+1)}$$

となる．極は $s = -10, -1$ であり -1 は -10 に比べ虚軸に近いので代表特性根は $\underline{s = -1}$ である．

(2) $M(s) = \frac{1}{(s+1-j)(s+1+j)(s+5)}$ より極は $s = -5, -1 \pm j$ であるが $-1 \pm j$ が虚軸に近いので代表特性根は $\underline{s = -1 \pm j}$ である．

6.3 制御性能と指標

制御性能を数量的に評価する特性を整理すると表6.1になる．

表6.1 制御性能の評価基準

制御性能	評価基準	
(1) 精度	定常偏差 (e_{ss})，速度定常偏差 (e_{sv})，	位置定常偏差 (e_{sp})，加速度定常偏差 (e_{sa})
(2) 速応性	立ち上がり時間 (T_r)，帯域幅 (BW)，	整定時間 (T_s)，共振ピーク角周波数 (ω_p)
(3) 安定度	オーバーシュート (Θ_m)，減衰比 ($\frac{e_3}{e_1}$)，共振ピーク値 (M_p)	ゲイン余有 (g_m)，位相余有 (ϕ_m)

フィードバック制御系の速応性の指標に関する目安は表6.2，安定度の目安は表6.3のようになる．

表6.2 速応性指標の目安

種類	減衰係数 ζ	角度 θ
追値制御	0.6～0.8	37°～53°
定値制御	0.2～0.4	12°～24°

表6.3 安定度指標の目安

種類	ゲイン余有 g_m	位相余有 ϕ_m
プロセス制御	3～10 dB	16°～18°
サーボ制御	10～20 dB	40°～65°

■ 例題6.10 ■

制御性能の基本3仕様を数量的に評価できる基準はどのような特性，または応答から求められるかを示せ．

【解答】 制御性能の評価基準をまとめると表6.1のようになり，必要な特性または応答は次のとおりである．
 (1) 精度：定常特性，制御系のタイプ
 (2) 速応性：インディシャル応答，周波数特性
 (3) 安定度：インディシャル応答，周波数特性，ナイキスト線図，ボード線図

6.3 制御性能と指標

■ 例題 6.11 ■

制御性能を評価する基準を示す指標の目安を (1) 精度, (2) 速応性, (3) 安定度について説明せよ.

【解答】 (1) 指標に関する目安として, 位置偏差定数 K_p は ∞, 速度偏差定数 K_v の値は指定する. たとえば, 1 形の制御系では, ステップ入力には K_p を ∞ として定常偏差を 0 に, ランプ関数入力では定常偏差を一定値にすることになる.

(2) 指標に関する目安では, 定値制御か追値制御かの目標値の時間変化によって異なり, 表6.2のようになる. この指標は, 実験的に求めたもので主として振動的応答成分の減衰性を評価する 3 つの指標 (減衰率, 減衰度, および減衰係数) をもとに, 好ましい値として減衰係数 ζ と根平面の虚軸との角度 θ が示されている.

次に, 過渡特性から遅れ時間 T_d, 立ち上がり時間 T_r, 整定時間 T_s, 時定数 T を, 周波数特性から帯域幅 (遮断角周波数 ω_{off}) のいずれかを指定し, 基本設計で数値幅が選定される.

定値制御の場合, 遮断周波数やピーク周波数も速応性の指標として用いられる. 速応性を高めるため帯域幅を広めるとその周波数まで雑音 (ノイズ) が入ることになるのでノイズ対策が必要である.

(3) 指標に関する目安では, 評価基準に基づく適切な値が制御量の種類によって異なる. 制御量は, 目標値, 外乱やノイズなどによって影響を受ける. これらの変動による不安定性の回避を総合的に判断し基準指標として与えることは制御系の設計や特性改善・調整では大きな意味を持つ.

安定度に関しては応用分野で異なり, プロセス制御とサーボ機構では最適調整条件の範囲として表6.3に示すゲイン余有と位相余有が選ばれる. ■

6.4 制御系の特性補償と基本設計

6.4.1 制御系基本設計の考え方
(1) 制御すべき対象および要求事項をしっかり理解すること．
(2) 既存の要素の特性を知ること．
(3) 制御系の制御動作についての要求を各種の制御理論から検討しておくこと．
(4) 制御系のブロック線図の作図と適切なシミュレーションソフトの選択．

6.4.2 PID補償と基本設計

(1) **PID補償による制御系設計** PID補償は，現在の制御偏差に比例した修正動作（Proportional）を行う**P動作**，過去の偏差を積分して定常偏差を除去する動作（Integral）を行う**I動作**，将来を予測する動作（Derivative）を行う**D動作**から構成される．この方法はPID制御とも呼ばれる．一般に，PID補償は，P動作，**PI動作**，**PD動作**および**PID動作**の組合せで特性の補償を行う．図6.3にPID補償制御系を示す．ただし，K_P：比例ゲイン，K_I：積分ゲイン，K_D：微分ゲイン．

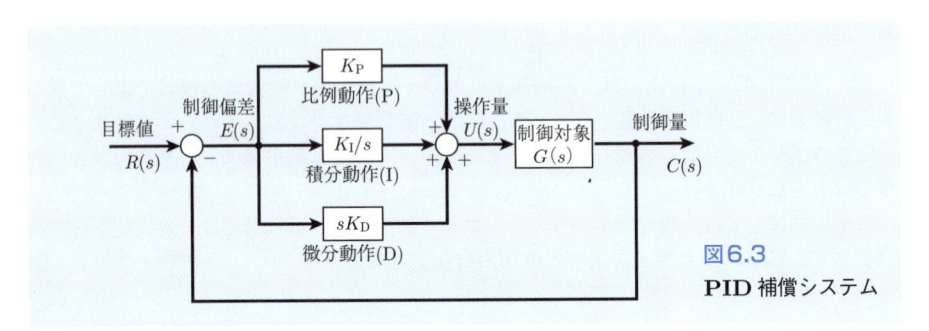

図6.3 PID補償システム

(2) **応答データによるPIDパラメータの決定法**
- **限界感度法** 安定限界における系のふるまいに基づいてPIDパラメータを調整し決定する．
- **過渡応答法** 制御対象のステップ応答の波形からPIDパラメータを決める方法である．

(3) **PID補償の実現** 制御装置の比例動作，積分動作および積分動作をアナログデバイス（演算増幅器）を用いて実現する方法がある．

(4) **位相進み−遅れ補償による特性設計** 制御対象には触れずその前段に直列に制御器を設けて特性の補償を行う．補償法は，ゲイン調整，直列補償，フィードバック補償がある．

6.4 制御系の特性補償と基本設計

(5) 直列補償 位相遅れ補償は定常特性を改善し，位相進み補償は過渡特性を改善すると同時に安定性の改善を図るために行われる．

補償器の伝達関数を式で表すと時定数 T_1 と T_2 の関係は次式のようになる．

$$K(s) = \frac{E_o(s)}{E_i(s)} = K\frac{1+sT_2}{1+sT_1} \tag{6.1}$$

- 位相遅れ補償　　実用的には式 (6.1) の $T_1 > T_2$ を満たす式を作成する．
- 位相進み補償　　式 (6.1) の $T_1 < T_2$ を満たす式を作成する．
- 位相進み–遅れ補償　位相進みと遅れ特性を持つ伝達関数を作成する．

■ 例題6.12 ■
PID 補償制御器の伝達関数を示せ．

【解答】 PID 補償制御器の伝達関数は比例，積分，微分要素の並列接続から求められるので，図6.3より

$$\frac{U(s)}{E(s)} = K_P\left(1 + \frac{1}{sT_I} + sT_D\right) = K_P + \frac{K_I}{s} + sK_D$$

ここで，$T_I = \frac{K_P}{K_I}$：積分時間，$T_D = \frac{K_D}{K_P}$：微分時間である．　■

■ 例題6.13 ■
(1) P 動作（補償），(2) PI 動作（補償），(3) PD 動作（補償），および (4) PID 動作（補償）の性質を述べよ．

【解答】 (1) 一般に，P 補償では定常偏差を 0 にすることはできない．比例ゲイン K_P を大きくすれば定常偏差を少なくでき，速応性を向上することができるが減衰性が低下して応答は振動的になる．

(2) PI 補償は比例補償と積分補償を組み合わせる方式である．伝達関数が

$$K_{PI}(s) = K_P\left(1 + \frac{1}{sT_I}\right)$$

となり，その周波数特性は下図になる．低周波数でのゲインの傾斜は $-20\,\mathrm{dB\cdot dec^{-1}}$ で，周波数が小さくなるとゲインが無限大になるのでステップ変化の目標値や外乱に対して定常偏差は 0 となる．折点角周波数 $\omega = \frac{1}{T_I}$ でゲインが $20\log K_P$ [dB] となり低周波数では位相は遅れ，応答も遅くなる．

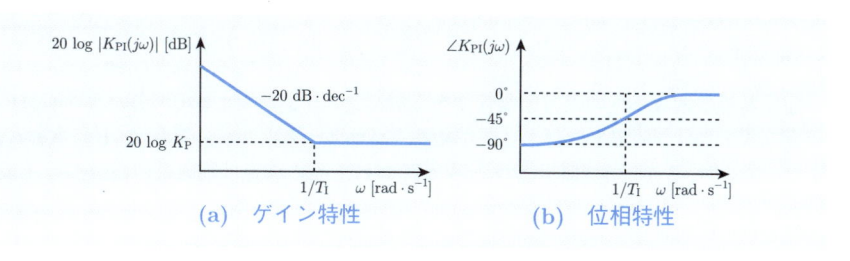

(a) ゲイン特性　　(b) 位相特性

(3) PD 補償は微分補償が，わずかなノイズで過大な出力信号を発生するので単独では用いられないので P 動作と併用して，速応性を高め減衰性を改善するために使用される．しかし，定常偏差を除去することはできない．伝達関数は

$$K_{\mathrm{PD}}(s) = K_{\mathrm{P}}(1+sT_{\mathrm{D}})$$

で示され，その周波数特性は下図に示される．

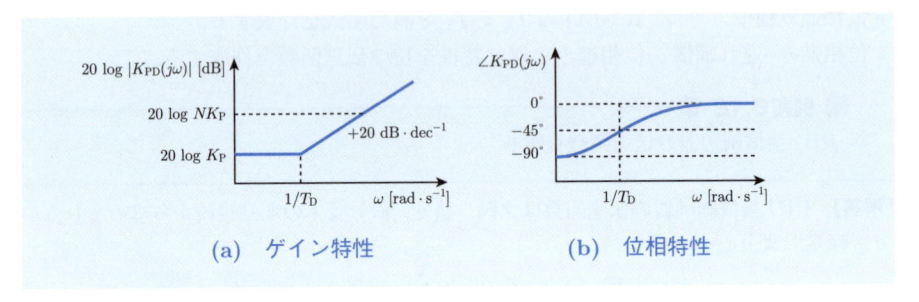

(a) ゲイン特性　　(b) 位相特性

(4) PID 補償は PI 補償に微分補償を加えることにより，K_{P} および K_{I} を大きくすることができ，速応性を改善できる．

[例題 6.12] の伝達関数を分数に展開する．

$$K_{\mathrm{P}}\left(1+\frac{1}{sT_{\mathrm{I}}}+sT_{\mathrm{D}}\right) = \frac{K_{\mathrm{P}}(1+sT_{\mathrm{I}}+T_{\mathrm{D}}T_{\mathrm{I}}s^2)}{sT_{\mathrm{I}}}$$

分子の多項式は，一般に $T_{\mathrm{I}} \gg T_{\mathrm{D}}$ のように設定することが多いので

$$T_{\mathrm{D}}T_{\mathrm{I}}s^2 + T_{\mathrm{I}}s + 1 \approx T_{\mathrm{D}}T_{\mathrm{I}}s^2 + (T_{\mathrm{I}}+T_{\mathrm{D}})s + 1 = (T_{\mathrm{I}}s+1)(T_{\mathrm{D}}s+1)$$

の近似が成立する．したがって，伝達関数は

$$K_{\mathrm{PID}} \approx \frac{K_{\mathrm{D}}(T_{\mathrm{I}}s+1)(T_{\mathrm{D}}s+1)}{T_{\mathrm{I}}s}$$

であり，周波数応答の概略は下図になる．

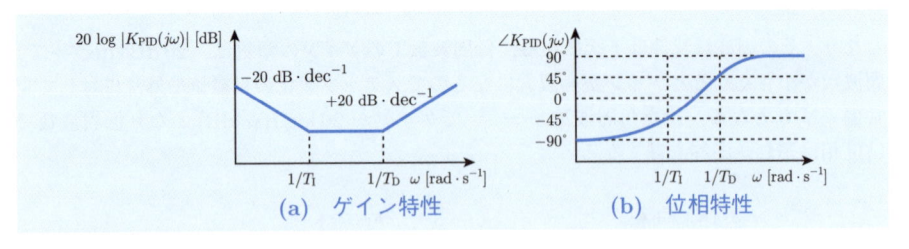

(a) ゲイン特性　　(b) 位相特性

定常特性と過渡特性の両方を改善できるがパラメータが増えるので各パラメータの調整を実システムについて十分行う必要がある．パラメータの 2 つの組合せ $(K_{\mathrm{P}}, K_{\mathrm{I}}, K_{\mathrm{D}})$ および $(K_{\mathrm{P}}, T_{\mathrm{I}}, T_{\mathrm{D}})$ は **PID** パラメータと呼ばれ，その決定は制御系の設計では重要である．

例題6.14

PIDパラメータ決定法の(1)限界感度法と，(2)過渡応答法を説明し，パラメータ調整値を示せ．

【解答】 (1) この方法は，安定限界における系のふるまいに基づいてPIDパラメータを調整し決定するので**限界感度法**と呼ばれる．まず，比例ゲインK_Pのみによる補償を考える．このゲインを増加させてゆくと系のステップ応答は持続振動が起こり安定限界に達する．このときの比例ゲインを限界ゲインK_uとし，この応答の周期から限界周期P_uを定める．これらの値を基準として下表aに示すようにPIDパラメータを決める．PI補償にD補償を加えることにより比例ゲインK_Pを大きくし，積分時間T_Iを小さくできるので速応性が改善される．PID補償では，定常偏差を無くして目標値に収束し，外乱の影響を除去できる．この方法は，鉄鋼プラント，石油プラントなどの巨大な制御対象では安定限界までプラントの制御量の行き過ぎや持続振動の試行ができないのでこれらのプラントには不向きである．

表a 限界感度法によるパラメータ調整値

コントローラ	K_P	T_I	T_D
P	$0.5K_u$	∞	0
PI	$0.45K_u$	$\frac{P_u}{1.2}$	0
PID	$0.6K_u$	$\frac{P_u}{2.0}$	$\frac{P_u}{8.0}$

(2) 制御対象のステップ応答の波形からPIDパラメータを決める方法である．制御対象にステップ入力が印加されたとき，下図のような出力波形が得られるとする．図(a)は制御対象が積分系とむだ時間Lの和で表現できること，図(b)は一次遅れ系とむだ時間の和であり値Kで収束すること，そして傾斜はともにRであることを示している．これらの応答はそれぞれ無定位性および定位性の制御対象であり，伝達関数は次式で表現できる．

無定位性制御対象 $G(s) = \frac{R}{s}\varepsilon^{-Ls}$，　定位性制御対象 $G(s) = \frac{K}{1+Ts}\varepsilon^{-Ls}$

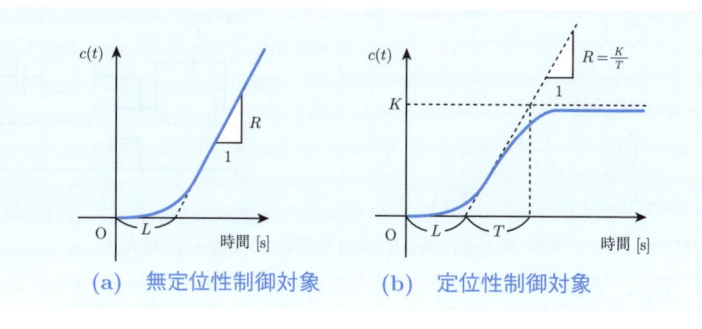

(a) 無定位性制御対象　(b) 定位性制御対象

むだ時間 L と時定数に関係する傾斜 R を用いた各パラメータの初期設定の目安は，**表 b** になる．実際の制御系の特性補償に当たっては現場において，より詳細なパラメータ調整が必要になる．

表 b ステップ応答法によるパラメータ調整値

コントローラ	K_P	T_I	T_D
P	$\frac{1}{RL}$	∞	0
PI	$\frac{0.9}{RL}$	$3.3L$	0
PID	$\frac{1.2}{RL}$	$2L$	$0.5L$

例題6.15

演算増幅器を用いた P 補償，PI 補償，および PID 補償回路を求めよ．

【解答】 図 **(a)** はオペアンプによる PID 演算の基本回路である．この回路の伝達関数は $G(s) = \frac{M(s)}{E(s)} = -\frac{Z_f(s)}{Z_i(s)}$ である．この式において $Z_f(s) = R_2$, $Z_i(s) = R_1$ のようにインピーダンスを抵抗で構成すると $G(s) = -\frac{R_2}{R_1} = -K_P$ に示す P 動作の回路になる．

PI 動作の回路は図 **(b)** であり

$$Z_f(s) = R_2 + \frac{1}{sC_2}, \quad Z_i(s) = R_1$$

のようにインピーダンスを設定すると

$$G(s) = -\frac{R_2 + \frac{1}{sC_2}}{R_1} = -\frac{R_2}{R_1}\left(1 + \frac{1}{sR_2C_2}\right)$$

となりこの動作の演算ができる．ここで

$$K_P = \frac{R_2}{R_1}, \quad T_I = R_2C_2$$

PID 動作の演算回路は，図 **(c)** に示すようになる．インピーダンスをそれぞれ

$$Z_f(s) = R_2 + \frac{1}{sC_2}, \quad Z_i(s) = \frac{1}{sC_1 + \frac{1}{R_1}}$$

とすると伝達関数は

$$G(s) = -\frac{R_2 + \frac{1}{sC_2}}{\frac{1}{sC_1 + \frac{1}{R_1}}}$$

$$= -\left(R_2 + \frac{1}{sC_2}\right)\left(sC_1 + \frac{1}{R_1}\right)$$

$$= -K_P\left(1 + \frac{1}{sT_I} + sT_D\right)$$

(a) オペアンプによる PID 補償基本回路

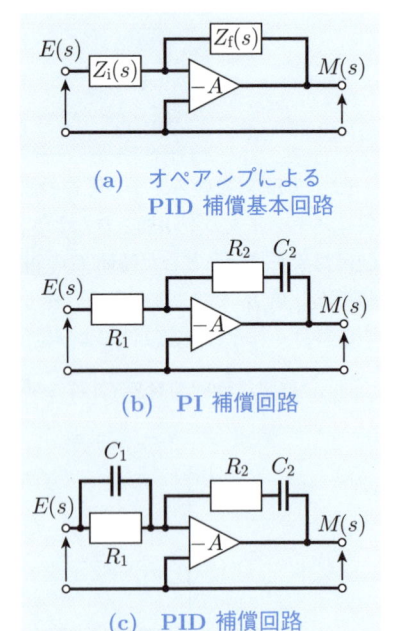

(b) PI 補償回路

(c) PID 補償回路

となり，PID パラメータの K_P, T_I, T_D を求めることができる．ただし

$$K_P = \frac{R_1C_1 + R_2C_2}{R_1C_2}, \quad T_I = R_1C_1 + R_2C_2, \quad T_D = \frac{R_1R_2C_1C_2}{R_1C_1 + R_2C_2}$$

例題6.16

下図に示す位置制御系の PID コントローラ $C(s)$ を限界感度法を用いて設計せよ.

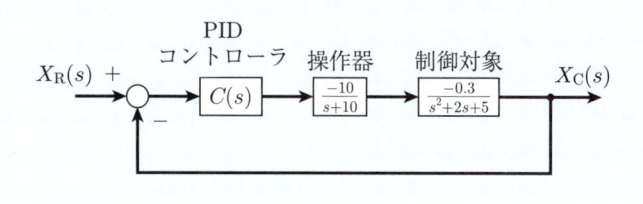

【解答】 PID コントローラの伝達関数を

$$C(s) = K_P + \frac{K_I}{s} + K_D s$$

とおく.

(i) 比例制御のみで行った安定限界はラウス表より $K_P = 83.3$ で $s = \pm j5$ となる. したがって, 安定限界ゲイン K_u と限界周期 P_u は

$$K_u = 83.3$$
$$P_u = \frac{2\pi}{\omega}$$
$$= \frac{2\pi}{5}$$
$$= 1.26$$

(ii) [例題 6.14] の表 a のパラメータ調整値より K_P, K_I, K_D は次のようになる.

$$K_P = 0.6 K_u$$
$$= 49.98$$

$T_I = \frac{P_u}{2.0} = 0.63$ より

$$K_I = \frac{K_P}{T_I}$$
$$= 79.6$$

$T_D = \frac{P_u}{8.0} = 0.158$ より

$$K_D = K_P T_D$$
$$= 7.9$$

■ 例題6.17

位相補償法の種類をあげ，補償回路と特性を説明せよ．

【解答】 (1) **ゲイン調整（補償）** 図(a)のように一定値のゲインを挿入したとき，ボード線図において位相特性曲線は変化せず，ゲイン特性曲線のみ上下に並行移動する．ゲインを下げると補償後のゲイン交差角周波数は低くなり，位相余有，ゲイン余有ともに増加する．この場合，制御系の安定性は向上するが，閉ループ制御系の帯域幅が低下して，速応性は低下する．ステップ応答の立ち上がり時間も大きくなる．

(2) **直列補償** ゲイン調整だけでは，満足な定常特性や過渡特性を実現できないときには，図(b)のように適当な補償要素（回路）を直列に挿入して開ループ伝達関数の形を変更して特性を改善する．

(3) **フィードバック補償** 図(c)のように適当な補償回路フィードバック要素として局部的なフィードバックループを構成し，特性を改善する．直列補償要素では，入力信号に対して減衰器的な作用をするので制御装置のゲインを高めるか，ゲインを高めるために増幅器を挿入しなければならない．しかし，フィードバック補償は出力側からの信号を入力側にフィードバックするので補償要素に特別の増幅器を必要とせず，装置が簡単で制御対象のパラメータ変動の影響を軽減できる．そこで，機械系や流体系で直列補償が困難な場合には用いられることが多い．

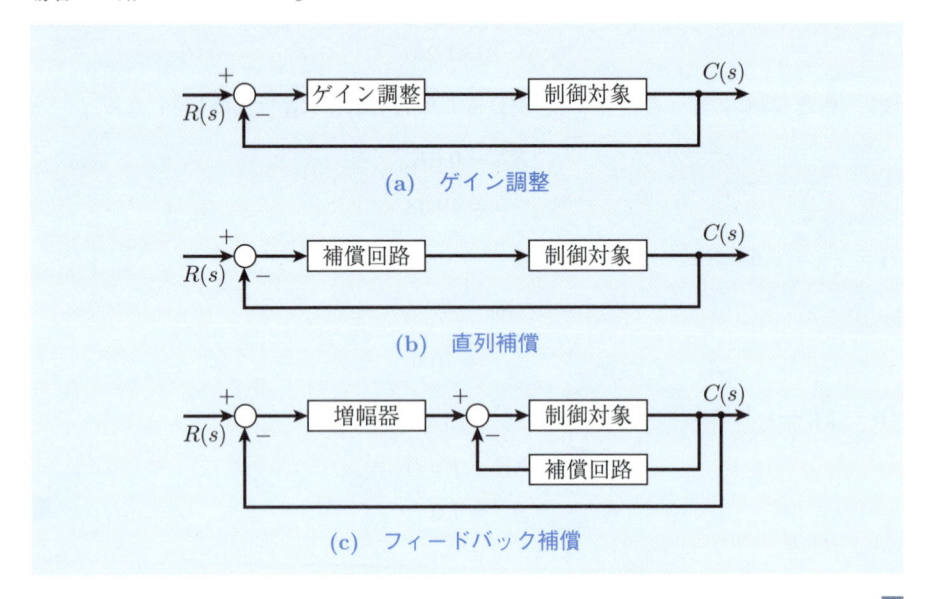

(a) ゲイン調整

(b) 直列補償

(c) フィードバック補償

例題6.18

(1) 位相遅れ補償，(2) 位相進み補償，および (3) 位相進み–遅れ補償のそれぞれの補償器のボード線図を示し，電気回路を用いて補償回路を求めよ．

【解答】 (1) 実用的には式 (6.1) を満たす

$$K(s) = \alpha K \frac{1+sT}{1+s\alpha T}$$

を作成する．ただし，$\alpha > 1$．この周波数応答をボード線図で示すと**下図 (a)** の (i), (ii) になり，電気回路で作成した補償回路は**同図 (a)** の (iii) となる．低周波域と高周波域のゲインはそれぞれ $\alpha K, K$ となり，角周波数の $\frac{1}{\alpha T}$ と $\frac{1}{T}$ 間で遅れ位相になっている．

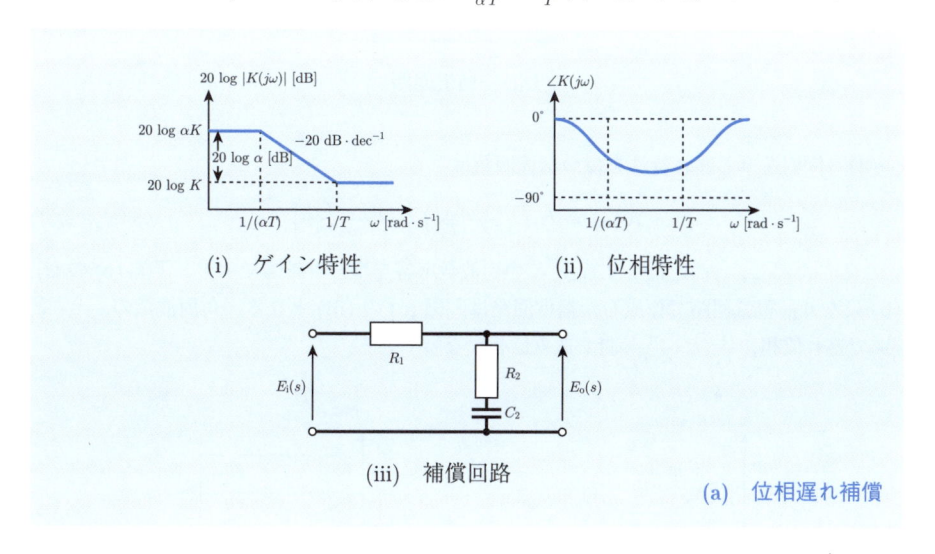

(i) ゲイン特性　　(ii) 位相特性

(iii) 補償回路

(a) 位相遅れ補償

(2) 式 (6.1) を満たす

$$K(s) = K \frac{1+sT}{1+s\alpha T}$$

を作成する．ただし，$\alpha < 1$．この周波数応答をボード線図で示すと**図 (b)** の (i), (ii) になり，電気回路で作成した補償回路は**同図 (b)** の (iii) となる．低周波域と高周波域のゲインはそれぞれ $K, \frac{K}{\alpha}$ となり，角周波数の $\frac{1}{T}$ と $\frac{1}{\alpha T}$ 間で進み位相になっている．

(i) ゲイン特性　　　　　　(ii) 位相特性

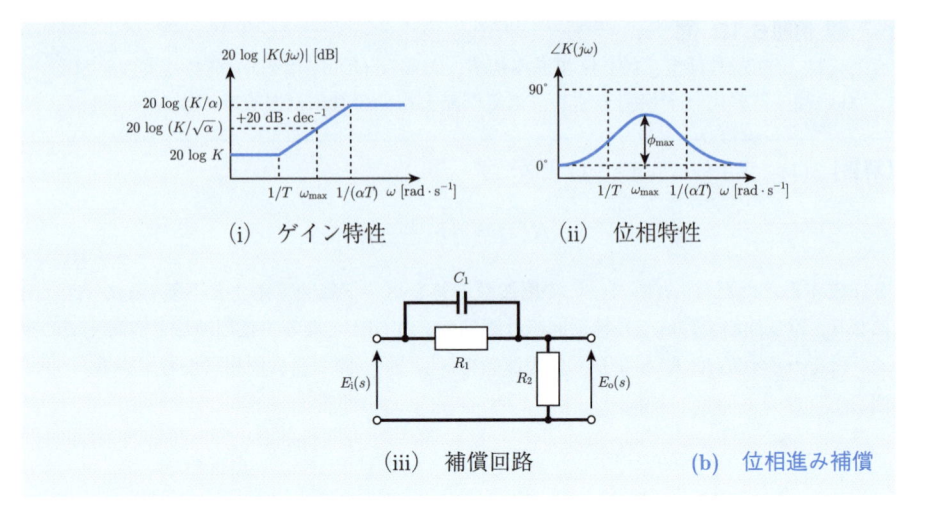

(iii) 補償回路　　　　　　**(b) 位相進み補償**

(3) 位相進みと遅れ特性を持つ伝達関数は

$$K(s) = K \left(\frac{1+sT_1}{1+s\alpha_1 T_1} \right) \left\{ \frac{\alpha_2(1+sT_2)}{1+s\alpha_2 T_2} \right\}$$

となる．ただし，$\alpha_1 < 1, 1 < \alpha_2$．この周波数応答をボード線図で示すと下図 (c) の (i)，(ii) になり，電気回路で作成した補償回路は同図 (c) の (iii) となる．角周波数の $\frac{1}{\alpha_2 T_2}$ と $\frac{1}{T_2}$ で遅れ位相，$\frac{1}{T_1}$ と $\frac{1}{\alpha_1 T_1}$ 間で進み位相になっている．

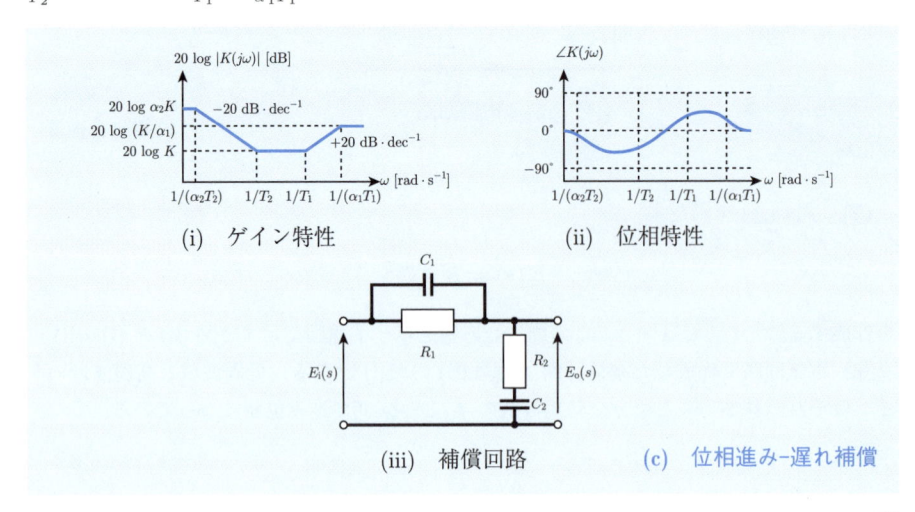

(i) ゲイン特性　　　　　　(ii) 位相特性

(iii) 補償回路　　　　　　**(c) 位相進み-遅れ補償**

例題6.19

[例題6.18]に示される電気回路で作成した補償器について，(1) 位相遅れ補償回路，(2) 位相進み補償回路および，(3) 位相遅れ–進み補償回路の時定数 T と回路パラメータとの関係を示し，それぞれの動作を行う条件を求めよ．

【解答】 (1) [例題6.18](1) の位相遅れ補償の電気回路の伝達関数は

$$K(s) = \frac{E_o(s)}{E_i(s)} = \frac{R_2 + \frac{1}{sC_2}}{R_1 + R_2 + \frac{1}{sC_2}}$$
$$= \frac{1 + sR_2C_2}{1 + s(R_1 + R_2)C_2} = \frac{1 + sT}{1 + s\alpha T}$$

上式を [例題6.18](1) の式と比較すると，時定数 T は $T = C_2R_2$, $\alpha = \frac{R_1+R_2}{R_2} > 1$ となり $\alpha > 1$ となるので位相遅れ補償の条件が満たされる．折点角周波数は

$$\omega_{b1} = \frac{1}{\alpha T} < \omega_{m0} < \omega_{b2} = \frac{1}{T}$$

(2) [例題6.18](2) の位相進み補償の電気回路の伝達関数は

$$K(s) = \frac{E_o(s)}{E_i(s)} = \frac{R_2}{R_2 + \frac{1}{\frac{1}{R_1} + sC_1}}$$
$$= \frac{R_2}{R_1 + R_2}\left(\frac{1 + sR_1C_1}{1 + s\frac{R_2}{R_1+R_2}R_1C_1}\right) = \alpha\frac{1+sT}{1+s\alpha T}$$
$$T = C_1R_1, \quad \alpha = \frac{R_2}{R_1+R_2} < 1$$

となり位相進み補償の条件が満たされる．折点角周波数は $\omega_{b1} = \frac{1}{T} < \omega_{max} < \frac{1}{\alpha T}$

(3) [例題6.18](3) の位相進み–遅れ補償の電気回路の伝達関数は次式となる．

$$K(s) = \frac{E_o(s)}{E_i(s)} = \frac{R_2 + \frac{1}{sC_2}}{\frac{1}{sC_1 + \frac{1}{R_1}} + R_2 + \frac{1}{sC_2}}$$
$$= \frac{R_1C_1R_2C_2s^2 + (R_1C_1 + R_2C_2)s + 1}{R_1C_1R_2C_2s^2 + (R_1C_1 + R_2C_2 + R_1C_2)s + 1}$$
$$= \frac{T_1T_2s^2 + (T_1+T_2)s + 1}{T_1T_2s^2 + (T_1+T_2+T_3)s + 1}$$

ただし，$T_1 = R_1C_1, T_2 = R_2C_2, T_3 = R_1C_2$. 大きな位相進みや遅れを得るためには

$$K(s) = \frac{\frac{T_1T_2}{T_3}s^2 + \frac{T_1+T_2}{T_3}s + \frac{1}{T_3}}{\frac{T_1T_2}{T_3}s^2 + \left(\frac{T_1+T_2}{T_3}+1\right)s + \frac{1}{T_3}}$$

となり

$$\frac{T_1+T_2}{T_3} = \frac{C_1}{C_2} + \frac{R_2}{R_1}$$

を小さくすればよい．すなわち，[例題6.18](3) の図 (c) の (i), (ii) よりこの要素は $\omega = \frac{1}{\sqrt{T_1T_2}}$ を境にして，これより低周波域では位相遅れとなり，高周波域においては位相進みとなる．

6.5 2自由度制御系とフィードフォワード制御

制御系の**自由度**とは，制御系の構造を決めたとき，独立に変化させ得る閉ループ伝達関数の個数のことを示し，具体的には独立に制御装置を設けることのできる数をいう．

1 自由度制御系　一般のフィードバック制御では，単一の制御装置による制御系である．**1 自由度制御系** (one-degree-of-freedom control system) と呼ぶ．

2 自由度制御系　図6.4 に 2 自由度制御系を示す．目標値にフィードフォワード制御装置を追加して 2 自由度制御系を構成すると，目標値と外乱に対応できる．

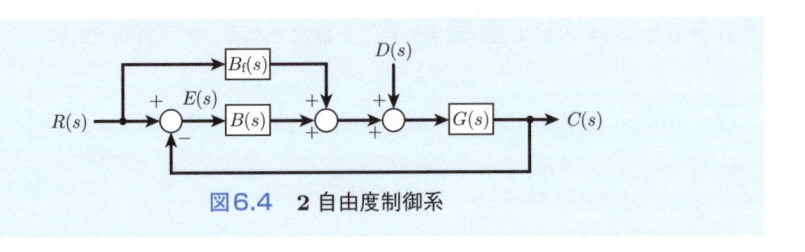

図6.4　2自由度制御系

例題6.20

一巡伝達関数が次式の直結フィードバック制御であるとき代表特性根の ζ が 0.5 となるゲイン定数を求めよ．

$$G(s)H(s) = \frac{4K}{s(s+1)(s+4)}$$

【解答】　伝達関数の極は $0, -1, -4$ である．$\zeta = 0.5$ であるので虚軸との角度は

$$\theta = \sin^{-1} 0.5 = 30°$$

となる．この角度で原点から直線を引き，根軌跡との交点 P を求めると

$$s \approx -0.4 + j0.69$$

となる．この値は代表特性根である．この特性根に対するゲイン定数は式 (5.2) より

$$\begin{aligned} K &= \frac{|s||s+1||s+4|}{4} \\ &\approx \frac{0.8 \times 0.92 \times 3.67}{4} \\ &= \frac{2.70}{4} = 0.675 \end{aligned}$$

したがって，$K \approx \underline{0.675}$ が求められる．

6.5 2自由度制御系とフィードフォワード制御

■ 例題6.21 ■

[例題 6.20] で速応性を改善するため次式の位相進み要素を付加した．$\zeta = 0.5$ となるゲイン定数を求めよ．

$$K(s) = \frac{0.1(1+s)}{1+0.1s}$$

【解答】 この場合の一巡伝達関数は

$$G(s)H(s) = \frac{4K}{s(s+1)(s+4)} \frac{s+1}{s+10}$$
$$= \frac{4K}{s(s+4)(s+10)}$$

上式の根軌跡を描く．この根軌跡と

$$\theta = \sin^{-1} 0.5 = 30°$$

の虚軸との角度を持つ原点からの直線との交点は

$$s \approx -1.43 + j2.47$$

であり，代表特性根となる．ゲイン定数は式 (5.2) より $K \approx \frac{91.7}{4} \approx \underline{22.9}$ となる． ■

■ 例題6.22 ■

[例題 6.21] で位相進み補償の結果，速応性と定常速度偏差はどの程度改善されたかを求めよ．

【解答】 [例題 6.20] の代表特性根の ω_n は速応性の尺度であり，また原点から代表特性根までの長さであり

$$\omega_n = |s| = \sqrt{(0.4)^2 + (0.69)^2}$$
$$= 0.8\,[\text{rad} \cdot \text{s}^{-1}]$$

定常速度偏差 e_{sv} は式 (3.6) より

$$e_{sv} = \frac{1}{\lim_{s \to 0} sG(s)H(s)} = \frac{1}{K}$$
$$= \frac{1}{0.675} = 1.48\,[\text{rad}]$$

一方，ω_n と e_{sv} は

$$\omega_n = \sqrt{(1.43)^2 + (2.47)^2}$$
$$= 2.85\,[\text{rad} \cdot \text{s}^{-1}]$$
$$e_{sv} = \frac{4 \times 10}{4K} = \frac{4 \times 10}{4 \times 22.9}$$
$$= 0.437\,[\text{rad}]$$

したがって，速応性は $\frac{2.85}{0.8} = 3.5$ 倍に，定常速度偏差は約 0.295 倍に減少して改善されている． ■

例題6.23

(1) 1自由度制御系と (2) 2自由度制御系をブロック線図を用いて説明せよ．

【解答】 (1) 図(a)のフィードバック制御系で制御量は

$$C(s) = \frac{B(s)P(s)}{1+P(s)B(s)}R(s) + \frac{P(s)}{1+B(s)P(s)}D(s) - \frac{B(s)P(s)}{1+B(s)P(s)}N(s)$$

である．ここで，$N(s)$ は観測ノイズ，$D(s)$ は外乱である．$R(s), D(s), N(s)$ から $C(s)$ までの伝達関数はそれぞれ次式となる．

$$G_{CR}(s) = \frac{B(s)P(s)}{1+P(s)B(s)}, \quad G_{CD}(s) = \frac{P(s)}{1+B(s)P(s)}, \quad G_{CN}(s) = -\frac{B(s)P(s)}{1+B(s)P(s)}$$

上式の伝達関数で $G_{CR}(s)$ は目標値応答特性，$G_{CD}(s)$ は外乱応答特性である．$G_{CR}(s)$ と $G_{CN}(s)$ は $G_{CD}(s)$ を用いて，$G_{CR}(s) = \frac{P(s)-G_{CD}(s)}{P(s)}$, $G_{CN}(s) = \frac{G_{CD}(s)-P(s)}{P(s)}$ で表される．この式のように，一つの伝達関数（ここでは $G_{CD}(s)$）が定まると，他の二つの伝達関数は一意に決まる．このように複数の伝達関数が独立に設定できないのでこの制御系は1自由度制御系である．

(2) 図(a)に $B_F(s)$ を追加した図(b)は2自由制御系である．伝達関数はそれぞれ

$$G_{CR}(s) = \frac{P(s)}{1+P(s)B_B(s)}(B_F(s)+B_B(s))$$

$$G_{CD}(s) = \frac{P(s)}{1+P(s)B_B(s)}, \quad G_{CN}(s) = -\frac{P(s)B_B(s)}{1+P(s)B_B(s)}$$

$B_F(s)$ は $G_{CR}(s)$ にだけ，$B_B(s)$ はすべての伝達関数に影響を与える．

最初に外乱，制御対象の変動やノイズの影響を低減するように $G_{CD}(s)$ と $G_{CN}(s)$ が望ましい特性になるように $B_B(s)$ を定める．次に $G_{CR}(s)$ が所望の特性 $\hat{G}_{CR}(s)$ になるように $B_F(s)$ を定め，次式とする．

$$B_F(s) = \frac{\hat{G}_{CR}(s)(1+P(s)B_B(s))}{P(s)} - B_B(s) = \frac{\hat{G}_{CR}(s)}{P(s)} + B_B(s)(\hat{G}_{CR}(s)-1)$$

図(b)はこのように2種類の伝達関数が独立に設定できる制御系である．このような制御系は2自由度制御系である．

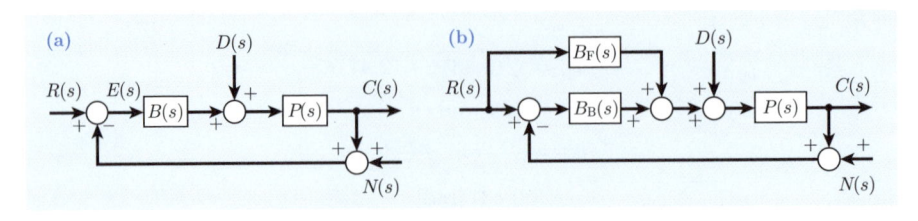

6.5 2自由度制御系とフィードフォワード制御

■ 例題6.24 ■

2自由度制御系の種類を述べ，特徴を比較せよ．

【解答】 2自由度制御系の構造には，(1) フィードフォワード形，(2) フィードバック形がある．

(1) (a) 目標値にフィードフォワード制御装置 $B_F(s)$ を追加して2自由度制御系を構成すると，制御量の目標値と外乱に対する伝達関数は

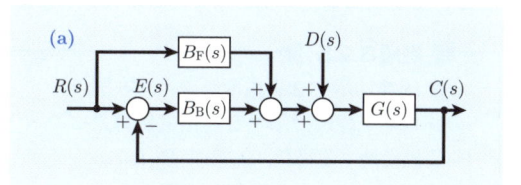

$$\frac{C(s)}{R(s)} = \frac{\{B_F(s)+B_B(s)\}G(s)}{1+B_B(s)G(s)} \tag{6.2}$$

$$\frac{C(s)}{D(s)} = \frac{G(s)}{1+B_B(s)G(s)} \tag{6.3}$$

ここで，$B_F(s) = G^{-1}(s)$ の関係があると目標値に対する制御対象の伝達関数は $\frac{C(s)}{R(s)} = 1$ となり，完全追従が可能になる．したがって，$B_B(s)$ は外乱応答特性のみを考えて設計できることになる．しかし，制御対象 $G(s)$ は一般に分母の次数が分子より高いのでその逆数 $B_F(s) = G^{-1}(s)$ は分子の次数が分母より高くなり，制御装置 $B_F(s)$ に微分項が必要で実現が困難である．

(b) そこで，図 **(b)** のように補償回路 $F(s)$ を挿入して修正する．制御量の目標値と外乱に対する伝達関数は

$$\frac{C(s)}{R(s)} = \frac{G^{-1}(s)F(s)G(s)+F(s)B(s)G(s)}{1+B(s)G(s)} = F(s), \quad \frac{C(s)}{D(s)} = \frac{G(s)}{1+B(s)G(s)} \ (= G_{CD}(s))$$

となる．フィードフォワード制御装置の伝達関数 $G^{-1}(s)F(s)$ および $F(s)$ はともに分母の次数を分子の次数より高く設定することができる．したがって，目標値応答特性は $F(s)$ で，外乱応答特性は $B(s)$ で独立して設計が可能となる．

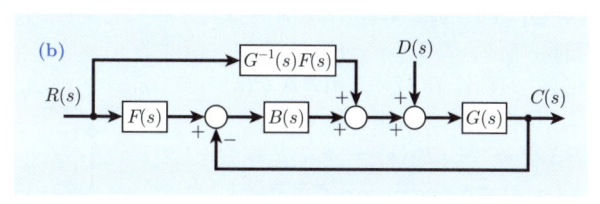

(2) サーボモータの電流，位置および速度制御系で適用されているフィードバック形2自由度制御系を図 **(c)** に示す．一般には，この $B_1(s)$ がI要素，$B_2(s)$ はP要素またはPD要素として用いられることが多く，**I-P 制御**または**I-PD 制御**と呼ばれている．制御量の目標値と外乱に対する伝達関数は

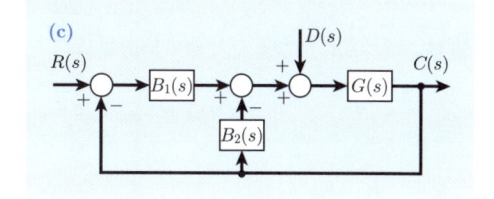

$$\frac{C(s)}{R(s)} = \frac{B_1(s)G(s)}{1+\{B_1(s)+B_2(s)\}G(s)} \qquad \frac{C(s)}{D(s)} = \frac{G(s)}{1+\{B_1(s)+B_2(s)\}G(s)}$$

となり，$B_1(s) = B_B(s) + B_F(s)$，$B_2(s) = -B_F(s)$ とおくと図 (a) の関係になる．図 (c) が 2 自由度制御構造の制御系であることがわかる．

■ 例題6.25 ■

図6.4に示す 2 自由度制御系を右図のブロック線図で示す 2 自由度制御系に等価変換する場合，$B_A(s)$，$B_B(s)$ の $B_F(s)$ と $B(s)$ との関係を求めよ．

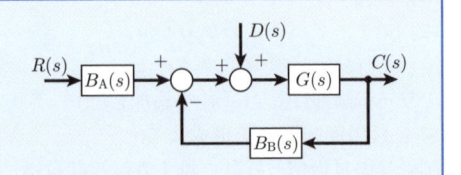

【解答】 伝達関数 $\frac{C(s)}{R(s)}$，$\frac{C(s)}{D(s)}$ はそれぞれ

$$\frac{C(s)}{R(s)} = \frac{B_A(s)G(s)}{1+B_B(s)G(s)} \tag{1}$$

$$\frac{C(s)}{D(s)} = \frac{G(s)}{1+B_B(s)G(s)} \tag{2}$$

[例題 6.24] の式 (6.2) と式 (1) が等価，式 (6.3) と (2) が等価になるためには式 (2) より $B_B(s) = B(s)$，式 (1) より $B_A(s) = B_F(s) + B(s)$．また逆は $B(s) = B_B(s)$，$B_F(s) = B_A(s) - B_B(s)$ となる関係がある．

■ 例題6.26 ■

制御対象の伝達関数が $\frac{1}{Js}$ であるときの I-P 制御のブロック線図を描き，単位ステップ関数が目標値および外乱として入力されたときの制御量を求めよ．

【解答】 I-P 制御のブロック図は右図になる．ここで K_I, K_P はゲイン定数．目標値 $R(s)$ から制御量 $C(s)$ までの閉ループ伝達回数 $G_1(s)$ は $B_1(s) = \frac{K_I}{s}$，$B_2(s) = K_P$ とおくと $G_1(s) = \frac{K_I}{s^2 + \frac{K_P}{J}s + \frac{K_I}{J}}$ となる．また，外乱 $D(s)$ から $C(s)$ までの閉ループ伝達関数 $G_2(s)$ は $G_2(s) = \frac{\frac{s}{J}}{s^2 + \frac{K_P}{J}s + \frac{K_I}{J}}$ となる．したがって単位ステップ入力が目標値および外乱に加わったときの制御量は

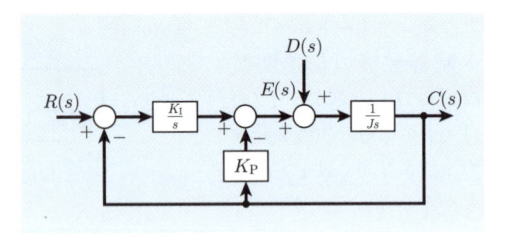

$$C(s) = \frac{K_I}{s\left(s^2 + \frac{K_P}{J}s + \frac{K_I}{J}\right)} + \frac{\frac{1}{J}}{s^2 + \frac{K_P}{J}s + \frac{K_I}{J}}$$

となる．K_I, K_P の調整により，所望の閉ループ特性と外乱抑制特性が得られる．

6章の問題

6.1 自動制御における比例動作，積分動作および微分動作とは，それぞれどのような制御動作をいうか．また，どのような特徴を有するかについて，簡単に説明せよ．

(昭 53・III)

6.2 次の**表 a** に示した制御動作について，それを表す動作方程式それぞれ一つを**表 b**から選べ． (昭 43・II)

表a　制御動作の名称	表b　動作方程式
(イ)　PID 動作	(a)　$y = K_1\,(e > e_1),\ \ y = K_2\,(e < -e_2)$
(ロ)　二位置動作	(b)　$y = Ke + y_0$
(ハ)　積分動作	(c)　$y = K\left(e + \frac{1}{T}\int e\,dt\right)$
(ニ)　比例積分動作	(d)　$y = K\left(e + T_1\frac{de}{dt} + \frac{1}{T_2}\int e\,dt\right)$
(ホ)　比例動作	(e)　$y = K\int e\,dt$

6.3 次の A～E に適切な用語または式を挿入せよ．

自動制御系の特性改善のため，右図のような補償回路を増幅器などに組み込むことがあるが，このような方法を ☐A☐ 補償といい．これにより ☐B☐ を高め， ☐C☐ を小さくすることができる．$\alpha = \frac{R_1+R_2}{R_2}$, $T = R_2C$ とするとき，この補償回路の伝達関数は，$G = \frac{E_2(s)}{E_1(s)} = \frac{\boxed{D}}{\boxed{E}}$ と表される． (昭 52・II)

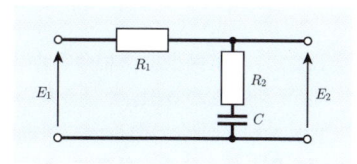

6.4 次の A～E に適切な用語または数値を挿入せよ．

自動制御における二次振動系のステップ応答は，減衰率 ζ が $\zeta < \boxed{A}$ になると行き過ぎを生ずるが，周波数特性の振幅特性は，$\zeta < \boxed{B}$ にならなければある周波数でピークを持つようにならない．このピークの値を ☐C☐ と呼び，制御系の設計の目安として用いられているが，サーボ系では ☐D☐ くらいに取り，プロセス系では ☐E☐ ぐらいに取るのが好ましいとされている． (昭 55・II)

6.5 次の A～E に適切な用語を挿入せよ．

プロセス制御において，よく用いられている PID 制御装置は， ☐A☐ 調節計と呼ばれている．比例項（P）を表すのに ☐B☐ [%] が用いられ，D 動作の微分時間を ☐C☐ 時間ともいう．また，I 動作の積分時間の逆数を ☐D☐ 率という．動作は， ☐E☐ を除くために用いられる． (昭 62・II)

6.6 右図のようなフィードバック制御系がある．次の問に答えよ． (昭 63・II) 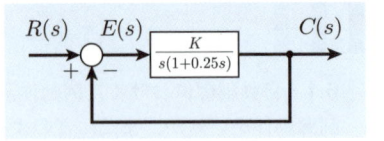
(1) 閉路伝達関数 $M(s) = \frac{C(s)}{R(s)}$ を求めよ．
(2) 閉路系が振動的になるためのゲイン K の値の範囲を求めよ．
(3) 閉路系の減衰係数 $\zeta = 0.4$ になるように設計したい．そのときの K の値および固有角周波数 ω_n の値を求めよ．
(4) $K = 5$ とした場合，$R(s)$ にステップ入力を加えたときの $C(s)$ の応答を計算せよ．

6.7 下図のようなフィードバック制御系がある．この系が安定であるための補償回路の時定数の範囲を求めよ． (平 7・II)

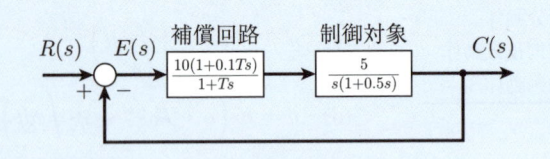

6.8 図 **(a)** に示すようなフィードバック制御系があり，その開ループ周波数伝達関数 $G(j\omega)$ のベクトル軌跡は図 **(b)** のようになる．この制御系について，次の問に答えよ．
(平 11・II)
(1) この制御系で位相余有が $45°$ になるようにゲイン K を調整した．このときのゲイン特性が $0\,\mathrm{dB}$ となる角周波数 $\omega_c\,[\mathrm{rad \cdot s^{-1}}]$ および K の値を求めよ．
(2) (1) の場合の閉ループ周波数伝達関数を求めよ．また，その固有角周波数 $\omega_n\,[\mathrm{rad \cdot s^{-1}}]$ および減衰係数 ζ の値を求めよ．
(3) 閉ループ周波数伝達関数の周波数特性の振幅が最大となる角周波数 $\omega_p\,[\mathrm{rad \cdot s^{-1}}]$ は $\sqrt{1-2\zeta^2}\,\omega_n$ で与えられる．$\omega_p\,[\mathrm{rad \cdot s^{-1}}]$ および最大振幅 M_p の値を求めよ．

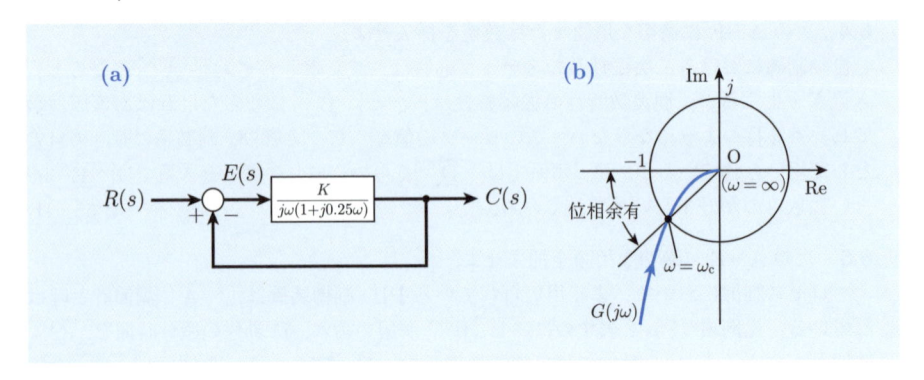

6章の問題

6.9 次の文章は，自動制御系のシステム特性の表現と設計に関する記述である．文中の□に当てはまる語句または数値を解答群の中から選べ．

線形制御系の開ループ周波数特性を表現する方法として，横軸に角周波数 ω [rad·s^{-1}] の (1) を取り，縦軸にゲイン [dB] および位相 [°] を取った (2) 線図がよく用いられている．この線図において，ゲイン特性が 0 [dB] を切る角周波数における位相特性の値と $-180°$ との差を (3) といい，位相特性が $-180°$ となる角周波数におけるゲイン特性の値と 0 dB との差を (4) という．サーボ系の設計において，前者は (5) ，後者は 10〜20 dB となるように調整している．

(平 12・II)

〔解答群〕
(イ) 20°〜40°　　(ロ) ニコルズ　　(ハ) ゲイン余有
(ニ) 限界利得　　(ホ) ゲイン位相　(ヘ) 逆数　　　(ト) 位相余有
(チ) 60°〜80°　　(リ) 位相角　　　(ヌ) 平方根　　(ル) ボード
(ヲ) 40°〜60°　　(ワ) ゲイン差　　(カ) 位相差　　(ヨ) 対数

6.10 次の文章は，プロセス制御の調節計に関する記述である．文中の□に当てはまる語句を解答群の中から選べ．

プロセス制御によく用いられている PID 調節計は，サーボ系の位相進み–遅れ補償に似た動作をし，少ない調整パラメータで制御系の定常および過渡特性を改善できる．その伝達関数は $G_C(s) = K_P \left(1 + \frac{1}{T_I s} + T_D s\right)$ で表される．ここで，K_P は比例ゲイン，T_I は (1) ，T_P は微分時間である．

これらのパラメータの決定法として，ジーグラ–ニコルズの (2) 法がある．これは，調節計を比例動作のみとし，比例ゲイン K_P を変化してフィードバック制御系が安定限界となる K_P の値と，このときの (3) の周期を求め，これらの値から調節計のパラメータを決定する方法である．

また，制御対象の (4) 応答を「完全積分と (5) 時間との積」の要素，あるいは「一次遅れと (5) 時間との積」の要素の応答で近似し，この要素の定数の値から調節計のパラメータを決める方法が種々提案されている．

(平 14・II)

〔解答群〕
(イ) 最小感度　　(ロ) 単位ステップ　(ハ) オフセット
(ニ) 進み　　　　(ホ) 減衰振動　　　(ヘ) 周波数調整　(ト) むだ
(チ) 周波数　　　(リ) 限界感度　　　(ヌ) レイトタイム　(ル) 単位インパルス
(ヲ) 持続振動　　(ワ) 遅れ　　　　　(カ) 積分時間　　(ヨ) パラメータ励振

6.11 次の文章は，フィードバック制御系の特性に関する記述である．文中の□に当てはまる語句または数値を解答群の中から選べ．

フィードバック制御系の周波数特性は，一般に開ループ特性と閉ループ特性とに分けて取り扱われる．開ループ特性からは，ゲイン余有および位相余有が重要な特性量として求められ，制御系の (1) を表す尺度としてよく用いられる．ゲインが (2) [dB]

のときの角周波数を [(3)] 周波数と呼び，速応性を表す目安になり，この周波数において位相余有が定義される．また，位相が180°遅れるときの角周波数においてゲイン余有が定義される．

閉ループ特性では，主として [(4)] に注目する．その [(5)] が制御系の [(1)] を表す尺度として重要であり，かつ，このときの角周波数は速応性を表す特性量である．

（平 16・II）

〔解答群〕　（イ）低域周波数特性　（ロ）0　（ハ）ピークゲイン
（ニ）絶対値　（ホ）追従性　（ヘ）位相特性　（ト）−3
（チ）安定性　（リ）$\frac{1}{\sqrt{2}}$　（ヌ）ゲイン特性　（ル）ナイキスト
（ヲ）感度　（ワ）遮断　（カ）定常特性　（ヨ）ゲイン交点（公差）

☐ **6.12** 下図に示す制御系で，単位ステップ関数状の外乱 $D_1(s)$, $D_2(s)$ がそれぞれ単独に加わったときの定常偏差を求めよ．

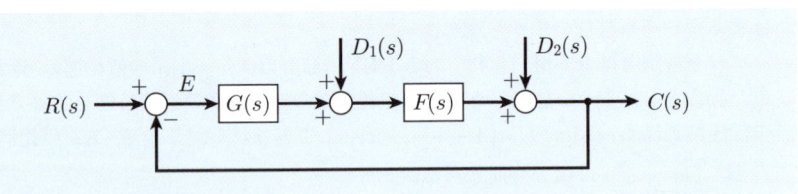

☐ **6.13** 右図の帰還系の周波数応答で，共振角周波数とその共振点における入出力比（共振値）とは，いくらになるか．

（昭 46・II）

☐ **6.14** 右図のようなユニティフィードバックのサーボ系がある．閉路周波数伝達関数 $W(j\omega) = \frac{C(j\omega)}{R(j\omega)}$ の振幅特性が最大値を示すときの周波数を ω_p，その値を $M_p = |W(j\omega)|_{\omega-\omega_p}$ とする．M_p が 1.3 となるようなゲイン K およびそのときの ω_p の値をそれぞれ求めよ．

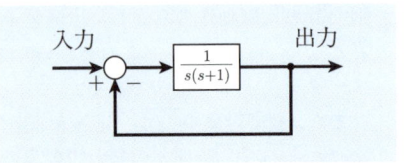

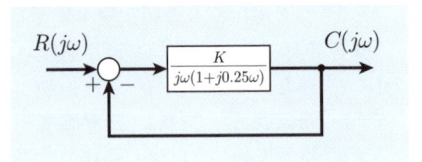

（平 1・II）

☐ **6.15** 図のようなフィードバック制御系がある．この系について，次の問に答えよ．ここで，$R(s)$ は目標値，$E(s)$ は偏差，$D(s)$ は外乱，$C(s)$ は制御量である． （平 16・II）
(1) この系の特性方程式を求めよ．
(2) この系が安定であるための補償器の比例ゲイン K の範囲を求めよ．

(3) 外乱から偏差までの閉ループ伝達関数 $\frac{E(s)}{D(s)}$ を導け．ただし，$R(s) = 0$ とする．
(4) (3) の結果を用いて，単位ステップ外乱にする定常偏差 e_s を求めよ．

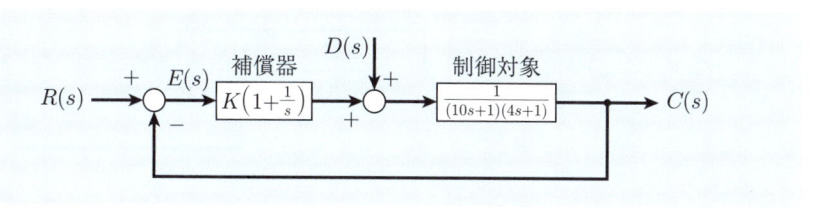

☐ **6.16** 下図のような2自由度制御系がある．$R(s)$ は目標値，$D(s)$ は外乱，$Y(s)$ は出力，$E(s)$ は偏差である．この制御系について，次の問に答えよ． (平 17・II)
(1) 図の伝達関数で表されるフィードバック補償器 $C(s)$ は，何と呼ばれているか．
(2) $R(s) = 0$ のとき，外乱 $D(s)$ から偏差 $E(s)$ までの閉ループ伝達関数を求めよ．
(3) (2) で求めた閉ループ伝達関数において，固有角周波数が $2\,\mathrm{rad \cdot s^{-1}}$，減衰係数が 0.8 となるときの K_P と T_I の値を求めよ．
(4) $D(s) = 0$ のとき，目標値 $R(s)$ から出力 $Y(s)$ までの伝達関数を求めよ．
(5) 二つの補償器 $C(s)$ と $F(s)$ を持つ図の2自由度制御系の特徴を述べよ．

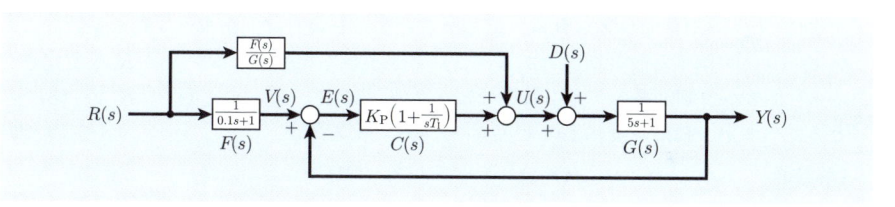

☐ **6.17** 図のような制御系について，次の問に答えよ． (平 18・II)
(1) 図 **(a)** のブロック線図において，$G(s) = \frac{1}{Js}$ のとき，正弦波入力
$$z(t) = \mathcal{L}^{-1}[Z(s)] = \sin 2t$$
を加えて，十分に時間が経過したときの出力応答 $y(t)$ を求めよ．ただし，$\mathcal{L}^{-1}$ はラプラス逆変換を表す．
(2) 図 **(b)** のブロック線図において，入力 $U(s)$ から出力 $Y(s)$ までの伝達関数を $G_1(s)$，$G_2(s)$ を用いて表せ．
(3) 図 **(c)** は，図 **(b)** の系を制御対象とするフィードバック制御系を示す．ここで，$G_1(s) = \frac{1}{s}$，$G_2(s) = \frac{1}{2s}$ としたとき，目標値 $R(s)$ から出力（制御量）$Y(s)$ までの閉ループ伝達関数の極をすべて -10 にするためのコントローラのパラメータ K_1，K_2 の値を求めよ．

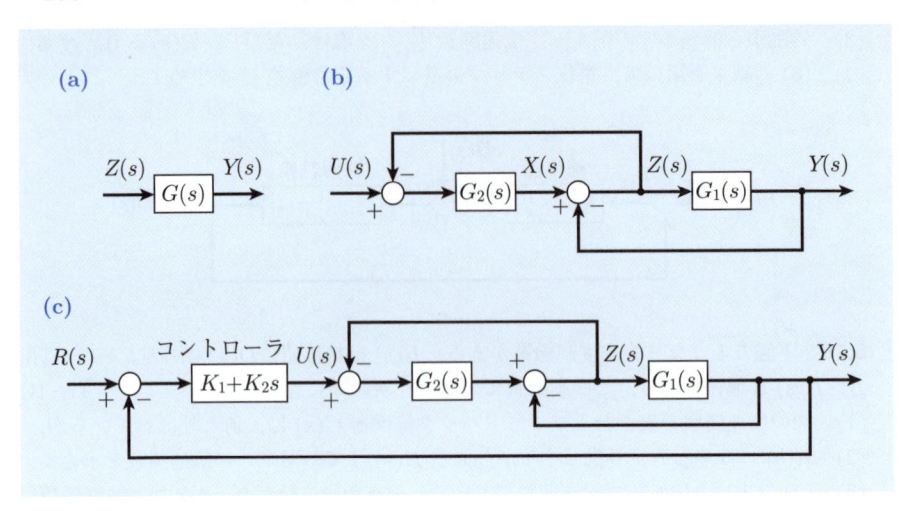

(a)

$Z(s) \rightarrow \boxed{G(s)} \rightarrow Y(s)$

(b)

$U(s) \rightarrow \boxed{G_2(s)} \rightarrow X(s) \rightarrow \boxed{G_1(s)} \rightarrow Y(s)$, $Z(s)$

(c)

$R(s) \rightarrow$ コントローラ $\boxed{K_1+K_2 s} \rightarrow U(s) \rightarrow \boxed{G_2(s)} \rightarrow \boxed{G_1(s)} \rightarrow Y(s)$

□ **6.18** 次の文章は，一巡伝達関数 $G(s) = \dfrac{K}{s(s+1)(s+4)}$ のベクトル軌跡に関する記述である．文中の [ ] に当てはまる語句，式または数値を解答群の中から選べ．（平 19・II）

下図のベクトル軌跡において，位相余有は図中の角， (1) [°] で与えられ，ゲイン余有は (2) [dB] で与えられる．位相余有とゲイン余有は，閉ループ制御系設計において (3) に関する設計指標であり，これらが小さくなるようにゲイン K を変化させると，閉ループ制御系のゲイン特性のピーク値（M ピーク）は (4) ．K が (5) のとき，ベクトル軌跡は実軸上の C 点 $(-1, j0)$ と交差する． （平 19・II）

〔解答群〕
(イ) ∠OCA　　　(ロ) $\overline{\text{OB}}$　　　(ハ) 安定性
(ニ) 減少する　　(ホ) 20　　　(ヘ) 速応性　　(ト) ∠AOC
(チ) 40　　　(リ) $-20\log\overline{\text{OB}}$　　(ヌ) 変化しない　(ル) 定常特性
(ヲ) 増大する　　(ワ) 10　　　(カ) ∠DOA　　(ヨ) $20\log\overline{\text{OB}}$

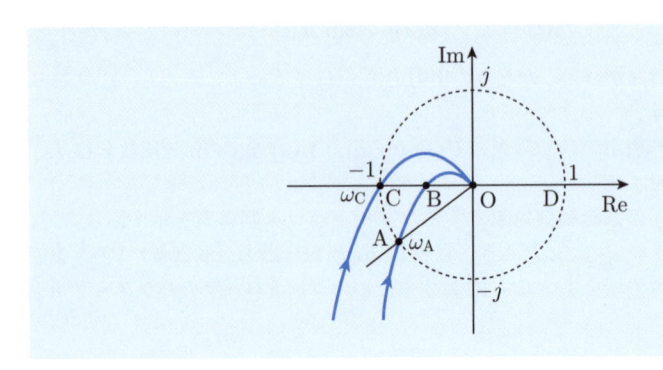

6章の問題

6.19 下図のようなフィードバック制御系について，次の問に答えよ．ただし，$R(s)$ は目標値，$Y(s)$ は出力，$E(s)$ は偏差とする．また，(1) および (4) の答は平方根を含む形でよい． （平 20・II）

(1) $R(s)$ から $Y(s)$ までの伝達関数 $G(s)$ を求め，その減衰定数 ζ を求めよ．

(2) 目標値 $R(s)$ の時間関数 $r(t)$ が単位ステップ関数のときの出力 $Y(s)$ の時間応答（ステップ応答）$y(t)$ を求めよ．

(3) 目標値 $R(s)$ から偏差 $E(s)$ までの伝達関数 $H(s)$ を求め，その周波数特性 $H(j\omega)$ のゲイン特性を考える．正弦波目標値 $R(s)$ の時間関数が $r(t) = \sin\omega t$ のとき，角周波数 ω が高くなるにつれて偏差 $E(s)$ の時間関数 $e(t)$ の振幅はどうなるかを理由を添えて答えよ．

(4) (3) において，$\omega = 1\,[\text{rad}\cdot\text{s}^{-1}]$ のときの偏差 $e(t)$ の振幅を求めよ．

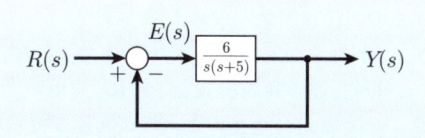

6.20 次の文章は，下図に示す二つの補償器を含む 2 自由度制御系に関する記述である．文中の □ に当てはまる最も適切な語句，式または数値を解答群の中から選べ．ただし，$R(t)$ は目標値，$E(s)$ は偏差，$D(s)$ は外乱，$U(s)$ は操作量，$Y(s)$ は出力を表す．また，$P(s)$ は制御対象，$K(s)$ と $C(s)$ はそれぞれの補償器の伝達関数とする．

　図の制御系において，$R(s) = 0$ のとき，$D(s)$ から $E(s)$ までの伝達関数は □(1)□ で与えられ，補償器 $C(s)$ によらない．補償器 $C(s)$ は，□(2)□ と呼ばれ，□(3)□ 特性を改善する目的で導入される補償器である．図から，$D(s) = 0$ のとき，$R(s)$ から $E(s)$ までの伝達関数は □(4)□ となる．

　いま，$P(s) = \frac{1}{s+1}$, $K(s) = K_c$, $D(s) = 0$ のとき，$C(s) = 0$ の場合は，単位ステップ関数の目標値 $R(s)$ に対する定常位置偏差は $\frac{1}{1+K_c}$ となるが，一方，$C(s) = C_c$ を導入した場合は，$C_c = $ □(5)□ と選ぶことによって定常位置偏差を 0 にできる． （平 21・II）

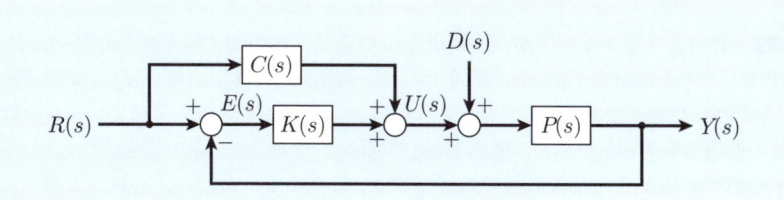

[解答群]
- (イ) フィードバック補償器
- (ロ) $-\dfrac{K(s)}{1+K(s)P(s)}$
- (ハ) 1
- (ニ) $-\dfrac{K(s)P(s)}{1+K(s)P(s)}$
- (ホ) 減衰
- (ヘ) $-\dfrac{1+G(s)P(s)}{1+K(s)P(s)}$
- (ト) フィードフォワード補償器
- (チ) -1
- (リ) 目標値追従
- (ヌ) 外乱抑制
- (ル) $\dfrac{1-C(s)P(s)}{1+K(s)P(s)}$
- (ヲ) 安定化補償器
- (ワ) $\dfrac{1+C(s)P(s)}{1+K(s)P(s)}$
- (カ) 2
- (ヨ) $-\dfrac{P(s)}{1+K(s)P(s)}$

□**6.21** 下図に示すフィードバック制御系について, 次の問に答えよ. ただし, $R(s)$ は目標値, $U(s)$ は操作量, $Y(s)$ は出力, $E(s)$ は偏差であり, 時間信号 $r(t), u(t), y(t), e(t)$ をそれぞれラプラス変換したものである. (平 21・II)

(1) 破線で囲まれたブロック線図だけを取り出したとき, $U(s)$ から $Y(s)$ までの伝達関数を求めよ.
(2) $R(s)$ から $Y(s)$ までの伝達関数を求めよ.
(3) 図のフィードバック制御系が安定となるための K_1 と K_2 が満たすべき条件および安定限界における持続振動の角周波数 ω_c を K_2 を用いて表せ.
(4) 目標値 $r(t)$ がランプ関数 $r(t) = t$ のときの定常速度偏差を求めよ.
(5) 図のフィードバック制御系が安定となるように K_1 と K_2 が選ばれるとする.
(3) および (4) の結果をふまえて, 以下の問に答えよ.
  (a) K_1 を固定したとき, K_2 を大きくすると, 速応性と定常特性はどのように変化するかを理由とともに答えよ.
  (b) K_2 を固定したとき, K_1 を大きくすると, 減衰特性と定常特性はどのように変化するかを理由とともに答えよ.

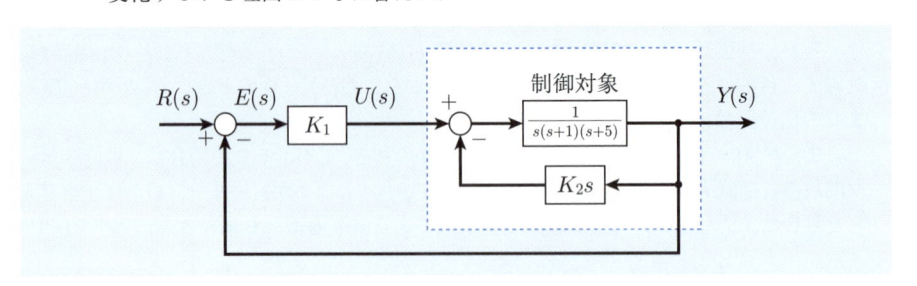

□**6.22** 図のようなフィードバック制御系について, 次の問に答えよ. ただし, $R(s)$ は目標値, $Y(s)$ は出力, $E(s)$ は偏差であり, 時間信号 $r(t), y(t), e(t)$ をそれぞれラプラス変換したものである. (平 22・II)

(1) 補償器を $C(s) = K_1$ に選ぶとき, 図のフィードバック系の安定限界を与える K_1 の値とそのときの持続振動の角周波数 ω_1 を求めよ. ただし, 答は平方根を含む形でよい.

(2) 図において，$C(s) = K_1$ に選び，$K_1 = 1$ とおく．目標値 $r(t)$ が振幅 1，角周波数 $\omega = 1\,[\mathrm{s}]$ の正弦波信号のとき，十分に時間が経過したときの偏差 $e(t)$ の振幅を求めよ．

(3) 補償器を $C(s) = K_2 \dfrac{s+1}{s+10}$ に選ぶとき，この補償器の名称を答えよ．

(4) (3) において，$K_2 = 10$ のとき，補償器のゲイン（利得）特性の概形を折れ線近似で図示せよ．

(5) 一般に，(3) の補償器により改善できるフィードバック制御系の代表的な性能を述べよ．

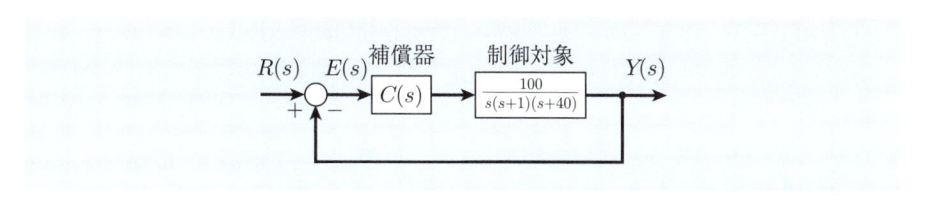

```
         R(s)    E(s)  補償器    制御対象     Y(s)
         ──→ ○ ──→ C(s) ──→  100        ──┬──→
              + -              s(s+1)(s+40)  │
              ↑                               │
              └───────────────────────────────┘
```

6.23 次の文章は，フィードバック制御系の設計仕様を与える尺度に関する記述である．文中の □ に当てはまる最も適切なものを解答群の中から選べ．

フィードバック制御系の設計仕様には，周波数領域および時間領域における尺度がある．前者の周波数領域における設計においては， (1) の仕様を与える尺度としてゲイン余有や位相余有があり，また， (2) の仕様を与える尺度としてゲイン交差角周波数や位相交差角周波数がある．これらは閉ループ周波数特性に着目した尺度として利用されている．

たとえば，開ループ（一巡）伝達関数が $G(s) = \dfrac{K}{s(Ts+1)}$ で与えられる場合，ゲイン交差角周波数を $1\,\mathrm{rad\cdot s^{-1}}$ に，位相余有を $45°$ に設定するには，$K = $ (3) ，$T = $ (4) [s] に選べばよい．

一方，閉ループ周波数特性に着目した場合には， (1) の尺度としてピーク値（共振値）， (2) の尺度として (5) などが利用さている．　　　　　　（平 23・II）

〔解答群〕　（イ）帯域幅　　　（ロ）$\dfrac{1}{2}$　　　（ハ）$\sqrt{2}$
（ニ）定常特性　（ホ）$\dfrac{1}{4}$　　　（ヘ）1　　　　（ト）外乱抑制特性
（チ）速応性　　（リ）低感度特性　（ヌ）最適性　　（ル）$\dfrac{1}{\sqrt{2}}$
（ヲ）2　　　　（ワ）安定性　　　（カ）整定時間　（ヨ）オーバーシュート量

6.24 自動制御系の制御偏差に関する次の記述のうち，誤っているのはどれか．

（昭 62・III）

(1) 制御偏差とは，目標値と制御量の差をいう．

(2) 過渡応答において，十分時間が経過して制御偏差が一定値に落ち着いたときの値は定常偏差という．

(3) ステップ入力の場合の定常偏差を定常位置偏差またはオフセットという．
(4) ランプ入力の場合の定常偏差を定常速度偏差という．
(5) 良い制御系では，定常偏差をなるべく小さくすることが望ましいが，そのためには，一巡伝達関数のゲインをなるべく小さくする必要がある．

□**6.25** 下図のフィードバック制御系について，次の問に答えよ．ただし，$R(s), U(s), D(s), Y(s)$ は，それぞれ目標値 $r(t)$，操作量 $u(t)$，外乱 $d(t)$，出力 $y(t)$ のラプラス変換を表す．また $G(s)$ は制御対象の伝達関数，$F(s)$ および $K(s)$ は補償器の伝達関数を表す． (平 23・II)

(1) $R(s) = 0$ のとき，$D(s)$ から $Y(s)$ までの伝達関数を求めよ．
(2) $D(s) = 0$ のとき，$R(s)$ から $Y(s)$ までの伝達関数を求めよ．
(3) 図において
$$G(s) = \frac{1}{s^2}, \quad F(s) = \frac{c}{s^2+as+b}, \quad K(s) = K_\mathrm{P}\left(1 + \frac{1}{T_\mathrm{I}s} + T_\mathrm{D}s\right)$$
とおく．$D(s) = 0$ のとき，$R(s)$ から $Y(s)$ までの応答特性として，単位ステップ関数の目標値 $r(t) = 1$ に対して出力 $y(t)$ の定常値が 1 となり，かつ，減衰定数が 0.8，固有角周波数が $10\,[\mathrm{rad \cdot s^{-1}}]$ を満たす 2 次系の補償器 $F(s)$ の係数 a, b, c を求めよ．
(4) (3) の補償器 $K(s)$ の名称を答えよ．また，各係数 $K_\mathrm{P}, T_\mathrm{I}, T_\mathrm{D}$ の名称についても答えよ．
(5) (3) において，$F(s)$ は安定な補償器であり，図の制御系全体の安全性は $F(s)$ にはよらない．制御系全体が安定となるために補償器 $K(s)$ の係数 $K_\mathrm{P}, T_\mathrm{I}, T_\mathrm{D}$ が満たさなければならない条件を求めよ．ただし，$K_\mathrm{P} > 0, T_\mathrm{I} > 0, T_\mathrm{D} > 0$ とする．

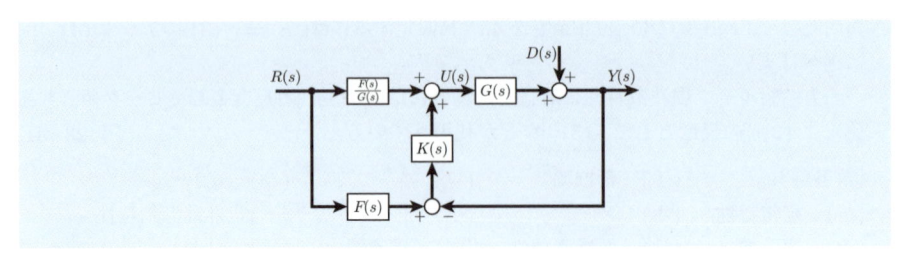

□**6.26** 図のフィードバック制御系について，次の問に答えよ．ただし，$R(s), E(s), U(s), D(s)$ および $Y(s)$ は，目標値 $r(t)$，偏差 $e(t)$，制御入力 $u(t)$，外乱 $d(t)$ および出力 $y(t)$ をそれぞれラプラス変換したものであり，$C(s)$ は破線で囲んだ補償器内の補償要素の伝達関数を表す． (平 24・II)

(1) $D(s) = 0$ の場合，制御対象だけを取り出したとき，$u(t)$ として単位ステップ入力を加えたときの出力応答 $y(t)$ を求めよ．
(2) 破線で囲んだ補償器だけを取り出したとき，$E(s)$ から $U(s)$ までの伝達関数を求めよ．

(3) 図のフィードバック制御系において，$R(s) = 0$ のとき，$D(s)$ から $E(s)$ までの伝達関数を求めよ．

(4) $R(s) = 0$ の場合，$C(s)$ として
$$C(s) = \frac{s}{Ts+1}$$
を選んだとき，外乱 $d(t)$ がランプ関数 $d(t) = t$ $(t \geq 0)$ で与えられるときの定常速度偏差を求めよ．

(5) (4) の $C(s)$ を選んだとき，外乱 $d(t)$ の影響が偏差 $e(t)$ に現れないようにするには，$C(s)$ の時定数 T をどのように選べばよいかを説明せよ．

(6) 破線で囲んだ補償器を $K_1 + \frac{K_2}{s}$ に置き換えたときのフィードバック制御系が安定となる条件を求めよ．

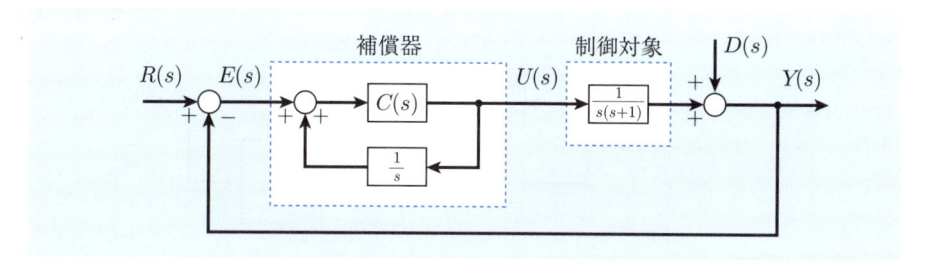

6.27 次の文章は，図のフィードバック制御系に関する記述である．文中の [　] に当てはまる最も適切なものを解答群の中から選びなさい．

図において，$R(s)$ は目標値，$E(s)$ は偏差，$U(s)$ は操作量，$Y(s)$ は出力を表し，時間信号 $r(t), e(t), u(t), y(t)$ をそれぞれラプラス変換したものである．この制御対象は，[(1)] な特性を持つ．この制御対象に対して，パラメータ K_1, K_2, K_3 を持つ図の PID 補償器によってフィードバック制御を行う．このとき，PID 補償器の積分時間は [(2)] で与えられる．

$R(s)$ から $Y(s)$ までの閉ループ伝達関数の望ましい極が，$-30, -30 \pm j4$ になるように補償器のパラメータを求めると
$$K_1 = \boxed{(3)}, \quad K_2 = 75, \quad K_3 = \boxed{(4)}$$
となる．このとき，閉ループ伝達関数は三次系となるが，$R(s)$ から $Y(s)$ までの応答は，$-3 \pm j4$ を [(5)] とする二次系の応答に近似できる． (平 25・II)

〔解答群〕　　(イ) 開ループ極　　(ロ) 代表特性根　　(ハ) 14.9
(ニ) 不安定　　(ホ) $\frac{K_2}{K_1}$　　(ヘ) 1.5　　(ト) 漸近安定
(チ) K_2　　(リ) 25.9　　(ヌ) 2.6　　(ル) 20.9
(ヲ) 3.6　　(ワ) $\frac{K_1}{K_2}$　　(カ) 安全　　(ヨ) 補償極

第6章 制御系の性能と特性設計

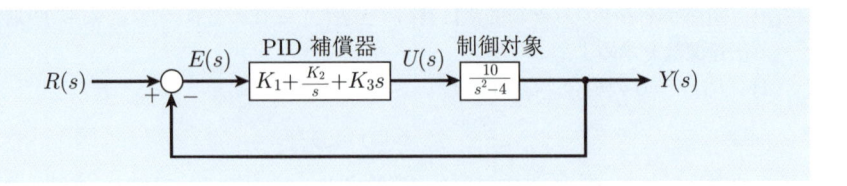

ブロック図: $R(s) \to \bigoplus_{+,-} \to E(s) \to$ PID補償器 $K_1 + \dfrac{K_2}{s} + K_3 s \to U(s) \to$ 制御対象 $\dfrac{10}{s^2-4} \to Y(s)$

□ **6.28** 下図に示すブロック線図は，三動作調節計の原理を示している．ここに，k_1, k_2 および K はゲイン定数で，K はきわめて大きな値であり，また T_1 および T_2 は時定数で，$T_2 > T_1 > 0$ である．このブロック線図の等価変換を行い，伝達関数

$$G(s) = \frac{Y(s)}{X(s)}$$

を導き，このような制御要素の持つ特性を説明せよ． （昭 53・II）

ブロック図: $X(s) \to k_1 \to \bigoplus_{+,-} \to K \to Y(s)$、フィードバックループに $\dfrac{1}{1+T_1 s}$ と $\dfrac{1}{1+T_2 s}$ と k_2

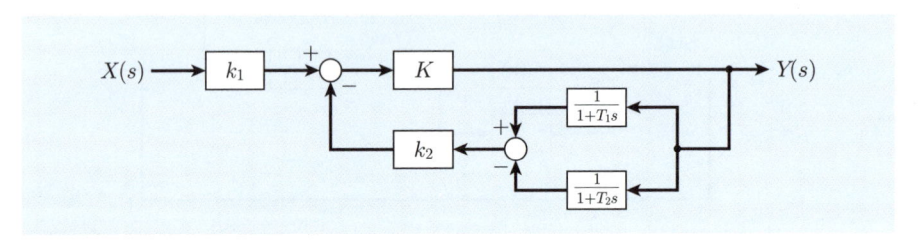

□ **6.29** 位相遅れ補償要素のボード線図を求めよ．

□ **6.30** 位相進み補償要素のボード線図を求めよ．

7 非線形制御系の基礎

制御対象が非線形微分方程式で表されるとき，その線形化の方法とその線形化された制御系の設計法を述べ，次に非線形要素が制御系に含まれるときの解析法を述べる．

7.1 非線形方程式の線形化とブロック線図

非線形微分方程式を平衡動作点の近傍の限られた範囲でのみに成立する微分方程式を考える．非線形微分方程式を近似的に**線形化**することは制御対象の定性的な傾向を知り，制御系の設計に用いることができる．

例題 7.1

右図に示す振り子について運動方程式を導き，微分方程式の線形化を行え．

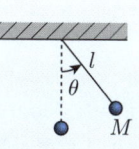

【解答】 振り子の静止状態（$\theta = 0$）のポテンシャルエネルギーを 0 とおくと，運動中の全エネルギーは次式となる．

$$T = \tfrac{1}{2} M \left(l \tfrac{d\theta}{dt} \right)^2 + Mg(l - l\cos\theta)$$

全エネルギーは時間に対して不変であるので，時間で微分して 0 とおくと

$$l \tfrac{d\theta}{dt} \tfrac{d^2\theta}{dt^2} + g \sin\theta \tfrac{d\theta}{dt} = 0$$

$\tfrac{d\theta}{dt} \neq 0$ であるとして $l \tfrac{d\theta}{dt}$ で割ると

$$\tfrac{d^2\theta}{dt^2} + \tfrac{g}{l} \sin\theta = 0$$

上式が求める運動方程式であり非線形微分方程式である．いま，$\sin\theta$ をマクローリン（Maclaurin）展開すると

$$\sin\theta = \theta - \tfrac{\theta^3}{3!} + \tfrac{\theta^5}{5!} - \tfrac{\theta^7}{7!} + \cdots$$

となる．$\theta = 0$ 付近では $|\sin\theta| \ll 1$ として $\sin\theta \approx \theta$ より $\tfrac{d^2\theta}{dt^2} + \tfrac{g}{l}\theta = 0$ となって線形微分方程式となる．

例題 7.2

倒立振り子系の各パラメータを下図のようにした．この系の運動方程式を求め，直立制御のための微分方程式を線形化せよ．

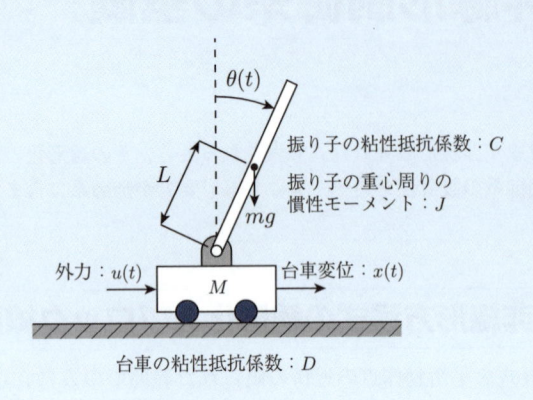

図中ラベル：
- $\theta(t)$
- L
- mg
- 振り子の粘性抵抗係数：C
- 振り子の重心周りの慣性モーメント：J
- 外力：$u(t)$
- 台車変位：$x(t)$
- M
- 台車の粘性抵抗係数：D

【解答】 運動方程式を求める方法には各種あるがここでは

$$\frac{d}{dt}\frac{\partial L}{\partial \dot{x}} - \frac{\partial L}{\partial x} = Q_x, \quad Q_x = u(t) - D\dot{x}$$

$$\frac{d}{dt}\frac{\partial L}{\partial \dot{\theta}} - \frac{\partial L}{\partial \theta} = Q_\theta, \quad Q_\theta = -C\dot{\theta}$$

$$L = T - U$$

のラグランジュの運動方程式から求める．ただし，L：ラグランジアン，T：運動エネルギー，U：位置エネルギー，Q_x, Q_θ：一般力（非保存力）．T と U は次式で表される．

$$T = \tfrac{1}{2}M\dot{x}^2 + \tfrac{1}{2}m\{(\dot{x} + L\dot{\theta}\cos\theta)^2 + (L\dot{\theta}\sin\theta)^2\} + \tfrac{1}{2}J\dot{\theta}^2$$

$$= \tfrac{1}{2}(M+m)\dot{x}^2 + \tfrac{1}{2}J\dot{\theta}^2 + mL\dot{x}\dot{\theta}\cos\theta + \tfrac{1}{2}mL^2\dot{\theta}^2$$

$$U = mgL\cos\theta$$

以上の式から演算して整理すると次の非線形の運動方程式が得られる．

$$(M+m)\frac{d^2x(t)}{dt^2} + (mL\cos\theta)\frac{d^2\theta(t)}{dt^2} = -D\frac{dx(t)}{dt} + mL\left\{\frac{d\theta(t)}{dt}\right\}^2\sin\theta(t) + u(t)$$

$$mL\cos\theta(t)\frac{d^2x(t)}{dt^2} + (J+mL^2)\frac{d^2\theta(t)}{dt^2} = -C\frac{d\theta(t)}{dt} + mgL\sin\theta(t)$$

上2式の線形化を行う．倒立状態で $\theta(t) \approx 0$ として $\sin\theta, \cos\theta$ をマクローリン展開し，第1項を取り，微小項の2乗以上を省略すると，次の線形微分方程式が得られる．

$$(M+m)\frac{d^2x(t)}{dt^2} + mL\frac{d^2\theta(t)}{dt^2} = -D\frac{dx(t)}{dt} + u(t)$$

$$mL\frac{d^2x(t)}{dt^2} + (J+mL^2)\frac{d^2\theta(t)}{dt^2} = -C\frac{d\theta(t)}{dt} + mgL\theta(t)$$

7.1 非線形方程式の線形化とブロック線図

例題7.3

下図に示す他励直流サーボモータ系の励磁電圧 v_f, 電機子電圧 v_a および外乱 T_l に対する回転速度 ω_m の応答のブロック線図を描け．ただし，$\tau_\mathrm{f} = \frac{L_\mathrm{f}}{R_\mathrm{f}}$, $\tau_\mathrm{a} = \frac{L_\mathrm{a}}{R_\mathrm{a}}$, $D \approx 0$.

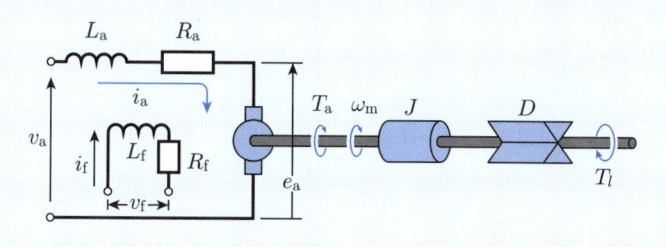

【解答】 他励直流サーボモータ系の方程式は

$$v_\mathrm{f} = R_\mathrm{f} i_\mathrm{f} + L_\mathrm{f} \frac{di_\mathrm{f}}{dt}$$

$$v_\mathrm{a} = R_\mathrm{a} i_\mathrm{a} + L_\mathrm{a} \frac{di_\mathrm{a}}{dt} + pM i_\mathrm{f} \omega_\mathrm{m}$$

$$= R_\mathrm{a} i_\mathrm{a} + L_\mathrm{a} \frac{di_\mathrm{a}}{dt} + e_\mathrm{a}$$

$$T_\mathrm{a} = pM i_\mathrm{f} i_\mathrm{a} = J \frac{d\omega_\mathrm{m}}{dt} + D \omega_\mathrm{m} + T_l$$

ただし，v_f：励磁（界磁）電圧，i_f：励磁電流，$R_\mathrm{f}, L_\mathrm{f}$：界磁回路の抵抗とインダクタンス，$v_\mathrm{a}$：電機子電圧，$i_\mathrm{a}$：電機子電流，$R_\mathrm{a}, L_\mathrm{a}$：電機子回路の抵抗とインダクタンス，$p$：極対数，$M$：固定子巻線と回転子巻線の相互インダクタンス，$\omega_\mathrm{m}$：回転速度，$T_\mathrm{a} = pM i_\mathrm{f} i_\mathrm{a}$：発生トルク，$J$：回転部分の慣性モーメント，$T_l$：負荷トルク（外乱），$D$：制動（摩擦）係数，$e_\mathrm{a} = pM i_\mathrm{f} \omega_\mathrm{m}$：誘導起電力

上記の式をラプラス変換し，他励直流サーボモータ系の駆動系のブロック線図を示すと下図になる．

この図には乗算要素 $\otimes$ が含まれているため，$\omega_\mathrm{m}, i_\mathrm{f}, i_\mathrm{a}$ などがすべて時間的に変化する場合には非線形方程式となり，一般解は求められないことがわかる．

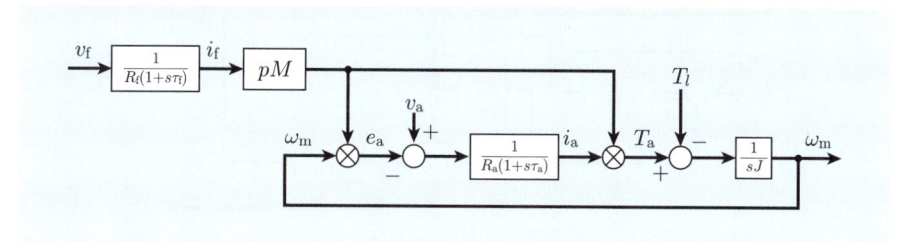

例題7.4

[例題 7.3] に示す非線形微分方程式で表される DC サーボモータ制御系を線形化してブロック線図を求めよ．

【解答】 [例題 7.3] の解より DC サーボモータの運動方程式が与えられる．ある平衡な動作点を中心にして，それぞれの変数を次のように微小変動分との和として表す．

$$v_f = V_{f0} + v_{f1}, \quad i_f = I_{f0} + i_{f1}$$
$$T_l = T_{l0} + T_{l1}, \quad T_a = T_{a0} + T_{a1}$$
$$\omega_m = \Omega_{m0} + \omega_{m1}, \quad I_a = I_{a0} + i_{a1}$$
$$v_a = V_{a0} + v_{a1}, \quad e_a = E_{a0} + e_{a1}$$

2 次の微小分を省略すると e_a は

$$e_a = E_{a0} + e_{a1}$$
$$= pM\omega_m i_f$$
$$= pM(\Omega_{m0} + \omega_{m1})(I_{f0} + i_{f1})$$
$$= pM\Omega_{m0}I_{f0} + pM\Omega_{m0}i_{f1} + pMI_{f0}\omega_{m1} + pM\omega_{m1}i_{f1}$$

平衡点では $E_{a0} = pMI_{f0}\Omega_{m0}$, $pM\omega_m i_{f1}$ は微小分の積であるので省略する．微小変動分は T_{a1} も同様に

$$T_{a1} = pMI_{a0}i_{f1} + pMI_{f0}i_{a1}$$
$$e_{a1} = pMI_{f0}\omega_{m1} + pM\Omega_{m0}i_{f1}$$

微小変動分に対するブロック線図は下図のようになり乗算を含まないものとなる．これは微分方程式が線形化されたことを意味している．ただし，R_ω は回転摩擦係数とする．

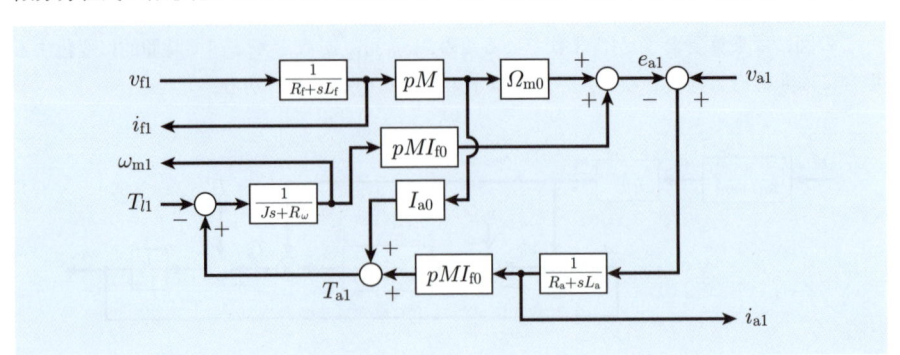

7.2 非線形要素

代表的な**非線形要素**は次の通りである．
(a) **飽和**：入力 x がある値より大きくなると出力 y が一定になる特性を持つ要素
(b) **不感帯**：入力がある値より大きくなってはじめて出力を生じるような特性を持つ要素
(c) **リレー（コンパレータ）**：入力信号の正負に応じて出力が正の値と負の値の一定値を取るもので，オンオフ動作または 2 値制御動作
(d) **ヒステリシスコンパレータ**：入力信号の正負のある値以上に応じて出力が正と負の一定値を取る特性を持つ要素
(e) **バックラッシュ**：入力が反転するときあそびを生じる要素で歯車のある制御系に見られる
(f) 飽和と不感帯のある要素

例題7.5

下図の非線形制御系の代表的な非線形要素の種類とそれぞれの特性を説明せよ．

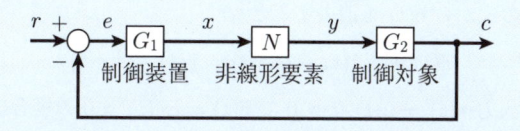

【解答】 代表的な非線形要素の名称と入出力特性を示すと下図のようになる．

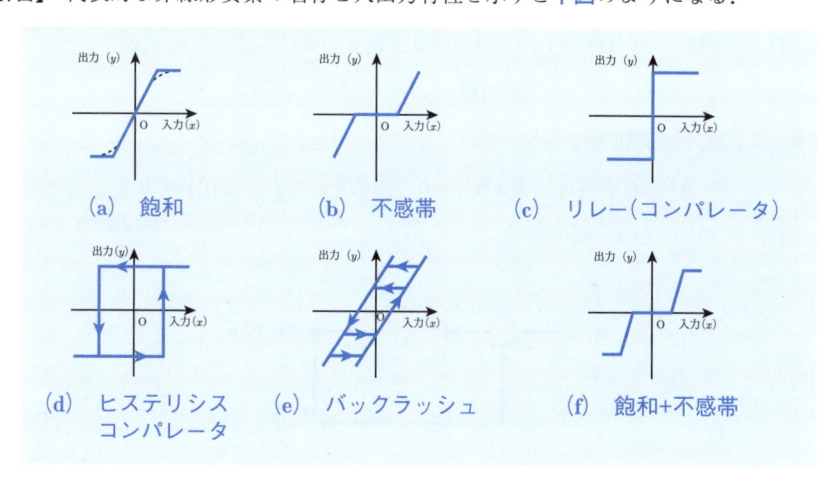

(a) 飽和
(b) 不感帯
(c) リレー（コンパレータ）
(d) ヒステリシスコンパレータ
(e) バックラッシュ
(f) 飽和+不感帯

7.3 位相面解析法

位相面 (phase plane) は，非線形制御系を二次の非線形微分方程式で記述し，x と $\frac{dx}{dt}$ との関係を，横軸に x，縦軸に $\frac{dx}{dt}$ とした平面における軌跡として表したものである．

■ 例題7.6 ■
位相面解析法の原理を説明せよ．

【解答】 位相面は，非線形制御系を

$$\frac{d^2x}{dt^2} + a\left(x, \frac{dx}{dt}\right)\frac{dx}{dt} + b\left(x, \frac{dx}{dt}\right)x = 0 \tag{1}$$

のような二次の非線形微分方程式で記述し，x と $\frac{dx}{dt}$ との関係を，横軸に x，縦軸に $\frac{dx}{dt}$ とした平面における軌跡として表したものである．

下図に示すサーボ制御系の入力にステップ関数，およびランプ関数が入った場合の式の形式への変換法を示す．ブロック線図から

$$Ke(t) = T\ddot{c}(t) + \dot{c}(t), \quad c(t) = r(t) - e(t)$$

が求められる．この式から $c(t)$ を消去すると

$$\ddot{e}(t) + \frac{1}{T}\dot{e}(t) + \frac{K}{T}e(t) = \ddot{r}(t) + \frac{1}{T}\dot{r}(t) \tag{2}$$

まず，ステップ入力 $r(t) = u(t), t > 0$ で $\ddot{r}(t) = a\dot{r}(t) = 0$ の場合は

$$\ddot{e}(t) + \frac{1}{T}\dot{e}(t) + \frac{K}{T}e(t) = 0, \quad e(0) = 1, \quad \dot{e}(0) = 0$$

となり式 (1) の形式に変換されたことがわかる．

次にランプ関数入力 $r(t) = tu(t)$ の場合は，新しい変数の式

$$x(t) = e(t) = \frac{1}{K}$$

を導入して，式 (2) に代入すると

$$\ddot{x}(t) + \frac{1}{T}\dot{x}(t) + \frac{K}{T}x(t) = 0, \quad x(0) = -\frac{1}{K}, \quad \dot{x}(0) = 1$$

が得られ，式 (1) の形式が得られる．

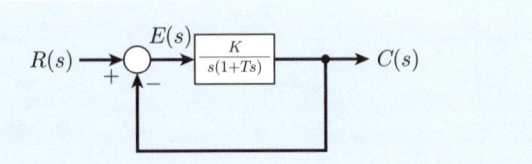

7.3 位相面解析法

■ **例題7.7** ■

位相面軌跡を描く等傾斜曲線法を説明せよ．

【解答】 一般的な作図法の**等傾斜曲線法**を述べる．[例題 7.6] の式 (1) で

$$\frac{dx}{dt} = \dot{x} = y, \quad \dot{y} = \frac{dy}{dt}$$

とおいて

$$\dot{y} + a(x,y)y + b(x,y)x = 0$$

のように書き換え，y で両辺を割ると

$$\frac{\dot{y}}{\dot{x}} + a(x,y) + b(x,y)\frac{x}{y} = 0, \quad \frac{dy}{dx} = -a(x,y) - b(x,y)\frac{x}{y}$$

この式で $\frac{dy}{dx}$ は位相面における軌跡の勾配であるから，$\frac{dy}{dx}$ が一定の軌跡は**等傾斜線**と呼ばれる．$\frac{dy}{dx} = m$ に対応する等傾斜線 L は

$$m = -a(x,y) - b(x,y)\frac{x}{y}$$

$$y = -\frac{b}{m+a}x = Lx$$

ただし，$L = -\frac{b}{m+a}$．$m_1, m_2, m_3, \ldots$ に対する等傾斜線 $L_1, L_2, L_3, \ldots$ は下図のようになる．

まず，与えられた初期値 x_0, y_0 に対応する出発点 P_0 を記入する．この点を通る等傾斜線 L_0 が示す傾斜 m_0 で線分を引き，次の m_1 に対する線 L_1 との交点まで線を引き，結合させる．この間隔を狭くすれば求める曲線の軌跡となる．

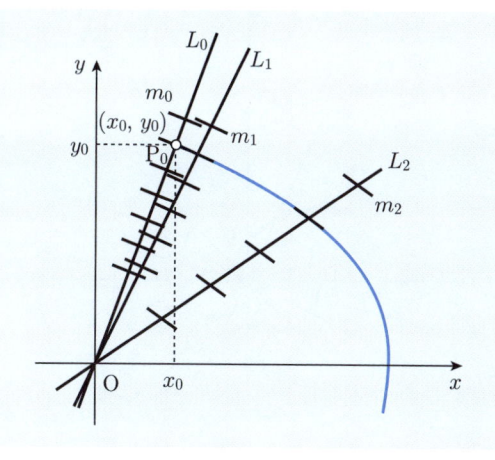

174　第 7 章　非線形制御系の基礎

例題7.8

次式の二次遅れ制御系で単位ステップ入力に対して (a) $\zeta = 2$, (b) $\zeta = 0.5$ の位相面軌跡を描け．ただし $\omega_n = 1$ とする．

$$s^2 + 2\zeta\omega_n s + \omega_n^2 = 0$$

【解答】 上式を $\omega_n = 1$ とし

$$\ddot{x} + 2\zeta\dot{x} + x = 0$$

とおく．[例題 7.7] の等傾斜曲線法を用いて作図する．上式で $\dot{x} = y$ とおいて式を [例題 7.7] の形式にすると $y = -\frac{1}{m+2\zeta}x$．ただし，$a = 2\zeta, b = 1$ である．m のいろいろな値に対して等傾斜線を描き，解曲線を求めることができる．図 (a) は $\zeta = 2$，図 (b) は $\zeta = 0.5$ の場合である．

(a) $\zeta = 2$

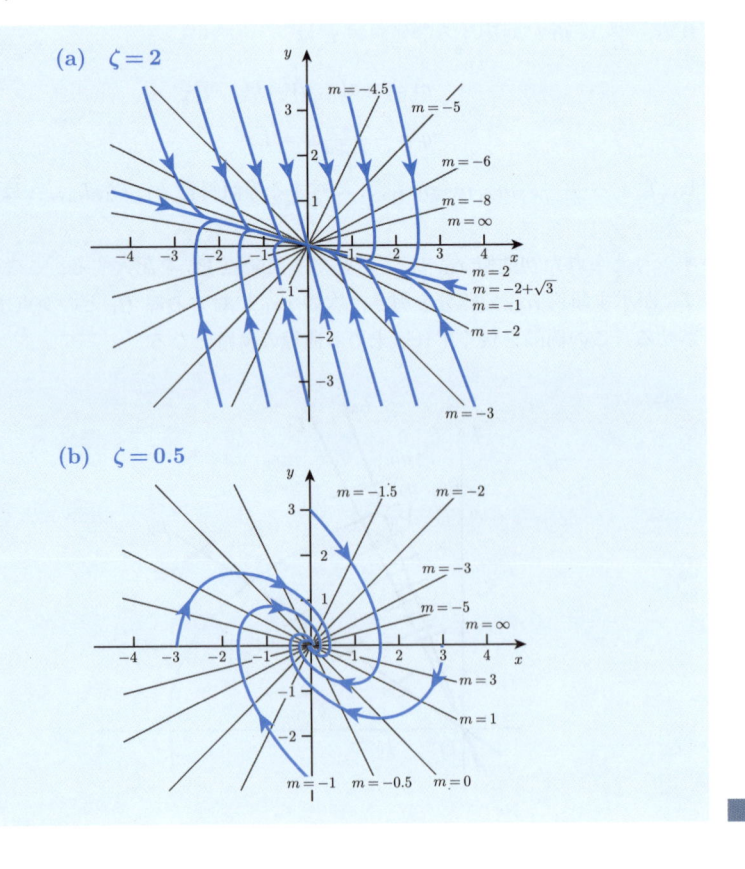

(b) $\zeta = 0.5$

7.3 位相面解析法

例題7.9

二次遅れ線形制御系の減衰係数 ζ をパラメータとして単位ステップ入力に対する位相面軌跡を描き，安定性を説明せよ．

【解答】 それぞれの ζ に対する位相面軌跡と安定性との関係は下図に示すように位相面軌跡が原点に収束すれば安定である．

$\zeta = 0$ のとき持続振動（リミットサイクルの安定限界）となる．

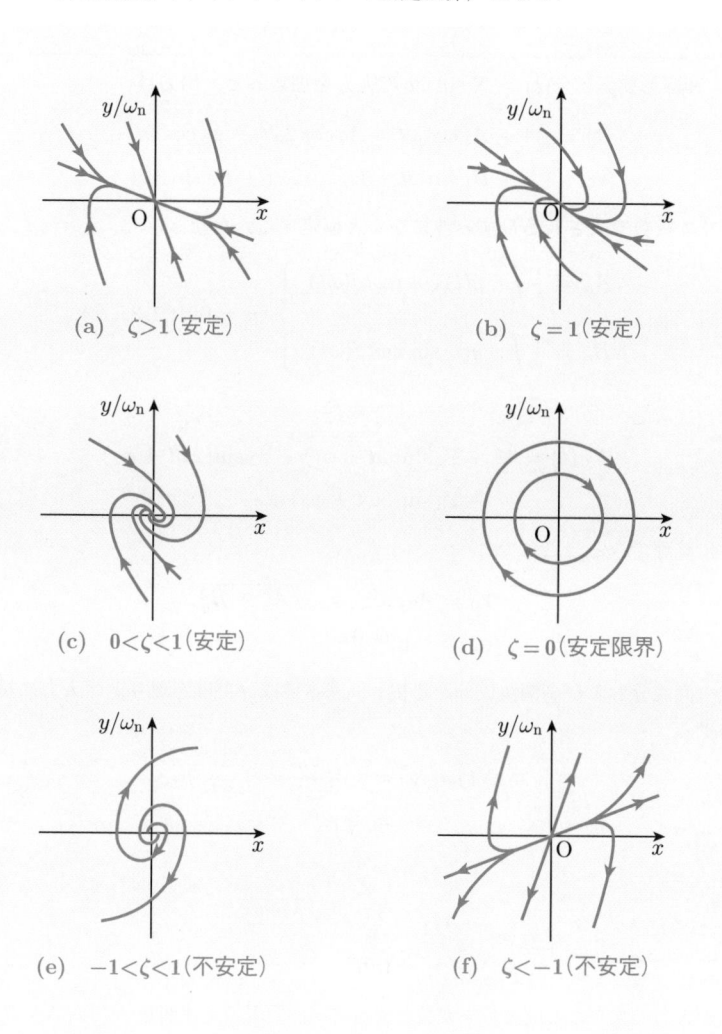

(a) $\zeta > 1$（安定）

(b) $\zeta = 1$（安定）

(c) $0 < \zeta < 1$（安定）

(d) $\zeta = 0$（安定限界）

(e) $-1 < \zeta < 1$（不安定）

(f) $\zeta < -1$（不安定）

7.4 記述関数法

非線形要素に正弦波信号を入力すると，その出力はひずみ波形の信号となるが，出力信号の基本波だけに注目して非線形要素の周波数伝達関数を定義する．これを**記述関数**（describing function）または**等価伝達関数**という．

例題7.10
記述関数法の原理を説明せよ．

【解答】非線形要素に $x(t) = X \sin \omega t$ の入力を加えると，出力は

$$y(t) = \frac{A_0}{2} + A_1 \cos \omega t + A_2 \cos 2\omega t + A_3 \cos \omega t + \cdots$$
$$+ B_1 \sin \omega t + B_2 \sin 2\omega t + B_3 \sin 3\omega t + \cdots$$

のフーリエ級数で表されるひずみ波になると仮定する．ただし

$$\left. \begin{array}{l} A_n = \frac{1}{\pi} \int_0^{2\pi} y(t) \cos n\omega t \, d(\omega t) \\ B_n = \frac{1}{\pi} \int_0^{2\pi} y(t) \sin n\omega t \, d(\omega t) \end{array} \right\} \quad (n = 0, 1, 2, 3, \ldots)$$

$y(t)$ は

$$y(t) = \frac{Y_0}{2} + Y_1 \sin(\omega t + \phi_1) + Y_2 \sin(2\omega t + \phi_2)$$
$$+ Y_3 \sin(3\omega t + \phi_3) + \cdots$$

のように整理できる．ここで

$$Y_0 = A_0, \quad Y_n = \sqrt{A_n^2 + B_n^2}$$
$$\phi_n = \tan^{-1} \frac{A_n}{B_n}$$

この式の直流分および高調波成分を無視し，基本波成分だけを取り上げ入力に対する比を求めると

$$N(j\omega, X) = \frac{Y_1 \varepsilon^{j(\omega t + \phi_1)}}{X \varepsilon^{j\omega t}}$$
$$= \frac{Y_1}{X} \varepsilon^{j\phi_1} = G_1 \varepsilon^{j\phi_1}$$

ここで

$$G_1 = \frac{Y_1}{X} = \frac{\sqrt{A_1^2 + B_1^2}}{X}$$
$$\phi_1 = \tan^{-1} \frac{A_1}{B_1}$$

この式が入力の大きさと周波数を変数とする非線形要素の記述関数 $N(j\omega, X)$ である．∎

7.4 記述関数法

■ 例題7.11 ■
リレー（オンオフ）要素の記述関数を求めよ．

【解答】 入力を $x(t) = X\sin\omega t$ とする．出力 $y(t)$ は $x(t)$ に同期した大きさ H の矩形波となる．

$$A_1 = \tfrac{1}{\pi}\int_0^{2\pi} y(t)\cos\omega t d(\omega t) = 0$$

$$\begin{aligned}B_1 &= \tfrac{1}{\pi}\int_0^{2\pi} y(t)\sin\omega t d(\omega t)\\ &= \tfrac{1}{\pi}\left\{\int_0^{\pi} A\sin\omega t d(\omega t) + \int_\pi^{2\pi}(-A)\sin\omega t d(\omega t)\right\} = \tfrac{4H}{\pi}\end{aligned}$$

したがって

$$N(j\omega, X) = G_1 \varepsilon^{j\phi_1}, \quad G_1 = \tfrac{4H}{\pi X}, \quad \phi_1 = 0$$

結局，$N(j\omega, X) = \tfrac{4H}{\pi X}\angle 0°$ となる． ■

■ 例題7.12 ■
ヒステリシスコンパレータの記述関数を求めよ．

【解答】 入力を $x(t) = X\sin\omega t$ とすると出力 $y(t)$ は次のようになる．

(i) $X \leq D$ のとき $y(t)$ は H あるいは $-H$ で一定であるので

$$A_1 = B_1 = 0$$

したがって，$N = 0$

(ii) $X > D$ のとき

$$y(t) = \begin{cases} -H & (0 < \omega t < \alpha,\ \pi + \alpha \leq \omega t \leq 2\pi) \\ H & (\alpha \leq \omega t < \pi + \alpha) \end{cases}$$

ただし，$\alpha = \sin^{-1}\tfrac{D}{X}$

$$\begin{aligned}A_1 &= \tfrac{2}{\pi}\int_0^{\pi} y(t)\cos\omega t d(\omega t)\\ &= \tfrac{2H}{\pi}\left\{-\int_0^{\alpha}\cos\omega t d(\omega t) + \int_\alpha^{\pi}\cos\omega t d(\omega t)\right\}\\ &= -\tfrac{4H}{\pi}\sin\alpha\end{aligned}$$

$$B_1 = \tfrac{2}{\pi}\int_0^{\pi} y(t)\sin\omega t d(\omega t) = \tfrac{4H}{\pi}\cos\alpha$$

したがって

$$G_1 = \tfrac{4H}{\pi X}, \quad \phi_1 = -\sin^{-1}\tfrac{D}{X}$$

■

例題7.13

下図に示す非線形制御系の記述関数法を用いた安定判別の方法を述べよ．

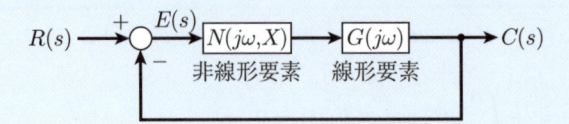

【解答】 この系の特性方程式は

$$1 + N(j\omega, X)G(j\omega) = 0$$

である．したがって

$$G(j\omega) = -\frac{1}{N(j\omega, X)}$$

の関係がある．

いま，簡単のため記述関数は ω に無関係で，入力の振幅 X だけの関数であると仮定すると上式は

$$G(j\omega) = -\frac{1}{N(X)}$$

となる．

ナイキストの安定判別において，$G(j\omega)$ の軌跡が点 $(-1, 0)$ をまわるかどうかの判別の代わりに，上式の $-\frac{1}{N(X)}$ の点をどのようにまわるかを考察すればよいことになる．この点は X によって変わるので，$X = 0 \sim \infty$ の変化に対して下図の (a), (b), (c) のように軌跡を描く．この軌跡を**振幅軌跡**と呼んでいる．

したがって，安定判別は $G(j\omega)$ の軌跡と振幅軌跡の位置関係をナイキストの判別法に従って判断すればよいことがわかる．

(1) **安定** G の軌跡が，振幅軌跡 $-\frac{1}{N(X)}$ と交わらず，つねに振幅軌跡を左側にみれば安定である．図の曲線 (c) の場合である．

(2) **不安定** G の軌跡が，振幅軌跡 $-\frac{1}{N(X)}$ と交わらず，つねに振幅軌跡を右側にみれば不安定である．図の曲線 (b) の場合である．

(3) **安定限界** G の軌跡が，振幅軌跡 $-\frac{1}{N(X)}$ と交われば，振幅 X によって系は安定になったり，不安定になったりする．交点 $P(\omega_0, X_0)$ が安定限界であり，持続振動のリミットサイクルを示す．図の曲線 (a) の場合である．

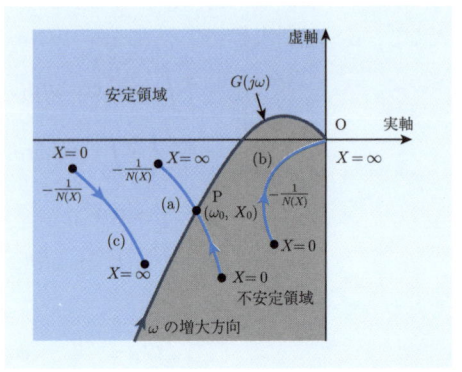

例題 7.14

記述関数法を用いて下図の 2 つの非線形制御系の安定判別を行え.

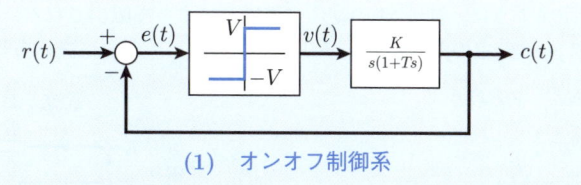

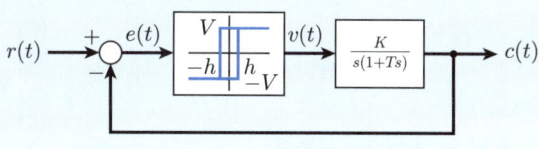

(1) オンオフ制御系

(2) ヒステリシス要素を含む制御系

【解答】 問図 (1) の制御系の記述関数 $N(j\omega, X)$ は [例題 7.11] より, $N(X)$ が

$$N(X) = \frac{4V}{\pi X} \angle 0°$$

となる. したがって, 振幅軌跡と $G(j\omega)$ は

$$-\frac{1}{N(X)} = \frac{\pi X}{4V} \angle 180°, \quad G(j\omega) = \frac{K}{j\omega(1+j\omega T)}$$

上式の軌跡を描くと下図 (a) となり安定である.

(2) 問図 (2) の制御系の記述関数 $N(j\omega, X)$ は [例題 7.12] より, $N(X)$ が

$$N(X) = \frac{4V}{\pi X} \angle \left(-\sin^{-1}\frac{h}{X}\right)$$

となる. したがって, 振幅軌跡は $-\frac{1}{N(X)} = -\frac{\pi X}{4V} \angle \left(\sin^{-1}\frac{h}{X}\right)$ となる.

上式の振幅軌跡を複素平面上に描くと下図 (b) のようになる. 軌跡は $X = h \sim \infty$ について存在し, これは, 点 $P\left(0, -\frac{\pi h}{4V}\right)$ を出発し, 実軸と平行で左方に向かう半直線となる. $G(j\omega)$ を描くと振幅軌跡と交点が存在し, 持続振動が存在することがわかる.

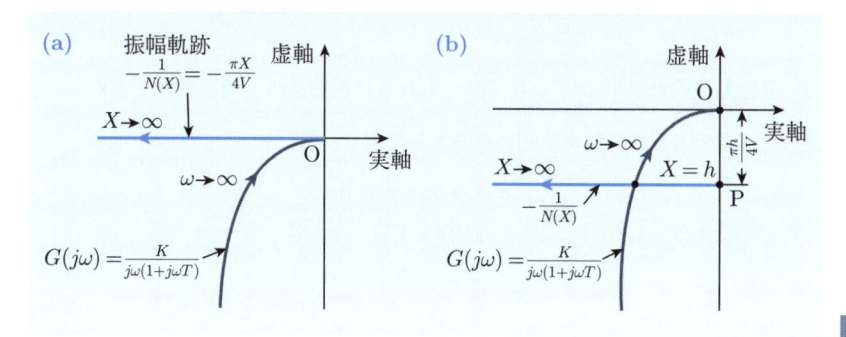

7章の問題

7.1 右図に示すように，質量 M の物体が電磁石によって吸引される．ここで電磁石の磁心の透磁率 ∞，磁束の漏れなし，フリンジングなし．非線形微分方程式が成り立つ．

$$e = N\frac{d\phi}{dt} + Ri$$
$$\phi = \frac{LX}{N}\frac{i}{x}$$
$$M\frac{d^2x}{dt^2} = Mg - \frac{N^2}{2LX}\phi^2$$

ここで L はギャップ長 $x = X$ のときのコイルのインダクタンス．電磁石の吸引力と釣り下げ物体の重力がちょうど釣り合うような点の近傍において，上の3式を線形化し，コイルに加える電圧の微小変化に対するギャップ長の微小変化の伝達関数を求めよ．

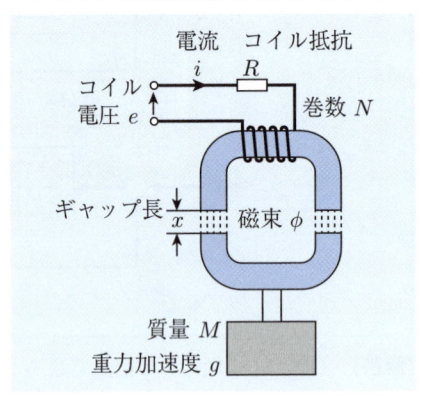

7.2 下図 (a) のようにばねに質量 M のおもりが釣り下げられている．ばねの特性は同図 (b) に示すような非線形特性を持っているとすると，この系の運動方程式はどのようになるか．また，この系を制御系に似せて重力 g を入力，変位 x を出力とするブロック線図で表せ．

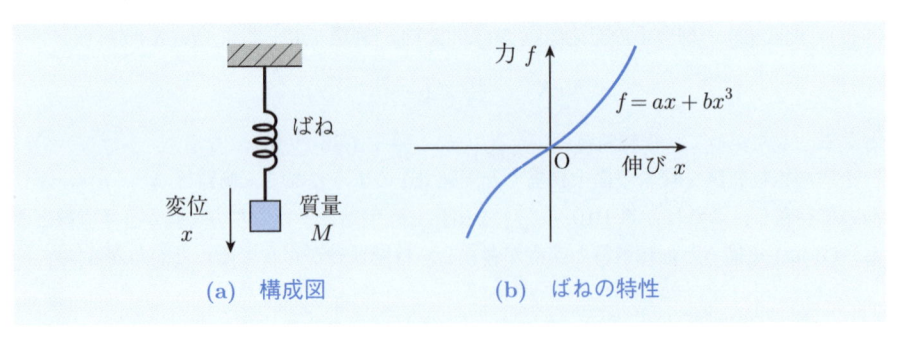

7.3 微分方程式が $\ddot{x} + \omega_n^2 x = 0$ で与えられる純振動系の位相面軌跡を求めよ．

7.4 次の微分方程式の解を位相面軌跡として表せ．

$$\ddot{x} + \dot{x} + x = 0$$
$$x(0) = 1$$
$$\dot{x}(0) = 0$$

7章の問題

7.5 右図に示す線形サーボ系のステップ状入力に対する位相面軌跡を描け．ただし，$\zeta = 0.5$ とする．

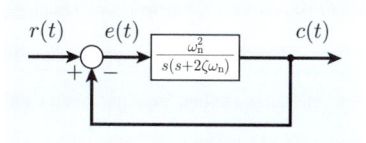

7.6 [例題 7.14](1) に示す飽和要素を持つ非線形サーボ制御系の位相面軌跡の概形を描け．

7.7 [例題 7.14](2) に示すヒステリシス要素を含む制御系の位相面軌跡の概形を描け．

7.8 空欄に適切な用語を挿入せよ．

非線形制御系の解析に用いられる記述関数法は，正弦波入力に対するひずみ波の出力を A 級数により展開したとき，入力に対する出力の B 成分の振幅比と位相差を種々の周波数に対して求めた周波数特性をもとにして検討する方法である．したがって，制御対象の特性が C フィルタのように D 周波数成分において減衰する特性を持っている必要がある．非線形制御系の設計， E の振幅と周期を求める問題，跳躍現象の解析などに有効な方法である．

(昭 56・II)

7.9 記述関数法は，非線形制御系の解析および設計によく用いられている．正弦波の入力信号に対するひずみ波出力の高調波を無視して基本波のみ考えたときの，出力の振幅と入力の振幅に対する比を求めたものが記述関数の振幅特性である．下図に示される飽和特性の記述関数を求めよ．ただし，入力を $x(t) = X\sin\omega t$ とおき，出力は，$\alpha = \sin^{-1}\frac{1}{X}$ とおけば次式で表されるものとして計算せよ．

$$y(t) = \begin{cases} X\sin\omega t & (0 < \omega t < \alpha) \\ X\sin\alpha & (\alpha < \omega t < \frac{\pi}{2}) \end{cases}$$

(平 2・II)

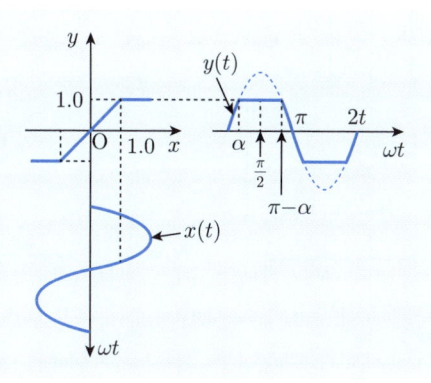

☐ **7.10** 下表の非線形特性の記述関数を求めよ．

非線形要素と記述関数

名称	非線形特性	記述関数
(a) 飽和		$N = \begin{cases} K & (X \leq S) \\ \frac{2K}{\pi}\left(\alpha + \frac{1}{2}\sin 2\alpha\right) & (X > S) \end{cases}$ $\alpha = \sin^{-1}\frac{S}{X}$
(b) 不感帯		$N = \begin{cases} 0 & (X \leq D) \\ \frac{2K}{\pi}\left(\frac{\pi}{2} - \alpha - \frac{1}{2}\sin 2\alpha\right) & (X > D) \end{cases}$ $\alpha = \sin^{-1}\frac{D}{X}$
(c) リレー （オンオフ）		$N = \frac{4H}{\pi X}$
(d) ヒステリシス コンパレータ		$N = \begin{cases} 0 & (X \leq D) \\ \frac{4H}{\pi X}\angle\theta & (X > D) \end{cases}$ $\theta = -\sin^{-1}\frac{D}{X}$
(e) 飽和と不感帯		$N = \begin{cases} 0 & (X \leq D) \\ \frac{4H}{\pi X}\sqrt{1-\left(\frac{D}{X}\right)^2} & (X > D) \end{cases}$

7.11 下図に示す非線形制御系の安全性を記述関数を用いて調べ，リミットサイクルが存在すれば，その振幅と周波数を求めよ．ただし，非線形要素 N はリレー要素とする．
　これらの要素の入出力関係は問題 7.10 の (c) に示されているが，ここでは $H=1$ とせよ．

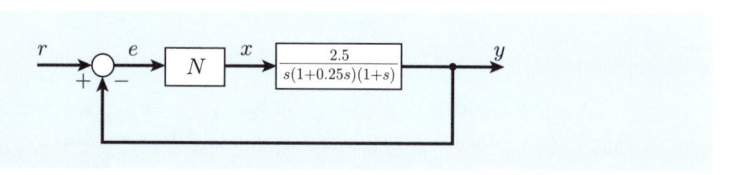

7.12 問題 7.11 で非線形要素 N が問題 7.10 の (a) 飽和要素であるとき非線形制御系の安定性を記述関数を用いて調べ，リミットサイクルが存在すればその振幅と周波数を求めよ．ただし，$H=1$ とせよ．

7.13 下図に示すリレー制御においてリミットサイクルが存在すれば，その振幅と周期を記述関数を用いて求めよ．

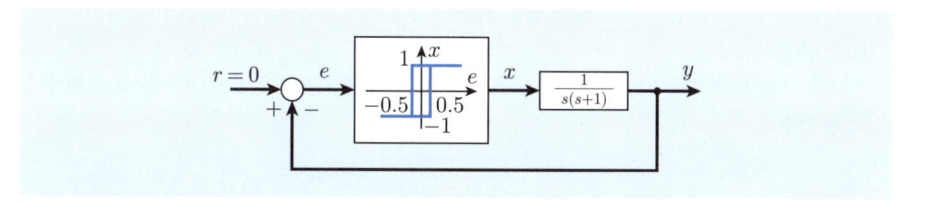

8 ディジタル制御の基礎

ディジタル制御系の基本構成と機能を示し,サンプル信号の取扱い,数学的表現法,およびサンプル値制御系の時間応答と安定性などディジタル制御系の基本を述べる.

8.1 ディジタル制御系の基本構成

ディジタル制御系の制御ブロック線図を図8.1に示す.コンピュータで演算処理される値は入力や出力の間欠的なデータ(離散値)であり,連続量から間欠データの値を取り出すサンプラ,および離散値を連続値に変換するホールド回路を持つブロック線図で示される.

ディジタル制御で用いるマイコンには記憶能力があるので過去のデータを利用することができる.

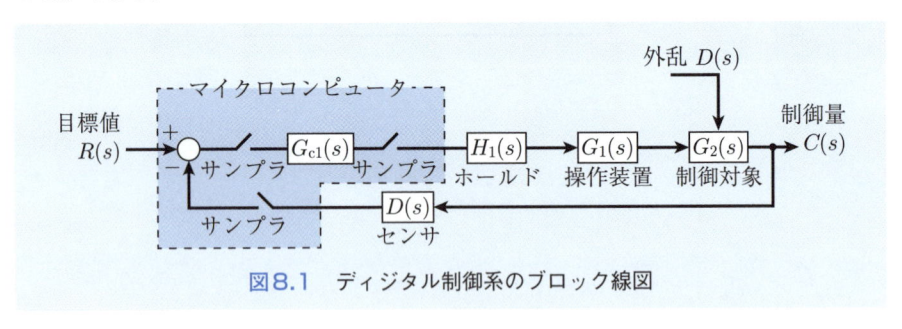

図8.1 ディジタル制御系のブロック線図

■ 例題8.1 ■
ディジタル制御系を用いることが好ましい場合を述べよ.

【解答】 最近では,記憶機能を持つマイコンによるディジタル制御系が中心になっている.制御系の構造上どうしても時間的に不連続にならざるを得ない場合や不連続動作にしたほうがよりよい制御ができる場合など次のような具体的ケースがあげられる.
 (i) 連続的検出が困難であるか,不連続検出が好ましい場合
 (ii) コンピュータを含む場合

8.1 ディジタル制御系の基本構成

(iii) 1個の制御装置で多くの制御対象を制御する場合
(iv) 連続系では実現しにくいが良好な制御特性を得たい場合
(v) 周期的に動作する系
(vi) 非線形要素を含み過去の履歴を考慮しなければならない場合　■

例題8.2

ディジタル制御系の基本的構成例をあげよ．

【解答】 下図に，制御用マイクロコンピュータ（マイクロプロセッサ，CPUまたはマイコン）を用いて機械系を可変速駆動および位置制御を行うシステムの基本構成例を示す．主な構成要素は，制御対象のモータと機械システム，操作機器である**半導体電力変換回路**，コントローラの機能を持つ**マイクロコンピュータ**，および**信号検出器（センサ）**である．ディジタル制御装置は，マイクロコンピュータおよび入力・出力インターフェース回路から構成され，インターフェース回路はマイクロコンピュータに含まれる場合もある．

マイクロコンピュータの主要な機能は，加算，減算など演算処理，各装置への制御信号を発生する機能，および半導体メモリに記憶することなどである．また，入力インターフェースには，センサによって得られたモータの電圧や電流，機械系の位置，速度，トルク，および半導体電力変換回路のパルス幅，出力周波数などのアナログ信号をディジタル信号に変換する **A/D**（continuous time signal/discrete time signal または analog time signal/digtal time signal）**変換回路**が含まれる．一方，出力インターフェース回路にはマイクロコンピュータから出力されるディジタル信号をアナログ信号に変換する **D/A変換回路**，および制御信号を絶縁し，かつ増幅して電力変換回路に出力する回路が含まれる．

ディジタル制御システムでは，コンピュータの機能を利用して位置・速度・トルクなど同時多入力指令に対する多出力システムを構築することができる．

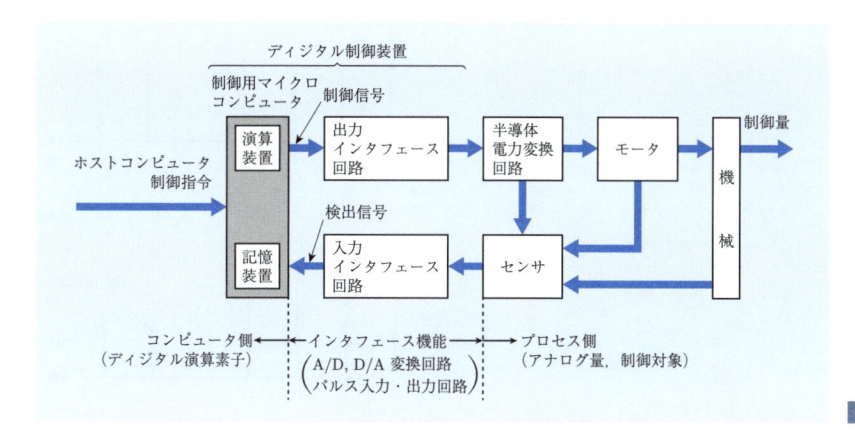

8.2 サンプル値信号の取扱い

サンプル値の取扱い（A/D 変換）　サンプラ（sampler）は，一定時間（サンプリング時間）ごとに閉じて，連続信号をパルス幅が 0 のインパルス状の信号に変換する要素であり，連続信号のアナログ量をサンプル値列の信号に変換するアナログ（A）/ディジタル（D）変換器である．

連続信号を一定時間間隔でサンプルされた（**時間量子化**）信号，その振幅の大きさを不連続に与える（**空間量子化**）信号が**サンプル値（離散値）**の信号列を表している．図8.2は連続信号を時間量子化および空間量子化する過程での信号波形の変化を示している．

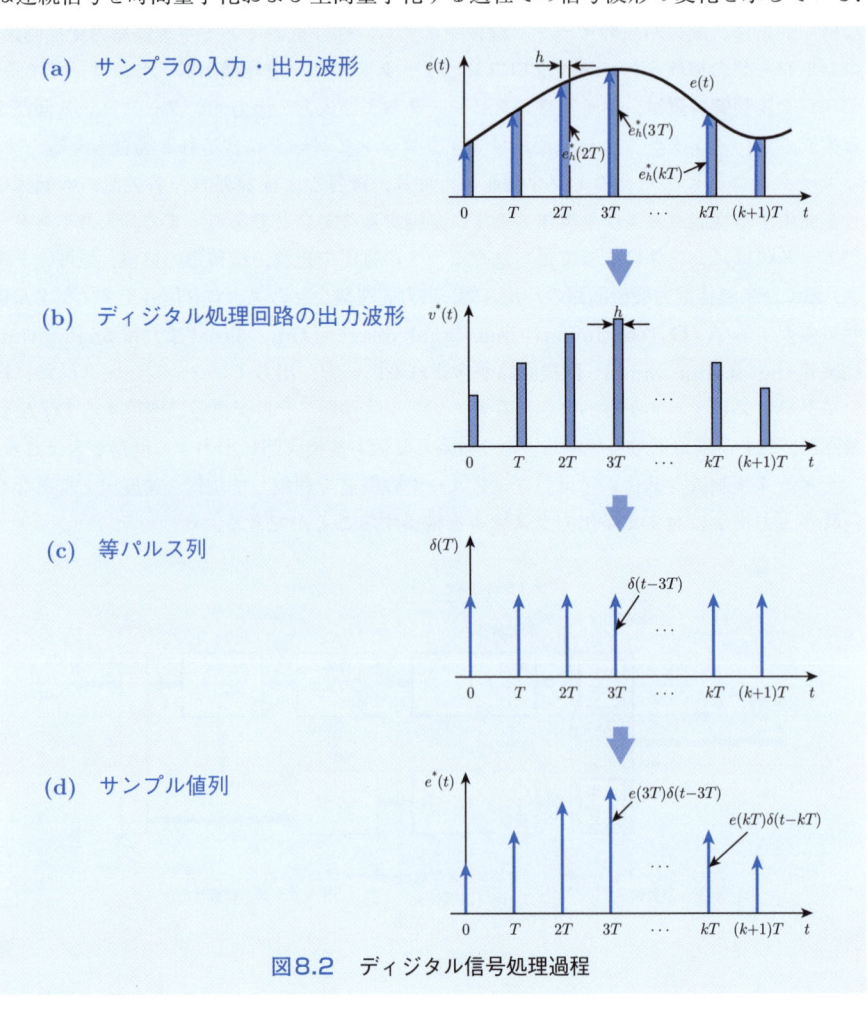

(a) サンプラの入力・出力波形

(b) ディジタル処理回路の出力波形

(c) 等パルス列

(d) サンプル値列

図8.2　ディジタル信号処理過程

D/A 変換 ディジタル量をアナログ量に変換する（D/A 変換）要素には **0 次ホールド回路**がある．0 次ホールド回路により入力信号を精確に再現するためには，**サンプリング角周波数**（$\frac{2\pi}{T}$）が元の信号の最も高い角周波数の少なくとも 2 倍以上でなければならない（**サンプリング角周波数の条件**）ことが知られている．

> ■ **例題 8.3** ■
>
> 図 8.2 に示す波形を数式で表せ．

【解答】 図 8.2 (a) の信号波形 $e^*_h(t)$ は

$$e^*_h(t) = e(t) \sum_{k=0}^{\infty} \{u(t-kT) - u(t-kT-h)\}$$

で表される．ディジタル処理回路の出力信号は $h \ll T$ とすると上式は

$$e^*_h(t) \approx v^*(t) = \sum_{k=0}^{\infty} e(kT)\{u(t-kT) - u(t-kT-h)\}$$

の $v^*(t)$ とおくことができる．上式に $\frac{1}{h}$ を掛け，$h \to 0$ とすると

$$\lim_{h \to 0} \tfrac{1}{h} e^*_h(t) \approx \lim_{h \to 0} \sum_{k=0}^{\infty} \tfrac{1}{h} e(kT)\{u(t-kT) - u(t-kT-h)\}$$

$$= \sum_{k=0}^{\infty} e(kT)\delta(t-kT)$$

の関係が得られる．ただし，$\delta(t) = \lim_{h \to 0} \tfrac{1}{h}\{u(t) - u(t-h)\}$：単位インパルス（デルタ関数）．したがって，サンプラの出力信号は

$$e^*(t) = \lim_{h \to 0} \tfrac{1}{h} e^*_h(t) \approx \lim_{h \to 0} v^*(t)$$

$$= \sum_{k=0}^{\infty} e(kT)\delta(t-kT)$$

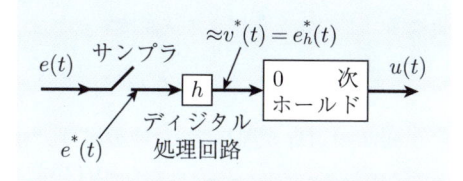

これらは右図のサンプルの前後の波形を示している．

図に示すサンプラは，一定時間 T（サンプリング時間）ごとに閉じて，連続信号 $e(t)$ をパルス幅が 0 のインパルス状の信号 $e^*(t)$ に変換する要素である．ただし，h：サンプリング幅．実際にはサンプラを瞬間に開くことができないので，この波形は図 8.2 (b) に示すようにサンプリング幅 h を持っていて，この h の間で高さが異なることがわかる．ディジタル処理回路はサンプラの出力信号 $e^*(t)$ をサンプリング幅 h の間に高さが一定の信号 $v^*(t)$ に変換する要素である．サンプラは，連続信号のアナログ量をサンプル値列の信号に変換するアナログ（A）/ディジタル（D）変換器でもある．

0 次ホールド（**Z.O.H.**：zero order hold）は，ディジタル信号処理回路の出力信号の値を期間 T の間，一定に保つ回路でありディジタル（D）/アナログ（A）変換器となる．■

■ 例題8.4 ■

[例題 8.3] の $e^*(t)$ をラプラス変換せよ．

【解答】 右図にサンプリング時点の波形を示す．同図 **(a)** は [例題 8.3] の式で示される波形であり，$h \ll T$ であるのでパルスの頭をフラットであるとすると同図 **(b), (c)** の波形となる．したがって，同図 **(c)** は $e^*{}_h(t)$ で表されることは前に示した．この式の両辺にラプラス変換をほどこすと

$$E^*{}_h(s) = \sum_{k=0}^{\infty} e(kT) \frac{\varepsilon^{-kTs} - \varepsilon^{-(kT+h)s}}{s}$$
$$= \sum_{k=0}^{\infty} e(kT) \frac{1 - \varepsilon^{-hs}}{s} \varepsilon^{-kTs}$$

(a) $e^*(t)$ の波形拡大図

(b) サンプリング幅 h の パルス出力波形の導出

(c) パルス出力波形

が得られる．上式において，h はサンプリング幅で T に比べ非常に小さいので，$1 - \varepsilon^{-hs}$ を級数に展開し第 2 項まで求めると

$$1 - \varepsilon^{-hs} = 1 - \left\{ 1 - hs + \frac{(hs)^2}{2!} - \cdots \right\} \approx hs$$

が得られるので，$E^*{}_h(s)$ は

$$E^*{}_h(s) = h \sum_{k=0}^{\infty} e(kT) \varepsilon^{-kTs}$$

となる．この式をラプラス逆変換すると

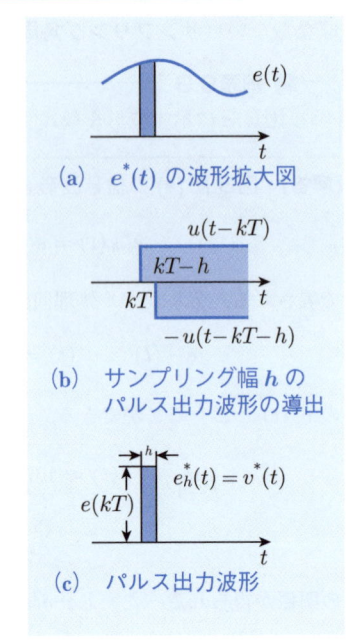

$$e^*{}_h(t) = h \sum_{k=0}^{\infty} e(kT) \delta(t - kT)$$

上式は $e^*{}_h(t)$ が理想サンプラの出力 $e^*(t)$ の $t = kT$ での値を h 倍したものに等しいことを表している．ここで，$\delta(t - kT)$ は，図8.2 **(c)** に示されており，無限に小さく等しい幅のパルスを考えると同一の高さを持つことになる．したがって，$e^*{}_h(t)$ をサンプリング幅 h で割ると

$$e^*(t) = \frac{1}{h} e^*{}_h(t) = \sum_{k=0}^{\infty} e(kT) \delta(t - kT)$$

が得られる．この式の両辺をラプラス変換すると

$$E^*(s) = \sum_{k=0}^{\infty} e(kT) \varepsilon^{-kTs}$$

サンプル値制御システムにラプラス変換をほどこすと指数関数の項が含まれ，代数的な関数ではなく超越関数のためラプラス逆変換は簡単には求まらない．そこで，8.3 節で述べる z 変換を用いる必要が生じる．

例題8.5

0次ホールド回路で単位インパルス応答の出力波形をラプラス変換せよ．

【解答】 0次ホールド回路と出力波形を下図 (a), (b) に示す．ここで，0次ホールド回路の伝達関数を求めよう．入力波形 $v^*(t)$ が単位インパルスであれば0次ホールド回路の出力波形は図 (c) のように示され，そのラプラス変換は

$$\begin{aligned}
G_{0h}(s) &= \mathcal{L}[g_{0h}(t)] \\
&= \int_0^\infty g_{0h}(t)\varepsilon^{-st}dt \\
&= \int_0^T \varepsilon^{-st}dt \\
&= \left[-\frac{1}{s}\varepsilon^{-st}\right]_0^T \\
&= \frac{1-\varepsilon^{-sT}}{s}
\end{aligned}$$

で与えられる．0次ホールド回路の伝達関数にも指数関数の項が含まれることがわかる．

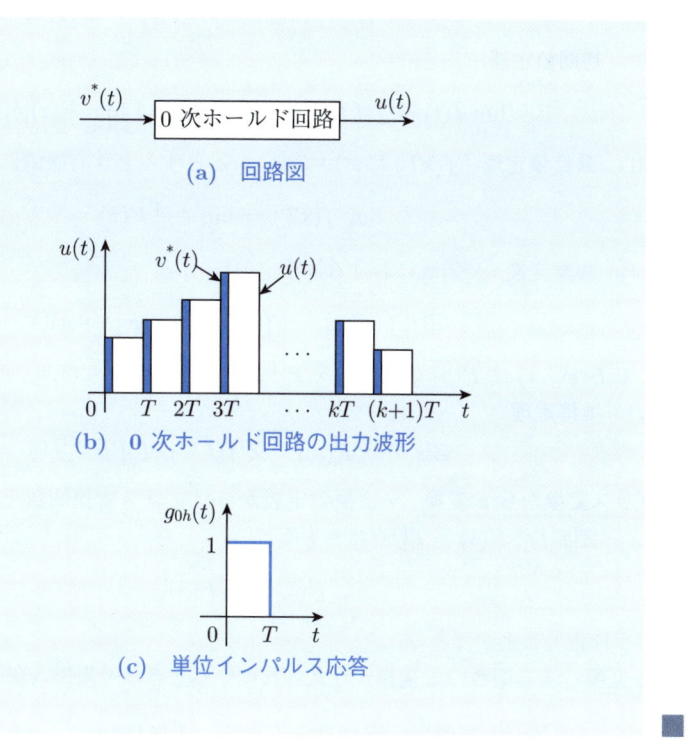

(a) 回路図

(b) 0次ホールド回路の出力波形

(c) 単位インパルス応答

8.3　z 変換とその性質

サンプル値（離散値）信号の z 変換とその性質

① **z 変換の定義**：ディジタル制御ではサンプラがあり，その伝達関数には指数関数が含まれる．そこで

$$z = \varepsilon^{sT}, \quad z^{-k} = \varepsilon^{-ksT}$$

$$F(z) = Z[f(t)] = \sum_{k=0}^{\infty} f(kT) z^{-k}$$

のように z を定義する．ただし，T：サンプリング時間，$f(t): t \geq 0$．z は s が複素変数であるから，これも複素変数である．複素変数 s を変換して z としたものを **z 変換**（z-transform）と呼ぶ．

② **z 変換の性質**：z 変換は，ラプラス変換で $z = \varepsilon^{sT}$ とおき，変数を変換したものであり，ラプラス変換において成立する諸性質は z 変換でも成り立つ．

(i)　線形性

$$Z[a_1 f_1(t) + a_2 f_2(t)] = a_1 F_1(z) + a_2 F_2(z)$$

(ii)　初期値定理

$$\lim_{t \to 0} f(t) = f(kT)\delta(t - kT)\big|_{k=0} = [\lim_{z \to \infty} F(z)]\delta(t)$$

(iii)　最終値定理　$f(kT)$ において $k \to \infty$ とするとき有限値になるとすれば

$$\lim_{k \to \infty} f(kT) = \lim_{z \to 1} \tfrac{z-1}{z} F(z)$$

(iv)　複素変換（s 領域における推移定理）

$$Z[\varepsilon^{-at} f(t)] = F(\varepsilon^{aT} z) = Z[F(s+a)]$$

ここで $F(\varepsilon^{aT} z)$ は $F(z)$ の変数 z を $\varepsilon^{aT} z$ で置き換えたもの．

(v)　推移定理

$$Z[\varepsilon^{-smT} F(s)] = Z[f(t - mT)] = \tfrac{F(z)}{z^m}$$

ラプラス変換から z 変換　z 変換の定義からラプラス変換関数を z 変換するときは $F(z) = Z[f(t)], F(s) = \mathcal{L}[f(t)]$ とすると

$$F(z) = Z[F(s)] \tag{8.1}$$

のように書くことができる．

逆 z 変換　ある関数の z 変換が与えられているとき，逆変換（**逆 z 変換**）は

$$f(kT) = (a)^k \quad (k = 0, 1, 2, \ldots), \quad F(z) = \tfrac{z}{z-a} \quad (a：実数)$$

8.3 z 変換とその性質

の関係を利用すれば簡単に求めることができる．

拡張 z 変換と拡張逆 z 変換

① **拡張 z 変換**：拡張 z 変換は，z 変換に仮想むだ時間要素を加えたものである．拡張 z 変換の定義式は

$$C(z,\Delta) = Z[C(s,\Delta)] \quad \text{または} \quad C(z,\Delta) = Z[\varepsilon^{\Delta Ts}C(s)]$$

時間関数で表すと

$$C(z,\Delta) = \sum_{k=0}^{\infty} c(kT + \Delta T)z^{-k}$$

となる．ただし，むだ時間を含む要素の出力は

$$\mathcal{L}[e(t+\tau)] = \varepsilon^{\tau s}\mathcal{L}[e(t)]$$

で示される．したがって

$$\mathcal{L}[c(t+\Delta T)] = C(s,\Delta) = \varepsilon^{\Delta Ts}C(s)$$

ここで，ΔT は T の Δ 倍の意味．また

$$C(z,\Delta) = Z[\varepsilon^{\Delta Ts}C(s)] \neq Z[C(s)]Z[\varepsilon^{\Delta Ts}]$$

に注意を要する．

② **拡張逆 z 変換**：拡張 z 変換を逆変換すると

$$Z^{-1}[C(z,\Delta)] = c(kT + \Delta T)$$

からサンプリング時点間の値を求めることができる．ここで

$$C(z,\Delta) = \sum_{k=0}^{\infty} c(kT + \Delta T)z^{-k}$$

を用いている．

■ 例題8.6 ■

s 平面と z 平面の関係を述べよ．

【解答】 図 **(a)** に s 平面と z 平面の関係を示す．また，一次遅れ系のインパルス応答の波形と s 平面および z 平面のパラメータとの関係を図 **(b)** に示す．s 平面の左半面は，z 平面の単位円の内部に対応していることがわかり，図 **(b)** より安定判別の判断基準に用いることができることを示している．

そこで

$$E(z) = Z[e(t)] = e(t)$$

の z 変換は次のように表示することにする．

$$E(z) = E^*(s)|_{z=\varepsilon^{sT}}$$

したがって，$E^*(s)$ は

$$E(z) = \sum_{k=0}^{\infty} e(kT)z^{-k}$$

のように表される．$E^*(s)$ は $z = \varepsilon^{sT}$ とおく．任意の時間関数 $f(t)$ の z 変換は

$$F(z) = Z[f(t)]$$
$$= \sum_{k=0}^{\infty} f(kT)z^{-k}$$

ただし，T：サンプリング時間，$f(t): t \geq 0$．この式から z 変換は，サンプリング時刻 ($t = kT, k = 0, 1, 2, 3, \ldots$) だけの $f(t)$ の値によって決まることがわかる．ある他の関数がもし各々のサンプリング時刻に $f(t)$ に等しければ（サンプリング時刻の間には $f(t)$ に等しくなくても），その関数は $f(t)$ と等しい z 変換関数 $F(z)$ を持つことになる．したがって，元の関数を再現するためには，先に述べたサンプリング角周波数の条件が必要になる．

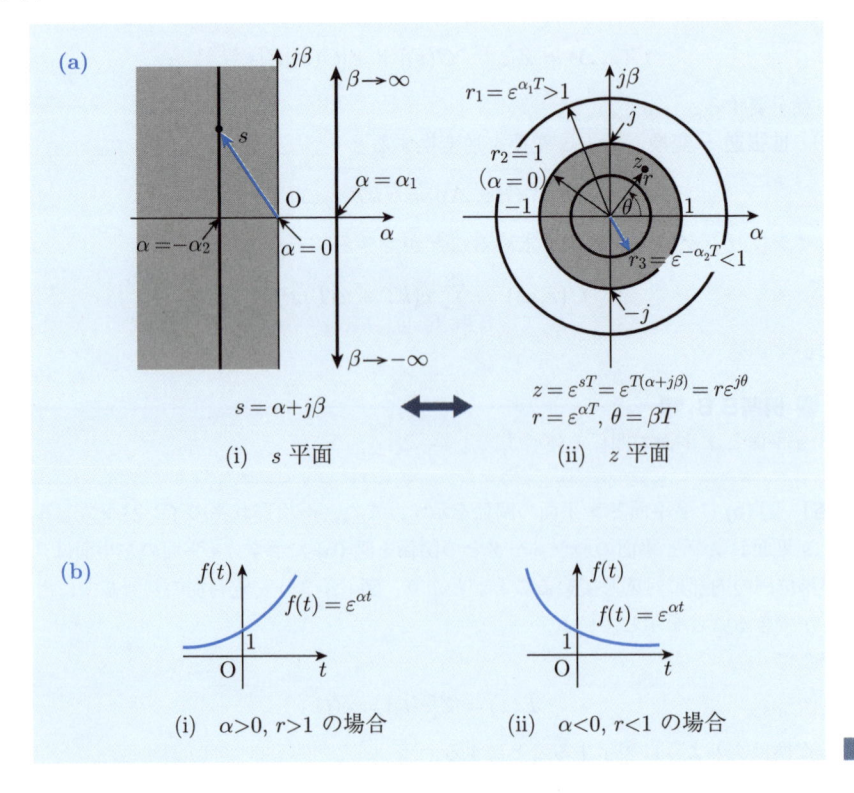

(a)

(i) s 平面　　(ii) z 平面

$z = \varepsilon^{sT} = \varepsilon^{T(\alpha+j\beta)} = r\varepsilon^{j\theta}$
$r = \varepsilon^{\alpha T}, \theta = \beta T$

(b)

(i) $\alpha > 0, r > 1$ の場合　　(ii) $\alpha < 0, r < 1$ の場合

例題8.7

次の関数の z 変換を求め，パルス列（サンプル値）を描け．

(1) $f(t) = u(t) = \begin{cases} 0 & (t < 0) \\ 1 & (t \geq 0) \end{cases}$ (2) $f(t) = \varepsilon^{-at}$

【解答】 (1) $f(kT) = 1$

$$U(z) = \sum_{k=0}^{\infty} z^{-k} = 1 + \frac{1}{z} + \frac{1}{z^2} + \frac{1}{z^3} + \cdots$$

$$= 1 + z^{-1} + z^{-2} + z^{-3} + \cdots = \frac{1}{1-\frac{1}{z}} = \frac{z}{z-1}$$

ここで $\sum_{k=0}^{n} ar^k = a + ar + ar^2 + \cdots + ar^n = \frac{a(1-r^{n+1})}{1-r}$

$a = 1, \; r = z^{-1}, \; r^{n+1}\big|_{n=\infty} = z^{-(n+1)}\big|_{n=\infty} = 0$

サンプル値の波形は下図 **(a)** となる．

(2) $F(z) = Z[\varepsilon^{-at}] = \sum_{k=0}^{\infty} \varepsilon^{-akT} z^{-k} = \sum_{k=0}^{\infty} (z\varepsilon^{aT})^{-k}$

$$= \frac{1}{1-\frac{1}{z\varepsilon^{aT}}} = \frac{z\varepsilon^{aT}}{z\varepsilon^{aT}-1} = \frac{z}{z-\varepsilon^{-aT}}$$

ここで $\sum_{k=0}^{\infty} \varepsilon^{-akT} z^{-k} = 1 + \varepsilon^{-aT} z^{-1} + \varepsilon^{-2aT} z^{-2} + \varepsilon^{-3aT} z^{-3} + \cdots$

サンプル値の波形は下図 **(b)** となる．

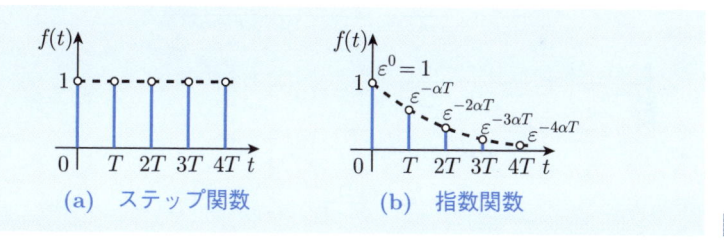

(a) ステップ関数　　(b) 指数関数

例題8.8

次の関数の z 変換を求めよ．ただし，$P(s)$ は $F(s)$ の分子で s に関する多項式である．

$$F(s) = \frac{P(s)}{(s-p_1)(s-p_2)\cdots(s-p_n)}$$

【解答】 $F(s)$ が単極だけを持つ場合 $F(s) = \frac{A_1}{s-p_1} + \frac{A_2}{s-p_2} + \cdots + \frac{A_n}{s-p_n}$

ここで $p_i \neq p_j \; (i \neq j)$, $A_i = (s-p_i)F(s)\big|_{s=p_i} \; (i=1,\ldots,n)$ とすると [例題 8.7](1) を用いて $F(z) = \frac{A_1 z}{z-\varepsilon^{p_1 T}} + \frac{A_2 z}{z-\varepsilon^{p_2 T}} + \cdots + \frac{A_n z}{z-\varepsilon^{p_n T}}$

■ 例題 8.9 ■
次の関数の z 変換を求めよ．
$$F(s) = \frac{1}{(s-p)^m}$$

【解答】 $F(z)$ を得るため，$F(s)$ を部分分数に展開すると

$$F(s) = \frac{K_1}{(s-p)} + \frac{K_2}{(s-p)^2} + \cdots + \frac{K_m}{(s-p)^m}$$

$$K_j = \frac{1}{(m-j)!} \frac{d^{m-j}}{ds^{m-j}} \left[(s-p)^m F(s)\right]\bigg|_{s=p} \quad (j=1,\ldots,m)$$

である．いま

$$Z\left[\frac{\partial F(a,s)}{\partial a}\right] = \frac{\partial F(a,z)}{\partial a} \tag{1}$$

であるので

$$F(a,s) = \frac{1}{s+a} \quad \longrightarrow \quad F(a,z) = \frac{z}{z-\varepsilon^{-aT}}$$

$$\frac{\partial F(a,s)}{\partial a} = \frac{-1}{(s+a)^2} \quad \longrightarrow \quad Z\left[\frac{1}{(s+a)^2}\right] = -\frac{\partial}{\partial a}\left[\frac{z}{z-\varepsilon^{-aT}}\right]$$

a に関して偏微分を繰り返すと

$$\frac{\partial^{n-1} F(a,s)}{\partial a^{n-1}} = \frac{(-1)^{n-1}(n-1)!}{(s+a)^n}$$

となる．したがって

$$\frac{1}{(s+a)^n} = \frac{(-1)^{n-1}}{(n-1)!} \frac{\partial^{n-1} F(a,s)}{\partial a^{n-1}}$$

結局，$Z\left[\frac{1}{(s+a)^n}\right] = \frac{(-1)^{n-1}}{(n-1)!} \frac{\partial^{n-1}}{\partial a^{n-1}}\left[\frac{z}{z-\varepsilon^{-aT}}\right]$ であるので

$$Z[F(s)] = Z\left[\frac{1}{(s-p)^m}\right]$$
$$= \frac{(-1)^{m-1}}{(m-1)!} \frac{\partial^{m-1}}{\partial (-p)^{m-1}}\left[\frac{z}{z-\varepsilon^{pT}}\right]$$

となる．

【式 (1) の証明】 $F(a,z) = Z[f(a,t)]$

$$= \sum_{k=0}^{\infty} f(a,kT) z^{-n}$$

$$\frac{\partial F(a,z)}{\partial a} = \sum_{k=0}^{\infty} \frac{\partial f(a,kT)}{\partial a} z^{-k}$$

$$= Z\left[\frac{\partial f(a,t)}{\partial a}\right]$$

例題8.10

次の関数を z 変換せよ．
(1) $F(s) = \frac{1}{s+\alpha}$　　(2) $F(s) = \frac{K}{s(s+\alpha)}$

【解答】 (1) $f(t) = \varepsilon^{-\alpha t}$ であるので複素変換により $F(z) = Z[\varepsilon^{-\alpha t} u(t)] = U(\varepsilon^{\alpha T} z)$
したがって [例題 8.7](1) の解の z を $z = \varepsilon^{\alpha T} z$ として $F(z) = \frac{z \varepsilon^{\alpha T}}{z \varepsilon^{\alpha T} - 1} = \frac{z}{z - \varepsilon^{-\alpha T}}$
したがって，$Z\left[\frac{1}{s+a}\right] = \frac{z}{z - \varepsilon^{-\alpha T}}$
(2) $F(s)$ の極は $p_1 = 0$, $p_2 = -\alpha$. したがって，$A_1 = \frac{K}{\alpha}$, $A_2 = -\frac{K}{\alpha}$ となる．
式 (8.1) より

$$F(z) = \frac{K}{\alpha} \frac{z}{z - \varepsilon^{0T}} - \frac{K}{\alpha} \frac{z}{z - \varepsilon^{-\alpha T}} = \frac{K}{\alpha} \left(\frac{z}{z-1} - \frac{z}{z - \varepsilon^{-\alpha T}} \right)$$

■

例題8.11

次の関数の z 変換を求めよ．ただし，サンプリング周期は T [s] とする．
(1) $f(t) = tu(t)$　　(2) $f(t) = \sin \omega t \cdot u(t)$
(3) $F(s) = \frac{1}{s}$　　(4) $F(s) = \frac{1}{s}(1 - \varepsilon^{-sT})$

【解答】 (1) $f(nT) = nT$ であるので定義式より

$$F(z) = Z[tu(t)] = \sum_{k=0}^{\infty} kTz^{-k} = Tz^{-1} + 2Tz^{-2} + 3Tz^{-3} + \cdots$$

したがって

$$zF(z) = T + 2Tz^{-1} + 3Tz^{-2} + \cdots$$

$$zF(z) - F(z) = T + Tz^{-1} + Tz^{-2} + \cdots = T(1 + z^{-1} + z^{-2} + z^{-3} + \cdots)$$

$$= T\left(\frac{1}{1-z^{-1}}\right) = T\left(\frac{z}{z-1}\right)$$

結局，$F(z) = \frac{Tz}{(z-1)^2}$

(2) $\sin \omega t = \frac{1}{j2}\left(\varepsilon^{j\omega t} - \varepsilon^{-j\omega t}\right)$ であるので

$$F(z) = \frac{1}{j2}\left(\frac{z}{z - \varepsilon^{+j\omega t}} - \frac{z}{z - \varepsilon^{-j\omega t}}\right) = \frac{z \sin \omega T}{z^2 - 2z \cos \omega T + 1}$$

(3) $Z\left[\frac{1}{s+a}\right] = \frac{z}{z - \varepsilon^{-aT}}$ であるので $a = 0$ とおいて $Z\left[\frac{1}{s}\right] = \frac{z}{z-1}$

(4) 複素変換により $Z[\varepsilon^{-sT} F(s)] = F(z)z^{-1}$ である．$F(s) = \frac{1}{s} - \frac{\varepsilon^{-sT}}{s}$ であるので

$$Z\left[\frac{1}{s}(1 - \varepsilon^{-sT})\right] = Z\left[\frac{1}{s}\right] - Z\left[\frac{\varepsilon^{-sT}}{s}\right] = (1 - z^{-1})Z\left[\frac{1}{s}\right]$$

$$= (1 - z^{-1})\frac{z}{z-1} = 1$$

■

例題8.12

次の関数の z 変換を求めよ．

$$F(s) = \frac{1}{s(s+1)^2(s+2)}$$

【解答】 部分分数に展開すると

$$\frac{1}{s(s+1)^2(s+2)} = \frac{K_{11}}{s} + \frac{K_{21}}{s+1} + \frac{K_{22}}{(s+1)^2} + \frac{K_{31}}{s+2}$$

$K_{11} = \frac{1}{2}$

$K_{22} = (s+1)^2 \frac{1}{s(s+1)^2(s+2)}\Big|_{s=-1} = -1$

$K_{31} = -\frac{1}{2}$

$K_{21} = \frac{1}{(2-1)!} \frac{d^{(2-1)}}{ds^{(2-1)}}\left[(s+1)^2 \frac{1}{s(s+1)^2(s+2)}\right]\Big|_{s=-1}$

$\quad = \frac{1}{1!} \frac{d}{ds}\left[\frac{1}{s(s+2)}\right]\Big|_{s=-1} = \frac{-2(s+1)}{s^2(s+2)^2} = 0$

したがって $F(s) = \frac{1}{2s} - \frac{1}{(s+1)^2} - \frac{1}{2(s+2)}$ となる．ここで

$$Z\left[\frac{1}{(s+1)^2}\right] = \frac{(-1)^1}{1!} \frac{\partial}{\partial a}\left[\frac{z}{z-\varepsilon^{-aT}}\right]\Big|_{a=1}$$

$$= \frac{zT\varepsilon^{-aT}}{(z-\varepsilon^{-aT})^2}\Big|_{a=1} = \frac{zT\varepsilon^{-T}}{(z-\varepsilon^{-T})^2}$$

結局

$$Z[F(s)] = \frac{z}{2(z-1)} - \frac{zT\varepsilon^{-T}}{(z-\varepsilon^{-T})^2} - \frac{z}{2(z-\varepsilon^{-2T})}$$

例題8.13

次の関数の逆 z 変換を求めよ．

$$F(z) = \frac{Az}{(z-1)(z+a)} \quad (a \neq 1)$$

【解答】 $F(z)$ ではなく $\frac{F(z)}{z}$ について部分分数に展開する．

$$\frac{F(z)}{z} = \frac{A}{(z-1)(z+a)} = \frac{\frac{A}{1+a}}{z-1} - \frac{\frac{A}{1+a}}{z+a}$$

$$\therefore \quad F(z) = \frac{A}{1+a}\left[\frac{z}{z-1} - \frac{z}{z+a}\right]$$

したがって逆 z 変換は

$$f(nT) = \frac{A}{1+a}[1-(-a)^n]$$

となる．

例題8.14

次の関数の逆 z 変換を求めよ.

(1) $F^*(z) = \frac{z}{(z-\varepsilon^{-T})(z-\varepsilon^{-2T})}$
(2) $F^*(z) = \frac{z^{-1}(1-\varepsilon^{-aT})}{(1-z^{-T})(1-z^{-aT})}$

【解答】 (1) $\varepsilon^{-T}=a, \varepsilon^{-2T}=a^2$ とおく.

$$\frac{F^*(z)}{z} = \frac{1}{(z-a)(z-a^2)} = \frac{1}{a-a^2}\left(\frac{1}{z-a} - \frac{1}{z-a^2}\right)$$

$$F^*(z) = \frac{1}{a-a^2}\left(\frac{z}{z-a} - \frac{z}{z-a^2}\right)$$

$$f^*(kT) = \frac{1}{a-a^2}(\varepsilon^{-kT} - \varepsilon^{-2kT})$$

したがって, $f^*(t) = \sum_{k=0}^{\infty} \frac{\varepsilon^{-kT}-\varepsilon^{-2kT}}{\varepsilon^{-T}-\varepsilon^{-2T}}\delta(t-kT)$

(2) $\varepsilon^{-aT}=b, 1-\varepsilon^{-aT}=1-b=c$ とおくと

$$F^*(z) = \frac{cz^{-1}}{(1-z^{-1})(1-bz^{-1})}$$

$$\frac{F^*(z)}{z} = \frac{c}{(z-1)(z-b)} = \frac{1}{z-1} - \frac{1}{z-b}$$

したがって, $F^*(z) = \frac{z}{z-1} - \frac{z}{z-b}, f^*(kT) = 1 - \varepsilon^{-kaT}$

例題8.15

z 変換と拡張 z 変換のブロック線図を描け.

【解答】 拡張 z 変換は仮想むだ時間要素を伝達関数 $G(s)$ の後に挿入したものになる.

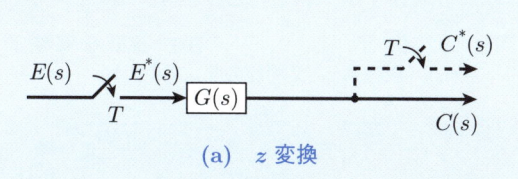

(a) z 変換

(b) 拡張 z 変換

仮想むだ時間要素

例題 8.16

次の関数の拡張 z 変換を求め，サンプル値列を描け．

(1) $F(s) = \frac{1}{s}$, $f(t) = u(t) = \begin{cases} 0 & (t < 0) \\ 1 & (t \geq 0) \end{cases}$

(2) $F(s) = \frac{1}{s+a}$, $f(t) = \varepsilon^{-at}$ $(t \geq 0)$

【解答】 (1) $f(t + \Delta T) = u(t)$ $(t \geq 0)$, $F(s, \Delta) = \frac{\varepsilon^{\Delta Ts}}{s}$

したがって，$F(z, \Delta) = \frac{z}{z-1}$ （下図 **(a)** 参照）．

(2) $f(t + \Delta T) = \varepsilon^{-a(t+\Delta T)}$ $(t + \Delta T > 0)$

$$F(s, \Delta) = \frac{\varepsilon^{\Delta Ts}}{s+a}$$

$$F(z, \Delta) = Z[F(s, \Delta)]$$
$$= \sum_{k=0}^{\infty} \{\varepsilon^{-a(kT+\Delta T)} z^{-k}\}$$
$$= \varepsilon^{-a\Delta T} \sum_{k=0}^{\infty} \varepsilon^{-akT} z^{-k}$$

したがって，$F(z, \Delta) = \varepsilon^{-a\Delta T} \frac{z}{z - \varepsilon^{-aT}}$ （下図 **(b)** 参照）．

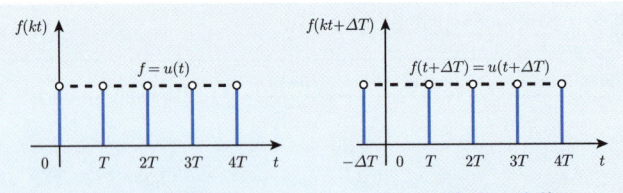

(i) z 変換　　(ii) 拡張 z 変換

(a) 単位ステップ関数のサンプル値列

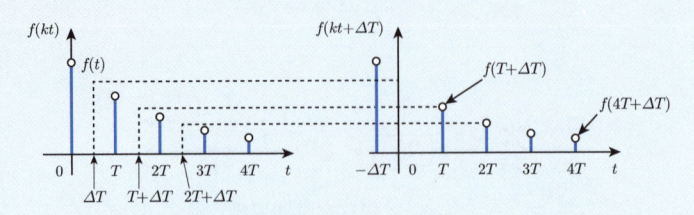

(i) z 変換　　(ii) 拡張 z 変換

(b) 指数関数のサンプル値列

8.4 パルス伝達関数

パルス伝達関数 図8.3において信号 $u(t)$ がサンプリングされて $u^*(t)$ となり，これが伝達要素 $G(s)$ に加わって出力 $c(t)$ が得られたとする．この $c(t)$ は連続量であるので図の破線のように出力側に入力サンプラと同期して働く仮想サンプラを加え，その出力はサンプリング時刻のみの値 $c^*(t)$ であるとする．

このとき，サンプル値信号に対する伝達関数は $G(z) = \frac{C(z)}{U(z)}$ となり，これが**パルス伝達関数**（pulse transfer function）である．ただし，$U(z) = Z[u^*(t)], C(z) = Z[c^*(t)]$．

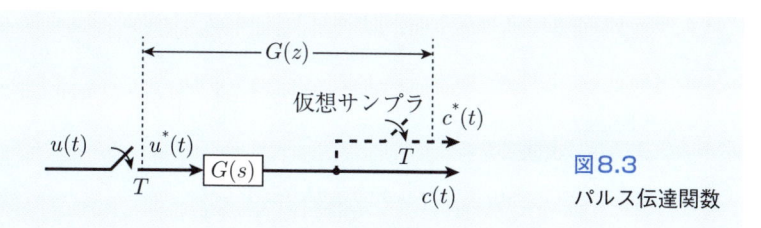

図8.3 パルス伝達関数

伝達要素の結合
 (i) 2つの要素間にサンプラがない場合の直列結合
 (ii) 2つの要素間にサンプラがある場合の直列結合
 (iii) 基本的なフィードバック結合
 (iv) フィードバックループにサンプラがある場合
 (v) フィードバックサンプル値制御系の拡張パルス伝達関数

例題8.17

下図の0次ホールド回路を含むパルス伝達関数を求めよ．

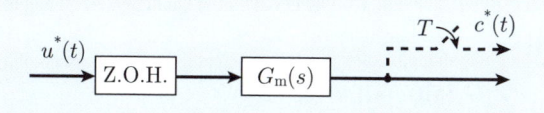

【解答】 0次ホールド回路を含む伝達要素 $G_\mathrm{m}(s)$ の伝達関数は

$$G(s) = \left(\frac{1-\varepsilon^{-sT}}{s}\right) G_\mathrm{m}(s)$$

であるので，パルス伝達関数は

$$Z\left[\left(\frac{1-\varepsilon^{-sT}}{s}\right) G_\mathrm{m}(s)\right] = Z\left[\frac{G_\mathrm{m}(s)}{s}\right] - Z\left[\varepsilon^{-sT} \frac{G_\mathrm{m}(s)}{s}\right]$$
$$= (1-z^{-1}) Z\left[\frac{G_\mathrm{m}(s)}{s}\right]$$

例題8.18

次のブロック線図のパルス伝達関数を求めよ．

```
u(t) ──/── u*(t) ──[Z.O.H.]──[1/(s+1)]──•── c(t)
        T                                │
                                         T/ c*(t)
```

【解答】 問図の伝達関数 $\frac{C^*(s)}{U^*(s)}$ は

$$\frac{C^*(s)}{U^*(s)} = G(s) = \left(\frac{1-\varepsilon^{-sT}}{s}\right)\left(\frac{1}{s+1}\right)$$

z 変換は

$$G(z) = \left(\frac{z-1}{z}\right) Z\left[\frac{1}{s(s+1)}\right]$$

パルス伝達関数は次式となる．

$$G(z) = \left(\frac{z-1}{z}\right)\left\{\frac{(1-\varepsilon^{-T})z}{(z-1)(z-\varepsilon^{-T})}\right\} = \frac{1-\varepsilon^{-T}}{z-\varepsilon^{-T}}$$

例題8.19

下図に示す2つの要素間にサンプラがない直列結合で，$G_1(s)=\frac{1}{s+1}$，$G_2(s)=\frac{1}{s}$ のときのパルス伝達関数を求めよ．

```
U(s) ──/── U*(s) ──[G_1(s)]──[G_2(s)]──•── C(s)
        T                                │
                                         T/ C*(s)
```

【解答】 2つの要素が直接結合している場合の伝達関数は，$G(s)=G_1(s)G_2(s)$ であるのでパルス伝達関数は

$$Z[G_1(s)G_2(s)] = G_1G_2(z)$$
$$= \frac{(1-\varepsilon^{-T})z}{(z-1)(z-\varepsilon^{-T})} \neq G_1(z)G_2(z)$$

となる．なぜならば

$$G_1G_2(z) = Z\left[\frac{1}{s(s+1)}\right] = Z\left[\frac{1}{s}\right] + Z\left[\frac{-1}{s+1}\right]$$
$$= \frac{z}{z-1} - \frac{z}{z-\varepsilon^{-T}}$$
$$G_1(z)G_2(z) = \frac{z}{z-1}\frac{z}{z-\varepsilon^{-T}} = \frac{z^2}{(z-1)(z-\varepsilon^{-T})}$$

8.4 パルス伝達関数

■ 例題8.20 ■

下図に示す2つの要素間にサンプラがある直列結合で，$G_1(s) = \frac{1}{s+1}$，$G_2(s) = \frac{1}{s}$ のときのパルス伝達関数を求めよ．

【解答】 $G_1(s)$ と $G_2(s)$ がサンプラを介して結合しているので，それぞれ

$$B(z) = G_1(z)U(z), \quad C(z) = G_2(z)B(z)$$

である．$G(z) = \frac{C(z)}{U(z)} = G_1(z)G_2(z)$ となり，[例題 8.19] の $G_1(z)G_2(z)$ に等しく

$$G_1(z)G_2(z) = \frac{z}{z-1}\frac{z}{z-\varepsilon^{-T}} = \frac{z^2}{(z-1)(z-\varepsilon^{-T})}$$

■ 例題8.21 ■

下図に示すフィードバック結合制御系のパルス伝達関数を求めよ．

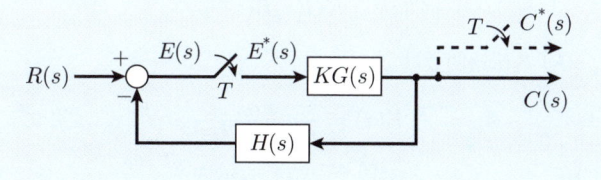

【解答】 各要素の信号間の関係は次式で表される．

$$E(s) = R(s) - H(s)C(s), \quad C(s) = KG(s)E^*(s)$$

$$E(s) = R(s) - KG(s)H(s)E^*(s)$$

上式を z 変換して整理すると

$$E(z) = R(z) - Z[KG(s)H(s)]E(z) = R(z) - KGH(z)E(z)$$

となり，出力を z 変換して，パルス伝達関数を求めると

$$C(z) = KG(z)E(z), \quad E(z) = \frac{R(z)}{1+KGH(z)}$$

であるので

$$\frac{C(z)}{R(z)} = \frac{KG(z)}{1+KGH(z)}$$

例題8.22

下図に示すフィードバックループにサンプラがある制御系のパルス伝達関数を求めよ.

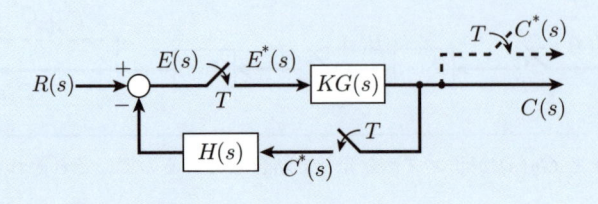

【解答】 各信号間の関係は次式で表される.

$$\begin{cases} E(s) = R(s) - H(s)C^*(s) \\ C(s) = KG(s)E^*(s) \end{cases}$$

z 変換すると

$$\begin{cases} E(z) = R(z) - H(z)C(z) \\ C(z) = KG(z)E(z) \end{cases}$$

したがって, パルス伝達関数は

$$E(z) = \frac{R(z)}{1+KG(z)H(z)}$$
$$\frac{C(z)}{R(z)} = \frac{KG(z)}{1+KG(z)H(z)}$$

となる.

8.5 サンプル値制御システムの特性

(1) **時間応答** サンプル値制御システムの動作は z 平面の極配置の関係から調べられる．

(2) **安定性**

(i) $z = \varepsilon^{sT}$ であるので s 平面の虚軸 $s = j\omega$ は ω が $0 \sim \frac{2\pi}{T}$ のときは z 平面上の単位円上を 1 回転する．さらに ω が $\frac{2\pi}{T} \sim \frac{4\pi}{T}$ でも同一単位円上をさらに回転する．したがって，s 平面の虚軸はすべて z 平面の単位円上に写像されることがわかる．

(ii) s 平面上での左半平面の極は，z 平面上の単位円の内側全体に写像される．

(iii) s 平面上での右半平面の極は，z 平面上の単位円の外側全体に写像される．特性方程式の根のすべてが z 平面上で単位円内に入れば安定であると判断される．

(3) **定常偏差** 定常偏差は，制御系のタイプ，入力信号の種類により最終値の定理を用いて求めることができる．

■ 例題8.23 ■

サンプル値制御系のパルス伝達関数の極が時間応答にどのように影響するかを説明せよ．

【解答】 [例題 8.21] および [例題 8.22] の閉ループパルス伝達関数の特性方程式はそれぞれ

$$1 + KGH(z) = 0, \quad 1 + KG(z)H(z) = 0$$

である．特性根はそれぞれのパルス伝達関数の極でもある．いま，関数

$$f(kT) = (a)^k \quad (k = 0, 1, 2, 3, \ldots) \tag{1}$$

を考える．ただし，a：正または負の実数．関数 $f(kT)$ の a を

(i) $-1 < a < 0$ (ii) $0 < a < 1$ (iii) $a = -1$
(iv) $a = 1$ (v) $a < -1$ (vi) $a > 1$

のように区別して，時間を横軸に取ってその値を示すと図 **(a)** になる．ところで，式 (1) を z 変換すると

$$Z[f(kT)] = \sum_{k=0}^{\infty} f(kT) z^{-k}$$

上式はサンプリング時刻 $kT = 0, T, 2T, 3T, \ldots$ だけで得られる $f(kT)$ の z 変換の定義式である．したがって，上式は

$$F(z) = Z[f(kT)] = \sum_{k=0}^{\infty} (a)^k z^{-k} = \sum_{k=0}^{\infty} \left(\frac{a}{z}\right)^k$$
$$= 1 + \frac{a}{z} + \left(\frac{a}{z}\right)^2 + \left(\frac{a}{z}\right)^3 + \cdots = \frac{1}{1 - \frac{a}{z}} = \frac{z}{z - a} \tag{2}$$

式 (2) は $a = \varepsilon^{-\alpha T}$ のとき

$$Z[\varepsilon^{-\alpha T}] = \frac{z}{z - \varepsilon^{-\alpha T}}$$

に相当する．

結局，式 (1) と (2) の変換対は上式の一般化であることがわかる．z 平面の式 (2) の極をみると，$z = a$ であり，a の大きさに対応する極配置は下図 **(b)** であることになる．下図より次のことがいえる．

- (A) $|a| < 1$ $\cdots$ 大きさは指数関数的に減少 (i), (ii)
- (B) $|a| = 1$ $\cdots$ 大きさは一定 (iii), (iv)
- (C) $|a| > 1$ $\cdots$ 大きさは指数関数的に増加 (v), (vi)

に対応して

- (A) $|z| < 1$ $\cdots$ 安定 (i), (ii)
- (B) $|z| = 1$ $\cdots$ 安定限界 (iii), (iv)
- (C) $|z| > 1$ $\cdots$ 不安定 (v), (vi)

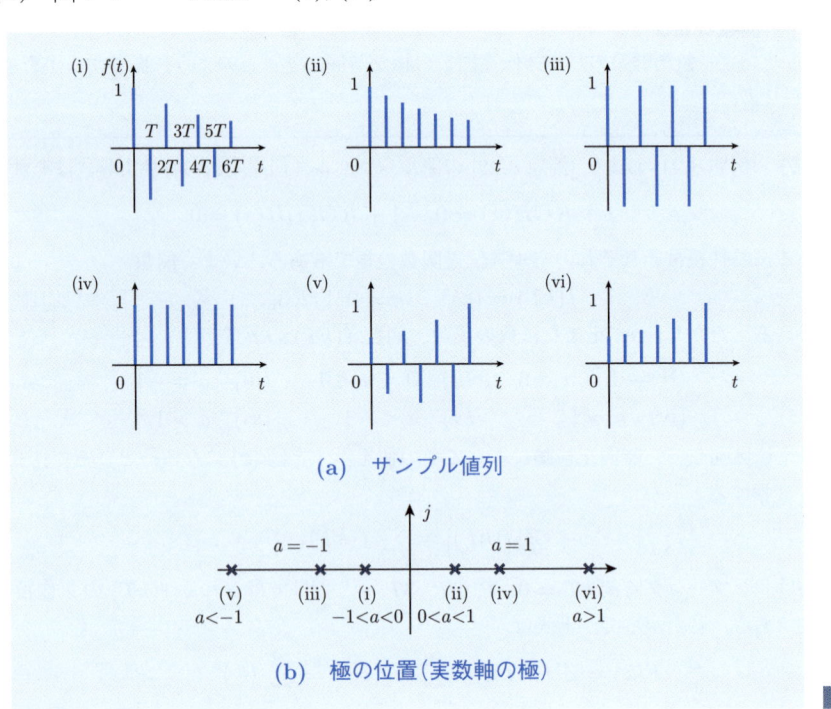

(a) サンプル値列

(b) 極の位置（実数軸の極）

例題 8.24

サンプル値制御系のパルス伝達関数の極,すなわち特性方程式の根と安定性との関係を説明せよ.

【解答】 図に示すように s 平面の右半面は z 平面の単位円の外側に対応するので s 平面と z 平面の関係から次のことがいえる.

(1) $z = \varepsilon^{sT}$ であるので s 平面の虚軸 $s = j\omega$ は ω が $0 \sim \frac{2\pi}{T}$ に変化するときは z 平面上の単位円上を 1 回転する.さらに ω が $\frac{2\pi}{T} \sim \frac{4\pi}{T}$ でも同一単位円上を回転する.したがって,s 平面の虚軸はすべて z 平面の単位円上に写像されることがわかる.

(2) s 平面上での左半平面の極は,z 平面上の単位円の内側全体に写像される.

(3) s 平面上での右半平面の極は,z 平面上の単位円の外側全体に写像される.特性方程式の $1 + KGH(z) = 0$ または $1 + KG(z)H(z) = 0$ の根のすべてが z 平面上で単位円内に入れば安定であると判断される.この場合

(i) 特性方程式の次数が低いときは,直接根を計算して調べる.

(ii) 次数が高いときは $z = \frac{x+1}{x-1} \Rightarrow x = \frac{z+1}{z-1}$ による変数変換を行うと,z 平面上の単位円の内部を x 平面上の左半平面に写像できるので,ラウス–フルビッツの安定判別法を適用できる.

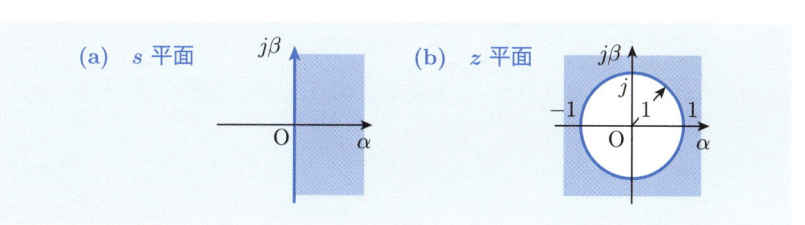

例題 8.25

次式のパルス伝達関数の実数 K について安定条件を求めよ.ただし,サンプリング時間を T とする.

$$KG(z)H(z) = \frac{Kz^{-1}(1-\varepsilon^{-T})}{1-z^{-1}\varepsilon^{-T}}$$

【解答】 パルス伝達関数の特性方程式は次式となる.

$$1 + \frac{Kz^{-1}(1-\varepsilon^{-T})}{1-z^{-1}\varepsilon^{-T}} = 0, \quad 1 - (K\varepsilon^{-T} + \varepsilon^{-T} - K)z^{-1} = 0$$

整理すると $z = K\varepsilon^{-T} + \varepsilon^{-T} - K$ となる.制御系が安定のためには $|z| < 1$ であるので $-1 < K(\varepsilon^{-T} - 1) + \varepsilon^{-T} < 1$.したがって,安定な K の範囲は $\frac{1+\varepsilon^{-T}}{1-\varepsilon^{-T}} > K > -1$ となる.ただし,$1 - \varepsilon^{-T} > 0$

例題 8.26

サンプル値制御系の定常偏差と制御系のタイプを説明せよ．

【解答】 右図に示すサンプル値制御系において制御偏差は次式である．

$$E(z) = \frac{1}{1+G(z)} R(z)$$

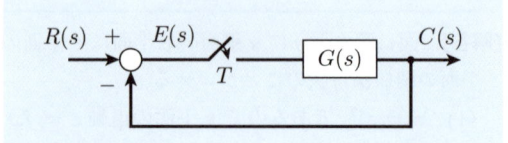

いま，

$K_\mathrm{p} = \lim_{z \to 1} G(z)$ ：位置偏差定数

$K_\mathrm{v} = \frac{1}{T} \lim_{z \to 1} [(z-1)G(z)]$ ：速度偏差定数

$K_\mathrm{a} = \frac{1}{T^2} \lim_{z \to 1} [(z-1)^2 G(z)]$ ：加速度偏差定数

のように定数を決め，制御系のタイプを $z=1$ での $G(z)$ の極の数によって表 a のように表現する．

表 a　$G(z)$ の極と制御系のタイプ

$z=1$ での $G(z)$ の極の数	0	1	2
制御系のタイプ	0形	1形	2形

種々の入力に対して制御系のタイプの定常偏差は，最終値定理を用いて

$$e_\mathrm{ss} = \lim_{k \to \infty} e(kT)$$
$$= \lim_{z \to 1} \frac{z-1}{z} \frac{R(z)}{1+G(z)}$$

より求めることができ，それぞれの入力信号とタイプに整理してまとめると表 b のようになる．

表 b　定常偏差

入力関数 $R(z)$ 　　　　　　　制御系のタイプ	ステップ入力 $\frac{z}{z-1}$	ランプ入力 $\frac{Tz}{(z-1)^2}$	定加速度入力 $\frac{T^2 z(z+1)}{2(z-1)^3}$
0形	$\frac{1}{1+K_\mathrm{p}}$	∞	∞
1形	0	$\frac{1}{K_\mathrm{v}}$	∞
2形	0	0	$\frac{1}{K_\mathrm{a}}$

8.5 サンプル値制御システムの特性

■ 例題8.27 ■

サンプル値制御系のタイプが (1) 0形および, (2) 1形のときのステップ入力に対する定常偏差を求めよ.

【解答】 (1) 0形のとき, ステップ入力は $R(z) = \frac{z}{z-1}$ であるので最終値定理より

$$e_{\rm ss} = \lim_{k\to\infty} e(kT) = \lim_{z\to 1} \frac{z-1}{z}\frac{z}{z-1}\frac{1}{1+G(z)} = \lim_{z\to 1}\frac{1}{1+G(z)} = \frac{1}{1+\lim_{z\to 1}G(z)} = \frac{1}{1+K_{\rm p}}$$

(2) 1形のとき, $G(z) = \frac{G'(z)}{z-1}$ とおけるので

$$e_{\rm ss} = \lim_{z\to 1}\frac{z-1}{z}\frac{z}{z-1}\frac{1}{1+G(z)} = \frac{1}{1+\lim_{z\to 1}G(z)} = \frac{1}{1+\lim_{z\to 1}\frac{G'(z)}{z-1}} = 0$$

■ 例題8.28 ■

下図のサンプル値制御で (1) 単位ステップ入力, (2) 単位ランプ入力が入るときの定常偏差を求めよ. ただし, $G_{\rm c}(s) = 1$, $G(s) = \frac{1-\varepsilon^{-sT}}{s}\frac{Ka}{s+a}$ とする.

【解答】 (1) $R(z) = \frac{z}{z-1}$, $G_{\rm c}^*(z) = 1$

$$G^*(z) = (1-z^{-1})Z\left[\frac{Ka}{s(s+a)}\right] = \frac{Kz^{-1}(1-\varepsilon^{-aT})}{1-z^{-1}\varepsilon^{-aT}}$$

である. これらの式を [例題8.26] の $e_{\rm ss} = \lim_{k\to\infty} e(kT) = \lim_{z\to 1}\frac{z-1}{z}\frac{R(z)}{1+G_{\rm c}^*(z)G^*(z)}$ に代入すると, $e_{\rm ss} = \lim_{z\to 1}\frac{1-z^{-1}\varepsilon^{-aT}}{1-z^{-1}\varepsilon^{-aT}+Kz^{-1}(1-\varepsilon^{-aT})} = \frac{1}{1+K}$

(2) $R(z) = \frac{Tz^{-1}}{(1-z^{-1})^2}$ であるので同様にして

$$e_{\rm ss} = \lim_{z\to 1}\frac{1-z^{-1}\varepsilon^{-aT}}{1-z^{-1}\varepsilon^{-aT}+Kz^{-1}(1-\varepsilon^{-aT})}\frac{Tz^{-1}}{1-z^{-1}} = \infty$$

■ 例題8.29 ■

図8.3に示すサンプル値制御系の $G(s)$ が次式のとき, 単位ステップ入力 $u(t)$ に対する出力 $C^*(kT)$ を求めよ.

$$G(s) = \frac{a}{s+a}$$

【解答】 $U^*(z) = \frac{z}{z-1}$, $G^*(z) = \frac{a}{1-\varepsilon^{-aT}z^{-1}}$ であるので $C^*(z) = \frac{a}{(1-\varepsilon^{-aT}z^{-1})(1-z^{-1})}$ [例題8.14] と同様に逆 z 変換すると $C^*(kT) = \frac{a}{1-\varepsilon^{-aT}}\{1-\varepsilon^{-aT(k+1)}\}$

8.6 状態変数法によるサンプル値系の取扱い

状態推移方程式　状態方程式が

$$\dot{x} = Ax + Bu, \quad y = Cx$$

のとき，0次ホールド回路を持つサンプル値（離散値）制御系の状態推移方程式と出力方程式は，次式になる．

$$x[(k+1)T] = \varepsilon^{AT} x(kT) + h(T)u(kT)$$
$$y(kT) = Cx(kT)$$

ただし

$$(k+1)T - \tau = \alpha$$
$$h(T) = \int_0^T \varepsilon^{A\alpha} B d\alpha$$

とおく．

状態推移方程式の解（サンプル値制御系の応答）　時間応答の解は

$$x(kT) = [\varepsilon^{AT}]^k x(0) + \sum_{n=0}^{k-1} [\varepsilon^{AT}]^{k-n} Bu(nT)$$

となる．ただし

$$h(T) = \varepsilon^{AT} B$$

0次ホールド回路のある場合の各サンプリング時刻での応答値は

$$x(T) = \varepsilon^{AT} x(0) + h(T)u(0)$$
$$x(2T) = \varepsilon^{AT} x(T) + h(T)u(T)$$
$$= (\varepsilon^{AT})^2 x(0) + \varepsilon^{AT} h(T)u(0) + h(T)u(T)$$
$$\vdots$$
$$x[(k-1)T] = \varepsilon^{AT} x[(k-2)T] + h(T)u[(k-2)T]$$
$$x(kT) = \varepsilon^{AT} x[(k-1)T] + h(T)u[(k-1)T]$$

となり，前の式を次の式に代入して整理すると上に示した時刻 kT での時間応答の解が得られる．

8章の問題

8.1 空欄に適切な用語を挿入せよ．

最近，計算機の進歩に伴い (1) が回路素子として安価に使用できるようになったので，ディジタル制御方式が普及してきた．ディジタル制御では，(2) 変換装置によりアナログ量を (3) 量に変換し，データ処理を行った後，(4) 変換装置によりアナログ信号に直して制御対象に加えられる．その際，アナログ信号は，サンプル (5) された信号となる．
(平2・II)

8.2 次の文章は，ディジタル制御システムの入力処理に関する記述である．文中の □ に当てはまる語句を解答群の中から選べ．

マイクロプロセッサを用いたディジタル制御システムは，目覚しく発展している．このようなディジタル制御においては，時間軸方向と振幅方向の成分を持つアナログ信号を，ある一定の離散時間間隔で取り出す (1) と，ビット列に数値化する (2) によってディジタル信号に変換する．この際，(3) で定まる (4) 周波数よりも低い周波数帯域に，アナログ信号を限定する必要がある．アナログ信号に (4) 周波数以上の周波数が含まれると，本来存在しない低周波数の信号としてディジタル信号に雑音がのることになる．これを折り返し現象という．この現象を防ぐには，あらかじめ (5) フィルタを用いて，アナログ信号の周波数帯域を制限すればよい．
(平18・II)

〔解答群〕
(イ) 低域通過 (ロ) 共振
(ハ) スモールゲイン定理 (ニ) 量子化 (ホ) 割込み
(ヘ) ベイズの定理 (ト) 標本化 (チ) 折点
(リ) 定量化 (ヌ) ナイキスト (ル) ディジタル
(ヲ) アルゴリズム化 (ワ) サンプリング定理 (カ) 平滑化
(ヨ) 高域通過

8.3 $f(t)$ が次の時間関数であるとき，その z 変換を求めよ．いずれもサンプル周期は T [s] とする．

(1) $f(t) = u(t)$ (2) $f(t) = t$ (3) $f(t) = \varepsilon^{-at}$ (4) $f(t) = \sin\omega t$

8.4 次の関数の z 変換を求めよ．

(1) $F(s) = \frac{1}{s}$ (2) $F(s) = \frac{\omega}{s^2+\omega^2}$

8.5 3種類の方法を用いて次の関数の逆 z 変換を求めよ．
$$F^*(z) = \frac{z^{-1}(1-\varepsilon^{-aT})}{(1-z^{-1})(1-z^{-1}\varepsilon^{-aT})}$$

8.6 最終値の定理 $\lim_{k \to \infty} f(kT) = \lim_{z \to 1}(1-z^{-1})F^*(z)$ を証明せよ．

■**8.7** 次の伝達関数で表される要素のパルス伝達関数を求めよ．ここで，$H(s)$ は 0 次ホールド回路の伝達関数とする．

(1) $G(s) = \frac{1}{s}$ (2) $G(s) = \frac{a}{s+a}$
(3) $G(s) = \frac{a}{s(s+a)}$ (4) $G(s) = H(s)\frac{a}{s+a}$
(5) $G(s) = H(s)\frac{a}{s(s+a)}$

■**8.8** 次の伝達関数を持つサンプル値系に (1) 単位ステップ入力，(2) 単位ランプ入力が入るときの定常偏差を求めよ．

$$G_c(s) = 1$$
$$G(s) = \frac{1-\varepsilon^{-sT}}{s}\frac{Ka}{s(s+a)}$$

■**8.9** 次のラプラス変換で表される伝達関数の拡張 z 変換を求めよ．

$$G(s) = \frac{a}{s+a}$$

■**8.10** 次のラプラス変換で表される伝達関数の拡張 z 変換を求めよ．

$$G(s) = \frac{1-\varepsilon^{-sT}}{s}\frac{a}{s+a}$$

■**8.11** 下図に示すサンプル値系の出力 $y^*(t)$ を求めよ．

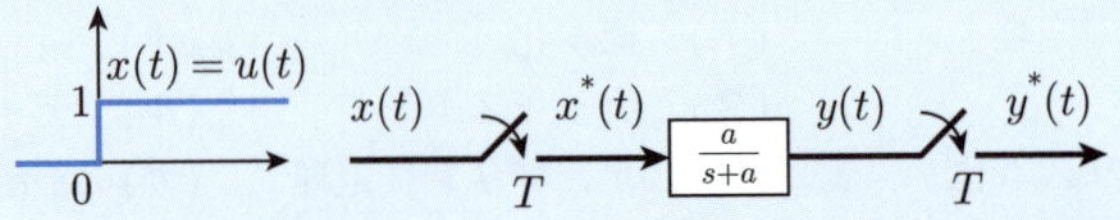

■**8.12** $G_c^*(z)G^*(z)$ が次式で表される閉ループサンプル値系の安定判別を行え．

$$G_c^*(z)G^*(z) = \frac{Kz^{-1}(1-\varepsilon^{-T})}{1-\varepsilon^{-T}z^{-1}}$$

■**8.13** 下図に示すサンプル値制御系に単位ステップ入力が入るとき，その応答を求めよ．

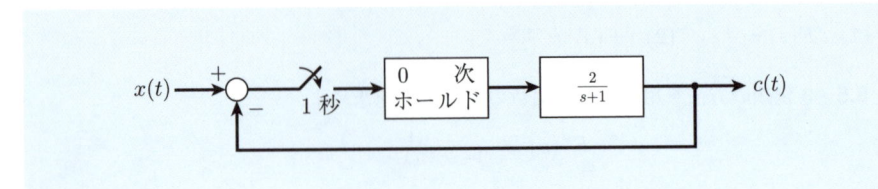

8.14 下図に示すサンプル値系に単位ステップ入力が入るとき，その応答を求めよ．

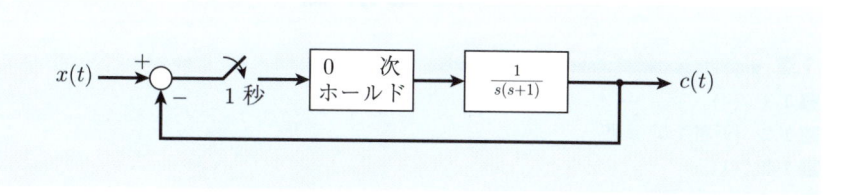

8.15 下図のブロック線図に示す系に単位ステップ入力が入るとき，制御量の z 変換を求めよ．ただし，1次ホールドの動作は
$$H(s) = (1 - \varepsilon^{-sT})^2 \left(\frac{1}{s} + \frac{1}{Ts^2}\right)$$
である．

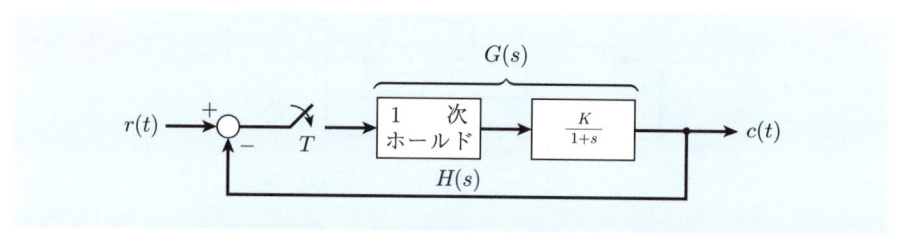

8.16 問題 8.15 でサンプリング周期 T が 1 秒にくらべて十分小さく $\varepsilon^{-T} \simeq 1 - T$ と近似できるとき次のものを求めよ．
(1) 系が安定である K の範囲
(2) $c^*(nT)$

問題解答

1章

- **1.1** (4)
- **1.2** [例題 1.5] 参照
- **1.3** (1)
- **1.4** 1.2 節参照

2章

- **2.1** (2)
- **2.2** 図のように変換できる．

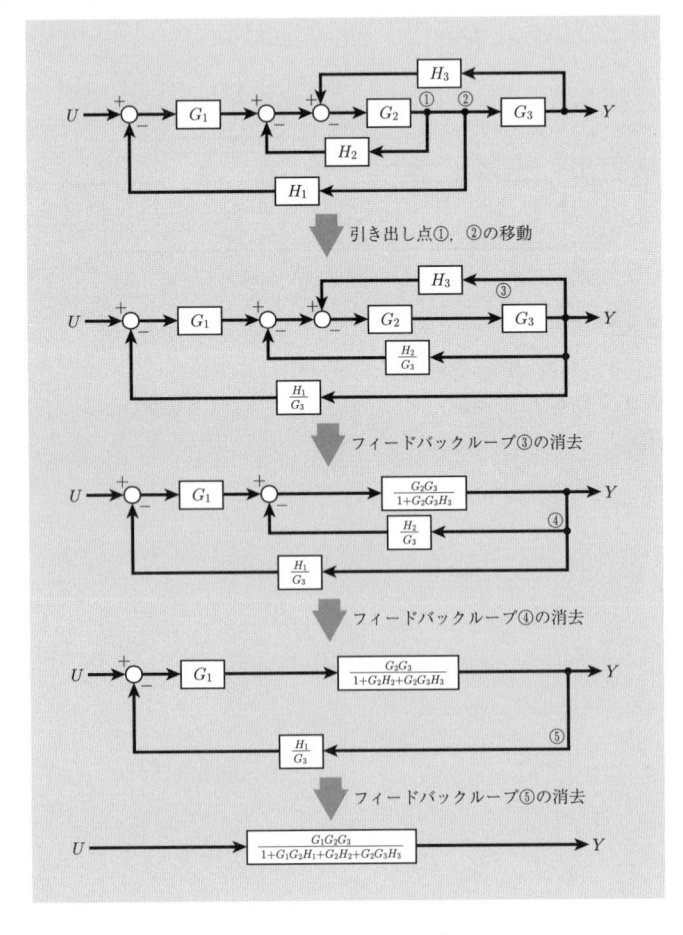

各段階の変換図：

引き出し点①，②の移動

フィードバックループ③の消去後のブロック：$\dfrac{G_2 G_3}{1+G_2 G_3 H_3}$

フィードバックループ④の消去後のブロック：$\dfrac{G_2 G_3}{1+G_2 H_2+G_2 G_3 H_3}$

フィードバックループ⑤の消去後：

$$\dfrac{G_1 G_2 G_3}{1+G_1 G_2 H_1+G_2 H_2+G_2 G_3 H_3}$$

■ **2.3** 図のように変換できる.

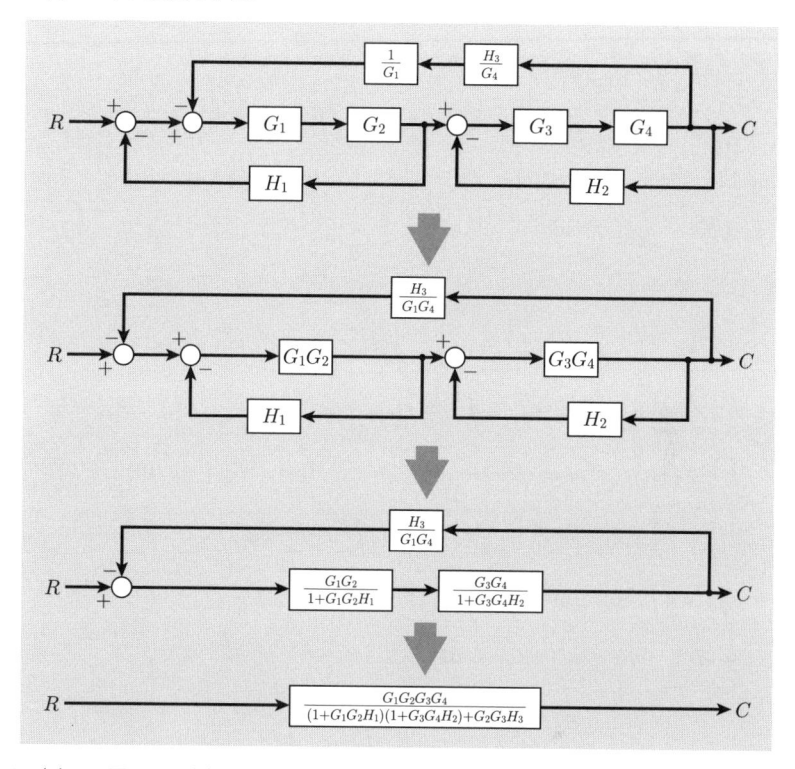

■ **2.4** (3)   ■ **2.5** (3)

■ **2.6** (1) ラプラス変換の定義式より時間関数 $f(t)$ のラプラス変換 $F(s)$ は

$$F(s) = \int_0^\infty f(t)\varepsilon^{-st}dt$$

で求められる．この定義式の $f(t)$ に与えられた関数を代入してラプラス変換を求める．

$$\mathcal{L}[Eu(t)] = \int_0^\infty E\varepsilon^{-st}dt = E\int_0^\infty \varepsilon^{-st}dt = E\left[-\tfrac{1}{s}\varepsilon^{-st}\right]_0^\infty$$

$$= E\left(-\tfrac{1}{s}\varepsilon^{-\infty} + \tfrac{1}{s}\varepsilon^0\right) = \tfrac{E}{s}$$

(2) $\mathcal{L}[\varepsilon^{-at}] = \int_0^\infty \varepsilon^{-at}\varepsilon^{-st}dt = \int_0^\infty \varepsilon^{-(s+a)t}dt = \left[-\tfrac{1}{(s+a)}\varepsilon^{-(s+a)t}\right]_0^\infty$

$\qquad = -\tfrac{1}{s+a}\varepsilon^{-\infty} + \tfrac{1}{s+a}\varepsilon^0 = \tfrac{1}{s+a}$

(3) $\mathcal{L}[\varepsilon^{-at}\sin\omega t] = \int_0^\infty \varepsilon^{-at}\sin\omega t\varepsilon^{-st}dt$

ここで，$\sin\omega t = \tfrac{\varepsilon^{j\omega t}-\varepsilon^{-j\omega t}}{2j}$ で表されるから

$\mathcal{L}[\varepsilon^{-at}\sin\omega t] = \tfrac{1}{2j}\int_0^\infty \varepsilon^{-at}(\varepsilon^{j\omega t}-\varepsilon^{-j\omega t})\varepsilon^{-st}dt$

$$= \frac{1}{2j}\int_0^\infty \{\varepsilon^{-(s+a-j\omega)t} - \varepsilon^{-(s+a+j\omega)t}\}dt = \frac{1}{2j}\left(\frac{1}{s+a-j\omega} - \frac{1}{s+a+j\omega}\right) = \frac{\omega}{(s+a)^2+\omega^2}$$

(4) $\mathcal{L}\left[\frac{d^2}{dt^2}f(t)\right] = \int_0^\infty \frac{d^2}{dt^2}f(t)\varepsilon^{-st}dt$ に部分積分の公式を適用する．

$$\int u(t)v'(t)dt = u(t)v(t) - \int u'(t)v(t)dt$$

ここで $u(t) = \varepsilon^{-st}$ とおくと $u'(t) = \frac{du}{dt} = -s\varepsilon^{-st}$, $v'(t) = \frac{d^2}{dt^2}f(t)$ とおくと

$v(t) = \int v'(t)dt = \int \frac{d^2}{dt^2}f(t)dt = \frac{df(t)}{dt}$ より

$$\int_0^\infty \frac{d^2}{dt^2}f(t)\varepsilon^{-st}dt = \left[\varepsilon^{-st}\frac{df(t)}{dt}\right]_0^\infty - \int_0^\infty \left(-s\varepsilon^{-st}\frac{df(t)}{dt}\right)dt$$

$$= \varepsilon^{-\infty}\left.\frac{df(t)}{dt}\right|_{t=\infty} - \varepsilon^0 \left.\frac{df(t)}{dt}\right|_{t=0} + s\int_0^\infty \frac{df(t)}{dt}\varepsilon^{-st}dt = s\int_0^\infty \frac{df(t)}{dt}\varepsilon^{-st}dt - \left.\frac{df(t)}{dt}\right|_{t=0}$$

$f(t)$ のラプラス変換を $F(s)$ とすれば $\int_0^\infty \frac{d}{dt}f(t)\varepsilon^{-st}dt = sF(s) - f(0)$ であるから

$$\int_0^\infty \frac{d^2}{dt^2}f(t)\varepsilon^{-st}dt = s\{sF(s) - f(0)\} - f'(0) = s^2F(s) - sf(0) - f'(0)$$

(5) $\mathcal{L}[t^2] = \int_0^\infty t^2\varepsilon^{-st}dt = \left[-\frac{t^2}{s}\varepsilon^{-st}\right]_0^\infty + \int_0^\infty \frac{2t}{s}\varepsilon^{-st}dt$

$$= \frac{2}{s}\int_0^\infty t\varepsilon^{-st}dt = \frac{2}{s}\mathcal{L}[t] = \frac{2}{s^3}$$

■ **2.7** (1) $L\frac{di}{dt} + Ri + \frac{1}{C}\int i\,dt = Eu(t)$ の両辺をラプラス変換すると

$$\mathcal{L}\left[L\frac{di}{dt}\right] + \mathcal{L}[Ri] + \mathcal{L}\left[\frac{1}{C}\int i\,dt\right] = \mathcal{L}[E]$$

時間関数 i のラプラス変換を $I(s)$ とすると次式を得る．

$$L(sI(s) - i(0)) + RI(s) + \frac{1}{C}\left(\frac{I(s)}{s} + \frac{i^{-1}(0)}{s}\right) = \frac{E}{s}$$

ただし，$i(0), i^{-1}(0)$ は初期値．

(2) $L\frac{d^2q}{dt^2} + R\frac{dq}{dt} + \frac{1}{C}q = E\sin\omega t$ の両辺をラプラス変換すると

$$\mathcal{L}\left[L\frac{d^2q}{dt^2}\right] + \mathcal{L}\left[R\frac{dq}{dt}\right] + \mathcal{L}\left[\frac{1}{C}q\right] = \mathcal{L}[E\sin\omega t]$$

時間関数 q のラプラス変換を $Q(s)$ とすると次式を得る．

$$L(s^2Q(s) - sq(0) - q'(0)) + R(sQ(s) - q(0)) + \frac{1}{C}Q(s) = E\frac{\omega}{s^2+\omega^2}$$

ただし，$q(0), q'(0)$ は初期値．

■ **2.8** (1) 部分分数展開をすると $\frac{2s+1}{s(s+1)^2} = \frac{A}{s} + \frac{B}{(s+1)^2} + \frac{C}{s+1}$. 両辺に $s(s+1)^2$ を掛けると

$$2s + 1 = A(s+1)^2 + Bs + Cs(s+1)$$

上式に $s = 0$ を代入すると $A = 1$, $s = -1$ を代入すると $B = 1$. これで A と B が定まった．次に $s = 1$ を代入すると $2 + 1 = 4A + B + 2C$ より $C = -1$. したがって

$$\frac{2s+1}{s(s+1)^2} = \frac{1}{s} + \frac{1}{(s+1)^2} - \frac{1}{s+1}$$

$$\mathcal{L}^{-1}\left[\frac{2s+1}{s(s+1)^2}\right] = \mathcal{L}^{-1}\left[\frac{1}{s}\right] + \mathcal{L}^{-1}\left[\frac{1}{(s+1)^2}\right] - \mathcal{L}^{-1}\left[\frac{1}{s+1}\right] = 1 + t\varepsilon^{-t} - \varepsilon^{-t}$$

(2) $F(s) = \frac{5s+3}{(s+1)(s+2)(s+3)}$ を次のように部分分数に展開する．

$$F(s) = \frac{A}{s+1} + \frac{B}{s+2} + \frac{C}{s+3}$$

$$A = (s+1)F(s)|_{s=-1} = -1$$

$$B = (s+2)F(s)|_{s=-2} = 7$$

$$C = (s+3)F(s)|_{s=-3} = -6$$

したがって $F(s) = \frac{-1}{s+1} + \frac{7}{s+2} - \frac{6}{s+3}$ となり $\mathcal{L}^{-1}[F(s)] = -\varepsilon^{-t} + 7\varepsilon^{-2t} - 6\varepsilon^{-3t}$

■ **2.9** (1) $\frac{d^2y}{dt^2} - \frac{dy}{dt} - 6y = 5$ の両辺をラプラス変換する．

$$\mathcal{L}\left[\frac{d^2y}{dt^2}\right] - \mathcal{L}\left[\frac{dy}{dt}\right] - \mathcal{L}[6y] = \mathcal{L}[5]$$

$$s^2Y(s) - sy(0) - y'(0) - \{sY(s) - y(0)\} - 6Y(s) = \frac{5}{s}$$

初期値 $y(0) = 1, y'(0) = 0$ を代入して整理すると

$$(s^2 - s - 6)Y(s) = \frac{5}{s} + s - 1$$

$$Y(s) = \frac{s^2-s+5}{s(s^2-s-6)} = \frac{s^2-s+5}{s(s+2)(s-3)} = \frac{A}{s} + \frac{B}{s+2} + \frac{C}{s-3}$$

$A = sY(s)|_{s=0} = -\frac{5}{6}, \quad B = (s+2)Y(s)|_{s=-2} = \frac{11}{10}, \quad C = (s-3)Y(s)|_{s=3} = \frac{11}{15}$

したがって $Y(s)$ は $Y(s) = \frac{-\frac{5}{6}}{s} + \frac{\frac{11}{10}}{s+2} + \frac{\frac{11}{15}}{s-3}$．求める $y(t)$ は $Y(s)$ をラプラス逆変換する．

$$y(t) = \mathcal{L}^{-1}[Y(s)] = -\frac{5}{6} + \frac{11}{10}\varepsilon^{-2t} + \frac{11}{15}\varepsilon^{3t}$$

(2) $\frac{d^2y}{dt^2} + y = 0$ の両辺をラプラス変換する．

$$\mathcal{L}\left[\frac{d^2y}{dt^2}\right] + \mathcal{L}[y] = \mathcal{L}[0]$$

$$s^2Y(s) - sy(0) - y'(0) + Y(s) = 0$$

初期値 $y(0) = 1, y'(0) = 1$ を代入して整理すると

$$(s^2 + 1)Y(s) = s + 1$$

$$Y(s) = \frac{s+1}{s^2+1} = \frac{s}{s^2+1} + \frac{1}{s^2+1}$$

したがって $y(t)$ は $Y(s)$ をラプラス逆変換する．

$$y(t) = \mathcal{L}^{-1}[Y(s)] = \cos t + \sin t$$

■ **2.10** 初期値の定理，最終値の定理がそれぞれ $f(0_+) = \lim_{s \to \infty} sF(s), f(\infty) = \lim_{s \to 0} sF(s)$ であるので

(1) $f(0_+) = \lim_{s \to \infty} \frac{s}{s} = 1,$ $\quad f(\infty) = \lim_{s \to \infty} \frac{s}{s} = 1$

(2) $f(0_+) = \lim_{s \to \infty} \frac{s}{s^2} = 0,$ $\quad f(\infty)$ は求まらない．

(3) $f(0_+) = \lim_{s \to \infty} \frac{Ks}{s+a} = K$, $f(\infty) = 0$

(4) $f(0_+) = \lim_{s \to \infty} \frac{K}{s+a} = 0$, $f(\infty) = \frac{K}{a}$

(5) $f(0_+) = \lim_{s \to \infty} \frac{s+b}{s+a} = 1$, $f(\infty) = \frac{b}{a}$

(6) $f(0_+) = \lim_{s \to \infty} \frac{s(s+1)}{(s+1)^2+1} = 1$, $f(\infty) = 0$

(7) $f(0_+) = \lim_{s \to \infty} \frac{s\omega}{s^2+\omega^2} = 0$, $f(\infty)$ は求まらない.

■ **2.11** 伝達関数 $G(s)$ は $G(s) = \frac{\mathcal{L}[1+2\varepsilon^{-t}+\varepsilon^{-4t}]}{\mathcal{L}[1+\varepsilon^{-2t}]} = \frac{\frac{1}{s}+\frac{2}{s+2}+\frac{1}{s+4}}{\frac{1}{s}+\frac{1}{s+2}} = \frac{2(s^2+4s+2)}{s^2+5s+4}$

■ **2.12** (2)   ■ **2.13** (1)   ■ **2.14** $G(s) = \frac{1}{T_1T_2s^2+(T_1+T_2+T_{12})s+1}$

■ **2.15** (1) 力の釣り合いから $D\frac{dx}{dt} + Kx = f$ が成り立つ. 両辺をラプラス変換すると

$$DsX(s) + KX(s) = F(s) \quad \therefore \quad G(s) = \frac{X(s)}{F(s)} = \frac{1}{Ds+K}$$

(2) ニュートンの運動方程式より

$$M\frac{d^2x_2}{dt^2} = -K(x_2-x_3) - D\frac{d}{dx}(x_2-x_3) \quad ①$$

ばね K_1 と K_2 との接続点での力の釣り合いから

$$K_2(x_2-x_3) + D\frac{d}{dt}(x_2-x_3) = K_1(x_3-x_1) \quad ②$$

①, ②の2式をラプラス変換し, 整理すると

$$(Ms^2+Ds+K_2)X_2(s) = (Ds+K_2)X_3(s)$$

$$(Ds+K_2)X_2(s) + K_1X_1(s) = (Ds+K_1+K_2)X_3(s)$$

上の2式より $X_3(s)$ を消去すると伝達関数が得られる.

$$G(s) = \frac{X_2(s)}{X_1(s)} = \frac{K_1(Ds+K_2)}{MDs^3+M(K_1+K_2)s^2+DK_1s+K_1K_2}$$

(3) ニュートンの運動方程式より

$$M\frac{d^2x_2}{dt^2} = -K(x_2-x_1) - D\frac{d}{dx}(x_2-x_1)$$

両辺をラプラス変換し整理すると

$$Ms^2X_2(s) + DsX_2(s) + KX_2(s) = DsX_1(s) + KX_1(s)$$

$$\therefore \quad G(s) = \frac{X_2(s)}{X_1(s)} = \frac{Ds+K}{Ms^2+Ds+K}$$

■ **2.16** (1) 2つの慣性モーメントについて運動方程式を立てると

$$J_1\frac{d^2\theta_1}{dt^2} = \tau - D_1\frac{d\theta_1}{dt} - K(\theta_1-\theta_2), \quad J_2\frac{d^2\theta_2}{dt^2} = -D_2\frac{d\theta_2}{dt} - K(\theta_2-\theta_1)$$

上の2式をラプラス変換すると

$$J_1s^2\Theta_1(s) + D_1s\Theta_1(s) + K\Theta_1(s) = T(s) + K\Theta_2(s)$$

$$J_2s^2\Theta_2(s) + D_2s\Theta_2(s) + K\Theta_2(s) = K\Theta_1(s)$$

上の2式より $\Theta_1(s)$ を消去すると次の伝達関数が得られる.

$$G(s) = \frac{\Theta_2(s)}{T(s)} = \frac{K}{(J_1s^2+D_1s+K)(J_2s^2+D_2s+K)-K^2}$$

(2) 歯車部分で働くトルクの θ_1 軸への値を τ_1 とすると θ_2 軸への値は $n\tau_1$ である．このことから運動方程式を立てると

$$J_1 \frac{d^2\theta_1}{dt^2} = \tau - D_1 \frac{d\theta_1}{dt} - \tau_1, \quad J_2 \frac{d^2\theta_2}{dt^2} = n\tau_1 - D_2 \frac{d\theta_2}{dt}, \quad \theta_2 = \frac{\theta_1}{n}$$

上の 3 式をラプラス変換すると

$$J_1 s^2 \Theta_1(s) = T(s) - D_1 s \Theta_1(s) - T_1(s)$$

$$J_2 s^2 \Theta_2(s) = nT_1(s) - D_2 s \Theta_2(s), \quad \Theta_2(s) = \frac{\Theta_1(s)}{n}$$

上の 3 式から $\Theta_1(s), T_1(s)$ を消去すると次の伝達関数が得られる．

$$G(s) = \frac{\Theta_2(s)}{T(s)} = \frac{1}{ns\left\{\left(J_1 + \frac{J_2}{n^2}\right)s + \left(D_1 + \frac{D_2}{n^2}\right)\right\}}$$

■ **2.17** 電機子回路の微分方程式は，$R_a i_a(t) + k_e \frac{d\theta_o(t)}{dt} = e_i(t)$
電動機の回転に関する微分方程式は，$J \frac{d^2\theta_o(t)}{dt^2} + B \frac{d\theta_o(t)}{dt} = \tau(t)$
電動機の発生トルク $\tau(t)$ と電機子電流 $i_a(t)$ の関係は，題意より

$$\tau(t) = k_\tau i_a(t), \quad J \frac{d^2\theta_o(t)}{dt^2} + B \frac{d\theta_o(t)}{dt} = k_\tau i_a(t)$$

初期値を 0 としてラプラス変換すると

$$R_a I_a(s) + k_e s \Theta_o(s) = E_i(s), \quad J s^2 \Theta_o(s) + B s \Theta_o(s) = k_\tau I_a(s)$$

$I_a(s)$ は，$I_a(s) = \frac{Js^2 + Bs}{k_\tau} \Theta_o(s)$. 整理すると

$$\frac{R_a}{k_\tau}(Js^2 + Bs)\Theta_o(s) + k_e s \Theta_o(s) = E_i(s), \quad \left\{Js^2 + \left(B + \frac{k_e k_\tau}{R_a}\right)s\right\}\Theta_o(s) = \frac{k_\tau}{R_a} E_i(s)$$

したがって，伝達関数 $G_M(s)$ は

$$G_M(s) = \frac{\Theta_o(s)}{E_i(s)} = \frac{\frac{k_\tau}{R_a}}{Js^2 + \left(B + \frac{k_e k_\tau}{R_a}\right)s} = \frac{k_\tau}{R_a J s^2 + (BR_a + k_e k_\tau)s}$$

上式を変形すると $G_M(s) = \dfrac{\frac{k_\tau}{BR_a + k_e k_\tau}}{s\left(\frac{R_a J}{BR_a + k_e k_\tau} s + 1\right)} = \dfrac{K}{s(Ts+1)}$ となる．

ただし，$K = \frac{k_\tau}{BR_a + k_e k_\tau}, \quad T = \frac{R_a J}{BR_a + k_e k_\tau}$.

■ **2.18** まず，図 (a) に変換する．順次変換を続け最終的に図 (c) となる．

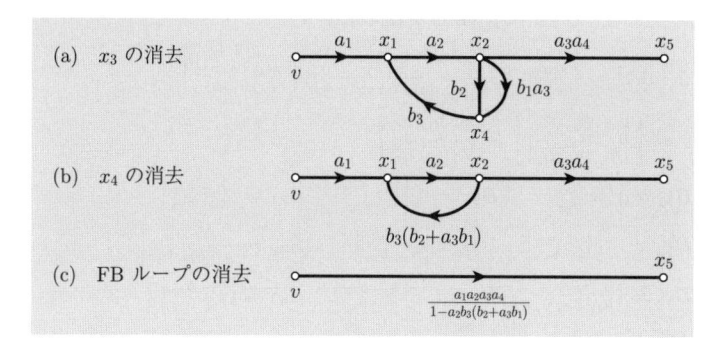

■ **2.19** (1) (a) $R \to \boxed{\dfrac{G_1G_2G_3G_4}{(1+G_1G_2H_1)(1+G_3G_4H_2)+H_3G_2G_3}} \to C$

(b) $R \to \boxed{G_4 + \dfrac{G_1G_2G_3}{1-G_1G_2H_1+G_2H_1+G_2G_3H_2}} \to C$

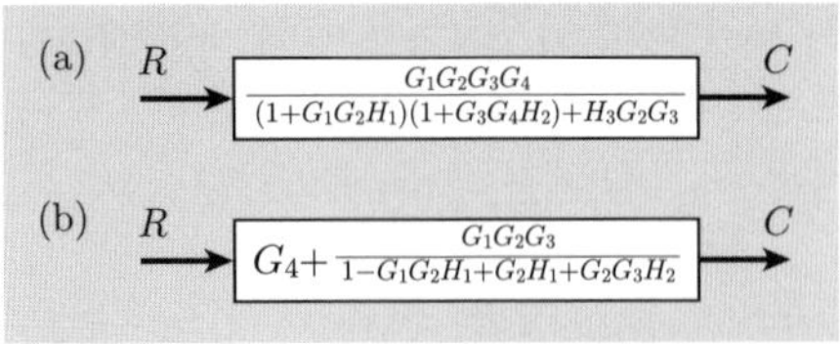

(2) (a)

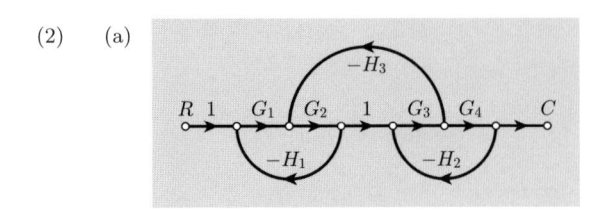

[Signal flow graph: $R \xrightarrow{1} \circ \xrightarrow{G_1} \circ \xrightarrow{G_2} \circ \xrightarrow{1} \circ \xrightarrow{G_3} \circ \xrightarrow{G_4} \circ \to C$ with feedback loops $-H_3$, $-H_1$, $-H_2$]

$P_1 = G_1G_2G_3G_4, \quad L_1 = -G_1G_2H_1, \quad L_2 = -G_3G_4H_2$

$L_3 = -G_2G_3H_3, \quad L_1L_2 = G_1G_2G_3G_4H_1H_2$

$\Delta = 1 = (-G_1G_2H_1 - G_3G_4H_2 - G_2G_3H_3) + G_1G_2G_3G_4H_1H_2, \quad \Delta_1 = 1$

グラフトランスミッタンス T は $T = \dfrac{P_1\Delta_1}{\Delta} = \dfrac{G_1G_2G_3G_4}{(1+G_1G_2H_1)(1+G_3G_4H_2)+G_2G_3H_3}$

(b)

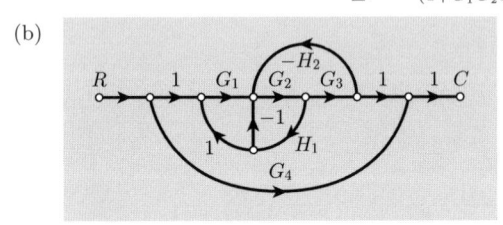

[Signal flow graph with nodes $R, G_1, G_2, G_3, 1, 1, C$ and branches $-H_2$, -1, H_1, G_4]

$P_1 = G_1G_2G_3, \quad P_2 = G_4, \quad L_1 = -H_1G_2, \quad L_2 = G_1G_2H_1, \quad L_3 = -G_2G_3H_2$

$\Delta = 1 - (-H_1G_2 + G_1G_2H_1 - G_2G_3H_2), \quad \Delta_1 = 1, \quad \Delta_2 = \Delta$

グラフトランスミッタンス T は

$$T = \dfrac{P_1\Delta_1 + P_2\Delta_2}{\Delta} = \dfrac{G_1G_2G_3 + G_4(1-G_1G_2H_1+H_1G_2+G_2G_3H_2)}{1-G_1G_2H_1+H_1G_2+G_2G_3H_2}$$

$$= G_4 + \dfrac{G_1G_2G_3}{1-G_1G_2H_1+H_1G_2+G_2G_3H_2}$$

■ **2.20** (1) $A^{-1} = \dfrac{\begin{bmatrix} a_{22} & -a_{12} \\ -a_{21} & a_{11} \end{bmatrix}}{\begin{vmatrix} a_{11} & a_{12} \\ a_{21} & a_{22} \end{vmatrix}} = \dfrac{1}{a_{11}a_{22}-a_{12}a_{21}} \begin{bmatrix} a_{22} & -a_{12} \\ -a_{21} & a_{11} \end{bmatrix}$

(2) $B^{-1} = \begin{bmatrix} B_{11} & B_{21} & B_{31} \\ B_{12} & B_{22} & B_{32} \\ B_{13} & B_{23} & B_{33} \end{bmatrix} \Big/ \begin{vmatrix} b_{11} & b_{12} & b_{13} \\ b_{21} & b_{22} & b_{23} \\ b_{31} & b_{32} & b_{33} \end{vmatrix}$

ただし $B_{11} = \begin{vmatrix} b_{22} & b_{23} \\ b_{32} & b_{33} \end{vmatrix}, \quad B_{21} = -\begin{vmatrix} b_{12} & b_{13} \\ b_{32} & b_{33} \end{vmatrix}, \quad B_{31} = \begin{vmatrix} b_{12} & b_{13} \\ b_{22} & b_{23} \end{vmatrix}$

$B_{12} = -\begin{vmatrix} b_{21} & b_{23} \\ b_{31} & b_{33} \end{vmatrix}, \quad B_{22} = \begin{vmatrix} b_{11} & b_{13} \\ b_{31} & b_{33} \end{vmatrix}, \quad B_{32} = -\begin{vmatrix} b_{11} & b_{13} \\ b_{21} & b_{23} \end{vmatrix}$

$B_{13} = \begin{vmatrix} b_{21} & b_{22} \\ b_{31} & b_{32} \end{vmatrix}, \quad B_{23} = -\begin{vmatrix} b_{11} & b_{12} \\ b_{31} & b_{32} \end{vmatrix}, \quad B_{33} = \begin{vmatrix} b_{11} & b_{12} \\ b_{21} & b_{22} \end{vmatrix}$

問題解答 **219**

■ **2.21** 運動方程式は
$$M\frac{dv(t)}{dt} + Dv(t) = f(t)$$
$$M\frac{d^2x(t)}{dt^2} + D\frac{dx(t)}{dt} = f(t)$$
と求められる．ここで，質量 M の変位 $x(t)$ $(=x_1(t))$，速度 $v(t)$ $(=x_2(t)=\dot{x}_1(t))$ を状態変数に選び，力 $f(t)$ $(=u(t))$ を入力とすると，状態方程式は
$$\dot{x}_1(t) = x_2(t), \quad \dot{x}_2(t) = -\frac{D}{M}x_2(t) + \frac{u(t)}{M}$$
マトリックス形式で書くと $\begin{bmatrix} \dot{x}_1(t) \\ \dot{x}_2(t) \end{bmatrix} = \begin{bmatrix} 0 & 1 \\ 0 & -\frac{D}{M} \end{bmatrix} \begin{bmatrix} x_1(t) \\ x_2(t) \end{bmatrix} + \begin{bmatrix} 0 \\ \frac{1}{M} \end{bmatrix} u(t)$

■ **2.22** 支点 A に働く抗力の x 方向の成分を F_x，y 方向の成分を F_y，棒の慣性モーメントを I $(=\frac{1}{3}ml^2)$ とすると

棒の重心を中心とする回転運動について $I\frac{d^2\theta}{dt^2} = F_y l \sin\theta - F_x l \cos\theta$

棒の上下運動について $m\frac{d^2}{dt^2}(l\cos\theta) = -mg + F_y$

棒の水平運動について $m\frac{d^2}{dt^2}(x + l\sin\theta) = F_x$

が成り立つ．さらに，台車の水平運動について $M\frac{d^2x}{dt^2} = f - F_x$ の運動方程式が得られる．θ は十分小さいから $\sin\theta \simeq \theta$，$\cos\theta \simeq 1$ とみなす．したがって
$$I\ddot{\theta} = F_y l\theta - F_x l, \quad F_y = mg, \quad m\ddot{x} + ml\ddot{\theta} = F_x, \quad M\ddot{x} = f - F_x$$
F_x，F_y を消去し $\boldsymbol{x} = [\theta\ \dot{\theta}\ x\ \dot{x}]^\mathrm{T}$，$u = f$ とおくと状態方程式は次のようになる．
$$\dot{\boldsymbol{x}} = \begin{bmatrix} 0 & 1 & 0 & 0 \\ \frac{3(m+M)g}{l(m+4M)} & 0 & 0 & 0 \\ 0 & 0 & 0 & 1 \\ -\frac{3mg}{m+4M} & 0 & 0 & 0 \end{bmatrix} \boldsymbol{x} + \begin{bmatrix} 0 \\ -\frac{3}{l(m+4M)} \\ 0 \\ -\frac{4}{m+4M} \end{bmatrix} u$$

■ **2.23** 台車の変位を $x(t)$，速度を $v(t)$ とすると運動方程式は次式となる．
$$M\frac{d^2x(t)}{dt^2} + D\frac{dx(t)}{dt} = K_1(u_1(t) - x(t)) + K_2(u_2(t) - x(t))$$

いま，状態変数を $x_1(t) = x(t)$，$x_2(t) = v(t)$ とすると $x_1(t) = x$，$x_2(t) = \dot{x}_1(t) = v(t)$ となるので，状態方程式と出力方程式を求めると

$\dot{x}_1(t) = x_2(t)$

$\dot{x}_2(t) = -\frac{D}{M}x_2(t) - \frac{K_1+K_2}{M}x_1(t) + \frac{1}{M}(K_1u_1(t) + K_2u_2(t))$

$y_1(t) = x_1(t), \quad y_2(t) = x_2(t)$

マトリックス形式では次式となる．
$$\begin{bmatrix} \dot{x}_1(t) \\ \dot{x}_2(t) \end{bmatrix} = \begin{bmatrix} 0 & 1 \\ -\frac{K_1+K_2}{M} & -\frac{D}{M} \end{bmatrix} \begin{bmatrix} x_1(t) \\ x_2(t) \end{bmatrix} + \begin{bmatrix} 0 & 0 \\ \frac{K_1}{M} & \frac{K_2}{M} \end{bmatrix} \begin{bmatrix} u_1(t) \\ u_2(t) \end{bmatrix}$$
$$\begin{bmatrix} y_1(t) \\ y_2(t) \end{bmatrix} = \begin{bmatrix} 1 & 0 \\ 0 & 1 \end{bmatrix} \begin{bmatrix} x_1(t) \\ x_2(t) \end{bmatrix}$$

■ **2.24** キルヒホフの法則により
$$L\frac{di}{dt} = -Ri + e, \quad R\frac{dq}{dt} = -\frac{1}{C}q + e, \quad i_\mathrm{o} = i - \frac{1}{RC}q + \frac{1}{R}e$$
$\boldsymbol{x} = [\,i\ q\,]^\mathrm{T}$，$u = e$，$y = i_\mathrm{o}$ とおくと状態方程式は次のようになる．

220　問題解答

$$\dot{x} = \begin{bmatrix} -\frac{R}{L} & 0 \\ 0 & -\frac{1}{RC} \end{bmatrix} x + \begin{bmatrix} \frac{1}{L} \\ \frac{1}{R} \end{bmatrix} u$$

また出力方程式は, $y = \begin{bmatrix} 1 & -\frac{1}{RC} \end{bmatrix} x + \frac{1}{R} u$ となる.

■ **2.25** $sI - A = \begin{bmatrix} s & -1 \\ 0 & s+3 \end{bmatrix}$, したがって $(sI-A)^{-1} = \begin{bmatrix} \frac{1}{s} & \frac{1}{s(s+3)} \\ 0 & \frac{1}{s+3} \end{bmatrix}$. これをラプラス逆変換すると $\varepsilon^{At} = \mathcal{L}^{-1}\left\{\begin{bmatrix} \frac{1}{s} & \frac{1}{s(s+3)} \\ 0 & \frac{1}{s+3} \end{bmatrix}\right\} = \begin{bmatrix} 1 & \frac{1}{3}(1-\varepsilon^{-3t}) \\ 0 & \varepsilon^{-3t} \end{bmatrix}$

■ **2.26** $(sI-A)^{-1} = \begin{bmatrix} s+1 & -2 \\ 1 & s+3 \end{bmatrix}^{-1} = \begin{bmatrix} \frac{s+3}{(s+2)^2+1} & \frac{2}{(s+2)^2+1} \\ \frac{-1}{(s+2)^2+1} & \frac{s+1}{(s+2)^2+1} \end{bmatrix}$

$$e^{At} = \mathcal{L}^{-1}[(sI-A)^{-1}] = \begin{bmatrix} \sqrt{2}\varepsilon^{-2t}\sin(t+\frac{\pi}{4}) & 2\varepsilon^{-2t}\sin t \\ -\varepsilon^{-2t}\sin t & -\sqrt{2}\varepsilon^{-2t}\sin(t-\frac{\pi}{4}) \end{bmatrix}$$

$$= \begin{bmatrix} \varepsilon^{-2t}(\sin t+\cos t) & 2\varepsilon^{-2t}\sin t \\ -\varepsilon^{-2t}\sin t & -\varepsilon^{-2t}(\sin t-\cos t) \end{bmatrix}$$

さらに
$$\int_0^t \varepsilon^{A(t-\tau)} b d\tau = \int_0^t \varepsilon^{A\tau} b d\tau = \int_0^t \begin{bmatrix} 2\varepsilon^{-2\tau}\sin\tau \\ -\varepsilon^{-2\tau}(\sin\tau-\cos\tau) \end{bmatrix} d\tau$$

上式の右辺を要素ごとに計算すると

$$\int_0^t 2\varepsilon^{-2\tau}\sin\tau d\tau = \tfrac{2}{5}\left[\varepsilon^{-2\tau}(-2\sin\tau-\cos\tau)\right]_0^t = -\tfrac{2}{5}\varepsilon^{-2t}(2\sin t - \cos t) + \tfrac{2}{5}$$

$$-\int_0^t \varepsilon^{-2\tau}(\sin\tau-\cos\tau)d\tau = \tfrac{1}{5}\left[\varepsilon^{-2\tau}(3\sin\tau-\cos\tau)\right]_0^t$$

$$= \tfrac{1}{5}\varepsilon^{-2t}(3\sin t - \cos t) + \tfrac{1}{5}$$

したがって

$$x(t) = \varepsilon^{At}x(0) + \int_0^t \varepsilon^{At} b d\tau = \begin{bmatrix} -\varepsilon^{-2t}(\sin t+\cos t) \\ \varepsilon^{-2t}\sin t \end{bmatrix} + \begin{bmatrix} -\tfrac{2}{5}\varepsilon^{-2t}(2\sin t+\cos t)+\tfrac{2}{5} \\ \tfrac{1}{5}\varepsilon^{-2t}(3\sin t-\cos t)+\tfrac{1}{5} \end{bmatrix}$$

あるいは $x(t) = \begin{bmatrix} x_1(t) & x_2(t) \end{bmatrix}^T$ とすると

$$x_1(t) = \tfrac{2}{5} - \varepsilon^{-2t}\left(\tfrac{9}{5}\sin t + \tfrac{7}{5}\cos t\right), \quad x_2(t) = \tfrac{1}{5} + \varepsilon^{-2t}\left(\tfrac{8}{5}\sin t - \tfrac{1}{5}\cos t\right)$$

■ **2.27** $sI - A = \begin{bmatrix} s & -1 & 0 \\ 0 & s & -1 \\ a & b & s+c \end{bmatrix}$ であるからこの逆行列は $(sI-A)^{-1} = \dfrac{\begin{bmatrix} s^2+cs+b & s+c & 1 \\ -a & s^2+cs & s \\ -as & -bs-a & s^2 \end{bmatrix}}{s^3+cs^2+bs+a}$.

したがって, 伝達関数 $G(s)$ は $G(s) = c^T(sI-A)^{-1}b = \dfrac{1}{s^3+cs^2+bs+a}$

■ **2.28** 与式を $\dfrac{Y(s)}{U(s)} = \dfrac{K_1}{s+p_1} + \dfrac{K_2}{s+p_2}$ のように分解する. ただし, K_1, K_2 は定数とする. この式は一次遅れ伝達関数の並列接続であるので状態変数線図は図のようになる. 状態方程式と出力方程式は次式となる.

$$\begin{bmatrix} \frac{dx_1(t)}{dt} \\ \frac{dx_2(t)}{dt} \end{bmatrix} = \begin{bmatrix} -p_1 & 0 \\ 0 & -p_2 \end{bmatrix} \begin{bmatrix} x_1(t) \\ x_2(t) \end{bmatrix} + \begin{bmatrix} 1 \\ 1 \end{bmatrix} u(t), \quad y(t) = \begin{bmatrix} K_1 & K_2 \end{bmatrix} \begin{bmatrix} x_1(t) \\ x_2(t) \end{bmatrix}$$

問 題 解 答 221

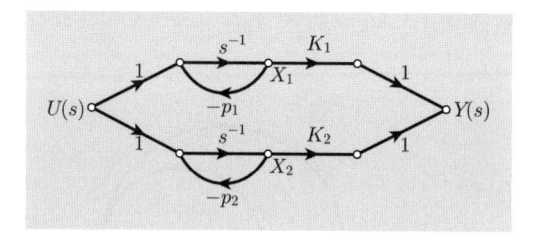

■ **2.29** システムの状態変数 x_1, x_2, x_3 を $x_1 = q_1, x_2 = \frac{dq_1}{dt}, x_3 = q_2$ のように指定する。与式を変形して整理すると次式となる。

$$\frac{d^2q_1}{dt^2} = -4\frac{dq_1}{dt} + 3q_2 + u_1, \quad \frac{dq_2}{dt} = -\frac{dq_1}{dt} - q_1 - 2q_2 + u_2$$

この式に状態変数を代入して，マトリックス形式で表現した状態方程式は

$$\begin{bmatrix} \frac{dx_1}{dt} \\ \frac{dx_2}{dt} \\ \frac{dx_3}{dt} \end{bmatrix} = \begin{bmatrix} 0 & 1 & 0 \\ 0 & -4 & 3 \\ -1 & -1 & -2 \end{bmatrix} \begin{bmatrix} x_1 \\ x_2 \\ x_3 \end{bmatrix} + \begin{bmatrix} 0 & 0 \\ 1 & 0 \\ 0 & 1 \end{bmatrix} \begin{bmatrix} u_1 \\ u_2 \end{bmatrix}$$

出力方程式は $\begin{bmatrix} y_1 \\ y_2 \end{bmatrix} = \begin{bmatrix} q_1 \\ q_2 \end{bmatrix} = \begin{bmatrix} 1 & 0 & 0 \\ 0 & 0 & 1 \end{bmatrix} \begin{bmatrix} x_1 \\ x_2 \\ x_3 \end{bmatrix}$ となる．次に

$$(sI - A)^{-1} = \frac{1}{|sI-A|} \begin{bmatrix} s^2+6s+11 & s+2 & 3 \\ -3 & s(s+2) & 3s \\ -(s+4) & -s(s+1) & s(s+4) \end{bmatrix}$$

$$|sI - A| = s^3 + 6s^2 + 11s + 3$$

の演算を経て，次の伝達関数行列を求めることができる．

$$G(s) = C(sI - A)^{-1}B = \begin{bmatrix} 1 & 0 & 0 \\ 0 & 0 & 1 \end{bmatrix} (sI - A)^{-1} \begin{bmatrix} 0 & 0 \\ 1 & 0 \\ 0 & 1 \end{bmatrix}$$

$$= \frac{1}{s^3+6s^2+11s+3} \begin{bmatrix} s+2 & 3 \\ -(s+1) & s(s+4) \end{bmatrix} = \begin{bmatrix} G_{11} & G_{12} \\ G_{21} & G_{22} \end{bmatrix}$$

$$G_{11} = \frac{Y_1}{U_1} = \frac{s+2}{s^3+6s^2+11s+3}, \quad G_{12} = \frac{Y_1}{U_2} = \frac{3}{s^3+6s^2+11s+3}$$

$$G_{21} = \frac{Y_2}{U_1} = \frac{-(s+1)}{s^3+6s^2+11s+3}, \quad G_{22} = \frac{Y_2}{U_2} = \frac{s(s+4)}{s^3+6s^2+11s+3}$$

この伝達関数行列は，G_{11} が入力 u_1 と出力 q_1 との伝達関数を示し，G_{12} は u_2 と q_1，G_{21} は u_1 と q_2，G_{22} が u_2 と q_2 との間の伝達関数をそれぞれ表している．多入力・多出力制御システムの伝達関数は伝達関数行列（マトリックス形式）で表現できることがわかる．

■ **2.30** s^3 で分母分子を割ると

$$\frac{Y(s)}{U(s)} = \frac{s^2+5s+6}{s^3+9s^2+20s} = \frac{s^{-1}+5s^{-2}+6s^{-3}}{1+9s^{-1}+20s^{-2}} \frac{X(s)}{X(s)}$$

分母分子はそれぞれ等しいとすると

$$Y(s) = (s^{-1} + 5s^{-2} + 6s^{-3})X(s)$$

$$U(s) = (1 + 9s^{-1} + 20s^{-2})X(s)$$

$$X(s) = U(s) - 9s^{-1}X(s) - 20s^{-2}X(s)$$

いま, $X_1(s) = s^{-3}X(s)$, $X_2(s) = s^{-2}X(s)$, $X_3(s) = s^{-1}X(s)$ とおくと状態変数線図は図となる.

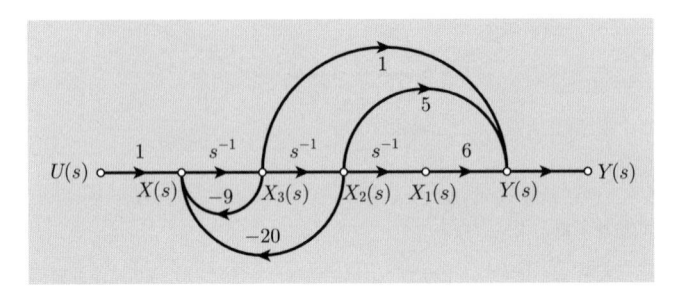

状態方程式と出力方程式は

$$\begin{bmatrix} \dot{x}_1 \\ \dot{x}_2 \\ \dot{x}_3 \end{bmatrix} = \begin{bmatrix} 0 & 1 & 0 \\ 0 & 0 & 1 \\ 0 & -20 & -9 \end{bmatrix} \begin{bmatrix} x_1 \\ x_2 \\ x_3 \end{bmatrix} + \begin{bmatrix} 0 \\ 0 \\ 1 \end{bmatrix} u(t), \quad y(t) = \begin{bmatrix} 6 & 5 & 1 \end{bmatrix} \begin{bmatrix} x_1 \\ x_2 \\ x_3 \end{bmatrix}$$

■ **2.31** 因数分解すると

$$\frac{Y(s)}{U(s)} = \frac{s^2+5s+6}{s^3+9s^2+20s} = \frac{(s+2)(s+3)}{s(s+4)(s+5)} = \frac{1}{s}\left(\frac{s}{s+4} + \frac{2}{s+4}\right)\left(\frac{s}{s+5} + \frac{3}{s+5}\right)$$

$sX_1(s) = -5X_1(s) + 2X_2(s) + X_3(s)$, $sX_2(s) = -4X_2(s) + X_3(s)$, $sX_3(s) = U(s)$ とおくと図の状態変数線図が得られる.

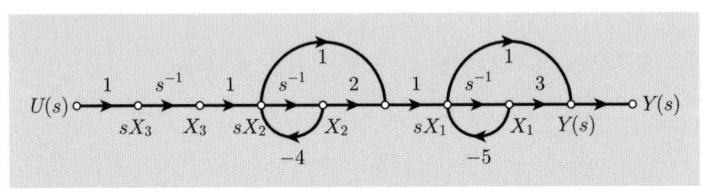

状態方程式と出力方程式は

$$\begin{bmatrix} \dot{x}_1 \\ \dot{x}_2 \\ \dot{x}_3 \end{bmatrix} = \begin{bmatrix} -5 & 2 & 1 \\ 0 & -4 & 1 \\ 0 & 0 & 0 \end{bmatrix} \begin{bmatrix} x_1 \\ x_2 \\ x_3 \end{bmatrix} + \begin{bmatrix} 0 \\ 0 \\ 1 \end{bmatrix} u(t), \quad y(t) = \begin{bmatrix} -2 & -2 & 1 \end{bmatrix} \begin{bmatrix} x_1 \\ x_2 \\ x_3 \end{bmatrix}$$

3章

■ **3.1** (2)　■ **3.2** (2)　■ **3.3** (1)　■ **3.4** (4)　■ **3.5** (1)　■ **3.6** (2)

■ **3.7** 伝達関数 $M(s)$ は $M(s) = \frac{K\omega_n^2}{s^2 - 2\omega_n s + \omega_n^2}$ となる. したがって応答は次式となる.

$$C(s) = \frac{M(s)}{s} = \frac{K\omega_n^2}{(s-\omega_n)^2}\frac{1}{s} = \frac{K_1}{s} + \frac{K_{21}}{s-\omega_n} + \frac{K_{22}}{(s-\omega_n)^2}$$

ここで

$$K_1 = C(s) \cdot s\big|_{s=0} = \frac{K\omega_n^2 s}{s(s-\omega_n)^2}\bigg|_{s=0} = K$$

$$K_{22} = (s-\omega_n)^2 C(s)\big|_{s=\omega_n} = \frac{K\omega_n^2}{s(s-\omega_n)^2}(s-\omega_n)^2\bigg|_{s=\omega_n} = K\omega_n$$

$$K_{21} = \frac{d}{ds}(s-\omega_n)^2 C(s)\big|_{s=\omega_n} = \frac{-K\omega_n^2}{s^2}\bigg|_{s=\omega_n} = -K$$

したがって $C(s) = \frac{K}{s} + \frac{K\omega_n}{(s-\omega_n)^2} - \frac{K}{s-\omega_n}$. 結局, インディシャル応答は次式となる.

$$c(t) = K + K\omega_n t\varepsilon^{\omega_n t} - K\varepsilon^{\omega_n t} = K\{1 + (\omega_n t - 1)\varepsilon^{\omega_n t}\}u(t)$$

■ **3.8** スイッチ S を閉じた後の回路方程式は次式となる.

$$L\frac{d^2q(t)}{dt^2} + R\frac{dq(t)}{dt} + \frac{q(t)}{C} = Eu(t)$$

ラプラス変換し, 初期値をすべて 0 とおくと

$$s^2 LQ(s) + RsQ(s) + \frac{Q(s)}{C} = E(s)$$

ただし, $Q(s) = \mathcal{L}[q(t)]$, $E(s) = \mathcal{L}[Eu(t)]$. したがって, 伝達関数 $M(s)$ は次式となる.

$$M(s) = \frac{Q(s)}{E(s)} = \frac{1}{Ls^2 + Rs + \frac{1}{C}} = \frac{\frac{1}{L}}{s^2 + \frac{R}{L}s + \frac{1}{LC}}$$

また, 標準形式のパラメータとの関係は $\omega_n = \frac{1}{\sqrt{LC}}$, $\zeta = \frac{R}{2}\sqrt{\frac{C}{L}}$, $K = C$ となる.

特性方程式は $s^2 + \frac{R}{L}s + \frac{1}{LC} = 0$

■ **3.9** (1)　■ **3.10** (5)　■ **3.11** (3)

■ **3.12** 入力信号 $g(t)$ のラプラス変換 $G(s)$ は, $G(s) = \frac{4}{s}$ であるので出力信号 $C(s)$ は

$$C(s) = \frac{4(s^2 + 16s + 36)}{s(s^2 + 7s + 12)}$$

となる. この $C(s)$ を次の部分分数に展開する.

$$C(s) = \frac{4(s^2 + 16s + 36)}{s(s+3)(s+4)} = \frac{K_0}{s} + \frac{K_1}{s+3} + \frac{K_2}{s+4}$$

ここで, $K_0 = 12$, $K_1 = 4$, $K_2 = -12$ となるので, $C(s)$ は

$$C(s) = \frac{12}{s} + \frac{4}{s+3} - \frac{12}{s+4}$$

に展開される. この式をラプラス逆変換して出力信号 $c(t)$ を求める.

$$c(t) = 12 + 4\varepsilon^{-3t} - 12\varepsilon^{-4t} = 12\left(1 + \frac{1}{3}\varepsilon^{-3t} - \varepsilon^{-4t}\right)$$

■ **3.13** 単位ステップ入力 $u(t)$ のラプラス変換は, $\mathcal{L}[u(t)] = \frac{1}{s}$ である. 出力の初期値は 0 であるから, 出力時間関数 $c(t)$ は $c(t) = \mathcal{L}^{-1}\left[\frac{5}{1+2s}\frac{1}{s}\right]$ で与えられる. 上式の右辺のカッコ内の式を s について部分分数に展開する. すなわち

$$\frac{5}{1+2s}\frac{1}{s} = \frac{A}{s} + \frac{B}{2s+1} = \frac{(2A+B)s + A}{s(2s+1)}$$

であるから, $2A + B = 0$, $A = 5$　∴ $B = -10$ を得る. したがって

$$c(t) = \mathcal{L}^{-1}\left[\frac{5}{s}\right] - \mathcal{L}^{-1}\left[\frac{10}{2s+1}\right] = 5(1 - \varepsilon^{-0.5t})$$

2 秒後の出力値 $c(t)$ は $t = 2$ を代入して

$$c(2) = 5(1 - \varepsilon^{-1}) = 5 \times 0.632 = \underline{3.16}$$

インディシャル応答は図のようになる. ここで T_r, T_d, T_s は図に示すとおりである. 最終値といっているのは出力の応答を $c(t)$ とすると, $C_F = \lim_{t \to \infty} c(t)$ であり, $C_F = 5$ である.

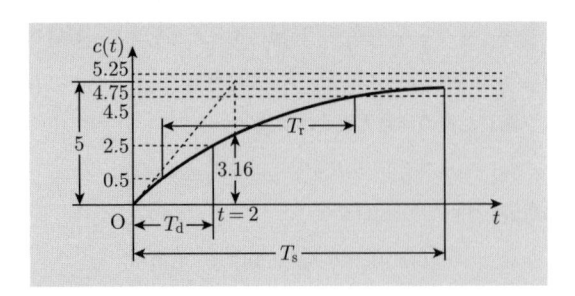

[図: $c(t)$ のステップ応答曲線。縦軸に 5.25, 4.75, 4.5, 2.5, 0.5, 5 などの値、T_r, T_d, T_s, $t=2$, 3.16 が示されている]

■**3.14** A：固有角周波数，B：減衰係数，C：$s^2 + 2\zeta\omega_n s + \omega_n^2$, D：$2\zeta\sqrt{1-\zeta^2}$,
E：1 より小さい（$\zeta < 1$ の）

■**3.15** (1) 内側の帰還回路を等価変換すれば，図に示すブロック線図となり，$G_N(s)$ は

[右図: $R(s) \xrightarrow{+} E(s) \to G_N(s) \to C(s)$ のフィードバックブロック線図]

$$G_N(s) = \frac{\frac{5}{s^N(1+s)}}{1+\frac{5s}{s^N(1+s)}} = \frac{5}{s^N(1+s)+5s}$$

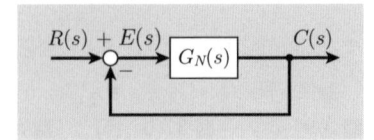

ブロック線図から $M(s)$ は $M(s) = \dfrac{\frac{5}{s^N(1+s)+5s}}{1+\frac{5}{s^N(1+s)+5s}} = \dfrac{5}{s^{N+1}+s^N+5s+5}$

(2) 上式において，$N=1$ の場合で，入力を $\frac{1}{s}$ としたときの応答 $C(s)$ は

$$C(s) = \frac{1}{s}\frac{5}{s^2+6s+5} = \frac{5}{s(s+1)(s+5)} = \frac{1}{s} - \frac{5}{4}\frac{1}{s+1} + \frac{1}{4}\frac{1}{s+5}$$

ラプラス逆変換して応答 (t) を求めれば，$(t) = 1 - \frac{5}{4}\varepsilon^{-t} + \frac{1}{4}\varepsilon^{-5t}$

(3) (a) $N=0$ とおいた場合の $G_0(s)$ は $G_0(s) = \dfrac{5}{s^0(1+s)+5s} = \dfrac{5}{1+6s}$ となる. $E(s)$ を求めれば $E(s) = \dfrac{R(s)}{1+G_0(s)} = \dfrac{R(s)}{1+\frac{5}{1+6s}} = \dfrac{1+6s}{(1+6s)+5}R(s)$

定常偏差を $e(\infty)$ とすれば，最終値の定理から

$$e(\infty) = \lim_{s\to 0} sE(s) = \lim_{s\to 0} s\frac{1+6s}{(1+6s)+5}R(s)$$

定常位置偏差 $e_p(\infty)$ は，$R(s) = \frac{1}{s}$ として $e_p(\infty) = \lim_{s\to 0} s\dfrac{1+6s}{(1+6s)+5}\dfrac{1}{s} = \dfrac{1}{6}$

定常速度偏差 $e_v(\infty)$ は，$R(s) = \frac{1}{s^2}$ として $e_v(\infty) = \lim_{s\to 0} s\dfrac{1+6s}{(1+6s)+5}\dfrac{1}{s^2} = \infty$

(b) $N=1$ とおいた場合の $G_1(s)$ は $G_1(s) = \dfrac{5}{s(1+s)+5s} = \dfrac{5}{s(s+6)}$ となる．$E(s)$ を求めれば

$$E(s) = \frac{R(s)}{1+G_1(s)} = \frac{R(s)}{1+\frac{5}{s(s+6)}} = \frac{s(s+6)}{s(s+6)+5}R(s)$$

定常位置偏差 $e_p(\infty)$ は，$R(s) = \frac{1}{s}$ として，最終値の定理を用いて

$$e_p(\infty) = \lim_{s\to 0} s\frac{s(s+6)}{s(s+6)+5}\frac{1}{s} = 0$$

定常速度偏差 $e_v(\infty)$ は，$R(s) = \frac{1}{s^2}$ として

$$e_v(\infty) = \lim_{s\to 0} s\frac{s(s+6)}{s(s+6)+5}\frac{1}{s^2} = \frac{6}{5}$$

問 題 解 答 **225**

■ **3.16** (1) 題意から入力信号のラプラス変換 $X(s)$ は，$X(s) = \frac{1}{s}$ であるので，出力のラプラス変換 $Y(s)$ は
$$Y(s) = H(s)X(s) = \frac{1}{1+sT}\frac{1}{s}$$
次の式のように部分分数に展開すると $Y(s) = \frac{1}{Ts\left(s+\frac{1}{T}\right)} = \frac{K_1}{s} + \frac{K_2}{s+\frac{1}{T}} = \frac{1}{s} - \frac{1}{s+\frac{1}{T}}$.
ラプラス逆変換して $y(t)$ を求めると $y(t) = 1 - \varepsilon^{-t/T}$. 出力が 10% になる t_{10} は $0.1 = 1 - \varepsilon^{-t_{10}/T}$ となるので，t_{10} を求める.
$$\varepsilon^{-t_{10}/T} = 0.9$$
$$-\frac{t_{10}}{T} = \log_\varepsilon 0.9 = -0.1$$
$$t_{10} = 0.1T$$
出力が 90% になる t_{90} は $0.9 = 1 - \varepsilon^{-t_{90}/T}$ となるので，この式から t_{90} を求める.
$$\varepsilon^{-t_{90}/T} = 0.1$$
$$-\frac{t_{90}}{T} = \log_\varepsilon 0.1 = -2.3$$
$$t_{90} = 2.3T$$
t_r は，$t_\mathrm{r} = 2.3T - 0.1T = \underline{2.2T}$
(2) この回路のゲイン g [dB] は
$$g = 20\log_{10}|H(j\omega)| = 20\log_{10}\left|\frac{1}{1+j\omega T}\right| = -10\log_{10}\{1+(\omega T)^2\}\,[\mathrm{dB}]$$
題意の 3 dB 振幅が小さくなる角周波数を ω_0 とすれば，上式から次の式が成立する.
$$-3 = -10\log_{10}\{1+(\omega_0 T)^2\}$$
ω_0 を求めれば，$\omega_0 T = 1$, $\omega_0 = \frac{1}{T}$ となるので，f_0 は $f_0 = \frac{1}{2\pi}\frac{1}{T}$. この式に t_r を代入すれば，$f_0 = \frac{1}{2\pi}\frac{2.2}{t_\mathrm{r}} = \underline{\frac{0.35}{t_\mathrm{r}}}$ [Hz]

■ **3.17** (1) (a) 入力のラプラス変換を $X(s)$, 出力のラプラス変換を $Y(s)$ とすれば
$$Y(s) = G(s)X(s)$$
インパルス応答であるので $X(s) = 1$.
$$Y(s) = G(s) = \frac{1}{(sT_1+1)(sT_2+1)} = \frac{1}{T_1 T_2}\frac{1}{\left(s+\frac{1}{T_1}\right)\left(s+\frac{1}{T_2}\right)}$$
$$= \frac{1}{T_1-T_2}\frac{1}{s+\frac{1}{T_1}} - \frac{1}{T_1-T_2}\frac{1}{s+\frac{1}{T_2}}$$
$$y(t) = \mathcal{L}^{-1}[Y(s)] = \frac{1}{T_1-T_2}(\varepsilon^{-t/T_1} - \varepsilon^{-t/T_2})$$
(b) $Y(s) = G(s)X(s)$ よりインディシャル応答であるので $X(s) = \frac{1}{s}$.
$$Y(s) = G(s)X(s) = \frac{1}{(sT_1+1)(sT_2+1)}\frac{1}{s} = \frac{1}{T_1 T_2}\frac{1}{s\left(s+\frac{1}{T_1}\right)\left(s+\frac{1}{T_2}\right)}$$
$$= \frac{1}{s} - \frac{T_1}{T_1-T_2}\frac{1}{s+\frac{1}{T_1}} + \frac{T_2}{T_1-T_2}\frac{1}{s+\frac{1}{T_2}}$$
$$y(t) = \mathcal{L}^{-1}[Y(s)] = 1 - \frac{1}{T_1-T_2}\left(T_1\varepsilon^{-t/T_1} - T_2\varepsilon^{-t/T_2}\right)$$

(2) $y(t)$ をラプラス変換する．

$$Y(s) = \frac{1}{s} - \frac{s+2}{(s+2)^2+4^2} - \frac{1}{2}\frac{4}{(s+2)^2+4^2} = \frac{(s+2)^2+4^2-s(s+2)-2s}{s\{(s+2)^2+4^2\}} = \frac{20}{s(s^2+4s+20)}$$

インディシャル応答であるので $X(s) = \frac{1}{s}$，伝達関数 $G(s)$ は

$$G(s) = \frac{Y(s)}{X(s)} = \frac{\frac{20}{s(s^2+4s+20)}}{\frac{1}{s}} = \frac{20}{s^2+4s+20}$$

■ **3.18** (1) 閉路伝達関数は直結フィードバックであるので

$$W(s) = \frac{\frac{K}{s(1+0.25s)}}{1+\frac{K}{s(1+0.25s)}} = \frac{K}{s(1+0.25s)+K} = \frac{4K}{s^2+4s+4K}$$

(2) $W(s)$ を変形すると $W(s) = \frac{4K}{s^2+4s+4K} = \frac{4K}{(s+2)^2+4K-4}$. 振動的になるためには $4K - 4 > 0$ ∴ $K > 1$

(3) $W(s)$ を変形すると

$$W(s) = \frac{4K}{s^2+4s+4K} = \frac{\omega_n^2}{s^2+2\zeta\omega_n s+\omega_n^2}$$

$$2\zeta\omega_n = 4, \quad \omega_n^2 = 4K$$

$$\omega_n = \frac{4}{2\zeta} = \frac{4}{2\times 0.4} = \frac{4}{0.8} = 5, \quad K = \frac{\omega_n^2}{4} = \frac{5^2}{4} = \frac{25}{4} = 6.25$$

(4) $K = 5$ とした場合の $W(s)$ は $W(s) = \frac{20}{s^2+4s+20}$. インディシャル応答であるので $R(s) = \frac{1}{s}$ であるから

$$C(s) = W(s)R(s) = \frac{20}{s(s^2+4s+20)} = \frac{A}{s} + \frac{B(s+2)}{(s+2)^2+4^2} + \frac{4C}{(s+2)^2+4^2}$$

$$= \frac{1}{s} - \frac{s+2}{(s+2)^2+4^2} - \frac{1}{2}\frac{4}{(s+2)^2+4^2}$$

したがって $c(t) = \mathcal{L}^{-1}[C(s)] = 1 - \varepsilon^{-2t}\cos 4t - \frac{1}{2}\varepsilon^{-2t}\sin 4t$

■ **3.19** (1) 与えられた式を初期値を 0 としてラプラス変換すると

$$Y(s) + \frac{1}{T}\frac{Y(s)}{s} = X(s)$$

求める伝達関数 $G(s)$ は，$G(s) = \frac{Y(s)}{X(s)} = \frac{1}{1+\frac{1}{Ts}} = \frac{Ts}{1+Ts}$

(2) 時間関数 $x(t) = t$ をラプラス変換の定義式により，$t \geq 0$ でラプラス変換すれば

$$\mathcal{L}[x(t)] = \int_0^\infty t\varepsilon^{-st}dt = \left[t\frac{\varepsilon^{-st}}{-s}\right]_0^\infty - \int_0^\infty \frac{\varepsilon^{-st}}{-s}dt = \frac{1}{s}\int_0^\infty \varepsilon^{-st}dt = \frac{1}{s}\left[\frac{\varepsilon^{-st}}{-s}\right]_0^\infty = \frac{1}{s^2}$$

よって，$X(s) = \mathcal{L}[x(t)] = \frac{1}{s^2}$

(3) 制御要素に入力 $X(s) = \frac{1}{s^2}$ が加わったとき，出力 $Y(s)$ は

$$Y(s) = G(s)X(s) = \frac{Ts}{1+Ts}\frac{1}{s^2}$$

$$= \frac{T}{s(1+Ts)} = T\left(\frac{1}{s} - \frac{T}{1+Ts}\right) = T\left(\frac{1}{s} - \frac{1}{s+\frac{1}{T}}\right)$$

となるから，求める過渡応答 $y(t)$ は，$y(t) = \mathcal{L}^{-1}[Y(s)] = T(1 - \varepsilon^{-t/T})$

■ **3.20** (1) ブロック線図は図のようになる．

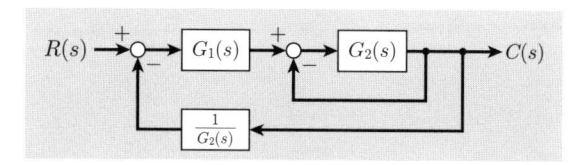

(2) 求める伝達関数 $G(s)$ は $G(s) = \frac{G_1(s)G_2(s)}{1+G_1(s)+G_2(s)}$

(3) $G(s)$ の式に $G_1(s) = 1, G_2(s) = \frac{2}{s}$ を代入すると

$$G(s) = \frac{1 \cdot \frac{2}{s}}{1+1+\frac{2}{s}} = \frac{1}{s+1}$$

よって，$R(s)$ として単位インパルス関数を与えたときのインパルス応答 $c(t)$ は

$$c(t) = \mathcal{L}^{-1}[G(s) \cdot 1] = \mathcal{L}^{-1}\left[\frac{1}{s+1}\right] = \varepsilon^{-t}$$

■ **3.21** (1) 閉ループ伝達関数

$$M(s) = \frac{G(s)}{1+G(s)} = \frac{\frac{5K}{s(s+4)}}{1+\frac{5K}{s(s+4)}} = \frac{5K}{s(s+4)+5K} = \frac{5K}{(s+2)^2+5K-4}$$

振動的になるためには $5K - 4 > 0, K > 0.8$

(2) $K = 1$ とすると $M(s) = \frac{5}{(s+2)^2+1}$. ステップ応答であるので $R(s) = \frac{1}{s}$.

$$C(s) = M(s)R(s) = \frac{5}{(s+2)^2+1}\frac{1}{s} = \frac{1}{s} - \frac{s+2}{(s+2)^2+1} - \frac{2}{(s+2)^2+1}$$

$$c(t) = \mathcal{L}^{-1}[C(s)] = 1 - \varepsilon^{-2t}\cos t - 2\varepsilon^{-2t}\sin t$$

(3) 行き過ぎ量

$$c(t) = 1 - \varepsilon^{-2t}\cos t - 2\varepsilon^{-2t}\sin t = 1 - \sqrt{5}\varepsilon^{-2t}\sin(t+\theta), \quad \theta = \tan^{-1}\frac{1}{2}$$

$$\frac{dc(t)}{dt} = 2\sqrt{5}\varepsilon^{-2t}\sin(t+\theta) - \sqrt{5}\varepsilon^{-2t}\cos(t+\theta) = 0$$

$$2\sin(t+\theta) - \cos(t+\theta) = 0, \quad \tan(t+\theta) = \frac{1}{2}$$

$$\tan\left(t + \tan^{-1}\frac{1}{2}\right) = \frac{1}{2}, \quad t = n\pi$$

$$c(n\pi) = 1 - \sqrt{5}\varepsilon^{-2n\pi}\left(\frac{2}{\sqrt{5}}\sin n\pi + \frac{1}{\sqrt{5}}\cos n\pi\right) = 1 - \sqrt{5}\varepsilon^{-2n\pi}\frac{1}{\sqrt{5}}\cos n\pi$$

$$= 1 - \varepsilon^{-2n\pi}(-1)^n$$

最大行き過ぎ量は $n = 1$

$$c_{\max} - 1 = 1 + \varepsilon^{-2\pi} - 1 = \varepsilon^{-2\pi} = 0.001867 = \underline{0.187\,[\%]}$$

■ **3.22** (1) $G(s)H(s) = \frac{1}{s+a}$ よりステップ入力の定常偏差は入力が $R(s) = \frac{R}{s}$ であるので $e_{\mathrm{ss}} = \frac{R}{1+\lim_{s\to 0}G(s)H(s)} = \frac{R}{1+\frac{1}{a}}$. したがって $e_{\mathrm{ss}} = \frac{R}{1+K_\mathrm{p}}$. ここで $\lim_{s\to 0}G(s)H(s) = \frac{1}{a} = K_\mathrm{p}$ となり 0 形系のステップ入力定常偏差となる．

(2) ランプ関数入力の定常偏差は
$$e_{\rm ss} = \frac{R}{\lim_{s\to 0} sG(s)H(s)} = \frac{R}{\lim_{s\to 0} \frac{s}{s+a}} = \frac{R}{K_{\rm v}}, \quad K_{\rm v} = \lim_{s\to 0} \frac{s}{s+a} = 0$$

したがって $e_{\rm ss} = \infty$ となり，0 形系のランプ入力定常偏差となる．

■ **3.23** 外乱 $d(t)$ から出力 $c(t)$ までの伝達関数 $G_{\rm cd}(s)$ は
$$G_{\rm cd}(s) = \frac{s}{s^3+3s^2+2s+K}$$

また，$k=1, m=1, F_1(s)=K, F_2(s)=\frac{1}{(s+1)(s+2)}$ であるので

(1) ステップ関数外乱のとき $e_{\rm sd} = \frac{1}{K}\lim_{s\to 0}\frac{s^2}{(s+1)(s+2)}\frac{1}{s} = 0$

(2) ランプ関数外乱のとき $e_{\rm sd} = \frac{1}{K}\lim_{s\to 0}\frac{s^2}{(s+1)(s+2)}\frac{1}{s^2} = \frac{1}{2K}$

■ **3.24** (1) (ヲ) (2) (チ) (3) (ヘ) (4) (ヨ) (5) (ハ)

■ **3.25** (1) 与えられたブロック線図の内側ループ図 (a) の伝達関数を $G(s)$ とすれば
$$G(s) = \frac{\frac{1}{s+1}}{1+K_2\frac{1}{s+1}} = \frac{1}{s+1+K_2}$$

よって，全体の閉ループ関数 $W(s)$ は図 (b) から，次式のようになる．
$$W(s) = \frac{\frac{K_1}{s}G(s)}{1+\frac{K_1}{s}G(s)} = \frac{\frac{K_1}{s}\frac{1}{s+1+K_2}}{1+\frac{K_1}{s}\frac{1}{s+1+K_2}} = \frac{K_1}{s^2+(1+K_2)s+K_1}$$

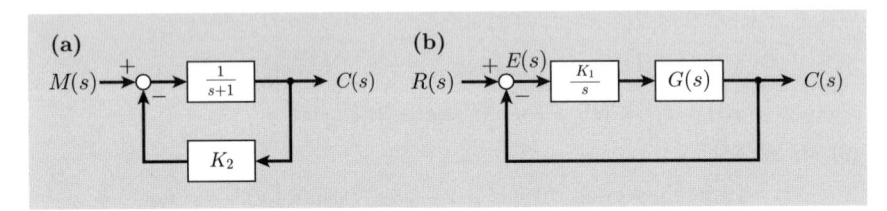

(a) $M(s) \to + \to \boxed{\frac{1}{s+1}} \to C(s)$, フィードバック $\boxed{K_2}$

(b) $R(s) \to + \to E(s) \to \boxed{\frac{K_1}{s}} \to \boxed{G(s)} \to C(s)$

(2) 二次遅れ要素の標準形式は減衰係数を ζ，固有角周波数を $\omega_{\rm n}$ とすれば
$$W(s) = \frac{\omega_{\rm n}^2}{s^2+2\zeta\omega_{\rm n}s+\omega_{\rm n}^2}$$

上式と (1) の答を等置すると，次式のようになる．
$$K_1 = \omega_{\rm n}^2 = 10^2 = 100, \quad 1+K_2 = 2\zeta\omega_{\rm n}$$
$$\therefore \quad K_2 = 2\zeta\omega_{\rm n} - 1 = 2\times 0.5 \times 10 - 1 = \underline{9}$$

(3) ブロック線図から，次式のようになる．
$$E(s) = R(s) - C(s), \quad C(s) = \frac{K_1}{s}G(s)E(s) = \frac{K_1}{s^2+(1+K_2)s}E(s) = H(s)E(s)$$

ただし，$H(s) = \frac{K_1}{s^2+(1+K_2)s}$．変形すると
$$E(s) = R(s) - H(s)E(s), \quad E(s)\{1+H(s)\} = R(s)$$
$$\therefore \quad W_{\rm e}(s) = \frac{E(s)}{R(s)} = \frac{1}{1+H(s)} = \frac{1}{1+\frac{K_1}{s^2+(1+K_2)s}} = \frac{1}{1+\frac{100}{s^2+10s}}$$

(4) ランプ関数 $r(t) = t$ をラプラス変換すると, $R(s) = \frac{1}{s^2}$ となる. 定常速度偏差 e_s は最終値の定理から $e_s = \lim_{s \to 0} s W_e(s) R(s) = \lim_{s \to 0} s \frac{1}{1 + \frac{100}{s^2 + 10s}} \frac{1}{s^2} = 0.1$

■ **3.26** (1) この制御系の全体の伝達関数を $M(s)$ とすれば

$$M(s) = \frac{K \frac{1}{s(Ts+1)}}{1 + K \frac{1}{s(Ts+1)}} = \frac{K}{Ts^2 + s + K} = \frac{\frac{K}{T}}{s^2 + \frac{1}{T}s + \frac{K}{T}}$$

となる. 二次遅れ要素の標準形は, $M(s) = \frac{\omega_n^2}{s^2 + 2\zeta\omega_n s + \omega_n^2}$ であるので

$$\omega_n^2 = \frac{K}{T} \quad \therefore \quad \omega_n = \sqrt{\frac{K}{T}} \quad (\because \quad \omega_n \geq 0)$$

また, $2\zeta\omega_n = \frac{1}{T}$. この式を変形して $\zeta = \frac{1}{2\omega_n T} = \frac{1}{2\sqrt{\frac{K}{T}}T} = \frac{1}{2\sqrt{KT}}$

(2) 減衰係数が 0.2 のとき, 減衰係数とゲインをそれぞれ ζ_1, K_1, 減衰係数が 0.6 のとき, 減衰係数とゲインをそれぞれ ζ_2, K_2 とする. 題意から時定数 T が一定であるから

$$\zeta_1 = \frac{1}{2\sqrt{K_1 T}} = 0.2 \quad \therefore \quad K_1 = \frac{1}{0.2^2 \times 4T} = \frac{1}{0.04 \times 4T}$$

$$\zeta_2 = \frac{1}{2\sqrt{K_2 T}} = 0.6 \quad \therefore \quad K_2 = \frac{1}{0.6^2 \times 4T} = \frac{1}{0.36 \times 4T}$$

上式より

$$\frac{K_2}{K_1} = \frac{\frac{1}{0.36 \times 4T}}{\frac{1}{0.04 \times 4T}} = \frac{0.04}{0.36} = \frac{1}{9}$$

減衰係数 ζ を 0.2 から 0.6 に増加させるためには, ゲイン K をもとの $\frac{1}{9}$ 倍にすればよい.

(3) 減衰係数が 0.2 および 0.6 のときの固有角周波数をそれぞれ ω_1, ω_2 とすれば

$$\omega_1 = \sqrt{\frac{K_1}{T}}, \quad \omega_2 = \sqrt{\frac{K_2}{T}}$$

上 2 式に (2) で求めた K_1 および K_2 を代入すると $\frac{\omega_2}{\omega_1} = \sqrt{\frac{K_2}{K_1}} = \sqrt{\frac{1}{9}} = \frac{1}{3}$. 固有角周波数 ω_n は, もとの $\frac{1}{3}$ 倍になる.

(4) 単位ステップ関数をラプラス変換すると $\frac{1}{s}$ である. この信号を制御系に与えたときの応答 $C(s)$ は $C(s) = W(s)R(s) = \frac{\frac{K}{T}}{s^2 + \frac{1}{T}s + \frac{K}{T}} \frac{1}{s}$ となる. この式に与えられた数値を代入すると次のようになる.

$$C(s) = \frac{100}{s^2 + 12s + 100} \frac{1}{s} = \frac{1}{s} \frac{100}{(s + 6 - j8)(s + 6 + j8)}$$

変形すると

$$C(s) = \frac{1}{s} - \frac{s+6}{(s+6)^2 + 8^2} - \frac{6}{(s+6)^2 + 8^2} = \frac{1}{s} - \frac{s+6}{(s+6)^2 + 8^2} - \frac{6}{8} \frac{8}{(s+6)^2 + 8^2}$$

よって, この制御系の過渡応答 $c(t)$ は, 上式を逆ラプラス変換して

$$c(t) = \mathcal{L}^{-1}[C(s)] = 1 - \varepsilon^{-6t} \cos 8t - \frac{3}{4}\varepsilon^{-6t} \sin 8t$$

$$= 1 - \varepsilon^{-6t}\left(\frac{3}{4}\sin 8t + \cos 8t\right) = 1 - \frac{5}{4}\varepsilon^{-6t} \sin\left(8t + \tan^{-1}\frac{4}{3}\right)$$

■**3.27** 入力をラプラス変換する．

$$R(s) = \frac{1}{s} + \frac{1}{s^2} + \frac{2}{s^3}$$

$$E(s) = \frac{R(s)}{1+G(s)} = \frac{1}{1+\frac{100}{s(1+0.1s)}} \left(\frac{1}{s} + \frac{1}{s^2} + \frac{2}{s^3}\right) = \frac{s(1+0.1s)}{0.1s^2+s+100} \frac{s^2+s+2}{s^3}$$

$$e_{ss} = \lim_{t \to \infty} e(t) = \lim_{s \to 0} sE(s) = \lim_{s \to 0} s \frac{s(1+0.1s)}{0.1s^2+s+100} \frac{s^2+s+2}{s^3}$$

$$= \lim_{s \to 0} \frac{(1+0.1s)(s^2+s+2)}{s(0.1s^2+s+100)} = \frac{2}{0} = \infty$$

■**3.28** 入力を $r(t)$ とすると題意より $r(t) = 20t$，ラプラス変換すると $R(s) = \frac{20}{s^2}$．偏差 $E(s)$ は

$$E(s) = \frac{R(s)}{1+G(s)} = \frac{1}{1+\frac{K(0.3s+1)}{s(s+1)(0.1s+1)}} \frac{20}{s^2} = \frac{s(s+1)(0.1s+1)}{s(s+1)(0.1s+1)+K(0.3s+1)} \frac{20}{s^2}$$

定常偏差 e_{ss} は

$$e_{ss} = \lim_{t \to \infty} e(t) = \lim_{s \to 0} sE(s) = \lim_{s \to 0} s \frac{s(s+1)(0.1s+1)}{s(s+1)(0.1s+1)+K(0.3s+1)} \frac{20}{s^2} = \frac{20}{K}$$

定常偏差が $1°$ 以内であるから $\frac{20}{K} < 1$ $\therefore K > 20$

■**3.29** (1) ブロック線図から $\dot{x}_1 = x_2$, $\dot{x}_2 = -ax_2 + bu$, $y = x_1$ が得られる．
与えられた状態方程式の形式で表せば次式に示すようになる．

$$\begin{pmatrix} \dot{x}_1 \\ \dot{x}_2 \end{pmatrix} = \begin{pmatrix} 0 & 1 \\ 0 & -a \end{pmatrix} \begin{pmatrix} x_1 \\ x_2 \end{pmatrix} + \begin{pmatrix} 0 \\ b \end{pmatrix} u, \quad y = \begin{pmatrix} 1 & 0 \end{pmatrix} \begin{pmatrix} x_1 \\ x_2 \end{pmatrix}$$

(2) (1)の式を書き直せば $\frac{dx_1}{dt} = x_2$, $\frac{dx_2}{dt} = -ax_2 + bu$ のようになる．ラプラス変換すると

$$sX_1(s) = X_2(s), \quad sX_2(s) = -aX_2(s) + bU(s), \quad Y(s) = X_1(s)$$

ここで，$s(s+a)X_1(s) = bU(s)$ が得られるから，$s(s+a)Y(s) = bU(s)$ となる．したがって，求める伝達関数 $G(s)$ は $G(s) = \frac{Y(s)}{U(s)} = \frac{b}{s(s+a)}$ となる．

(3) この制御系のインディシャル応答は，単位ステップ関数をラプラス変換した値 $U(s) = \frac{1}{s}$ であるから，$Y(s) = G(s)U(s) = \frac{b}{s(s+a)} \frac{1}{s} = \frac{b}{s^2(s+a)}$ のように示される．したがって

$$Y(s) = \frac{b}{a} \left(\frac{1}{s^2} - \frac{1}{a}\frac{1}{s} + \frac{1}{a}\frac{1}{s+a}\right)$$

ラプラス逆変換すれば，インディシャル応答が求まる．

$$y(t) = \frac{b}{a} \left\{ t - \frac{1}{a}(1 - \varepsilon^{-at}) \right\}$$

4章

■**4.1** 伝達関数をブロック線図で示すと図 (a) であり，周波数領域でのブロック線図は図 (b) となる．一般に信号には種々の周波数成分を含んでいるが，線形制御系では入力信号と出力信号との間には，同一周波数成分についてだけ関係があり，その伝達特性を決めるのが $G(j\omega)$ である．信号を表現する方法には各周波数に対して振幅と位相を表す周波数スペクトルを用いている．
周波数伝達関数は

$$G(j\omega) = \frac{C(j\omega)}{E(j\omega)} = \frac{|C(j\omega)| \angle C(j\omega)}{|E(j\omega)| \angle E(j\omega)}$$

問 題 解 答

$$G(j\omega) = \frac{|C(j\omega)|}{|E(j\omega)|}(\angle C(j\omega) - \angle E(j\omega)) = |G(j\omega)|\angle G(j\omega)$$

のように書き表すこともできる．ただし

$$|G(j\omega)| = \frac{|C(j\omega)|}{|E(j\omega)|}, \quad \angle G(j\omega) = \angle C(j\omega) - \angle E(j\omega)$$

```
  E(s)  ┌──────┐  C(s) = G(s)E(s)
  ───→  │ G(s) │  ─────────────→
  e(t)  └──────┘  c(t)
```
任意波形信号入力+過渡状態+定常状態+初期値 0；複素数領域
(a) 伝達関数

$s \to j\omega$

```
  E(jω) ┌──────┐  C(jω) = G(jω)E(jω)
  ───→  │G(jω) │  ──────────────→
        └──────┘
```
正弦波信号入力+定常状態；周波数領域
(b) 周波数伝達関数

■ **4.2** 図 (a) に示す線形制御系のブロック線図で入力信号 $e(t)$ として $e(t) = A_\mathrm{i}\sin\omega t$ の正弦波信号が入り，過渡現象が十分消滅した後の信号 $c(t)$ として $c(t) = A_\mathrm{o}\sin(\omega t - \phi_0)$ が出力されたとする．入力信号と出力信号との振幅比および位相差は，制御系の性質と入力信号の周波数に依存し，$G(j\omega) = \frac{A_\mathrm{o}\varepsilon^{-j\phi_0}}{A_\mathrm{i}}$ となりあるいは，一般に $G(j\omega) = \left|\frac{A_\mathrm{o}}{A_\mathrm{i}}(\omega)\right|\varepsilon^{j\phi_0(\omega)}$ のように表現できる．この振幅比および位相差を周波数の関数として表現したものが周波数応答である．

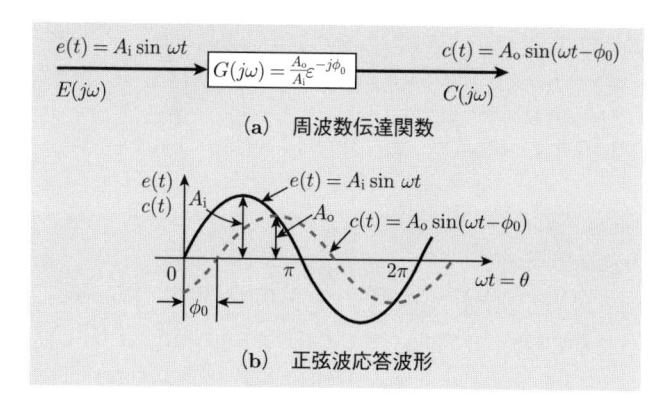

```
e(t)=Aᵢ sin ωt  ┌─────────────────┐  c(t)=A₀ sin(ωt-φ₀)
────────────→   │G(jω)=A₀/Aᵢ·ε⁻ʲᵠ⁰ │  ──────────────→
 E(jω)          └─────────────────┘   C(jω)
```
(a) 周波数伝達関数

(b) 正弦波応答波形

■ **4.3** 伝達関数から出力信号は $C(s) = \frac{1}{s^2+2s+1}E(s)$ ∴ $(s^2 + 2s + 1)C(s) = E(s)$
微分方程式に変換すると $\frac{d^2c(t)}{dt^2} + 2\frac{dc(t)}{dt} + c(t) = e(t)$．いま，入力・出力信号を正弦波とし，オイラーの公式で表現すると

$$e(t) = A_\mathrm{i}\sin\omega t = \mathrm{Im}[A_\mathrm{i}\varepsilon^{j\omega t}], \quad c(t) = A_\mathrm{o}\sin(\omega t + \phi_0) = \mathrm{Im}[A_\mathrm{o}\varepsilon^{j(\omega t+\phi_0)}]$$

上の 2 式を微分方程式に代入すると

$$\mathrm{Im}[A_\mathrm{i}\varepsilon^{j\omega t}] = \mathrm{Im}\left[A_\mathrm{o}\frac{d^2\varepsilon^{j(\omega t+\phi_0)}}{dt^2} + 2A_\mathrm{o}\frac{d\varepsilon^{j(\omega t+\phi_0)}}{dt} + A_\mathrm{o}\varepsilon^{j(\omega t+\phi_0)}\right]$$

$$= \mathrm{Im}[A_0(j\omega)^2\varepsilon^{j(\omega t+\phi_0)} + 2A_\mathrm{o}j\omega\varepsilon^{j(\omega t+\phi_0)} + A_\mathrm{o}\varepsilon^{j(\omega t+\phi_0)}]$$

右辺にまとめて整理すると

$$\mathrm{Im}[\{A_\mathrm{o}(j\omega)^2\varepsilon^{j\phi_0} + 2A_\mathrm{o}j\omega\varepsilon^{j\phi_0} + A_\mathrm{o}\varepsilon^{j\phi_0} - A_\mathrm{i}\}\varepsilon^{j\omega t}] = 0$$

かっこの内を0とすると $A_\mathrm{o}\varepsilon^{j\phi_0}\{(j\omega)^2 + 2j\omega + 1\} - A_\mathrm{i} = 0$ であるので周波数伝達関数は

$$G(j\omega) = \frac{A_\mathrm{o}\varepsilon^{j\phi_0}}{A_\mathrm{i}} = \frac{1}{(j\omega)^2+2j\omega+1} = \frac{1}{2j\omega+(1-\omega^2)} = \frac{1}{\sqrt{4\omega^2+(1-\omega^2)^2}}\angle\phi_0$$

位相差は $\phi_0 = -\tan^{-1}\left(\frac{2\omega}{1-\omega^2}\right)$

振幅比は $\frac{A_\mathrm{o}}{A_\mathrm{i}} = \frac{1}{\sqrt{4\omega^2+(1-\omega^2)^2}}$

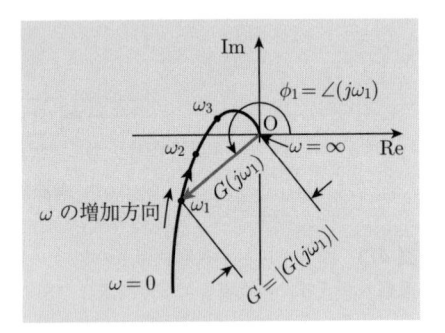

■**4.4** 図に複素平面での $G(j\omega)$ のベクトル軌跡を示す．ω の値を0から $\omega_1, \omega_2, \omega_3, \ldots$ と ∞ まで変化させたときそれぞれのベクトル $G(j\omega)$ の大きさと位相差を求める．そのベクトルの先端を結ぶとベクトルが描く軌跡を表せる．

■**4.5** 与式を周波数伝達関数の

$$G(j\omega) = G_1(j\omega)G_2(j\omega)$$

に変える．分解の種類は種々あるがたとえば次のように分解して表現する．

$$G_1(j\omega) = \frac{1}{j\omega(1+j\omega)}, \quad G_2(j\omega) = \frac{10}{2+j\omega}$$

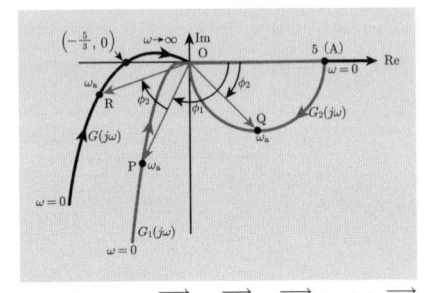

図に与式のベクトルの合成によるベクトル軌跡を示す．まず，$G_1(j\omega)$ は図示のようにマイナスの虚軸上と半円の合成である．次に，$G_2(j\omega)$ は図示の軌跡である．たとえば $\omega = \omega_\mathrm{a}$ のとき，振幅は $|G| = |G_1|\times|G_2|$，位相は $\angle G = \angle G_1 + \angle G_2$ であるので $\overrightarrow{\mathrm{OR}} = \overrightarrow{\mathrm{OP}}\times\overrightarrow{\mathrm{OQ}}$ に示す $\overrightarrow{\mathrm{OP}}$ と $\overrightarrow{\mathrm{OQ}}$ の積 $\overrightarrow{\mathrm{OR}}$ となり，位相は

$$\angle\mathrm{AOR} = \angle\mathrm{AOP} + \angle\mathrm{AOQ} = \angle\mathrm{AOP} + \angle\mathrm{POR} = \phi_1 + \phi_2$$

に示す ϕ_1 と ϕ_2 の和となる．ただし，ω_a に対する $G_1(j\omega)$ のベクトル $\overrightarrow{\mathrm{OP}}$，$G_2(j\omega)$ のベクトル $\overrightarrow{\mathrm{OQ}}$ とする．このように ω を $0 \sim +\infty$ まで変化させベクトル軌跡の $G(j\omega)$ を描くことができる．

■**4.6** ω が0と∞のときの大きさと位相差はそれぞれ次式となる．

$$\lim_{\omega\to 0}|G(j\omega)| = \lim_{\omega\to 0}\left|\frac{10}{j\omega(j\omega+1)(j\omega+2)}\right| = \lim_{\omega\to 0}\frac{10}{\omega\sqrt{\omega^2+1}\sqrt{\omega^2+4}} = \lim_{\omega\to 0}\frac{10}{2\omega} \approx \infty$$

$$\lim_{\omega\to\infty}|G(j\omega)| = \lim_{\omega\to\infty}\frac{10}{\omega^3} \approx 0$$

$$\lim_{\omega\to 0}\angle G(j\omega) = \lim_{\omega\to 0}\angle\frac{10}{j\omega(j\omega+1)(j\omega+2)} = \lim_{\omega\to 0}\angle\frac{10}{2j\omega} \approx -90°$$

$$\lim_{\omega \to \infty} \angle G(j\omega) = \lim_{\omega \to \infty} \angle \frac{10}{(j\omega)^3} \approx -270°$$

また，実軸および虚軸との交点は次式から求められる．
$$G(j\omega) = \frac{-30\omega^2}{9\omega^4 + \omega^2(2-\omega^2)^2} - j\frac{10\omega(2-\omega^2)}{9\omega^4 + \omega^2(2-\omega^2)^2}$$

虚軸との交点は $\mathrm{Re}[G(j\omega)] = 0$ のときの ω の値であるので $\omega = \infty$ のとき $G(j\omega) = 0$ である．実軸との交点は $\mathrm{Im}[G(j\omega)] = 0$ のときの ω の値であるので $\frac{10\omega(2-\omega^2)}{9\omega^4+\omega^2(2-\omega^2)^2} = 0$ であり，$\omega = 0$ または $\omega = \pm\sqrt{2}$．したがって $\omega = +\sqrt{2}$ を $G(j\omega)$ に代入して，$G(j\sqrt{2}) = -\frac{5}{3}$ となる．

■ **4.7** 問式の (i) ゲイン特性と，(ii) 位相特性は，以下のように分割して表示でき，それぞれの代数和として表現することができる．

(i) デシベル表示での $G(j\omega)$ の大きさ（ゲイン）は 10 を底とする $|G(j\omega)|$ の対数に 20 を掛けると得られる．
$$g = |G(j\omega)|_{\mathrm{dB}} = 20\log_{10}|G(j\omega)|$$
$$= 20\log_{10}K + 20\log|\varepsilon^{-j\omega T_d}| + 20\log_{10}|1 + j\omega T_1|$$
$$+ 20\log_{10}|1 + j2\zeta_1\mu_1 - \mu_1^2| - 20\log_{10}|j\omega|$$
$$- 20\log_{10}|1 + j\omega T_a| - 20\log_{10}|1 + 2j\zeta_a\mu_a - \mu_a^2|$$

(ii) $\phi = \angle G(j\omega) = \angle K + \angle \varepsilon^{-j\omega T_d} + \angle(1 + j\omega T_1) + \angle(1 + j2\zeta_1\mu_1 - \mu_1^2)$
$$- \angle j\omega - \angle(1 + j\omega T_a) - \angle(1 + j2\zeta_a\mu_a - \mu_a^2)$$

上式は，次の基本要素の組合せとなる．

■ **4.8** 周波数伝達関数は
$$G(j\omega) = \frac{10}{j\omega(1+j\omega)} = G_1(j\omega)G_2(j\omega)G_3(j\omega)$$

ただし，$G_1(j\omega) = 10$, $G_2(j\omega) = \frac{1}{j\omega}$, $G_3(j\omega) = \frac{1}{1+j\omega}$．ゲイン特性は
$$g = 20\log_{10}10 - 20\log_{10}|j\omega| - 20\log_{10}|1+j\omega| = g_1 + g_2 + g_3$$

ただし，$g_1 = 20\log_{10}10$, $g_2 = -20\log_{10}|j\omega|$, $g_3 = -20\log_{10}|1+j\omega|$．位相特性は
$$\phi = \angle 10 + \angle\frac{1}{j\omega} + \angle\frac{1}{1+j\omega} = \phi_1 + \phi_2 + \phi_3$$

ただし，$\phi_1 = \angle 10$, $\phi_2 = -\angle j\omega = -90°$, $\phi_3 = -\angle(1+j\omega)$ とおく．ボード線図は次ページの図 (a), (b) のようになる．

■ **4.9** A：K, B：$1 + j\omega T$, C：$\sqrt{1 + (\omega T)^2}$, D：$-\tan^{-1}\omega T$, E：半円形

■ **4.10** A：$A\varepsilon^{j\omega(t-L)}$, B：$\varepsilon^{-j\omega L}$, C：$-\omega L$, D：$-\frac{180}{\pi}\omega L$, E：円

■ **4.11** 周波数伝達関数 $\frac{KG(j\omega)}{1+KG(j\omega)H(j\omega)}$　　■ **4.12** (2)　　■ **4.13** (2)

■ **4.14** (a) (2)　　(b) (4)

■ **4.15** 右図において，この回路に流れる電流 $I(j\omega)$ は $I(j\omega) = \frac{E_i(j\omega)}{R+\frac{1}{j\omega C}}$．つまり，$E_o(j\omega)$ は

$$E_o(j\omega) = \frac{1}{j\omega C}I(j\omega) = \frac{1}{j\omega C}\frac{E_i(j\omega)}{R+\frac{1}{j\omega C}} = \frac{E_i(j\omega)}{1+j\omega RC}$$

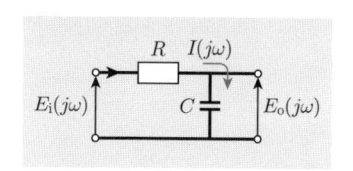

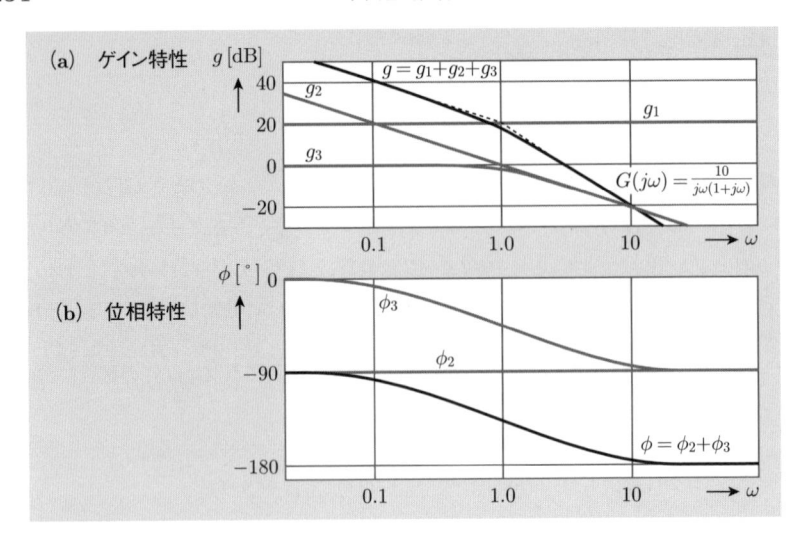

(a) ゲイン特性

グラフ: g [dB], $g = g_1 + g_2 + g_3$, $G(j\omega) = \frac{10}{j\omega(1+j\omega)}$

(b) 位相特性

グラフ: ϕ [°], $\phi = \phi_2 + \phi_3$

したがって，周波数伝達関数 $G(j\omega)$ は $G(j\omega) = \frac{E_o(j\omega)}{E_i(j\omega)} = \frac{1}{1+j\omega RC}$ となる．この式を実数部と虚数部に分けると $G(j\omega) = \frac{1}{1+(\omega RC)^2} - j\frac{\omega RC}{1+(\omega RC)^2}$．実数部，虚数部をそれぞれ x, y とおくと $x = \frac{1}{1+(\omega RC)^2}, y = \frac{-\omega RC}{1+(\omega RC)^2}$ より ωRC を消去すると，$\left(x-\frac{1}{2}\right)^2 + y^2 = \left(\frac{1}{2}\right)^2$ となり，この式は，<u>中心が $\left(\frac{1}{2}, 0\right)$，半径 $\frac{1}{2}$</u> の円を表している．つまり，$G(j\omega)$ のベクトル軌跡は右図のように円となる．ω を 0 から ∞ まで変化させたときの $G(j\omega)$ の軌跡の範囲は図の下半円となる．

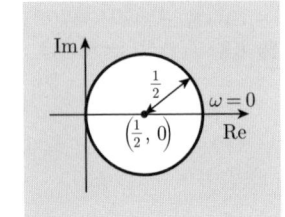

■**4.16** (1) 与えられた微分方程式を初期値 0 としてラプラス変換すると $Ts^2X(s) + sX(s) = KU(s)$ となる．この式を変形して伝達関数 $G(s)$ は

$$X(s)(Ts^2 + s) = KU(s) \quad \therefore \quad G(s) = \frac{X(s)}{U(s)} = \frac{K}{s(Ts+1)}$$

(2) 単位ステップ関数は $U(s) = \frac{1}{s}$ であるのでそのときの出力 $X(s)$ は

$$X(s) = G(s)U(s) = \frac{K}{s(Ts+1)}\frac{1}{s} = \frac{K}{T}\frac{1}{s^2\left(s+\frac{1}{T}\right)}$$

となる．

$$X(s) = \frac{K}{T}\left(\frac{T}{s^2} - \frac{T^2}{s} + \frac{T^2}{s+\frac{1}{T}}\right) = K\left\{\frac{1}{s^2} + T\left(-\frac{1}{s} + \frac{1}{s+\frac{1}{T}}\right)\right\}$$

上式をラプラス逆変換して，$x(t) = K\{t - T(1 - \varepsilon^{-t/T})\}$

(3) 周波数伝達関数 $G(j\omega)$ は，$G(j\omega) = \frac{K}{j\omega(j\omega T+1)}$．角周波数 $\omega = 0$ のとき

$$G(j\omega)|_{\omega=0} = \left.\frac{K}{j\omega(j\omega T+1)}\right|_{\omega=0} = \left.K\left(\frac{-T}{\omega^2 T^2+1} - j\frac{1}{\omega^3 T^2+\omega}\right)\right|_{\omega=0} = KT - j\infty$$

角周波数 $\omega = \frac{1}{T}$ のとき

問 題 解 答

$$G(j\omega)|_{\omega=1/T} = \left.\frac{K}{j\omega(j\omega T+1)}\right|_{\omega=1/T}$$
$$= \frac{KT}{j(j+1)} = -\frac{KT}{2} - j\frac{KT}{2}$$

角周波数 $\omega = \infty$ のとき

$$G(j\omega)|_{\omega=\infty} = \left.\frac{K}{j\omega(j\omega T+1)}\right|_{\omega=\infty} = \frac{K}{\infty} = 0$$

これらの点の座標を図の直角座標に示す.

■ **4.17** $s = j\omega$ とおくと, $G(j\omega) = \frac{\varepsilon^{-j\omega L}}{1+j\omega T}$. ここで, $\omega T = u$ とおくと, $|G|, \phi$ は

$$|G(j\omega)| = \frac{1}{\sqrt{1+u^2}}$$

$$\phi = -\frac{L}{T}u - \tan^{-1} u$$

したがって,このベクトル軌跡は一次遅れ要素のベクトル軌跡において,位相差のみを $-\frac{L}{T}u$ [rad] だけずらしたものとなる.図は $\frac{L}{T} = 1$ として,この要素のベクトル軌跡を,$\frac{1}{1+Ts}$ と ε^{-Ls} のベクトル軌跡より作図的に求めたものである.

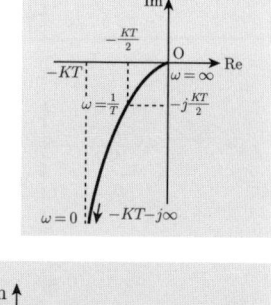

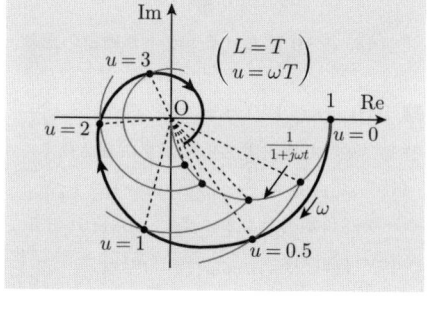

■ **4.18** 問式において,$s = j\omega$ とおくと

$$G(j\omega) = \frac{K\{1+a_1(j\omega)+a_2(j\omega)^2+\cdots+a_m(j\omega)^m\}}{(j\omega)^n\{1+b_1(j\omega)+b_2(j\omega)^2+\cdots+b_r(j\omega)^r\}}$$

$\omega \to 0$ においては,$G(j\omega)$ は $G(j\omega) \simeq \frac{K}{(j\omega)^n}$ となり,これから $|G(j\omega)|, \phi$ は

$$|G(j\omega)| \simeq \frac{K}{\omega^n}$$

$$\phi \simeq -90° \times n$$

したがって,$\omega \to 0$ におけるベクトル軌跡は n の値により異なり,次ページの図 (a) に示されるように $n = 0$ のときは実軸上原点より K なる点の近傍にあるが,$n = 1$ のときには虚軸上負の無限遠方にあり,$n = 2$ のときには実軸上負の無限遠方,さらに $n = 3$ のときには虚軸上正の無限遠方にある.

次に,$\omega \to \infty$ において,$G(j\omega)$ は

$$G(j\omega) \simeq \frac{Ka_m}{b_r}\frac{1}{(j\omega)^{n+r-m}}$$

となり,これから $|G(j\omega)|, \phi$ は

$$|G(j\omega)| \simeq \frac{Ka_m}{b_r}\frac{1}{\omega^{n+r-m}}$$

$$\phi \simeq -90° \times (n+r-m)$$

したがって,$\omega \to \infty$ におけるベクトル軌跡は,$n+r-m$ の値により異なり,次ページの図 (b) に示されるように,$n+r-m = 0$ のときは実軸上の $K\frac{a_m}{b_r}$ なる点の近傍にあるが,$n+r-m = 1, 2, 3$ の場合には,$\omega \to \infty$ とともにそれぞれ $-90°, -180°, -270°$ の方向より原点に漸近する.

```
          Im ↑ ↓ n=3
              ≋
n=2           |
─────────────○────K────→
   ≋         |   n=0   Re
              ≋
              ↓↓ n=1
```

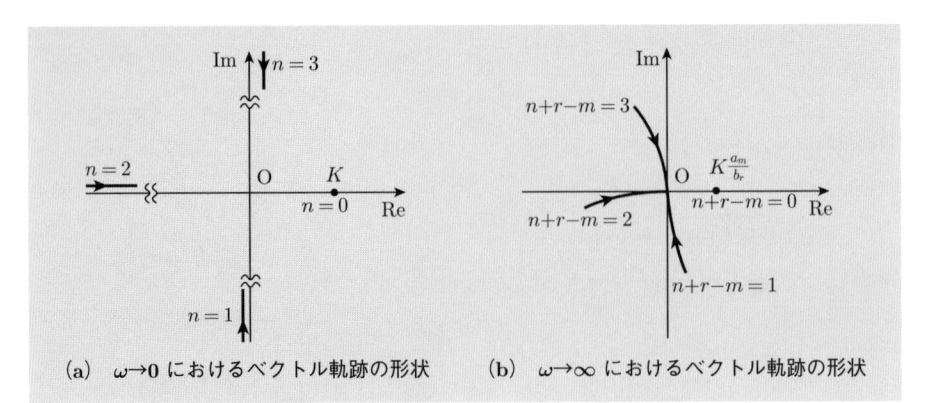

(a) $\omega \to 0$ におけるベクトル軌跡の形状

```
                  Im ↑
       n+r-m=3 ↘  |
                 \↓
        ─────────○────•──────→
   n+r-m=2 →↗    |  K a_m/b_r    Re
                 |   n+r-m=0
                 ↑
              n+r-m=1
```

(b) $\omega \to \infty$ におけるベクトル軌跡の形状

■ **4.19** (a) $G_1(s) = \frac{200}{s}$, $G_2(s) = \frac{1}{1+0.01s}$ として合成する．$G_2(s)$ は $\omega = 100$ に折点を持つ一次遅れ要素である．まず折線を描き，次に合成し，丸みをつける（図 (a)）．

(b) $G_1(s) = \frac{5}{1+0.05s}$, $G_2(s) = \frac{1}{1+0.02s}$ として合成する．それぞれ $\omega = 20, 50$ に折点を持つ一次遅れ要素である．また，$G_1(j0) = 5$ $(= 14\,[\mathrm{dB}])$．これらのことから同図 (b) となる．

(c) $G_1(s) = \frac{10}{1+0.001s}$, $G_2(s) = \frac{1}{\frac{1}{1+0.005s}}$ として合成する．それぞれ $\omega = 100, 200$ に折点を持つ一次遅れ，進み要素である（同図 (c)）．

(d) $G_1(s) = \frac{1}{1+0.2s}$, $G_2(s) = \frac{10^2}{s^2+2\times 0.5 \times 10s \times 10^2}$ として合成する．$G_2(s)$ は $\zeta = 0.5$, $\omega_\mathrm{n} = 10$ の二次遅れ要素であるから描く（同図 (d)）．

(e) $G_0(s) = 0.1\left(1+\frac{1}{5s}\right) = \frac{0.02}{s}\frac{s+0.2}{0.2} = G_1(s)G_2(s)$

ここで $G_1(s) = \frac{0.02}{s}$, $G_2(s) = \frac{s+0.2}{0.2}$ として $G_1(s), G_2(s)$ を描き，合成する（同図 (e)）．

(f) $G_0(s) = \left(1 + \frac{10^5}{s+10}\right)\frac{10^9}{s+10^7} \simeq \frac{s+10^5}{s+10}\frac{10^9}{s+10^7} = \frac{10^7}{s+10}\frac{s+10^5}{10^5}\frac{10^7}{s+10^7}$ と考えてボード線図を描く（同図 (f)）．

■ **4.20** 系の閉ループ伝達関数は $G(s) = \frac{\frac{1}{s(s+1)}}{1+\frac{1}{s(s+1)}} = \frac{1}{s^2+s+1}$

周波数伝達関数は $G(j\omega) = \frac{1}{(j\omega)^2+j\omega+1} = \frac{1}{1-\omega^2+j\omega}$．$G(j\omega)$ の大きさを M とすると

$$M = \frac{1}{\sqrt{(1-\omega^2)^2+\omega^2}}$$

M を最大にする ω の値は $y = (1-\omega^2)^2 + \omega^2$ が最小値となる ω の値を求める．

$$\frac{dy}{d\omega} = 2(1-\omega^2)(-2\omega) + 2\omega = 2\omega(2\omega^2-1) = 0$$

$\omega = 0$, $\omega = \pm \frac{1}{\sqrt{2}}$ となるが $\omega = 0$, $-\frac{1}{\sqrt{2}}$ は不適．よって，共振角周波数 ω は $\underline{\omega = \frac{1}{\sqrt{2}}}$

$$\frac{d^2y}{d\omega^2} = 2(2\omega^2-1) + 2\omega \cdot 4\omega = 12\omega^2 - 2$$

$\omega = \frac{1}{\sqrt{2}}$ に対して $\frac{d^2y}{d\omega^2} = 12\omega^2 - 2 = 12 \times \frac{1}{2} - 2 = 4 > 0$，$y$ は極小値．M は $\omega = \frac{1}{\sqrt{2}}$ で最大値となる．よって，共振値 M_p は $M_\mathrm{p} = \frac{1}{\sqrt{(1-\omega^2)^2+\omega^2}} = \frac{1}{\sqrt{\left(1-\frac{1}{2}\right)^2+\frac{1}{2}}} = \frac{1}{\sqrt{\frac{3}{4}}} = \frac{2}{\sqrt{3}}$

問題解答　　237

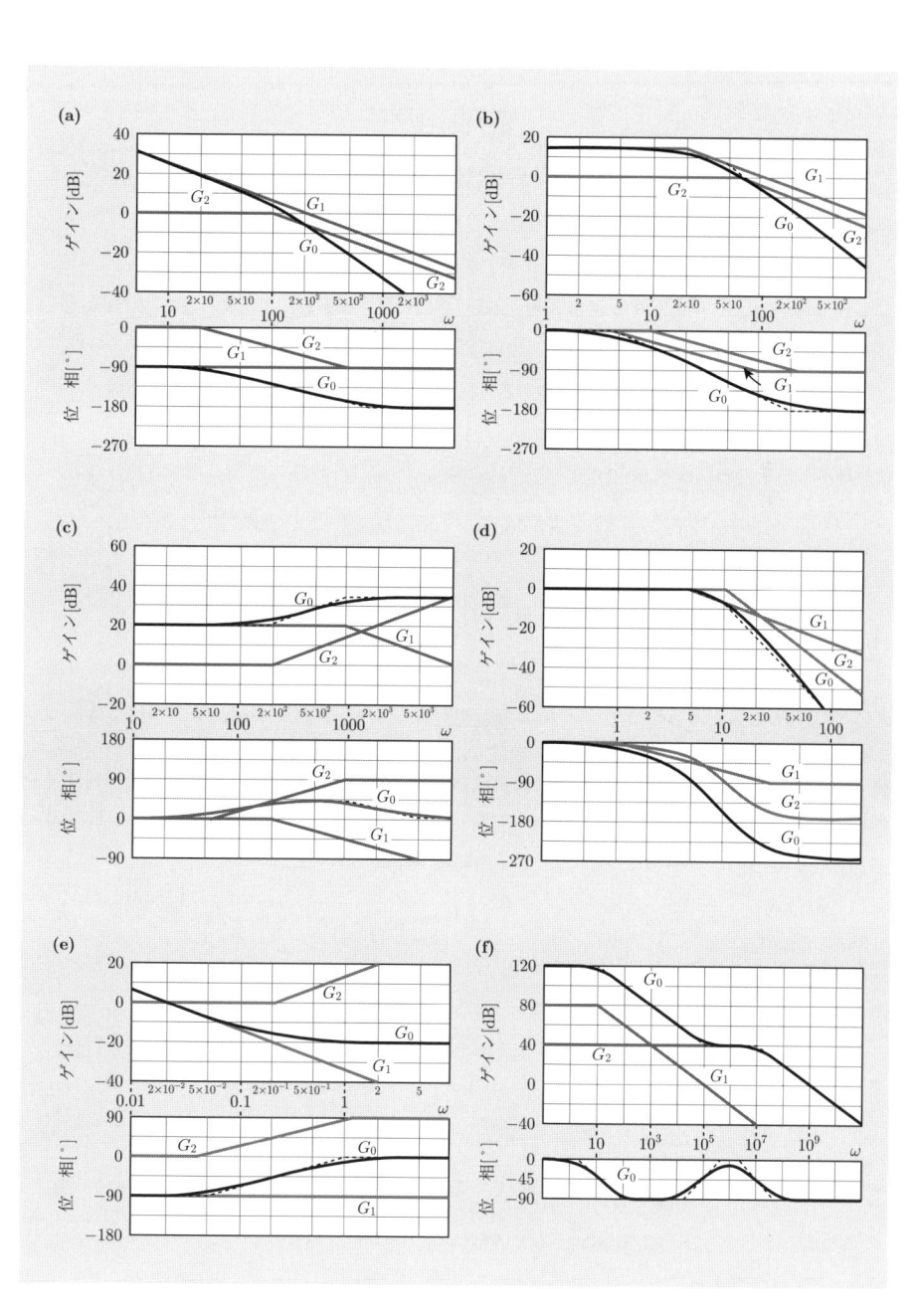

■**4.21** 閉路周波数伝達関数 $W(j\omega)$ は

$$W(j\omega) = \frac{C(j\omega)}{R(j\omega)} = \frac{\frac{K}{j\omega(1+j0.25\omega)}}{1+\frac{K}{j\omega(1+j0.25\omega)}} = \frac{4K}{4K-\omega^2+j4\omega}$$

$$M = |W(j\omega)| = \frac{4K}{\sqrt{(4K-\omega^2)^2+(4\omega)^2}}$$

$y=(4K-\omega^2)^2+(4\omega)^2$ とおくと y が最小のとき M は最大.

$$\frac{dy}{d\omega} = 2(4K-\omega^2)(-2\omega)+2(4\omega)\cdot 4 = 4\omega\{\omega^2-4(K-2)\}=0$$

$\omega=0$, $\omega=\pm 2\sqrt{K-2}$ となるが $\omega=0$, $\omega=-2\sqrt{K-2}$ は不適. よって, $\omega=2\sqrt{K-2}$

$$\frac{d^2y}{d\omega^2} = 4\{\omega^2-4(K-2)\}+4\omega\cdot 2\omega = 12\omega^2-16(K-2)$$

$\omega=2\sqrt{K-2}$, $\omega^2=4(K-2)$ を代入すると

$$\frac{d^2y}{d\omega^2} = 12\omega^2-16(K-2) = 32K-64 > 0, \quad K>2$$

y が最小となるためには $K<2$

$$M_\mathrm{p} = \frac{4K}{\sqrt{(4K-\omega^2)^2+(4\omega)^2}} = \frac{4K}{4\sqrt{4(K-1)}} = \frac{K}{\sqrt{4(K-1)}}$$

M_p が 1.3 となるときの K の値は

$$M_\mathrm{p} = \frac{K}{\sqrt{4(K-1)}} = 1.3, \quad \frac{K^2}{4(K-1)} = 1.3^2, \quad K^2-6.76K+6.76=0$$

$$K = \frac{6.76\pm\sqrt{(-6.76)^2-4\times 6.76}}{2} = \frac{6.76\pm 4.319}{2} = 5.540, \; 1.221$$

$K>2$ である必要があるからゲイン K は $\underline{K=5.54}$. そのときの $\omega=\omega_\mathrm{p}$ は $\omega_\mathrm{p}=2\sqrt{K-2}=2\times\sqrt{5.54-2}=3.763$ より, 共振角周波数 ω_p は $\underline{\omega=3.76}$

■**4.22** 問図の直結フィードバック制御系全体の周波数伝達関数, すなわち目標値に対する制御量の周波数応答 $M(j\omega)$ は $M(j\omega) = \frac{C(j\omega)}{R(j\omega)} = \frac{G(j\omega)}{1+G(j\omega)} = M\varepsilon^{j\alpha}$ である. ただし $G(j\omega)=|G(j\omega)|\varepsilon^{\angle G(j\omega)}=\gamma\varepsilon^{j\phi}$ である. 周波数伝達関数 $M(j\omega)$ は

$$M(j\omega) = \frac{1}{1+\frac{1}{G(j\omega)}} = \frac{1}{1+\frac{1}{\gamma}\varepsilon^{-j\phi}} = \frac{1}{1+\frac{1}{\gamma}(\cos\phi-j\sin\phi)} = \frac{1}{\left(1+\frac{1}{\gamma}\cos\phi\right)-j\frac{1}{\gamma}\sin\phi}$$

であり, 極形式表示の大きさと位相を用いて表すと

$$M = \left|\frac{1}{\left(1+\frac{1}{\gamma}\cos\phi\right)-j\frac{1}{\gamma}\sin\phi}\right| = \frac{1}{\sqrt{\left(1+\frac{1}{\gamma}\cos\phi\right)^2+\left(\frac{\sin\phi}{\gamma}\right)^2}} = \frac{1}{\sqrt{1+2\frac{1}{\gamma}\cos\phi+\left(\frac{1}{\gamma}\right)^2}}$$

$$\alpha = \tan^{-1}\frac{\frac{\sin\phi}{\gamma}}{1+\frac{\cos\phi}{\gamma}} = \tan^{-1}\frac{\sin\phi}{\gamma+\cos\phi}$$

γ について解くと, M をパラメータとした γ と ϕ の関係の

$$\gamma = \frac{M^2}{M^2-1}\left(-\cos\phi\pm\sqrt{\cos^2\phi-\frac{M^2-1}{M^2}}\right) \qquad \text{①}$$

が求められる. さらに, α をパラメータとした γ と ϕ の関係が次式で表される.

$$\gamma = \cot\alpha\sin\phi-\cos\phi \qquad \text{②}$$

制御系の全伝達関数 $M(s)$ の振幅比 M と位相差 α の種々の値に対して γ と ϕ の関係を式①と式②から求め，横軸に位相差 ϕ，縦軸に γ のゲイン $20\log_{10}\gamma$ を取って作図する．4章の問題 4.23 の図参照．

■**4.23** ニコルズ線図は，γ すなわち $G(j\omega)$ の絶対値が大幅に変化しても対応できるので，フィードバック制御系の解析や設計に広く用いられている．たとえば，ニコルズ線図上に一巡伝達関数 $G(j\omega)$ のゲイン–位相線図を描くと，$M=$ 一定 および $\alpha=$ 一定 の曲線との交点から，閉ループ系の周波数応答が直読できる．また，$G(j\omega)$ のゲイン–位相線図とニコルズ線図上の定 M 曲線との交点から，振幅の最大値 M_p とそのときの角周波数 ω_p の値を容易に読み取ることができる．

また，ニコルズ線図は後に，高次の制御系の時間応答を推定したり，逆に，制御系が適当な特性を持つように設計する一つの方法として用いられる．

■**4.24** 問題 4.23 のニコルズ線図を詳細に描き，下表のように M と α を読み取ることができる．

$\omega\,[\mathrm{rad\cdot s^{-1}}]$	20	50	100	200	500
M [dB]	0.12	0.85	3.0	-3.0	-22
α [deg]	-6	-17	-45	-135	-169

■**4.25** 閉ループ周波数伝達関数 $M(j\omega)$ は $M(j\omega) = \frac{G(j\omega)}{1+GH(j\omega)} = \frac{GH(j\omega)}{1+GH(j\omega)}\frac{1}{H(j\omega)}$ と表せる．したがって，次の手順によって行えばよい．
(1) 一巡伝達関数 $GH(j\omega)$ の周波数特性をボード線図上で求める．
(2) 上式の前半の部分の周波数特性をニコルズ線図によって求める．
(3) ボード線図上に $\frac{1}{H(j\omega)}$ の特性を描く．
(4) (2), (3) の結果をボード線図上で合成する．

5章

■**5.1** 特性方程式は $1 + \frac{K}{s(s+2)(s+10)} = 0$．したがって多項式で表すと $s^3 + 12s^2 + 20s + K = 0$

右のラウス表より，$\frac{12\times 20 - K}{12} > 0, K > 0$.

結局，安定な K の条件は $0 < K < 240$ となる．

$K=0$ のとき特性方程式は $s(s+2)(s+10) = 0$ となり $s=0$ で安定限界．

$K=240$ のとき特性方程式は $(s^2+20)(s+12)=0$ となり $s=\pm j\sqrt{20}$ で安定限界．

ラウス表

s^3	1	20
s^2	12	K
s^1	$\frac{12\times 20 - K}{12}$	0
s^0	K	

■**5.2** 問題 5.1 の特性方程式よりフルビッツの行列式は次式となる．

$$H_3 = \begin{vmatrix} 12 & K & 0 \\ 1 & 20 & 0 \\ 0 & 12 & K \end{vmatrix} = 12\times 20\times K - K^2 > 0$$

$$H_2 = \begin{vmatrix} 12 & K \\ 1 & 20 \end{vmatrix} = 240 - K > 0, \quad H_1 = 12$$

したがって H_3 より $(240-K)K > 0$ で $K<0, 240-K<0$ または $K>0, 240-K>0$．H_2 より $240-K>0$ であるが必要条件より $K>0$ であるので $240>K$．したがって $0<K<240$．

5.3 (1) 特性方程式の必要条件より $T_1T_2 > 0, T_1 + T_2 > 0, 1 + K > 0$ となる.

$$H_1 = T_1 + T_2 > 0, \quad H_2 = \begin{vmatrix} T_1+T_2 & 0 \\ T_1T_2 & 1+K \end{vmatrix} = (T_1 + T_2)(1 + K) > 0$$

したがって, $T_1 > 0, T_2 > 0, K > -1$ であれば安定である.

(2) 特性方程式より必要条件は $T > 0, K > 0$ となる.

$$H_1 = T + 2 > 0, \quad H_2 = \begin{vmatrix} T+2 & K \\ 2T & K+1 \end{vmatrix} = T - TK + 2K + 2 > 0, \quad H_3 = KH_2 > 0$$

安定であるためには $T > 0, \frac{4}{T-2} + 1 > K > 0$ である.

■ **5.4** (5)   ■ **5.5** (1)

■ **5.6** フィードバック系を図示する. 負帰還の場合は入力 (+) に対しフィードバックは (−), 正帰還は入力 (+) のときフィードバックも (+) となる.

(1) 負帰還の場合の閉路伝達関数は

$$\frac{\frac{k(1+s)}{1-s}}{1+\frac{k(1+s)}{s(1-s)}} = \frac{k(1+s)}{-s^2+(k+1)s+k}$$

(2) 正帰還の場合の閉路伝達関数は

$$\frac{\frac{k(1+s)}{s(1-s)}}{1-\frac{k(1+s)}{s(1-s)}} = \frac{k(1+s)}{-s^2-(k-1)s-k}$$

上記の伝達関数より特性方程式は
負帰還の場合 $-s^2 + (k+1)s + k = 0$
正帰還の場合 $-s^2 - (k-1)s - k = 0$

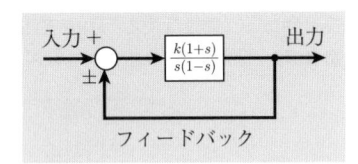

	k	特性方程式
負帰還	0.5	$-s^2 + 1.5s + 0.5 = 0$
	3.0	$-s^2 + 4s + 3 = 0$
正帰還	0.5	$-s^2 + 0.5s - 0.5 = 0$
	3.0	$-s^2 - 2s - 3 = 0$

k の値を入れると表のようになる. 表の特性方程式より, 負帰還で $k = 0.5$ と 3.0 の場合と正帰還で $k = 0.5$ の場合は, 特性方程式の係数の符号に変化があるので不安定, 正帰還で $k = 3.0$ の場合は特性根が $s = -1 \pm j\sqrt{2}$ となり実数部が負であるから安定である.

■ **5.7** A：根, B：安定, C：周波数（角周波数）, D：左, E：安定
■ **5.8** A：帰還（線形帰還, フィードバック）, B：ナイキスト, C：特性, D：ラウス, E：フルビッツ
■ **5.9** (1) この系の閉ループ伝達関数 $M_1(s)$ は

$$M_1(s) = \frac{G(s)}{1+G(s)H(s)} = \frac{\frac{1}{s(s-2)}}{1+\frac{1}{s(s-2)}\frac{s-2}{s+2}} = \frac{s+2}{s(s-2)(s+2)+s-2} = \frac{s+2}{(s-2)(s+1)^2}$$

となる. 特性方程式は上式の分母を 0 とおいた式であり, $s = 2$ に根を持つ. したがって, (1) の系は不安定である.

(2) この系の閉ループ伝達関数 $M_2(s)$ は

$$M_2(s) = \frac{G(s)}{1+G(s)H(s)} = \frac{\frac{s-1}{s^2(s+2)}}{1+\frac{s-1}{s^2(s+2)}\frac{2s+1}{1-s}} = \frac{s-1}{(s-1)(s^2+3s+1)} = \frac{1}{s^2+3s+1}$$

となる. この系の特性方程式は, $s^2 + 3s + 1 = 0$ となり, この方程式の根は, $s = \frac{-3\pm\sqrt{5}}{2}$ であり, (2) の系は安定である.

■ **5.10** (1) 系の開回路伝達関数を整理すれば

$$G(j\omega) = \frac{80K}{j\omega(4+j\omega)(20+j\omega)} = \frac{80K}{-24\omega^2 + j\omega(80-\omega^2)}$$

ベクトル軌跡が実軸を切る角周波数は上式から，$\omega^2 = 80$ となるので，そのときの実軸との交点は，$G(j\omega)$ に $\omega^2 = 80$ を代入すれば $G(j\omega)|_{\omega^2=80} = \frac{80K}{-24\times 80} = -\frac{K}{24}$

安定限界のゲイン K_0 は，上式が -1 になるので，$\underline{K_0 = 24}$ である．ゲイン余有が $12\,\mathrm{dB}$ のときのゲインを K' とすれば，$-20\log\frac{K'}{24} = 20\log 4$ が成立する．この式から K' を求めれば，$\log\frac{K'}{24} = -\log 4 = \log\frac{1}{4}$ となる．この式が成立するためには，$\frac{K'}{24} = \frac{1}{4}$，すなわち，$\underline{K' = 6}$

(2) $G(j\omega)$ のベクトル軌跡が実軸を切る角周波数 ω_0 は $\omega^2 = 80$ から $\omega_0^2 = 80$ となるので，ω_0 を求めれば，$\omega_0 = \sqrt{80} = \underline{4\sqrt{5}\,[\mathrm{rad\cdot s^{-1}}]}$

■ **5.11** (1) $y(t) = x(t-D)$ (2) $x(t), y(t)$ をラプラス変換したものを，$X(s), Y(s)$ とする．ラプラス変換は，$Y(s) = \int_0^\infty x(t-D)\varepsilon^{-st}dt$ で表される．$t-D = p$ とおくと

$$Y(s) = \int_{-D}^\infty x(p)\varepsilon^{-s(p+D)}dp$$

$$= \varepsilon^{-sD}\int_0^\infty x(p)\varepsilon^{-sp}dp + \varepsilon^{-sD}\int_{-D}^0 x(p)\varepsilon^{-sp}dp$$

ここで第 1 項の $\int_0^\infty x(p)\varepsilon^{-sp}dp$ は，$x(p)$ をラプラス変換したものであるので

$$\int_0^\infty x(p)\varepsilon^{-sp}dp = X(s)$$

また $p<0$ で $x(p) = 0$ と初期化すると，第 2 項は 0 となる．ゆえに，$Y(s) = \varepsilon^{-sD}X(s)$ 伝達関数は，$\frac{Y(s)}{X(s)}$ であるから，$G(s) = \varepsilon^{-sD}$

(3) (2) より，$G(s) = \varepsilon^{-sD}$．$s = j\omega$ とおくと $G(j\omega) = \varepsilon^{-j\omega D} = \cos(\omega D) - j\sin(\omega D)$

ゲインは，$|G(j\omega)| = 1$．位相は，$\theta = -\omega D$．したがって，この周波数伝達関数は，ゲインは常に 1 で，位相は ω に比例して際限なく遅れていく．これをベクトル軌跡として表したものがナイキスト線図である．これを図に示す．

(4) むだ時間要素は (3) に示したように，ゲイン 1 で位相は ω に比例（比例定数 D）して遅れる．したがって，制御対象にむだ時間要素を含むフィードバック制御系では，その位相特性は ω の増加に伴い大きく遅れる．位相の遅れが大きくなると，一般に位相余有が少なくなり，安定性は悪くなる．時間的変化で見ると，出力の誤差を訂正する信号が入力として与えられても，その効果が上がるのに時間の遅れがあり，訂正信号が有効に働かない．また，出力が目標値に一致しているのに過去の出力の誤差による訂正信号によって誤った動作をすることがある．このため，むだ時間が大きいと系が振動し不安定になる．

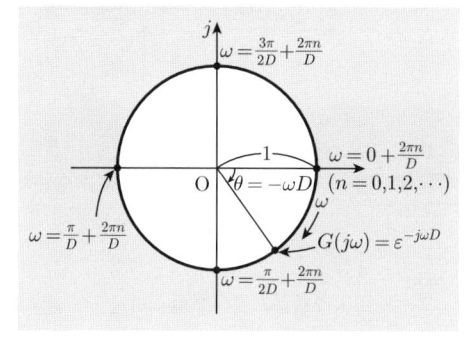

■ **5.12** (1) 一巡伝達関数 $G(s)$ に, $s = j\omega$ を代入すると
$$G(j\omega) = 1 + j\omega + \tfrac{1}{j\omega} = 1 + j\left(\omega - \tfrac{1}{\omega}\right)$$
が得られる. $G(j\omega)$ について

$\omega = +0$ のとき　　$G(j\omega) = 1 - j\infty$

$\omega = 1$ のとき　　$G(j\omega) = 1$

$\omega = +\infty$ のとき　　$G(j\omega) = 1 + j\infty$

であるから, 求めるナイキスト線図は, 図となる.

(2) $G(s)$ の極は $s = 0$ のみで, s 平面の右側には存在せず, $\omega = +0 \sim +\infty$ に対する $G(s)$ のベクトル軌跡が $(-1, j0)$ を左側に見て進むので, この系は安定である.

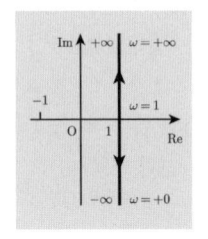

■ **5.13** (1) (ホ)　(2) (ヨ)　(3) (チ)　(4) (ロ)　(5) (ワ)

■ **5.14** (1) $R(s) = 0$ とし, 外乱 $D(s)$ を入力, 偏差 $E(s)$ を出力としたブロック線図を描くと図に示すようになる. この図において, 外乱 $D(s)$ から偏差 $E(s)$ 間の閉ループ伝達関数を $G(s)$ とすれば

$$G(s) = \frac{E(s)}{D(s)} = \frac{-1}{1-(-1)C(s)\frac{1}{s(s+1)}} = \frac{-s(s+1)}{s(s+1)+C(s)}$$

$$\therefore \quad E(s) = \frac{-s(s+1)}{s(s+1)+C(s)}D(s) = -\frac{s(s+1)}{s^2+s+C(s)}D(s)$$

となる. 外乱 $D(s)$ の時間関数がランプ関数 $d(t) = 2t$ であるから, これをラプラス変換すると $D(s) = \frac{2}{s^2}$ となる. よって, $C(s) = K$ のときの定常速度偏差 e_v は, 最終値の定理を用いて

$$e_v = \lim_{s \to \infty} sE(s) = -\lim_{s \to \infty} s\frac{s(s+1)}{s^2+s+K}D(s) = -\lim_{s \to \infty} \frac{s^2(s+1)}{s^2+s+K}\frac{2}{s^2} = -\frac{2}{K}$$

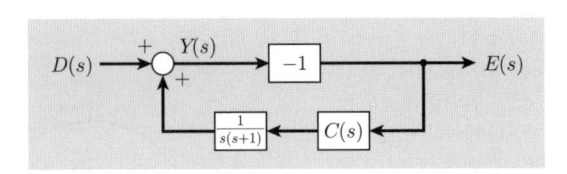

(2) 与えられた制御系において $C(s) = K$ のとき, 入力 $R(s)$ から出力 $Y(s)$ 間の閉ループ伝達関数 $M(s)$ は, $D(s) = 0$ とすれば次式となる.

$$M(s) = \frac{Y(s)}{R(s)} = \frac{C(s)\frac{1}{s(s+1)}}{1+C(s)\frac{1}{s(s+1)}} = \frac{C(s)}{s(s+1)+C(s)} = \frac{K}{s^2+s+K}$$

また, 二次遅れ要素の標準形 $G_0(s)$ は, 減衰係数を ζ, 固有角周波数を $\omega_n \,[\text{rad}\cdot\text{s}^{-1}]$ とすれば, $G_0(s) = \frac{\omega_n^2}{s^2+2\zeta\omega_n s + \omega_n^2}$ で示される. ここで, この 2 式を比較すると次式が得られる.

$$\omega_n^2 = K \quad \therefore \quad \omega_n = \sqrt{K} \quad (\because \quad \omega_n \geq 0)$$

$2\zeta\omega_n = 1$ を代入して整理する.

$$2\zeta\sqrt{K} = 1, \quad \sqrt{K} = \tfrac{1}{2\zeta} \quad \therefore \quad K = \left(\tfrac{1}{2\zeta}\right)^2 = \left(\tfrac{1}{2\times 0.8}\right)^2 = 0.390 \simeq \underline{0.39}$$

(3) $C(s) = A\frac{s+1}{0.1s+1}$ のとき,入力 $R(s)$ から出力 $Y(s)$ 間の閉ループ伝達関数 $M'(s)$ は $D(s) = 0$ とすれば次式として求まる.

$$M'(s) = \frac{Y(s)}{R(s)} = \frac{A\frac{s+1}{0.1s+1}\frac{1}{s(s+1)}}{1+A\frac{s+1}{0.1s+1}\frac{1}{s(s+1)}} = \frac{A}{0.1s^2+s+A} = \frac{10A}{s^2+10s+10A}$$

(4) (3) で求めた $M'(s)$ と,二次遅れ要素の標準形の式と比較すると次式が得られる.

$$\omega_n^2 = 10A \quad \therefore \quad \omega_n = \sqrt{10A} \quad (\because \quad \omega_n \geq 0)$$

また,$2\zeta\omega_n = 10$ より $\omega_n = \frac{5}{\zeta}$ となる.この 2 式を等置して整理する.

$$\sqrt{10A} = \frac{5}{\zeta}, \quad 10A = \left(\frac{5}{\zeta}\right)^2$$

$$\therefore \quad A = \frac{1}{10}\left(\frac{5}{\zeta}\right)^2 = \frac{1}{10} \times \left(\frac{5}{0.8}\right)^2 = 3.906 \simeq \underline{3.91}$$

したがって,この場合の固有角周波数 ω_n' は

$$\omega_n' = \sqrt{10A} = \sqrt{10 \times 3.906} = 6.249\,[\text{rad}\cdot\text{s}^{-1}]$$

一方,(2) のとき固有角周波数 ω_n は式から $\omega_n = \sqrt{K} = \sqrt{0.390} = 0.6244\,[\text{rad}\cdot\text{s}^{-1}]$ と求まる.よって,$\omega_n' = 10\omega_n$ となる.固有角周波数は,制御系の速応性を示す指標であるから,(4) の場合は,<u>(2) に比べて 10 倍,速応性が改善される</u>.

■ **5.15** (1) (ホ) (2) (ヘ) (3) (ハ) (4) (ワ) (5) (ル)

■ **5.16** (1) 題意から $g(t)$ をラプラス変換して次式を得る.

$$G(s) = \frac{1}{2}\frac{1}{s} - \frac{1}{s+1} + \frac{1}{2}\frac{1}{s+2} = \frac{2s^2+6s+4-2s^2-6s}{4s(s+1)(s+2)} = \frac{1}{s(s+1)(s+2)}$$

(2) 閉ループ伝達関数は,$M(s) = \frac{C(s)}{U(s)} = \frac{G(s)}{1+KG(s)}$ となるので,この式に (1) の式を代入して整理すると $M(s) = \frac{\frac{1}{s(s+1)(s+2)}}{1+\frac{K}{s(s+1)(s+2)}} = \frac{1}{s^3+3s^2+2s+K}$

(3) 与えられた制御系の開ループ伝達関数を $H(s)$ とすれば $H(s) = KG(s) = \frac{K}{s(s+1)(s+2)}$ となる.この式の周波数伝達関数 $H(j\omega)$ はこの式の s を $j\omega$ とおくことによって

$$H(j\omega) = \frac{K}{j\omega(j\omega+1)(j\omega+2)}$$

と求めることができる.ナイキストの安定判別法によれば,開ループ周波数伝達関数の ω を $0 \sim \infty$ に変化させたとき,ベクトル $H(j\omega)$ の先端の軌跡,すなわちベクトル軌跡が虚軸を切るとき,$(-1, j0)$ の座標にあればその制御系は安定限界である.したがって,この式を -1 とおいて整理すると K に関する式を得る.

$$\frac{K}{j\omega(j\omega+1)(j\omega+2)} = -1, \quad K = -j\omega(j\omega+1)(j\omega+2) = 3\omega^2 + j\omega(\omega^2-2)$$

K は実数であるから,上式の虚数部は 0 となる.よって持続振動の角周波数 ω は

$$\omega^2 - 2 = 0 \quad \therefore \quad \omega = \sqrt{2}\,[\text{rad}\cdot\text{s}^{-1}] \quad (\because \quad \omega > 0)$$

となる.したがって,安定限界となるゲイン K は,求めた ω を K の式に代入すれば

$$K = 3\omega^2 = 3 \times 2 = \underline{6}$$

■ **5.17** (1)　■ **5.18** (1)　周波数伝達関数 $G(j\omega)H(j\omega)$ は

$$G(j\omega)H(j\omega) = \frac{5}{(1+j\omega)(1.5+j\omega)(2+j\omega)} = \frac{5(1-j\omega)(1.5-j\omega)(2-j\omega)}{(1+\omega^2)(2.25+\omega^2)(4+\omega^2)}$$

実数部を x, 虚数部を y とおくと $x = \frac{5(3-4.5\omega^2)}{(1+\omega^2)(2.25+\omega^2)(4+\omega^2)}$, $y = \frac{-5\omega(6.5-\omega^2)}{(1+\omega^2)(2.25+\omega^2)(4+\omega^2)}$ となる. ω に種々の値を代入して x, y の軌跡を描く. $\omega = 0, \omega = \infty$, y 軸との交点, x 軸との交点を求める.

$$\omega = 0 : x = 1.67, y = 0$$
$$\omega = \infty : x = 0, y = 0$$

y 軸との交点 $x = 0$ となる角周波数は

$$\omega^2 = \frac{3}{4.5}, \quad \omega = \sqrt{\frac{3}{4.5}} = 0.8165$$

を代入すると $y = -1.05$. x 軸との交点 $y = 0$ となる角周波数は $\omega = 0$, または $\omega^2 = 6.5$ ($\omega = 2.550$). $\omega = 0$ は出発点であるので $\omega = 2.550$ を代入すると $x = -0.190$. ナイキスト線図を図に示す.

(2)　図に示されているようにナイキスト線図は点 $(-1, j0)$ を囲まないので安定である.

(3)　ゲイン余有は次のようになる.

$$|G(j\omega)H(j\omega)| = \sqrt{x^2 + y^2} = \frac{5}{\sqrt{(1+\omega^2)(2.25+\omega^2)(4+\omega^2)}}$$

$$\angle G(j\omega)H(j\omega) = \tan^{-1}\frac{y}{x} = \tan^{-1}\left\{-\frac{\omega(6.5-\omega^2)}{3-4.5\omega^2}\right\}$$

位相交点角周波数は $\omega_{\text{cp}} = \sqrt{6.5} = 2.550$ となる. このときのゲインは

$$|G(j2.550)H(j2.550)| = 0.190$$

したがって, ゲイン余有は $g_{\text{M}} = -20\log 0.190 = \underline{14.4\,[\text{dB}]}$

■ **5.19** (1)　特性方程式は $s^3 + 20s^2 + 9s + 100 = 0$. したがって, フルビッツの安定判別法では $H_1 = 20 > 0$, $H_2 = \left|\begin{smallmatrix} 20 & 100 \\ 1 & 9 \end{smallmatrix}\right| = 80 > 0$ となり安定である.

(2)　特性方程式は $s^4 + 8s^3 + 17s^2 + (10+K)s + aK = 0$, フルビッツの安定判別法では条件 (i) より $K > 0$, 条件 (ii) より

$$H_1 = 8 > 0, \quad H_2 = \left|\begin{smallmatrix} 8 & 10+K \\ 1 & 17 \end{smallmatrix}\right| = 126 - K > 0$$

$$H_3 = \left|\begin{smallmatrix} 8 & 10+K & 0 \\ 1 & 17 & aK \\ 0 & 8 & 10+K \end{smallmatrix}\right| = 1260 + (116 - 64a)K - K^2 > 0$$

$$H_4 = aKH_3 > 0$$

安定の条件は (i), (ii) を満たすこと.

【別解】　ラウスの方法では表のようにラウス表を作る. 安定であるためには $126 - K > 0$, $aK > 0$ および $(126-K)(10+K) - 64aK > 0$ である. したがって $a > 0$ であるので $126 > K > 0$ で $1260 + (116-64a)K - K^2 > 0$ を満たす必要がある.

ラウス表

s^4	1	17	aK
s^3	8	$10+K$	0
s^2	$\frac{126-K}{8}$	aK	0
s^1	$\frac{(126-K)(10+K)-64aK}{126-K}$	0	
s^0	aK		

■ **5.20** ゲインと位相は次式である．

$$g_b = 20\log|G(j\omega)H(j\omega)|$$
$$= 20\log 2 - 20\log|j\omega| - 20\log|1+j\omega| - 20\log\left|1+j\frac{\omega}{3}\right|$$
$$= g_1 + g_2 + g_3 + g_4$$
$$\phi_b = -90° - \angle(1+j\omega) - \angle\left(1+j\frac{\omega}{3}\right) = \phi_2 + \phi_3 + \phi_4 \quad (\phi_1 = 0°)$$

ボード線図の概形は図となり，$\omega_{cg} < \omega_{cp}$ であるので安定である．

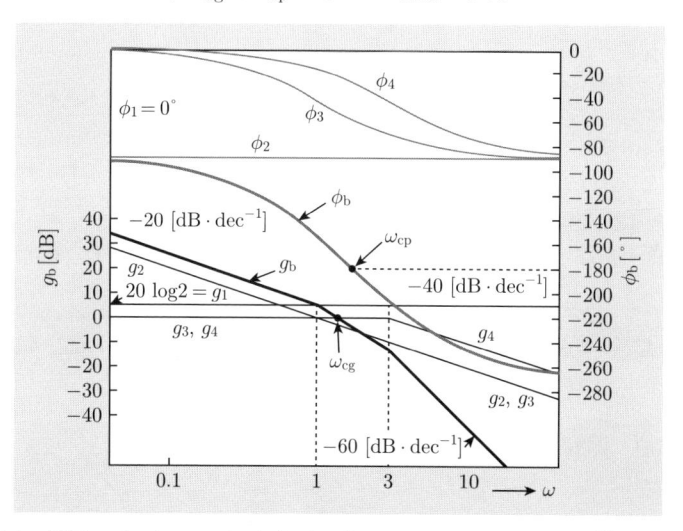

■ **5.21** (1) 問図の系においては一巡伝達関数は $G(s)H(s) = \frac{K}{s(1+T_g s)(1+T_m s)}$ ．ただし，$K = K_p K_a K_g K_m N$ であるから，特性方程式は，$1 + G(s)H(s) = 0$ より

$$T_g T_m s^3 + (T_g + T_m)s^2 + s + K = 0$$

特性方程式の各係数は正であるから安定である必要条件は満足されている．次にラウス数列を作ると表となる．

したがって，安定条件は
$$(T_g + T_m) - T_g T_m K > 0$$
$$\therefore \quad K < \frac{1}{T_g} + \frac{1}{T_m}$$

ラウス表

s^3	$T_g T_m$	1
s^2	$T_g + T_m$	K
s^1	$(T_g + T_m) - T_g T_m K$	0
s^0	K	0

(2) 安定である必要条件は (1) と同様満足されている．フルビッツの行列式を作ると
$$H_1 = T_g + T_m$$
$$H_2 = \begin{vmatrix} T_g+T_m & K \\ T_g T_m & 1 \end{vmatrix} = (T_g + T_m) - T_g T_m K$$
$$H_3 = \begin{vmatrix} T_g+T_m & K & 0 \\ T_g T_m & 1 & 0 \\ 0 & T_g+T_m & K \end{vmatrix} = K H_2$$

安定条件は $H_2 > 0$ より (1) と同様 $K < \frac{1}{T_g} + \frac{1}{T_m}$ となる．

■ **5.22** (1) 式 (5.1) で $K=0$ とすると $s=p_1, p_2, \ldots, p_m$ となり，出発点は $G(s)H(s)$ の極である．式 (5.1) で $K=\infty$ とすると $s=z_1, z_2, \ldots, z_l$ となり，到達点は $G(s)H(s)$ の零点である．この他 $m>l$ の場合は $s=\infty$ でも $K=0$ になり得るので無限遠点に $(m-l)$ 個の零点があり，到達点は出発点の数に等しい m 個の零点である．

(2) 特性根が複素根である場合，必ず共役の根を持つので明らかである．

(3) (i) 実軸上の任意の点 s_1 で $G(s)H(s)$ の複素根または複素極から描いたベクトルの角度を合計すると 0 になるので，位相条件式に関係するのは実軸上の根と極である．

(ii) 点 s_1 の右側にある実極，実根のみが，左側の実根または実極の分は角度が 0 であるので，位相条件式に関係がある．

(iii) 点 s_1 の右側にある実数極からは角度は $180°$ となり，点 s_1 の右側にある実数根からは角度が $-180°$ となるので証明される．

$G(s)H(s)$ が $G(s)H(s) = \frac{K(s+1)}{s(s+2)(s+3)}$ の場合は，極が $0, -2$, および -3 であり零点が -1 であるので図となる．

■ **5.23** (4) 無限遠点にのびる根軌跡は $\omega = \lambda(\sigma - \sigma_c)$ の直線（漸近線）に漸近する．ただし

$$\lambda = \tan\frac{n\pi}{m-l}, \quad \sigma_c = \frac{(p_1+p_2+\cdots+p_m)-(z_1+z_2+\cdots+z_l)}{m-l}$$

とする．極の数から零点の数を引いた $(m-l)$ 個が無限遠点に零点を持つので，本数はこの数に等しくなる．図に漸近線とその実軸との交点での傾斜を示す．

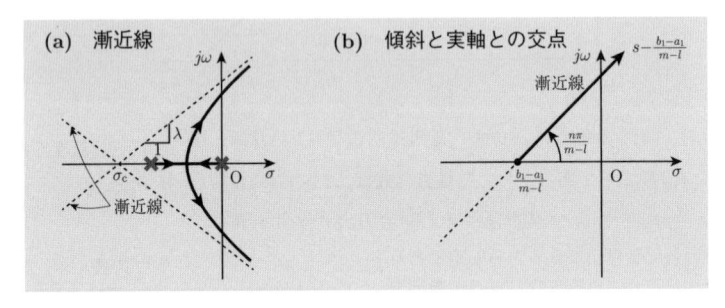

【理由】 特性方程式は

$$\frac{s^m + a_1 s^{m-1} + \cdots + a_m}{s^l + b_1 s^{l-1} + \cdots + b_l} = K\varepsilon^{jn\pi}$$

ただし，$a_1 = -(p_1 + p_2 + \cdots + p_m)$, $b_1 = -(z_1 + z_2 + \cdots + z_l)$.

左辺を割り算して $s^{m-l} + (a_1 - b_1)s^{m-l-1} + \cdots = K\varepsilon^{jn\pi}$ となる．漸近線であるので $s \to \infty$ を考える．上式の左辺第 1 項，第 2 項を取って

$$s^{m-l} + (a_1 - b_1)s^{m-l-1} = K\varepsilon^{jn\pi}$$

変形すると $s^{m-l}\left(1 + \frac{a_1 - b_1}{s}\right) = K\varepsilon^{jn\pi}$

したがって $s\left(1 + \frac{a_1 - b_1}{s}\right)^{1/(m-l)} = K^{1/(m-l)} \varepsilon^{jn\pi/(m-l)}$

$\frac{a_1 - b_1}{s}$ は $s \to \infty$ のとき 1 に比べ十分小さいので 2 項定理で

$$s\left(1 + \frac{1}{m-l}\frac{a_1-b_1}{s}\right) = K^{1/(m-l)}\varepsilon^{jn\pi/(m-l)}$$

したがって $s + \frac{a_1-b_1}{m-l} = K^{1/(m-l)}\varepsilon^{jn\pi/(m-l)}$. これに a_1, b_1 を代入すると漸近線は

$$s - \frac{(p_1+p_2+\cdots+p_m)-(z_1+z_2+\cdots+z_l)}{m-l} = K^{1/(m-l)}\varepsilon^{jn\pi/(m-l)}$$

これを変数の横軸 σ，縦軸 ω になおすと根軌跡の基本的構造 (4) の漸近線の式となる．

(5) 根軌跡の実軸との分岐点では

$$\frac{1}{s-p_1} + \frac{1}{s-p_2} + \cdots + \frac{1}{s-p_m} - \left(\frac{1}{s-z_1} + \frac{1}{s-z_2} + \cdots + \frac{1}{s-z_l}\right) = 0 \tag{1}$$

を満足する．角度は実軸と $\frac{\pi}{2}$ である．

【理由】 分岐点では特性根は重根であるので特性方程式を s で微分して 0 とおくことで $\frac{d(G(s)H(s))}{ds} = 0$ となる．これを変形して $\frac{d(G(s)H(s))}{ds} = G(s)H(s)\frac{d(\log G(s)H(s))}{ds} = 0$, なぜか $\frac{d\log f(x)}{dx} = \frac{1}{f(x)}\frac{df(x)}{dx}$ であるので $\frac{d\log G(s)H(s)}{ds} = 0$．この式に式 (5.1) を代入すると

$$\log G(s)H(s) = \log K + \log(s-z_1) + \log(s-z_2) + \cdots + \log(s-z_l)$$
$$- \{\log(s-p_1) + \log(s-p_2) + \cdots + \log(s-p_m)\}$$

$$\frac{d(\log G(s)H(s))}{ds} = \frac{d\log K}{ds} + \frac{d\log(s-z_1)}{ds} + \frac{d\log(s-z_2)}{ds} + \cdots + \frac{d\log(s-z_l)}{ds}$$
$$- \left\{\frac{d\log(s-p_1)}{ds} + \frac{d\log(s-p_2)}{ds} + \cdots + \frac{d\log(s-p_m)}{ds}\right\}$$

$$= \frac{1}{s-z_1} + \frac{1}{s-z_2} + \cdots + \frac{1}{s-z_l} - \left(\frac{1}{s-p_1} + \frac{1}{s-p_2} + \cdots + \frac{1}{s-p_m}\right) = 0$$

である．ただし，分岐点では式 (1) を満足する（必要条件）が，式 (1) を満足するすべての解が分岐点ではない（必要十分条件ではない）．

■**5.24** 極，零点の配置を描く（極は $0, -1, -3$，零点は -2 で $n = 3, m = 1$ である）．実軸上の 0 と -1 の間，および -2 と -3 の間は根軌跡である．$0, -1$ から出発して左右から相会して上下に分かれ無限遠に向かう軌跡と，-3 から出発し -2 に終わる軌跡があることがわかる．

$$\theta_a = \frac{\pi \pm 2k\pi}{2} = \frac{\pi}{2}, -\frac{\pi}{2}$$

$$s_a = \frac{(0-1-3)-(-2)}{2} = -1$$

$$\frac{1}{s_b+2} = \frac{1}{s_b} + \frac{1}{s_b+1} + \frac{1}{s_b+3}$$

上式は $s_b^3 + 5s_b^2 + 8s_b + 3 = 0$ と三次方程式になるが，0 と -1 の中間付近に根があると見当をつけて解くと $s_b = -0.534$ が得られる．複素根を示す軌跡は点 s_b で上下に分かれた後，単調に左方へ動いて漸近線に漸近する．たとえば分岐点での K の値は

$$K = \frac{|-0.534+0| \, |-0.534+1| \, |-0.534+3|}{|-0.534+2|} = 0.419$$

となる．また $K = 0.419$ におけるもう一つの値は

$$\frac{-0.534 \times 2 + s}{3} = \frac{-2 \times 2 + 0}{3} \quad \therefore \quad s = -2.93$$

以上のことをもとに，図に示す根軌跡を得る．

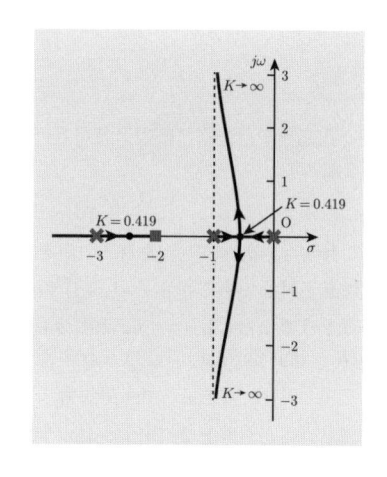

■ **5.25** 極は $p_1 = 0$, $p_2 = -1+j$, $p_3 = -1-j$, $z = -2$. したがって，軌跡は $0, -1 \pm j$ から出発する 3 本である．その内 1 本の終点は -2 で，他は無限遠点に行く．漸近線の方向は $\lambda_1 = \tan\frac{n\pi}{m-l} = \tan\frac{\pi}{2}$, $\lambda_2 = \tan-\frac{\pi}{2}$, $\sigma_c = \frac{0+(-1+j)+(-1-j)-(-2)}{3-1} = 0$. 実軸上では $0 \sim -2$ の間．出発点からの角度は p_2 から

$$\theta_2 = \pi + \angle(p_2 - z_1) - \{\angle(p_2 - p_1) + \angle(p_2 - p_3)\}$$
$$= \pi + \frac{\pi}{4} - \frac{3}{4}\pi - \frac{\pi}{2} = 0$$

ゆえに，軌跡は p_2 から $0°$ 方向に出発する．以上のことから根軌跡は図となる．

■ **5.26** (i) 極は $s = 0, -2, -3$, 零点は $s = -1$ $(m = 3, l = 1)$
(ii) 軌跡の本数は 3 本
(iii) 実軸は $0 \sim -1, -2 \sim -3$ の区間
(iv) 漸近線の本数 $m - l = 2$ 本

$$\lambda_n = \tan\frac{n\pi}{m-l} \quad \begin{cases} \lambda_1 = \tan\frac{\pi}{2} \\ \lambda_2 = \tan^{-1}\frac{\pi}{2} \end{cases}$$

$$\sigma_c = \frac{0-2-3-(-1)}{2} = -2$$

(v) 分岐点 $\frac{1}{s} + \frac{1}{s+2} + \frac{1}{s+3} - \frac{1}{s+1} = 0$
したがって $s = -2.466$. 軌跡は図となる．

■ **5.27** 開ループ伝達関数 $G(s)$ は

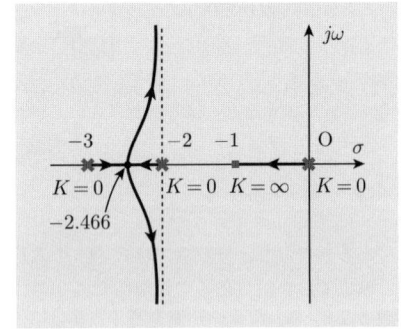

$$G(s) = \frac{K}{s} \cdot \frac{\frac{1}{s(s+2)}}{1+\frac{2}{s(s+2)}} = \frac{K}{s(s^2+2s+2)}$$ となり，極が $s = 0, -1+j, -1-j$ にあることがわかる $(n = 3, m = 0)$. 負の実軸は根軌跡である．複素極から出発した根軌跡は無限遠点に向かう．漸近線の方向角，および漸近線が実軸と交わる位置は

$$\theta_a = \frac{\pi \pm 2k\pi}{3} = \frac{\pi}{3}, \pi, \frac{5\pi}{3}$$
$$s_a = \frac{0-1+j-1-j}{3} = -\frac{2}{3}$$

複素極からの根軌跡の出発角 θ_2 を求めるために，図 (a) のように $(-1, j)$ の極の近傍に s 点を取って

$$-(\theta_1 + \theta_2 + \theta_3) \simeq -\left(\frac{3\pi}{4} + \theta_2 + \frac{\pi}{2}\right) = \pi \pm 2k\pi$$

これから，$\theta_2 = \frac{-\pi}{4}$ を得る (k をどのように取っても，実質的にはこの方向となる)．根軌跡は上下対称であるから $(-1, -j)$ の極から出発する根軌跡の出発角は $\frac{\pi}{4}$ となる．虚軸と交わる点を求めるため，$s = j\omega$ とおき特性方程式 $s^3 + 2s^2 + 2s + K = 0$ に代入し，整理すると $(K - 2\omega^2) + j\omega(2 - \omega^2) = 0$ が得られる．この式から次の値が得られる．

$$\omega = 0, \; K = 0 \quad \omega = \sqrt{2}, \; K = 4 \quad \omega = -\sqrt{2}, \; K = 4$$

以上のことをもとに，図 (b) に示す根軌跡を得る．

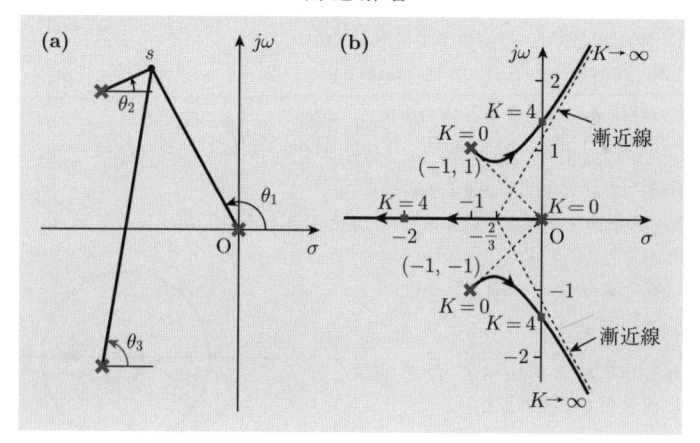

■ 5.28 極は $s = -1, -3$, 零点は $s = -5$ にある $(n = 2, m = 1)$. 実軸上 -1 と -3 の間, および -5 から左方 $-\infty$ までの実軸上が根軌跡である. 根軌跡は極から出発し, 零点または無限遠点に終わることから -1 と -3 の間および -5 と $-\infty$ の間の実軸上で上下に分岐する.

この系は二次の系であり, 特性方程式を直接解くことも可能なので, 複素数部分の軌跡を求めるために $s = \alpha + j\beta$ とおき特性方程式 $s^2 + (K+4)s + 5K + 3 = 0$ に代入すると

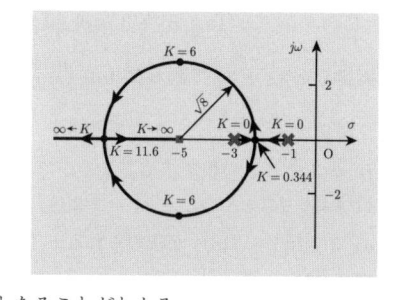

$$\alpha^2 - \beta^2 + (K+4)\alpha + 5K + 3 = 0,$$
$$(2\alpha + K + 4)\beta = 0$$

$\beta \neq 0$ であることから上式から $K = -2\alpha - 4$ が得られ, 整理すると $(\alpha + 5)^2 + \beta^2 = (\sqrt{8})^2$ となる. このことから, $(-5, j0)$ に中心を持ち, 半径が $\sqrt{8}$ の円となることがわかる.

以上のことをもとに, 図に示す根軌跡が得られる.

■ 5.29 まず, $s = \alpha + j\beta$ とおき, 特性方程式 $1 + \alpha + j\beta + K\varepsilon^{-\alpha}(\cos\beta - j\sin\beta) = 0$ に代入する. これから

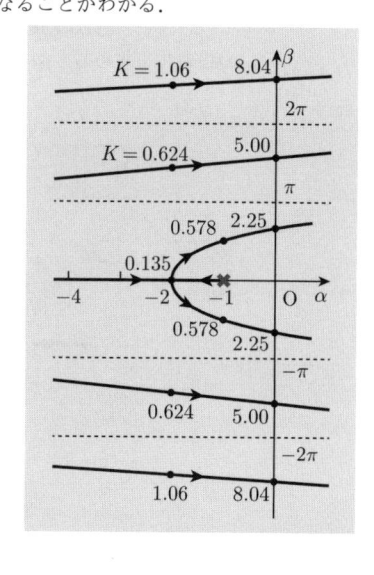

$$1 + \alpha + K\varepsilon^{-\alpha}\cos\beta = 0, \quad \beta - K\varepsilon^{-\alpha}\sin\beta = 0$$

$\sin\beta \neq 0$ のとき K を消去すると $\alpha = -1 - \beta\cot\beta$. いろいろの β の値に対して数値計算によって α の値を求め, その関係を図に描くと図の曲線ができる. 次に, 上式の関係から K についての式を作ると

$$K = \frac{\sqrt{(\alpha+1)^2 + \beta^2}}{\varepsilon^{-\alpha}}$$

$\beta = 0$ のとき, $1 + \alpha + K\varepsilon^{-\alpha} = 0$ が得られ, 実軸上の根軌跡が得られる.

注意：この系では ε^{-s} という関数を含んでいるので 1 つの K に対して無数の根が存在する.

5.30 (i) 極は 0 と -2, 零点は -4 にある ($m=2, l=1$)
(ii) 実軸に対して対称　(iii) 実軸の軌跡は $0 \sim -2, -4 \sim -\infty$
(iv) 漸近線の数は $m-l=1$ より $\lambda = \tan\frac{\pm\pi}{1}$, $\sigma_c = \frac{-2-(-4)}{1} = 2$
(v) 分岐点 $\frac{1}{s} + \frac{1}{s+2} + \frac{1}{s+4} = 0$ $\therefore$ $s = -6.83, -1.17$
(vi) 特性方程式は $s^2 + (K+2)s + 4K = 0$

複素数の部分の軌跡を求めるため $s = \alpha + j\beta$ とおき上式に代入し 実数部 $=0$, 虚数部 $=0$ とおくと

$$\alpha^2 - \beta^2 + \alpha(K+2) + 4K = 0$$
$$\beta(2\alpha + K + 2) = 0$$

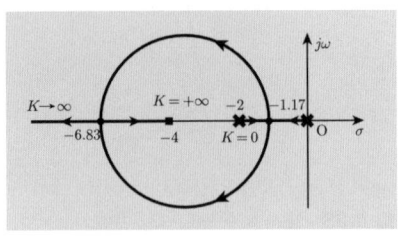

$\beta \neq 0$ であるので $K = -2\alpha - 2$. K を 実数部 $=0$ の式に代入して整理すると

$$(\alpha+4)^2 + \beta^2 = (\sqrt{8})^2 = (2.83)^2$$

根軌跡は図になる.

5.31 特性方程式を次式のように書き直す.

$$s^2(s+3) + 3\left(s+\frac{2}{3}\right) = 0$$

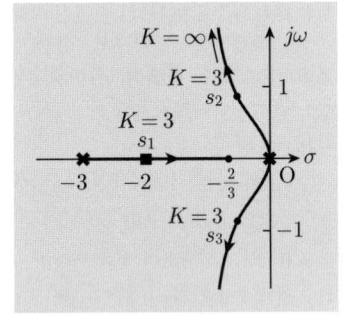

両辺を $s^2(s+3)$ で割ると $1 + \frac{3(s+\frac{2}{3})}{s^2(s+3)} = 0$. 一巡伝達関数が $\frac{K(s+\frac{2}{3})}{s^2(s+3)} = 0$ の根軌跡を K について描き, $K=3$ のときの根を求めることができる. 図に示す根軌跡より $K=3$ のとき $s_1 = -2$, $s_2 = -\frac{1}{2}(1 - j\sqrt{3})$, $s_3 = -\frac{1}{2}(1 + j\sqrt{3})$ が求められる.

5.32 $s(s^2 + 3s + 3) + 2 = 0$ のように分割する. この式を書き換えると $1 + \frac{2}{s(s^2+3s+3)} = 0$ となる. 極が原点と $\frac{-3 \pm j\sqrt{3}}{2}$ にある一巡伝達関数 $\frac{K}{s(s^2+3s+3)}$ の根軌跡を求めると図となる. この根軌跡より $K=2$ の根を求めると $s_1 = -2$, $s_2 = -\frac{1}{2}(1 - j\sqrt{3})$, $s_3 = -\frac{1}{2}(1 + j\sqrt{3})$ となり問 5.31 の解と一致する.

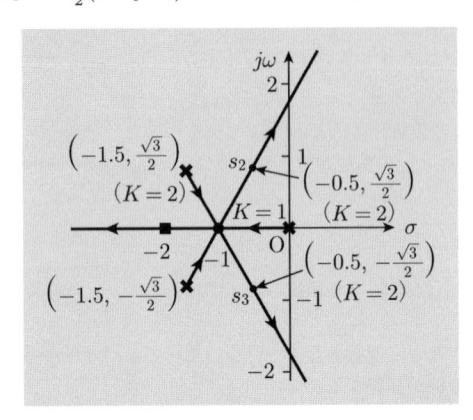

6章

■ **6.1** (1) 比例動作（P動作）：操作量が動作信号の現在値に比例する動作．動作信号を x，操作量を y とすると，比例動作では $y = K_P x$ となる．K_P を比例ゲインという．
　操作は動作信号の変化と同時に行われるが，フィードバック要素に使用すると，出力に偏差が残る．偏差の大きさは比例ゲインに逆比例し，ゲインが大きいほど偏差は小さくなるが不安定になりやすい．

(2) 積分動作（I動作）：操作量が動作信号の積分値に比例する動作．$y = K_I \int x dt$ で表される．
　動作信号がある限り操作は続き，操作速度は動作信号の大きさに比例する．フィードバック要素に使用すると定常偏差を0にすることができるが，P動作に比べて動作が遅く，一般に安定性がよくない．

(3) 微分動作（D動作）：操作量が動作信号の微分値に比例する動作で，$y = K_D \frac{dx}{dt}$ で表される．
　動作信号の入った瞬時に大きな訂正動作を与えて大きく調整器を動かし，動作信号が一定値になると動作はやむ．プロセスの動作遅れを打消す効果がある．
　わずかな雑音に反応するので単独で用いられることはなく，比例 + 微分，あるいは 比例 + 積分 + 微分動作 として用いられ，制御系の安定度や応答速度を高める効果がある．

■ **6.2** (イ) (d)　(ロ) (a)　(ハ) (e)　(ニ) (c)　(ホ) (b)

■ **6.3** A：位相遅れ，B：制御の精度（制度），C：定常偏差，D：$1+sT$，E：$1+\alpha sT$

■ **6.4** A：1，B：$\frac{1}{\sqrt{2}}$（0.707），C：共振値（M_P, M ピーク），D：1.25（1.2～1.4），E：1.8（1.5～2.5）

■ **6.5** A：三項動作（三動作），B：比例帯，C：レート，D：リセット，E：オフセット（定常位置偏差）

■ **6.6** (1) 図の制御系の閉路伝達関数 $M(s)$ は

$$M(s) = \frac{\frac{K}{s(1+0.25s)}}{1+\frac{K}{s(1+0.25s)}} = \frac{4K}{s^2+4s+4K}$$

(2) 閉路伝達関数 $M(s)$ を $M(s) = \frac{4K}{(s+2)^2+4K-4}$ のように変形する．閉路系が振動的であるための条件は，$4K-4>0$ すなわち，$\underline{K>1}$

(3) $M(s)$ を次式のようにおく．

$$M(s) = \frac{4K}{s^2+4s+4K} = \frac{\omega_n^2}{s^2+2\zeta\omega_n s+\omega_n^2}$$

この式から

$$\zeta\omega_n = 2, \quad 4K = \omega_n^2$$

　上式の第1式から，$\omega_n = \frac{2}{\zeta} = \frac{2}{0.4} = \underline{5}$
　上式の第2式から，$K = \frac{\omega_n^2}{4} = \frac{5 \times 5}{4} = \underline{6.25}$

(4) $K=5$, $R(s) = \frac{1}{s}$ のステップ応答 $C(s)$ は

$$C(s) = \frac{20}{s(s^2+4s+20)} = \frac{1}{s} - \left(\frac{s+4}{s^2+4s+20}\right) = \frac{1}{s} - \left\{\frac{s+2}{(s+2)^2+4^2} + \frac{1}{2}\frac{4}{(s+2)^2+4^2}\right\}$$

ラプラス逆変換すれば

$$C(t) = 1 - \left(\varepsilon^{-2t}\cos 4t + \tfrac{1}{2}\varepsilon^{-2t}\sin 4t\right) = 1 - \tfrac{\varepsilon^{-2t}}{2}(2\cos 4t + \sin 4t)$$
$$= 1 - \tfrac{\sqrt{5}}{2}\varepsilon^{-2t}\sin(4t + \tan^{-1} 2)$$

■ **6.7** 図の制御系の開ループ伝達関数 $G_0(s)$ は

$$G_0(s) = \tfrac{10(1+0.1Ts)}{1+Ts}\tfrac{5}{s(1+0.5s)} = \tfrac{5Ts+50}{0.5Ts^3+(T+0.5)s^2+s}$$

この系の特性方程式 $1 + G_0(s) = 0$ は

$$0.5Ts^3 + (T+0.5)s^2 + (5T+1)s + 50 = 0$$

ラウス表

s^3	$0.5T$	$5T+1$
s^2	$T+0.5$	50
s^1	b_1	
s^0	50	

系の安定条件は s のすべての次数の係数が存在し同じ符号で，かつ，ラウス表で安定の条件を満足することである．係数が同符号の条件から，$T > 0$ でなければならない．
上記の特性方程式のラウス表は次のとおりである．

$$b_1 = \tfrac{(T+0.5)(5T+1) - 0.5T \times 50}{T+0.5} = \tfrac{5T^2 - 21.5T + 0.5}{T+0.5}$$

系が安定であるための条件は，ラウス表の第1列の符号が変化しないことである．この条件から，s^2 の行では

$$T + 0.5 > 0, \quad T > -0.5 \tag{1}$$

s^1 の行では

$$5T^2 - 21.5T + 0.5 > 0, \quad (T - 0.0234)(T - 4.277) > 0$$

上の条件を満足するためには

$$T - 0.0234 > 0 \quad \text{かつ} \quad T - 4.277 > 0 \tag{2}$$

または

$$T - 0.0234 < 0 \quad \text{かつ} \quad T - 4.277 < 0 \tag{3}$$

(2) の条件から，$T > 4.277$．(3) の条件から，$T < 0.0234$．(1), (2), (3) の条件，および T は正であるので $0 < T < 0.0234$，または，$T > 4.277$

■ **6.8** (1) 与えられた開ループ周波数伝達関数 $G(j\omega)$ は

$$G(j\omega) = \tfrac{K}{j\omega(1+j0.25\omega)} = \tfrac{K}{-0.25\omega^2 + j\omega}$$

である．題意から位相余有が $45°$ に調整されているので，上式の実数部と虚数部の大きさが等しくなる．すなわち $0.25\omega^2 = \omega$ $\therefore$ $\omega = \omega_c = \tfrac{1}{0.25} = 4\,[\text{rad} \cdot \text{s}^{-1}]$

位相余有は開ループ周波数伝達関数のゲインが1となるところで，このときの角周波数をゲイン交点周波数という．さて，位相余有が $45°$ でゲインを1にするための K の値は

$$|G(j\omega)|_{\omega=\omega_c} = \tfrac{K}{\sqrt{(0.25\omega_c^2)^2 + \omega_c^2}} = 1 \quad \therefore \quad K = \sqrt{(0.25 \times 4^2)^2 + 4^2} = 5.6568 \simeq \underline{5.66}$$

(2) 閉ループ周波数伝達関数 $M(j\omega)$ を求めると

$$M(j\omega) = \tfrac{G(j\omega)}{1+G(j\omega)} = \tfrac{K}{-0.25\omega^2+j\omega+K} = \tfrac{22.63}{-\omega^2+j4\omega+22.63}$$

上式で $\omega = \omega_c = 4\,[\text{rad} \cdot \text{s}^{-1}]$ のときは，$M(j\omega_c) = \tfrac{22.63}{6.63+j16}$

固有角周波数を $\omega_n\,[\text{rad} \cdot \text{s}^{-1}]$，減衰係数を ζ とすると，二次遅れ系の周波数伝達関数の標準形は，$M(j\omega) = \tfrac{\omega_n^2}{-\omega^2+j2\zeta\omega_n\omega+\omega_n^2}$ なので，この2式を比較すると

$$\omega_n^2 = 22.63 \quad \therefore \quad \omega_n = 4.757 \simeq \underline{4.76}$$

また，$2\zeta\omega_\mathrm{n} = 4$　∴　$\zeta = \frac{4}{2\omega_\mathrm{n}} = \frac{4}{2\times 4.757} = \underline{0.420}$

(3) 閉ループ周波数伝達関数の周波数特性の振幅が最大となる角周波数 ω_p は，与えられた式に値を代入する．

$$\omega_\mathrm{p} = \sqrt{1-2\zeta^2}\,\omega_\mathrm{n} = \sqrt{1-2\times 0.42^2}\times 4.757 = 3.827 \simeq \underline{3.83\,[\mathrm{rad\cdot s^{-1}}]}$$

最大振幅値 M_p は，閉ループ周波数伝達関数 $M(j\omega)$ の絶対値に ω_p の値を代入すればよい．すなわち

$$M_\mathrm{p} = |M(j\omega)|_{\omega=\omega_\mathrm{p}} = \frac{22.63}{\sqrt{(-3.827^2+22.63)^2+(4\times 3.827)^2}} = 1.3107 \simeq \underline{1.31}$$

■ **6.9** (1) (ヨ)　(2) (ル)　(3) (ト)　(4) (ハ)　(5) (ヲ)
■ **6.10** (1) (カ)　(2) (リ)　(3) (ヲ)　(4) (ロ)　(5) (ト)
■ **6.11** (1) (チ)　(2) (ロ)　(3) (ヨ)　(4) (ヌ)　(5) (ハ)
■ **6.12** $D_1(s), D_2(s)$ がそれぞれ単独で加わったときの偏差 $E_1(s)$ および $E_2(s)$ は $R(s)$ を 0 として

$$E_1(s) = -\{E_1(s)G(s) + D_1(s)\}F(s), \quad E_2(s) = -\{E_2(s)G(s)F(s) + D_2(s)\}$$

であるので

$$E_1(s) = \frac{-F(s)}{1+G(s)F(s)}D_1(s), \quad E_2(s) = \frac{-1}{1+G(s)F(s)}D_2(s)$$

となり，それぞれの定常偏差 $e_\mathrm{s1}, e_\mathrm{s2}$ は

$$e_\mathrm{s1} = \lim_{s\to 0}\left[-\frac{sF(s)}{1+G(s)F(s)}D_1(s)\right], \quad e_\mathrm{s2} = \lim_{s\to 0}\left[-\frac{s}{1+G(s)F(s)}D_2(s)\right]$$

となるので，外乱がそれぞれ単位ステップ関数で与えられた場合は

$$e_\mathrm{s1} = -\frac{F(0)}{1+G(0)F(0)}, \quad e_\mathrm{s2} = -\frac{1}{1+G(0)F(0)}$$

となり，$F(s)$ の関数形により外乱に対する影響が異なる．

■ **6.13** 閉ループ系の伝達関数を求めると，$G(s) = \frac{\frac{1}{s(s+1)}}{1+\frac{1}{s(s+1)}} = \frac{1}{s^2+s+1}$ となる．角周波数 ω に対する入出力比は $s \to j\omega$ とおいて

$$G(j\omega) = \frac{1}{(j\omega)^2+j\omega+1} = \frac{1}{1-\omega^2+j\omega}, \quad |G(j\omega)| = \frac{1}{\sqrt{(1-\omega^2)^2+\omega^2}}$$

共振点とはゲイン特性を表す $|G(j\omega)|$ がピーク値（極大値）を持つ点のことであり，このときの ω の値が共振角周波数である．$\frac{d|G(j\omega)|}{d\omega} = 0$ より

$$\frac{d|G(j\omega)|}{d\omega} = -\frac{1}{2}\frac{2(1-\omega^2)(-2\omega)+2\omega}{\{(1-\omega^2)^2+\omega^2\}^{3/2}} = 0, \quad 2\omega(2\omega^2-1) = 0$$

ゆえに $\omega = 0$，または $\frac{1}{\sqrt{2}} = 0.707$ が得られる．

共振角周波数 ω_r は，$\omega_\mathrm{r} \leq 0$ ではあり得ないので，$\omega_\mathrm{r} = 0.707$ であり，共振値 M_p は，この ω_r の値を $|G(j\omega)|$ の式に代入し

$$M_\mathrm{p} = |G(j\omega_\mathrm{r})| = \frac{1}{\sqrt{\left(1-\frac{1}{\sqrt{2}^2}\right)^2+\left(\frac{1}{\sqrt{2}}\right)^2}} = \frac{2}{\sqrt{3}} = 1.15$$

となる．すなわち，共振角周波数は$\underline{0.707\,\mathrm{rad\cdot s^{-1}}}$で，共振値は$\underline{1.15}$である．

6.14 閉路周波数伝達関数 $W(j\omega)$ は

$$W(j\omega) = \frac{C(j\omega)}{R(j\omega)} = \frac{\frac{K}{j\omega(1+j0.25\omega)}}{1+\frac{K}{j\omega(1+j0.25\omega)}} = \frac{4K}{4K-\omega^2+j4\omega}$$

この系の $|W(j\omega)|$ は

$$|W(j\omega)| = \frac{4K}{\sqrt{\{\omega^2-4(K-2)\}^2+64(K-1)}} \qquad (1)$$

上式から，$|W(j\omega)|$ は

$$\omega_p^2 = 4(K-2) \qquad (2)$$

で，最大値を示し，その値 M_p は式 (1) から $M_p = \frac{K}{\sqrt{4(K-1)}}$ となる．題意から $M_p = 1.3$ であるので，$\frac{K}{\sqrt{4(K-1)}} = 1.3$ となる．この式から

$$K^2 = 1.3^2 \times 4(K-1), \quad K^2 - 6.76K + 6.76 = 0$$

この式から K を求めれば，$K = 3.38 \pm 2.16$ となる．式 (2) から，$\omega_p = 2\sqrt{K-2}$ であり，$K > 2$ でなければならないので，$\underline{K = 5.54}$ となる．ω_p は，$\omega_p = 2\sqrt{K-2} = 2\sqrt{5.54-2} = \underline{3.76}$

6.15 (1) 補償器の伝達関数を $G_C(s)$，制御対象の伝達関数を $G(s)$ とすれば，この系の伝達関数 $M(s)$ は

$$M(s) = \frac{G_C(s)G(s)}{1+G_C(s)G(s)} = \frac{K\left(1+\frac{1}{s}\right)\frac{1}{(10s+1)(4s+1)}}{1+K\left(1+\frac{1}{s}\right)\frac{1}{(10s+1)(4s+1)}} = \frac{K(s+1)}{40s^3+14s^2+(K+1)s+K}$$

となる．したがって，特性方程式は，$M(s)$ の分母を 0 とおいた式として求まる．

$$40s^3 + 14s^2 + (K+1)s + K = 0$$

または，$s^3 + 0.35s^2 + 0.025(K+1)s + 0.025K = 0$

(2) ラウスの安定判別法によって制御系の安定判別を行う．この安定判別法によれば，制御系が安定である条件として

① 特性方程式の s のすべての次数の係数が存在し，かつ同符号であること．
② ラウス表における第 1 列の $(n+1)$ 個の要素がすべて正であること．

をあげている．

まず①の条件から，$K > 0$ を得る．

次にラウス表を作成する．この数列の第 1 列に着目すれば，次の条件を得る．

$$-\frac{26K}{14} + 1 > 0, \quad K < \frac{14}{26} \quad \therefore \quad \underline{K > 0.538}$$

上 2 式を同時に満たす比例ゲイン K の範囲は，$\underline{0 < K < 0.538}$ であり，このとき制御系は安定する．

ラウス表

s^3	40	$K+1$
s^2	14	K
s^1	$-\frac{26K}{14}+1$	
s^0	K	

(3) $D(s)$ を入力，$E(s)$ を出力とするブロック線図を描くと図に示すようになる．この図から次式を得る．

$$E(s) = -\{E(s)G_C(s) + D(s)\}G(s)$$

$$= -E(s)G(s)G_C(s) - D(s)G(s)$$

$$E(s)\{1+G(s)G_C(s)\} = -D(s)G(s)$$

$$\frac{E(s)}{D(s)} = -\frac{G(s)}{1+G(s)G_C(s)} = -\frac{\frac{1}{(10s+1)(4s+1)}}{1+\frac{1}{(10s+1)(4s+1)}K\left(1+\frac{1}{s}\right)}$$

$$= -\frac{1}{(10s+1)(4s+1)+K\left(1+\frac{1}{s}\right)} = -\frac{s}{40s^3+14s^2+(K+1)s+K}$$

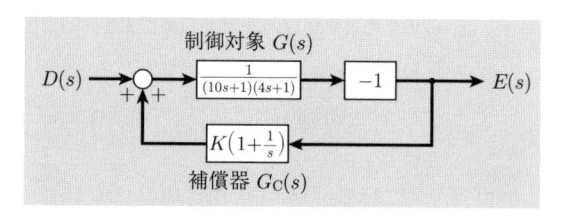

(4) 単位ステップ外乱 $D(s) = \frac{1}{s}$ に対する定常偏差 e_s は，最終値定理から

$$e_s = \lim_{s\to 0} sE(s) = \lim_{s\to 0} s \frac{-s}{40s^3+14s^2+(K+1)s+K} \frac{1}{s} = -\frac{1}{K+1+\frac{K}{0}} = -\frac{1}{\infty} = \underline{0}$$

■ **6.16** (1) 図示されたフィードバック補償器 $C(s)$ は，比例ゲイン K_P による比例動作と，積分時間 T_I による積分動作とを組み合わせた補償器であり，PI 動作（比例＋積分動作）と呼ばれる．

(2) $R(s) = 0$ としたときのブロック線図を描くと図に示すようになる．この図から次の 2 式が得られる．

$$E(s) = -(D(s)+U(s))G(s), \quad U(s) = E(s)C(s)$$

整理すると，外乱 $D(s)$ から偏差 $E(s)$ までの閉ループ伝達関数 $\frac{E(s)}{D(s)}$ は

$$E(s) = -(D(s)+E(s)C(s))G(s) = -D(s)G(s) - C(s)E(s)G(s)$$
$$E(s)\{1+C(s)G(s)\} = -D(s)G(s)$$

$$\therefore \quad \frac{E(s)}{D(s)} = \frac{G(s)}{1+C(s)G(s)} = \frac{\frac{1}{5s+1}}{1+K_P\left(1+\frac{1}{T_I s}\right)\frac{1}{5s+1}} = -\frac{s}{5\left(s^2+\frac{1+K_P}{5}s+\frac{K_P}{5T_I}\right)}$$

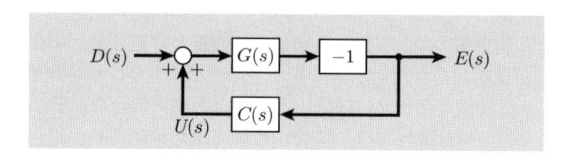

(3) 二次遅れ要素の標準形を $M(s)$ とすれば，$M(s) = \frac{K}{1+2\zeta T s + T^2 s^2}$ になる．ただし，T：時定数．この式の分母と分子にそれぞれ ω_n^2 を掛けると，次式を得る．

$$M(s) = \frac{K\omega_n^2}{(1+2\zeta T s + T^2 s^2)\omega_n^2} = \frac{K\omega_n^2}{\omega_n^2 T^2 s^2 + 2\zeta \omega_n^2 T s + \omega_n^2}$$

比較すると

$$K\omega_n^2 = -\frac{s}{5}, \quad \omega_n^2 T^2 = 1, \quad 2\zeta\omega_n^2 T = \frac{1+K_P}{5}, \quad \omega_n^2 = \frac{K_P}{5T_I}$$

が得られる．変形すれば
$$T^2 = \frac{1}{\omega_n^2} \quad \therefore \quad T = \frac{1}{\omega_n} = \frac{1}{2} = 0.5 \quad (\because \quad T \geq 0)$$
次に，$\zeta = 0.8, \omega_n = 2, T = 0.5$ を代入すると
$$K_P = 10\zeta\omega_n^2 T - 1 = 10 \times 0.8 \times 2^2 \times 0.5 - 1 = \underline{15}$$
を得る．また，$K_P = 15, \omega_n = 2$ を代入すれば，次のように求まる．
$$T_I = \frac{K_P}{5\omega_n^2} = \frac{15}{5 \times 2^2} = \frac{3}{4} = \underline{0.75}$$

(4) $D(s) = 0$ としたときのブロック線図を描くと図に示すようになる．この図から次の4式が得られる．
$$V(s) = F(s)R(s), \quad E(s) = V(s) - Y(s), \quad U(s) = \frac{F(s)}{G(s)}R(s) + C(s)E(s), \quad Y(s) = G(s)U(s)$$
整理すると
$$Y(s) = G(s)\left(\frac{F(s)}{G(s)}R(s) + C(s)E(s)\right)$$
$$= F(s)R(s) + C(s)G(s)(V(s) - Y(s)) = F(s)R(s) + C(s)G(s)(F(s)R(s) - Y(s))$$
$$Y(s)\{1 + C(s)G(s)\} = (F(s) + C(s)F(s)G(s))R(s) = F(s)(1 + C(s)G(s))R(s)$$
$$\therefore \quad \frac{Y(s)}{R(s)} = \frac{F(s)\{1+C(s)G(s)\}}{1+C(s)G(s)} = \underline{F(s)}$$

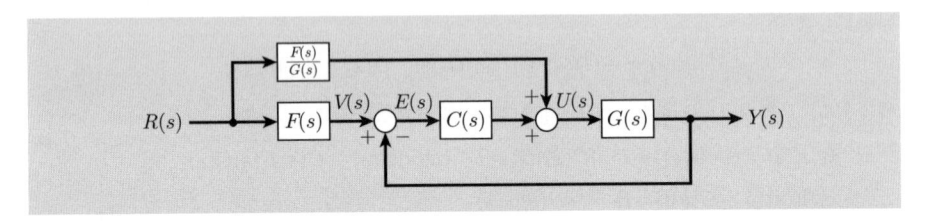

(5) 制御系には，目標値応答特性とフィードバック特性の二つが良好なことが要求される．目標値応答特性とは，制御系の応答特性を所望の応答特性に一致させることである．一方，フィードバック特性とは，制御系に加わる外乱や制御対象が持つ不確かさに対する感度特性やロバスト安定性を得ることにある．

従来から用いられる制御系の設計には，目標値と制御量との差分量，すなわち偏差を用いて操作量を算出する1自由度制御系が用いられてきた．しかしながら，1自由度制御系は，目標値応答特性とフィードバック特性とを独立に設定することが困難であった．そこで，目標値と制御量の二つの情報を用いた二つの補償器を持つ2自由度制御系が提案された．

二つの補償器を持つ2自由度制御系は，目標値に対する追従特性と外乱の抑制特性を同時に満たすことが可能である．

■ **6.17** (1) 入力信号 $z(t) = \sin 2t$ をラプラス変換すると，$Z(s) = \mathcal{L}[z(t)] = \frac{2}{s^2+2^2}$ となる．したがって，出力応答 $Y(s)$ は
$$Y(s) = G(s)Z(s) = \frac{1}{Js}\frac{2}{s^2+2^2} = \frac{2}{J}\left\{\frac{1}{s}\frac{1}{(s+j2)(s-j2)}\right\}$$
となる．ここで，$Y(s) = \frac{2}{J}\left(\frac{A}{s} + \frac{B}{s+j2} + \frac{C}{s-j2}\right) = \frac{2}{J}I(s)$ のようにおいて，A, B, C をそれ

問題解答

それぞれ求める．ただし

$$I(s) = \frac{1}{s}\frac{1}{(s+j2)(s-j2)}$$

$$A = \lim_{s \to 0} sI(s) = \lim_{s \to 0} \frac{1}{(s+j2)(s-j2)} = \frac{1}{4}$$

$$B = \lim_{s \to -j2} (s+j2)I(s) = \lim_{s \to -j2} \frac{1}{s(s-j2)} = -\frac{1}{8}$$

$$C = \lim_{s \to j2} (s-j2)I(s) = \lim_{s \to j2} \frac{1}{s(s+j2)} = -\frac{1}{8}$$

A, B, C を式に代入して整理すると

$$Y(s) = \frac{2}{J}\left\{\frac{1}{4s} - \frac{1}{8(s+j2)} - \frac{1}{8(s-j2)}\right\} = \frac{1}{4J}\left\{\frac{2}{s} - \frac{s-j2+s+j2}{(s+j2)(s-j2)}\right\} = \frac{1}{2J}\left(\frac{1}{s} - \frac{s}{s^2+2^2}\right)$$

を得る．したがって，上式をラプラス逆変換すれば，出力応答 $y(t)$ が求まる．

$$y(t) = \mathcal{L}^{-1}[Y(s)] = \frac{1}{2J}(1-\cos 2t)$$

(2) 与えられた図 (b) のブロック線図において，次式が成り立つ．

$$X(s) = (U(s) - Z(s))G_2(s), \quad Z(s) = X(s) - Y(s), \quad Y(s) = G_1(s)Z(s)$$

上 3 式より次式が得られる．

$$Z(s) = (U(s) - Z(s))G_2(s) - Y(s)$$

$$Z(s) = \frac{U(s)G_2(s) - Y(s)}{1 + G_2(s)}$$

整理すると

$$Y(s) = G_1(s)\frac{U(s)G_2(s) - Y(s)}{1 + G_2(s)}$$

よって，入力 $U(s)$ から出力 $Y(s)$ までの伝達関数を $H(s)$ とすれば

$$H(s) = \frac{Y(s)}{U(s)} = \frac{G_1(s)G_2(s)}{1 + G_1(s) + G_2(s)}$$

(3) (2) で得られた伝達関数 $H(s)$ を用いてブロック線図を描くと図が得られる．したがって，制御系全体の伝達関数 $M(s) = \frac{Y(s)}{R(s)}$ は

$$M(s) = \frac{Y(s)}{R(s)} = \frac{(K_1+K_2s)\frac{G_1(s)G_2(s)}{1+G_1(s)+G_2(s)}}{1+(K_1+K_2s)\frac{G_1(s)G_2(s)}{1+G_1(s)+G_2(s)}} = \frac{(K_1+K_2s)G_1(s)G_2(s)}{1+G_1(s)+G_2(s)+(K_1+K_2s)G_1(s)G_2(s)}$$

上式の特性方程式は $1 + G_1(s) + G_2(s) + (K_1+K_2s)G_1(s)G_2(s) = 0$ であるから，この式に $G_1(s) = \frac{1}{s}, G_2(s) = \frac{1}{2s}$ をそれぞれ代入する．

$$1 + \frac{1}{s} + \frac{1}{2s} + (K_1+K_2s)\frac{1}{s}\frac{1}{2s} = 0$$

$$s^2 + (1.5+0.5K_2)s + 0.5K_1 = 0$$

を得る．したがって極は，$s = \frac{-(1.5+0.5K_2) \pm \sqrt{(1.5+0.5K_2)^2 - 2K_1}}{2}$ となり，二つの極を有することがわかる．題意から閉ループ伝達関数の極がすべて -10 であるから，上式の根号内は，0 でなければならない．よって

$$s = \frac{-(1.5+0.5K_2)}{2} = -10$$
$$1.5+0.5K_2 = 20$$
$$\therefore K_2 = \frac{20-1.5}{0.5} = \underline{37}$$

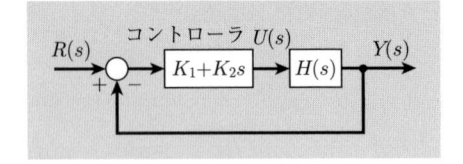

根号内が 0 であるから
$$(1.5+0.5K_2)^2 - 2K_1 = 0, \quad K_1 = \frac{(1.5+0.5\times 37)^2}{2} = \frac{400}{2} = \underline{200}$$

■ **6.18** (1) (ト)　(2) (リ)　(3) (ハ)　(4) (ヲ)　(5) (ホ)

■ **6.19** (1) $R(s)$ から $Y(s)$ までの伝達関数 $G(s)$ は

$$G(s) = \frac{Y(s)}{R(s)} = \frac{\frac{6}{s(s+5)}}{1+\frac{6}{s(s+5)}} = \frac{6}{s^2+5s+6}$$

となる．一方，二次遅れ要素の標準形は，固有角周波数を $\omega_n\,[\mathrm{rad\cdot s^{-1}}]$，減衰定数を ζ とすれば $G(s) = \frac{\omega_n^2}{s^2+2\zeta\omega_n s+\omega_n^2}$ で示される．この2式を等しいとすれば

$$\omega_n^2 = 6 \quad \therefore \omega_n = \sqrt{6}$$
$$2\zeta\omega_n = 5 \quad \therefore \zeta = \frac{5}{2\omega_n} = \frac{5}{2\sqrt{6}} = \underline{1.020}$$

(2) 時間関数 $r(t)$ が単位ステップ関数であるから，目標値 $R(s)$ は $R(s) = \frac{1}{s}$ となる．したがって，出力 $Y(s)$ は

$$Y(s) = R(s)G(s) = \frac{1}{s}\frac{6}{s^2+5s+6} = 6\times\left(\frac{1}{s}\frac{1}{s+2}\frac{1}{s+3}\right)$$

である．ここで，$\frac{1}{s}\frac{1}{s+2}\frac{1}{s+3} = \frac{A}{s}+\frac{B}{s+2}+\frac{C}{s+3}$ とおく．すると

$$A = \lim_{s\to 0} s\frac{1}{s}\frac{1}{s+2}\frac{1}{s+3} = \frac{1}{6}$$
$$B = \lim_{s\to -2}(s+2)\frac{1}{s}\frac{1}{s+2}\frac{1}{s+3} = -\frac{1}{2}$$
$$C = \lim_{s\to -3}(s+3)\frac{1}{s}\frac{1}{s+2}\frac{1}{s+3} = \frac{1}{3}$$

となる．したがって

$$\frac{1}{s}\frac{1}{s+2}\frac{1}{s+3} = \frac{1}{6}\frac{1}{s}+\left(-\frac{1}{2}\right)\frac{1}{s+2}+\left(\frac{1}{3}\right)\frac{1}{s+3}$$

が得られる．代入すれば，次式が得られる．

$$Y(s) = \frac{1}{s} - 3\times\frac{1}{s+2} + 2\times\frac{1}{s+3}$$

よって，上式をラプラス逆変換すれば時間応答（ステップ応答）$y(t)$ が得られる．

$$y(t) = \mathcal{L}^{-1}[Y(s)] = 1 - 3\varepsilon^{-2t} + 2\varepsilon^{-3t}$$

(3) 与えられた図から次式が得られる．
$$E(s) = R(s) - Y(s), \quad Y(s) = \frac{6}{s(s+5)}E(s)$$

代入して整理する．
$$E(s) = R(s) - \frac{6}{s(s+5)}E(s)$$

$$\therefore \quad H(s) = \frac{E(s)}{R(s)} = \frac{1}{1+\frac{6}{s(s+5)}} = \frac{s^2+5s}{s^2+5s+6}$$

s を $j\omega$ と置き換えて周波数伝達関数 $H(j\omega) = \frac{-\omega^2+j5\omega}{(6-\omega^2)+j5\omega}$ が得られる.

$H(j\omega)$ のゲイン g を求めると, $g = |H(j\omega)| = \sqrt{\frac{\omega^4+25\omega^2}{(6-\omega^2)^2+25\omega^2}}$ となる. ゲイン g は, 角周波数 $\omega = 0$ のとき $g = 0$ となり, 角周波数 ω が高くなると $g \simeq 1$ となる. このゲイン g は, 図に示すように変化する. また式を ω で微分して 0 と置けば, ゲイン g を最大にする角周波数 $\omega_m = 3.487 \,[\mathrm{rad \cdot s^{-1}}]$ が得られ, そのときのゲインは, $g = 1.149$ となる.

偏差 $e(t)$ の振幅は, 時間関数 $r(t)$ の振幅である 1 がゲイン倍されて出力されるから, 角周波数 ω が ω_m になるまで, すなわち $\omega = 0 \sim 3.49 \,[\mathrm{rad \cdot s^{-1}}]$ までは角周波数が高くなるにつれて偏差 $e(t)$ の振幅は増加し, 角周波数が $\omega_m = 3.49 \,[\mathrm{rad}]$ のとき最大の 1.15 倍になる. さらに角周波数が高くなると振幅はやがて 1 に近づく.

(4) 偏差 $e(t)$ の振幅はゲイン g 倍となるから, $\omega = 1$ を $|H(j\omega)|$ に代入すれば

$$\sqrt{\frac{1^4+25\times 1^2}{(6-1^2)^2+25\times 1^2}} = \sqrt{\frac{26}{50}} = \underline{0.721}$$

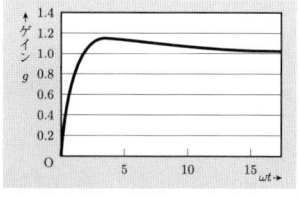

■ **6.20** (1) (ヨ)　(2) (ト)　(3) (リ)　(4) (ル)　(5) (ハ)

■ **6.21** (1) $U(s)$ から $Y(s)$ までの伝達関数を $G(s)$ とすれば, 次式に示すようになる.

$$G(s) = \frac{Y(s)}{U(s)} = \frac{\frac{1}{s(s+1)(s+5)}}{1+K_2 s \frac{1}{s(s+1)(s+5)}} = \frac{1}{s^3+6s^2+(5+K_2)s}$$

(2) $R(s)$ から $Y(s)$ までの伝達関数は, 求めた $G(s)$ を用いれば

$$\frac{Y(s)}{R(s)} = \frac{K_1 G(s)}{1+K_1 G(s)} = \frac{\frac{K_1}{s^3+6s^2+(5+K_2)s}}{1+\frac{K_1}{s^3+6s^2+(5+K_2)s}} = \frac{K_1}{s^3+6s^2+(5+K_2)s+K_1}$$

(3) $R(s)$ から $Y(s)$ までの伝達関数から特性方程式は

$$s^3 + 6s^2 + (5+K_2) + K_1 = 0$$

となる. ラウスの安定判別法によれば, 制御系が安定であるためには, 第一に特性方程式における s のすべての係数が存在するし, かつ, 同符号であることとしている. よって

$5 + K_2 > 0 \quad \therefore \quad K_2 > -5, \quad K_1 > 0$

が成立する必要がある. また特性方程式からラウス表を作ると, 右表が得られる.

ラウスの安定判別法における安定条件の二つ目は, この配列の 1 列目の要素がすべて正であることである. よって

$\frac{6\times(5+K_2)-K_1}{6} > 0$

$\therefore \quad 30 + 6K_2 > K_1$

ラウス表

s^3	1	$5+K_2$
s^2	6	K_1
s^1	$\frac{6\times(5+K_2)-K_1}{6}$	
s^0	K_1	

が導ける. フィードバック制御系が安定となるための K_1, K_2 が満たすべき条件は, $30 + 6K_2 > K_1 > 0$

次に制御系の開ループ伝達関数を $H(s)$ とすれば

であるから，$H(s)$ の周波数伝達関数 $H(j\omega)$ は

$$H(j\omega) = \frac{K_1}{-j\omega^3 - 6\omega^2 + j(5+K_2)\omega} = \frac{K_1}{-6\omega^2 + j\omega(5+K_2-\omega^2)}$$

となる．安定限界のとき，ベクトル軌跡は，$-1+j0$ の点を通る．よって

$$\frac{K_1}{-6\omega^2 + j\omega(5+K_2-\omega^2)} = -1, \quad K_1 - 6\omega^2 + j\omega(5+K_2-\omega^2) = 0$$

$$\therefore \quad \omega^2 = 5 + K_2$$

したがって，安定限界における持続振動の角周波数 ω_c は

$$\omega_c = \sqrt{5+K_2} \quad (\because \quad \omega_c > 0)$$

(4) 制御系の偏差 $E(s)$ は

$$E(s) = \frac{1}{1+K_1 G(s)} R(s) = \frac{s^3 + 6s^2 + (5+K_2)s}{s^3 + 6s^2 + (5+K_2)s + K_1} R(s)$$

となる．目標値 $r(t) = t$ のランプ関数をラプラス変換すれば，$R(s) = \frac{1}{s^2}$ である．よって，定常速度偏差 e_v は，最終値の定理から

$$e_v = \lim_{s \to 0} sE(s) = \lim_{s \to 0} s \frac{s^3 + 6s^2 + (5+K_2)s}{s^3 + 6s^2 + (5+K_2)s + K_1} R(s)$$

$$= \frac{5+K_2}{K_1}$$

(5) K_1 は制御対象に与える信号のゲインを調整する要素であり，K_2 は制御対象の出力を入力にフィードバックする要素のゲインである．

(a) K_1 を固定し，K_2 を大きくすると制御対象の出力信号のフィードバック量が増加する．すると $G(s)$ のゲインが低下し，速応性が低下することになる．このため安定度は増すものの，$E(s)$ が示すように定常速度偏差は増加する．

(b) K_2 を固定し，K_1 を大きくすることは制御系のゲインを増加させることを意味する．したがって，減衰特性は低下するが，e_v の式に示されるように定常速度偏差を抑えることができる．

■ **6.22** (1) フィードバック系の開路伝達関数は $G(s)H(s) = C(s)\dfrac{100}{s(s+1)(s+40)}$ で表せるから，$C(s) = K_1$ に選んだときの開路周波数伝達関数 $G(j\omega)H(j\omega)$ は

$$G(j\omega)H(j\omega) = \frac{100 K_1}{j\omega(j\omega+1)(j\omega+40)} = \frac{100 K_1}{-41\omega^2 + j\omega(40-\omega^2)}$$

したがって，開路周波数伝達関数 $G(j\omega)H(j\omega)$ のベクトル軌跡が実軸を横切る角周波数は，上式の分母の虚数部が 0 となるときの値であるから，求める角周波数 ω_1 は

$$40 - \omega_1^2 = 0 \quad \therefore \quad \omega_1 = \sqrt{40} = \underline{2\sqrt{10}\,[\mathrm{rad \cdot s^{-1}}]}$$

次に，フィードバック系が安定限界となる場合は，$G(j\omega_1)H(j\omega_1) = -1$ となるときであるから

$$G(j\omega_1)H(j\omega_1) = \frac{100 K_1}{-41 \times 40} = -1$$

よって，安定限界を与える K_1 は，$K_1 = \dfrac{1640}{100} = \underline{16.4}$

(2) $C(s) = K_1 = 1$ としたとき，ブロック線図から偏差 $E(s)$ は

$$E(s) = R(s) - Y(s) = R(s) - 1 \frac{100}{s(s+1)(s+40)} E(s)$$

$$\therefore \quad E(s) = \frac{1}{1 + \frac{100}{s(s+1)(s+40)}} R(s) = \frac{s^3 + 41s^2 + 40s}{s^3 + 41s^2 + 40s + 100} R(s)$$

したがって，偏差 $E(s)$ と目標値 $R(s)$ との間の伝達関数 $H(s)$ は

$$H(s) = \frac{s^3+41s^2+40s}{s^3+41s^2+40s+100}$$

となるから，その周波数伝達関数 $H(j\omega)$ は

$$H(j\omega) = \frac{(j\omega)^3+41(j\omega)^2+j40\omega}{(j\omega)^3+41(j\omega)^2+j40\omega+100} = \frac{-41\omega^2+j\omega(40-\omega^2)}{100-41\omega^2+j\omega(40-\omega^2)}$$

となり，そのゲイン g_H は，$g_H = \omega\sqrt{\frac{1681\omega^2+(40-\omega^2)^2}{(100-41\omega^2)^2+\omega^2(40-\omega^2)^2}}$ で与えられる．

したがって，題意より目標値が $r(t) = \sin t$ である場合の十分に時間が経過したときの偏差 $e(t)$ の振幅 e_p は，上式に $\omega = 1$ を代入すれば，次のように求まる．

$$e_\mathrm{p} = \sqrt{\frac{1681+39^2}{(100-41)^2+39^2}} \simeq \underline{0.80}$$

(3) 補償器 $C(s) = K_2 \frac{s+1}{s+10}$ の周波数伝達関数 $C(j\omega)$ は

$$C(j\omega) = K_2 \frac{\sqrt{1+\omega^2}}{\sqrt{100+\omega^2}} \angle (\tan^{-1}\omega - \tan^{-1}0.1\omega)$$

となるから，$C(j\omega)$ の位相角 ϕ は，$\phi = \tan^{-1}\omega - \tan^{-1}0.1\omega$

ここで，逆正接関数 $y = \tan^{-1}x$ は単調増加関数であるから，常に $\tan^{-1}\omega > \tan^{-1}0.1\omega$ となるから，上式より角周波数 ω にかかわらず，位相角は $\phi > 0$ となる．したがって，この補償器は位相進み補償器である．

(4) 補償器の伝達関数 $C(s)$ において，題意の数値 $K_2 = 10$ を代入すると，次式となる．

$$C(s) = 10 \times \frac{s+1}{s+10} = \frac{s+1}{0.1s+1}$$

$s = j\omega$ とおき，補償器の周波数伝達関数 $C(j\omega)$ を求めると，$C(j\omega) = \frac{j\omega+1}{0.1j\omega+1}$

補償器のゲイン g は

$$g = 20\log_{10}|C(j\omega)| = 20\log_{10}\sqrt{1+\omega^2} - 20\log_{10}\sqrt{1+0.01\omega^2}$$

であり，この式の第 1 項より，折点周波数を $\omega^2 = 1 \to \omega = 1\,[\mathrm{rad\cdot s^{-1}}]$ とする $20\,\mathrm{dB\cdot dec^{-1}}$ の正傾斜の直線に漸近し，また，第 2 項より，折点周波数を $0.01\omega^2 = 1 \to \omega = 10\,[\mathrm{rad\cdot s^{-1}}]$ とする $20\,\mathrm{dB\cdot dec^{-1}}$ の負傾斜の直線に漸近することがわかる．

よって，この補償器のゲイン特性の折れ線図は図のようになる．

(5) 制御対象に補償器として位相進み要素を直列に挿入すると，制御系の高周波領域のゲインが増加するため速応性が改善される．また，位相余有が増加するため安定度を改善できる．

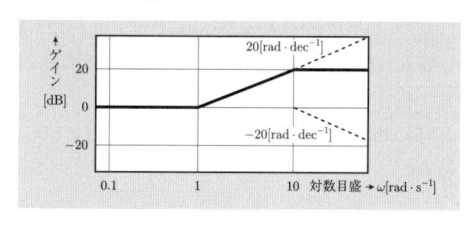

■ **6.23** (1) (ワ) (2) (チ) (3) (ハ) (4) (ヘ) (5) (イ)

■ **6.24** (5) 定常偏差は，ループゲインの逆数で決まるので，偏差を小さくするにはループゲインをできるだけ大きくする必要があるが，あまり大きく取りすぎると，制御系に振動が生じ不安定になる．また，定常偏差を完全に 0 にするには，偏差が残るかぎり制御動作を継続するよう制御系のフィードバック要素に積分特性を持たせればよい．

6.25 (1) $R(s) = 0$ のとき，ブロック線図は図のように簡略化できる．
$$\frac{Y(s)}{D(s)} = \frac{1}{1+G(s)K(s)}$$

(2) $D(s) = 0$ のときは，ブロック線図より次の関係式が成り立つ．
$$Y(s) = G(s)U(s)$$
$$U(s) = \frac{F(s)}{G(s)}R(s) + K(s)(F(s)R(s) - Y(s))$$
$$= \left(\frac{1}{G(s)} + K(s)\right)F(s)R(s) - K(s)Y(s)$$

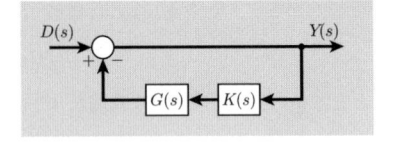

$Y(s)$ に $U(s)$ を代入すると
$$Y(s) = G(s)\left\{\left(\frac{1}{G(s)} + K(s)\right)F(s)R(s) - K(s)Y(s)\right\}$$
$$= \{1 + G(s)K(s)\}F(s)R(S) - G(s)K(s)Y(s)$$
$$\therefore \quad \frac{Y(s)}{R(s)} = \frac{(1+G(s)K(s))F(s)}{1+G(s)K(s)} = F(s)$$

(3) 伝達関数 $F(s)$ を二次遅れ要素の伝達関数の標準形と比べると
$$F(s) = \frac{c}{s^2+as+b} = \frac{c}{b}\frac{b}{s^2+as+b} = \frac{\omega_n^2}{s^2+2\zeta\omega_n s+\omega_n^2}$$
$$b = \omega_n^2 = 10^2 = 100, \quad a = 2\zeta\omega_n = 2 \times 0.8 \times 10 = 16.0$$

また，この制御系の目標値 $R(s)$ に対する出力 $Y(s)$ は
$$Y(s) = F(s)R(s) = \frac{c}{s^2+as+b}R(s)$$

目標値 $r(t)$ が単位ステップ関数のとき，$R(s) = \mathcal{L}[u(t)] = \frac{1}{s}$ なので
$$Y(s) = \frac{c}{s^2+as+b}\frac{1}{s}$$

最終値の定理を用いて，出力 $y(t)$ の最終値は
$$\lim_{t\to\infty} y(t) = \lim_{s\to 0}[sY(s)] = \lim_{s\to 0}\left[\frac{c}{s^2+as+b}\right] = \frac{c}{b} = 1 \quad \therefore \quad c = b = \underline{100}$$

(4) 補償器 $K(s) = K_P\left(1 + \frac{1}{T_I s} + T_D s\right)$ は，比例要素（P 要素），積分要素（I 要素），微分要素（D 要素）からなるので，PID 補償器と呼ばれる．また，K_P：比例ゲイン（比例感度），T_I：積分時間，T_D：微分時間

(5) 制御系全体が安定になるためには，(1) で求めた外乱 $D(s)$ に対しても安定である必要がある．
$$\frac{Y(s)}{D(s)} = \frac{1}{1+G(s)K(s)} = \frac{s^3}{s^3+K_P T_D s^2+K_P s+\frac{K_P}{T_I}}$$

特性方程式 $s^3 + K_P T_D s^2 + K_P s + \frac{K_P}{T_I} = 0$ は，係数がすべて存在し，すべての係数が同符号なので，根の実数部がすべて負であるための条件は，
$$\begin{vmatrix} K_P T_D & \frac{K_P}{T_I} \\ 1 & K_P \end{vmatrix} = K_P\left(K_P T_D - \frac{1}{T_I}\right) > 0 \quad \therefore \quad \underline{1 < K_P T_I T_D}$$

6.26 (1) ブロック線図より，$Y(s) = \frac{1}{s(s+1)}U(s) + D(s)$ となる．$U(s)$ は，単位ステップをラプラス変換して，$U(s) = \frac{1}{s}$ となる．$D(s) = 0$ より
$$Y(s) = \frac{1}{s(s+1)}\frac{1}{s} = \frac{1}{s^2} - \frac{1}{s} + \frac{1}{s+1}$$
これをラプラス逆変換して，$y(t) = \mathcal{L}^{-1}\left[\frac{1}{s(s+1)}\frac{1}{s}\right] = t - 1 + \varepsilon^{-1}$ $(0 \leq t)$

(2) ブロック線図より
$$U(s) = C(s)\left(E(s) + \frac{1}{s}U(s)\right), \quad U(s) = \frac{C(s)}{1 - \frac{C(s)}{s}}E(s)$$
$$\therefore \quad \frac{U(s)}{E(s)} = \frac{C(s)s}{s - C(s)}$$

(3) ブロック線図より
$$E(s) = R(s) - Y(s), \quad Y(s) = \frac{1}{s(s+1)}U(s) + D(s)$$
上の 2 式および (2) の答から，$R(s) = 0$ より
$$E(s) = -\frac{1}{s(s+1)}\frac{C(s)s}{s - C(s)}E(s) - D(s), \quad E(s) = -\frac{1}{1 + \frac{1}{s(s+1)}\frac{C(s)s}{s - C(s)}}D(s)$$
$$\therefore \quad \frac{E(s)}{D(s)} = \frac{-(s+1)(s - C(s))}{s(s+1 - C(s))}$$

(4) (3) の答に $C(s) = \frac{s}{Ts+1}$ を代入して
$$E(s) = \frac{-(s+1)\left(s - \frac{s}{Ts+1}\right)}{s\left(s+1 - \frac{s}{Ts+1}\right)}D(s), \quad E(s) = \frac{-Ts(s+1)}{Ts^2 + Ts + 1}D(s)$$
ランプ関数 $d(t) = t$ をラプラス変換して，$D(s) = \frac{1}{s^2}$ となる．最終値の定理より，定常速度偏差は
$$\lim_{t \to \infty} e(t) = \lim_{s \to 0} sE(s) = \lim_{s \to 0} s\frac{-Ts(s+1)}{Ts^2 + Ts + 1}D(s) = \lim_{s \to 0}\frac{-T(s+1)}{Ts^2 + Ts + 1} = -T$$

(5) (4) の結果より，外乱 $d(t)$ により偏差 $e(t)$ は $-T$ だけ残ることから，時定数 T を 0 に近づければ，外乱の影響を現れないようにできる．

(6) ブロック線図より，制御系の伝達関数は
$$M(s) = \frac{\left(K_1 + \frac{K_2}{s}\right)\frac{1}{s(s+1)}}{1 + \left(K_1 + \frac{K_2}{s}\right)\frac{1}{s(s+1)}} = \frac{K_1 s + K_2}{s^3 + s^2 + K_1 s + K_2}$$
上式の特性方程式は
$$s^3 + s^2 + K_1 s + K_2 = 0$$
であるが，これを，$a_0 s^3 + a_1 s^2 + a_2 s + a_3 = 0$ とおけば，ラウス表は右表となる．
$a_0 = 1, \quad a_1 = 1, \quad a_2 = K_1, \quad a_3 = K_2$
$b_1 = \frac{a_1 a_2 - a_0 a_3}{a_1} = K_1 - K_2, \quad c_1 = \frac{b_1 a_3}{b_1} = K_2$

ラウス表

s^3	a_0	a_2
s^2	a_1	a_3
s^1	b_1	0
s^0	c_1	0

安定となる条件は，1 列目の数値がすべて正になればよいので
$$K_1 - K_2 > 0, \quad K_2 > 0$$
つまり，$\underline{K_1 > K_2 > 0}$ となればよい．

6.27 (1) (ニ)   (2) (ワ)   (3) (ル)   (4) (ヲ)   (5) (ロ)

■ **6.28** ブロック線図内の部分等価変換を行う.
① 並列結合の部分の伝達関数を $M_2(s)$ とすると
$$M_2(s) = \frac{1}{1+T_1 s} - \frac{1}{1+T_2 s} = \frac{(T_2-T_1)s}{(1+T_1 s)(1+T_2 s)}$$
② フィードバックループの伝達関数を $M_1(s)$ とすると
$$M_1(s) = \frac{K}{1+Kk_2 \frac{(T_2-T_1)s}{(1+T_1 s)(1+T_2 s)}}$$
③ 直列結合をまとめ, 全体の伝達関数は
$$G(s) = k_1 M_1(s) = \frac{Kk_1}{1+Kk_2 \frac{(T_2-T_1)s}{(1+T_1 s)(1+T_2 s)}} = \frac{Kk_1(1+T_1 s)(1+T_2 s)}{(1+T_1 s)(1+T_2 s)+Kk_2(T_2-T_1)s}$$

$K \gg 1$ より
$$G(s) = \frac{Kk_1(1+T_1 s)(1+T_2 s)}{(1+T_1 s)(1+T_2 s)+Kk_2(T_2-T_1)s} = \frac{k_1(1+T_1 s)(1+T_2 s)}{\frac{(1+T_1 s)(1+T_2 s)}{K}+k_2(T_2-T_1)s}$$
$$\simeq \frac{k_1(1+T_1 s)(1+T_2 s)}{k_2(T_2-T_1)s} = \frac{k_1}{k_2(T_2-T_1)} \cdot \frac{1+(T_1+T_2)s+T_1 T_2 s^2}{s}$$
$$= \frac{k_1(T_1+T_2)}{k_2(T_2-T_1)} \left\{ 1 + \frac{T_1 T_2}{T_1+T_2} s + \frac{1}{(T_1+T_2)s} \right\}$$

$\frac{k_1(T_1+T_2)}{k_2(T_2-T_1)} = K_\mathrm{P}$, $\frac{T_1 T_2}{T_1+T_2} = T_\mathrm{D}$, $\frac{1}{T_1+T_2} = \frac{1}{T_\mathrm{I}}$ とおくと $G(s)$ は
$$G(s) = K_\mathrm{P} \left(1 + T_\mathrm{D} s + \frac{1}{T_\mathrm{I} s} \right)$$

K_P は比例感度, T_D は微分時間, T_I は積分時間といい, それぞれ比例動作, 微分動作, 積分動作の強さを表す.

■ **6.29** 位相遅れ要素の伝達関数とゲイン特性は
$$K(s) = \alpha K \frac{1+Ts}{1+\alpha T s} \quad (\alpha > 1), \quad |K(j\omega)|_\mathrm{dB} = 20 \log_{10} \sqrt{\frac{1+\omega^2 T^2}{1+\omega^2 \alpha^2 T^2}} + 20 \log_{10} \alpha K$$

$\omega \alpha T \ll 1$ のとき, $|K(j\omega)|_\mathrm{dB} \approx 20 \log_{10} \alpha K$
$\omega T \gg 1$ のとき
$$|K(j\omega)|_\mathrm{dB} \approx 20 \log_{10} \frac{T}{\alpha T} + 20 \log_{10} \alpha K$$
$$= -20 \log_{10} \alpha + 20 \log_{10} \alpha + 20 \log_{10} K = 20 \log_{10} K$$

折点周波数は $\omega_\mathrm{b} = \frac{1}{\alpha T}, \frac{1}{T}$. 位相特性 ϕ は $\phi = \tan^{-1} \omega T - \tan^{-1} \alpha \omega T$
 (i) $\omega = 0, \omega = \infty$ で $\phi = 0$
 (ii) 位相遅れの最大値は $\frac{d\phi}{d\omega} = 0$ とおいて
$$\phi_\mathrm{m} = \tan^{-1} \sqrt{\frac{1}{\alpha}} - \tan^{-1} \sqrt{\alpha}, \quad \omega_\mathrm{m} = \frac{1}{T\sqrt{\alpha}}$$

以上によりボード線図を求めることができる.

■ **6.30** 伝達関数は $K(s) = K \frac{1+Ts}{1+\alpha T s}$ $(\alpha < 1)$ である. したがって, ゲイン特性は
$$|K(j\omega)|_\mathrm{dB} = 20 \log_{10} \sqrt{\frac{1+\omega^2 T^2}{1+\omega^2 \alpha^2 T^2}} + 20 \log_{10} K$$

$\omega T \ll 1$ のとき, $|K(j\omega)|_\mathrm{dB} \approx 20 \log_{10} K$

$\omega\alpha T \gg 1$ のとき，$|K(j\omega)|_{\mathrm{dB}} \approx -20\log_{10}\alpha + 20\log_{10}K = 20\log_{10}\frac{K}{\alpha}$
折点周波数は $\omega_{\mathrm{b}} = \frac{1}{T}, \frac{1}{\alpha T}$．ゲイン特性は $\phi = \tan^{-1}\omega T - \tan^{-1}\alpha\omega T$ よりボード線図を求めることができる．

7章

■ **7.1** 力の釣り合い点における電圧，磁束，電流，ギャップ長の値をそれぞれ E, Φ, I, X とおくと，釣り合い点の近傍では

$$\begin{array}{ll}\text{コイル電圧}\quad e = E + \Delta e, & \text{磁束}\quad \phi = \Phi + \Delta\phi \\ \text{電流}\quad i = I + \Delta i, & \text{ギャップ長}\quad x = X + \Delta x\end{array}\Bigg\}$$

と表される．上式を与式に代入し，かつ

$$E = RI, \quad LI = N\Phi, \quad MgX = \tfrac{1}{2}LI^2$$

の関係があることを用いると次式となる．

$$\Delta e = N\frac{d\Delta\phi}{dt} + R\Delta i, \quad \frac{N}{LI}\Delta\phi = \frac{1+\left(\frac{\Delta i}{I}\right)}{1+\left(\frac{\Delta x}{X}\right)} - 1 \simeq \frac{\Delta i}{I} - \frac{\Delta x}{X}$$

$$M\frac{d^2\Delta x}{dt^2} = \frac{LI^2}{2X}\left\{1 - \left(1 + \frac{\Delta\phi}{\Phi}\right)^2\right\} \simeq -\frac{NI}{X}\Delta\phi$$

上の 3 式をラプラス変換する．このとき $\mathcal{L}[\Delta e] = E(s), \mathcal{L}[\Delta\phi] = \Phi(s), \mathcal{L}[\Delta i] = I(s), \mathcal{L}[\Delta x] = X(s)$ とおくと

$$E(s) = Ns\Phi(s) + RI(s), \quad \Phi(s) = \tfrac{L}{N}I(s) - \tfrac{LI}{NX}X(s), \quad Ms^2X(s) = -\tfrac{NI}{X}\Phi(s)$$

上の 3 式から，$I(s), \Phi(s)$ を消去して，$E(s)$ に対する $X(s)$ の比を求めると次の伝達関数を得る．

$$\frac{X(s)}{E(s)} = \frac{-LIX}{MLX^2s^3 + MRX^2s^2 - LRI^2}$$

■ **7.2** ばねの質量を無視できるとし，M を釣るしてないときの平衡状態からのばねの変位を x とすれば，次の微分方程式となる．

$$M\frac{d^2x}{dt^2} = Mg - ax - bx^3 \quad \therefore \quad M\frac{d^2x}{dt^2} + ax + bx^3 = Mg$$

上式で最も高階の微分の項のみを左辺におき $\frac{d^2x}{dt^2} = g - \frac{1}{M}(ax + bx^3)$ のように変形する．この式をもとにブロック線図を描くと図となる．すなわち，g と $\frac{f}{M}$ の差が $\frac{d^2x}{dt^2}$ となり，それを 2 度積分したものが x となる．x と f との間の特性は曲線で表される．

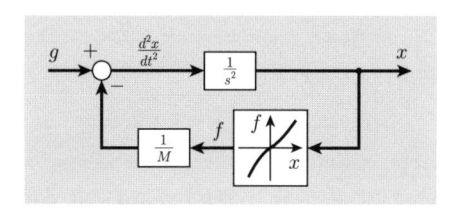

■ **7.3** 与式において，$x = x_1, \dot{x} = x_2$ とおくと

$$\dot{x}_1 = x_2, \quad \dot{x}_2 = -\omega_{\mathrm{n}}^2 x_1$$

上式より
$$\frac{dx_2}{dx_1} = -\frac{\omega_n^2 x_1}{x_2}$$
$$\therefore \quad x_2 dx_2 = -\omega_n^2 x_1 dx_1$$
上式を積分すると
$$x_2^2 = -\omega_n^2 x_1^2 + C \quad (C：積分定数)$$
$t=0$ のとき，$x_1 = x_{10}, x_2 = x_{20}$ とすると
$$x_1^2 + \left(\frac{x_2}{\omega_n}\right)^2 = x_{10}^2 + \left(\frac{x_{20}}{\omega_n}\right)^2$$
すなわち，与式の純振動系の運動は x_1-x_2 位相面上でだ円を描く．これは x_1-$\frac{x_2}{\omega_n}$ 平面上では図に示すような円となる．

■ **7.4** 軌跡の傾き m を求めると $m = \frac{\dot{x}}{\dot{x}} = \frac{-\dot{x}-x}{\dot{x}}$ となる．上式から $x=0, \dot{x}=0$ が特異点であることがわかる．次にこの式を $\dot{x}$ について解けば $\dot{x} = -\frac{1}{m+1}x$ となり，等傾斜線は原点を通る直線の式となる．たとえば

$m=0$ では $\dot{x}=-x$ 　　$m=1$ では $\dot{x}=-\frac{x}{2}$ 　　$m=2$ では $\dot{x}=-\frac{x}{3}$ 　　$m=\infty$ では $\dot{x}=0$

$m=-0.5$ では $\dot{x}=-2x$ 　　$m=-1$ では $x=0$ 　　$m=-2$ では $\dot{x}=x$

以上のことから等傾斜線および案内線が描ける．与えられた初期値の点 A(1,0) から出発して案内線をたどって行けば図に示すように特異点に収束するらせん状の位相面軌跡となる．

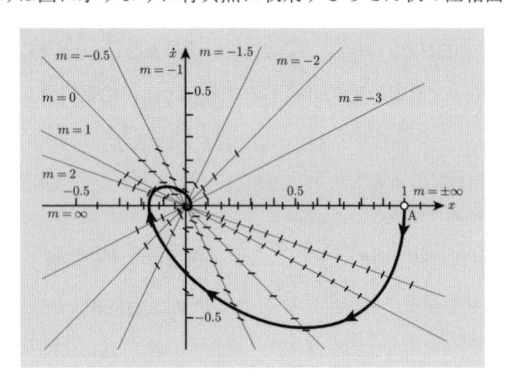

■ **7.5** 問図の制御系においては次の関係が成り立つ．
$$\ddot{c} + 2\zeta\omega_n\dot{c} = \omega_n^2 e, \quad e = r - c \quad \text{ただし，} (\dot{\ }) = \frac{d}{dt}$$
これから偏差 $e(t)$ に関する方程式を求めると
$$\ddot{e} + 2\zeta\omega_n\dot{e} + \omega_n^2 e = \ddot{r} + 2\zeta\omega_n\dot{r}$$
$r(t)$ がステップ状の場合，$r(t) = Ru(t)$ とすると，$t>0$ では $\ddot{r}=\dot{r}=0$ となるので上式は
$$\ddot{e} + 2\zeta\omega_n\dot{e} + \omega_n^2 e = 0 \quad \text{ただし，} e(0)=R, \dot{e}(0)=0$$
次に $\omega_n t = \tau$ とおいて時間軸のスケールを変換すると
$$\ddot{e} + 2\zeta\dot{e} + e = 0 \quad \text{ただし，} (\dot{\ }) = \frac{d}{d\tau}, e = e(\tau)$$

ここで, $e = x_1, \dot{e} = x_2$ とおくと
$$\dot{x}_1 = x_2, \quad \dot{x}_2 = -x_1 - 2\zeta x_2 \quad \text{ただし, } x_1(0) = R, x_2(0) = 0$$
したがって, $\frac{dx_2}{dx_1} = -\frac{x_1 + 2\zeta x_2}{x_2}$ となる. これから $\frac{dx_2}{dx_1} = m$ なる等傾斜線は $x_2 = -\frac{1}{m+2\zeta}x_1$

図は $\zeta = 0.5$ の場合について等傾斜曲線法により描いた位相面軌跡である. ステップ状入力の場合には, x_1, x_2 の初期値は $x_1(0) = R, x_2(0) = 0$ であるので, 位相面軌跡の出発点は x_1 軸上にある. ここで, $R = \pm 5$ とし, 出発点は A, B である.

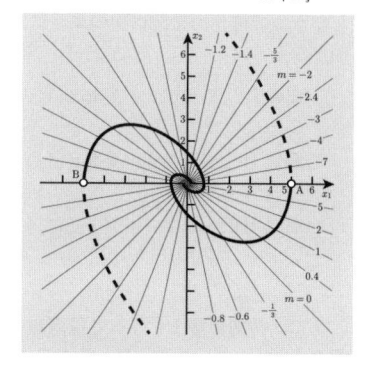

■ **7.6** 等傾斜曲線法により求める. ブロック線図より微分方程式は
$$T\frac{d^2c(t)}{dt^2} + \frac{dc(t)}{dt} = Kv(t), \quad e(t) = r(t) - c(t)$$
$$Kv(t) = v(e) = \begin{cases} V & (e \geq 0) \\ -V & (e < 0) \end{cases}$$
ここで, $T = K = 1$ とおき, $r(t) = u(t)$ とおくと
$$\frac{d^2c(t)}{dt^2} + \frac{dc(t)}{dt} = v(e) \quad \longleftarrow \quad v(e) = \begin{cases} V & (e \geq 0) \\ -V & (e < 0) \end{cases}$$
$r(t)$：一定, $\dot{e} = \frac{de(t)}{dt}$, また $e(t) = r(t) - c(t)$ より $\dot{e}(t) = -\dot{c}(t)$ となる. したがって, 偏差 $e(t)$ に対して $-\frac{d^2e}{dt^2} - \frac{de}{dt} = v(e)$ が得られる. $\frac{d\dot{e}}{dt} = \frac{d\dot{e}}{de}\frac{de}{dt} = \frac{d\dot{e}}{de}\dot{e}$ であるのでこの式は $-\frac{d\dot{e}}{de}\dot{e} - \dot{e} = v(e)$ であるので $\frac{d\dot{e}}{de} = -\frac{v(e) + \dot{e}}{\dot{e}} = m$ となる. または
$$\dot{e} = -\frac{v(e)}{m+1} = \begin{cases} -\frac{V}{m+1} & (e \geq 0) \\ \frac{V}{m+1} & (e < 0) \end{cases}$$

とおける. ここで, 位相面では偏差 e が $e \geq 0$ (右半面) と $e < 0$ (左半面) に分けて傾斜 m を求める. 横軸上 ($\dot{e} = 0$) では $m = \pm \infty$ である. また, たとえば $e \geq 0$ で傾斜 $m = -2$ のとき, 上式のように等傾斜線は $\dot{e} = +V$ で一定となる. したがって, $m = \ldots, -3, -2, -1, 0, 1, 2, \ldots$ などに変化させ傾斜を描くと図のようになる.

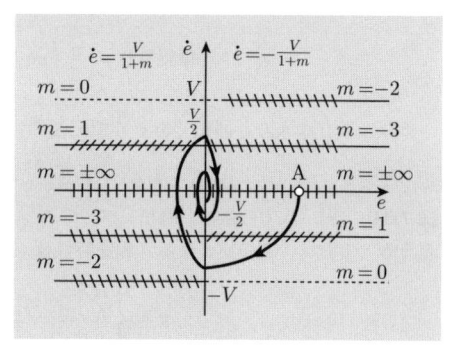

結局, 与えられた初期値 $\dot{e}(0) = 0, e(0) = e_0$ の点 A から出発して図示の矢印に沿って軌跡が描かれる.

■ **7.7** 微分方程式からの直接解法により求める. ブロック線図より
$$T\frac{d^2c(t)}{dt^2} + \frac{dc(t)}{dt} = Kv(t), \quad e(t) = r(t) - c(t)$$
ヒステリシスがあるので
$$Kv(t) = \begin{cases} V & (e > -h, \text{ ただし } e \text{ が減少のとき } e > h) \\ -V & (e < -h, \text{ ただし } e \text{ が増加のとき } e < h) \end{cases}$$
問題 7.6 と同様に条件を代入して偏差 e の式に変換すると $-\frac{d^2e}{dt^2} - \frac{de}{dt} = v(e)$ であるので

積分すると $e = -\dot{e} + v(e) \ln\left|1 + \frac{\dot{e}}{v(e)}\right| + C$ となる.
ただし, C は積分定数. 出発点を $\mathrm{P}_0(e(0), 0)$ に取る.
したがって位相面軌跡は次のように求められ, 概形は
図となる.

  曲線 I ：$e = -\dot{e} + V \log\left(1 + \frac{\dot{e}}{V}\right) + C$
         $v(e) = V$

  曲線 II ：$e = -\dot{e} - V \log\left(1 - \frac{\dot{e}}{V}\right) - C'$
         $v(e) = -V$

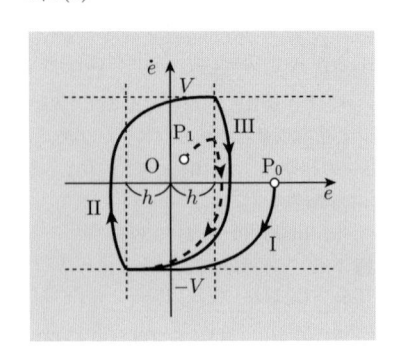

  曲線 III ：$e = -\dot{e} + V \log\left(1 + \frac{\dot{e}}{V}\right) + C''$
         $v(e) = V$
  ⋮   ⋮   ⋮

また, 初期値が P_1 のときは破線のようになる.

■ **7.8** A：フーリエ, B：基本波, C：低域（ローパス）, D：高, E：リミットサイクル（持続振動）

■ **7.9** この問題の出力は奇関数であるので, この出力をフーリエ級数に展開すれば, $\sin n\omega t$ の項だけが存在し, $\cos n\omega t$ の項は存在しない.
出力のフーリエ級数の基本波の係数 a_1 は, 題意から次の式で表される.

$$a_1 = \frac{4}{\pi}\int_0^{\pi/2} y(t)\sin\omega t\, dt = \frac{4}{\pi}\left(\int_0^a X\sin\omega t\, \sin\omega t\, dt + \int_\alpha^{\pi/2} X\sin\alpha\, \sin\omega t\, dt\right)$$

$$= \frac{4X}{\pi}\left(\frac{1}{2}\alpha + \frac{1}{2}\sin\alpha\,\cos\alpha\right) = \frac{2X}{\pi}\left(\sin^{-1}\frac{1}{X} + \frac{1}{X}\sqrt{1 - \frac{1}{X^2}}\right)$$

となる. 記述関数の振幅特性は上式を入力の振幅で割った値である.

$$振幅特性 = \frac{2}{\pi}\left(\sin^{-1}\frac{1}{X} + \frac{1}{X}\sqrt{1 - \frac{1}{X^2}}\right)$$

また, 出力は入力と同相であるので記述関数は $\frac{2}{\pi}\left(\sin^{-1}\frac{1}{X} + \frac{1}{X}\sqrt{1 - \frac{1}{X^2}}\right)\angle 0°$ で表される. または, $\frac{2X}{\pi}(\alpha + \sin\alpha\,\cos\alpha)$ である.

■ **7.10** (a) 入力の振幅が飽和レベルの S より小さいときはゲイン K の増幅器であるが, S を超えると出力は一定の値となる. 飽和特性は

$$y = \begin{cases} KS & (一定：x \geq S) \\ Kx & (比例：-S \leq x \leq S) \\ -KS & (一定：x \leq -S) \end{cases}$$

であり, 入力に正弦波 $x(t) = X\sin\omega t$ を加えると

$$y(t) = \begin{cases} KX\sin\omega t & (0 \leq \omega t \leq \alpha) \\ KS = KX\sin\alpha & (\alpha \leq \omega t \leq \pi - \alpha) \\ KX\sin\omega t & (\pi - \alpha \leq \omega t \leq \pi) \end{cases}$$

のように表される. ここで, $S = X\sin\alpha$ より $\alpha = \sin^{-1}\frac{S}{X}$. 出力の基本波の振幅は

$$A_1 = \tfrac{1}{\pi}\int_0^{2\pi} y(t)\cos\omega t\, d(\omega t) = 0$$

$$\begin{aligned} B_1 &= \tfrac{1}{\pi}\int_0^{2\pi} y(t)\sin\omega t\, d(\omega t) \\ &= \tfrac{2}{\pi}\left(\int_0^{\alpha} KX\sin^2\omega t + \int_\alpha^{\pi-\alpha} KS\sin\omega t + \int_{\pi-\alpha}^{\pi} KS\sin^2\omega t\right) d(\omega t) \\ &= \tfrac{KX}{\pi}(2\alpha + \sin 2\alpha) \end{aligned}$$

したがって，飽和要素の記述関数は

$$N = \begin{cases} K & (X \leq S) \\ \tfrac{2K}{\pi}\left(\alpha + \tfrac{1}{2}\sin 2\alpha\right) & (X > S) \end{cases}$$

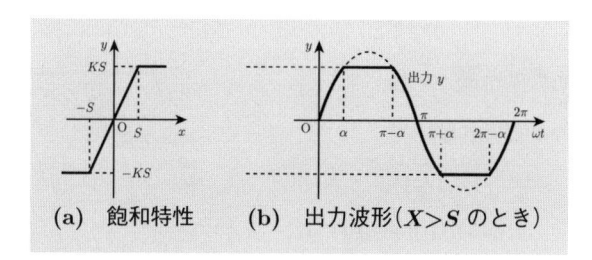

(a) 飽和特性　**(b) 出力波形($X>S$ のとき)**

(b) 不感帯要素では入力の振幅 X が D 以下では出力を生じない．したがって，$X \leq D$ のときには記述関数は 0 である．$X > D$ のときには，出力の波形は図のようになる．したがって

$$y(t) = \begin{cases} 0 & (0 \leq \omega t \leq \alpha) \\ K(X\sin\omega t - D) & (\alpha \leq \omega t \leq \pi-\alpha) \\ 0 & (\pi-\alpha \leq \omega t \leq \pi) \end{cases} \quad \text{ただし，} \alpha = \sin^{-1}\tfrac{D}{X}$$

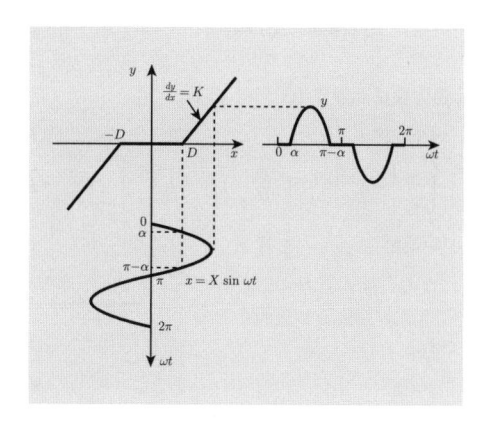

これから

$$a_1 = \tfrac{1}{\pi}\int_0^{2\pi} y(t)\sin\omega t\, d(\omega t) = \tfrac{2}{\pi}\int_0^{\pi} y(t)\sin\omega t\, d(\omega t) = \tfrac{2}{\pi}\int_\alpha^{\pi-\alpha} K(X\sin\omega t - D)\sin\omega t\, d(\omega t)$$

$$= \tfrac{2}{\pi} KX \left\{ \tfrac{\pi}{2} - \sin^{-1} \tfrac{D}{X} - \tfrac{D}{X} \sqrt{1-\left(\tfrac{D}{X}\right)^2} \right\}$$

$$b_1 = \tfrac{1}{\pi} \int_0^{2\pi} y(t) \cos \omega t \, d(\omega t) = 0$$

不感帯要素の記述関数は

$$N(X) = \tfrac{2}{\pi} K \left\{ \tfrac{\pi}{2} - \sin^{-1} \tfrac{D}{X} - \tfrac{D}{X} \sqrt{1-\left(\tfrac{D}{X}\right)^2} \right\} \quad (X > D)$$

(c) [例題 7.11] 参照　　(d) [例題 7.12] 参照

(e) $X < D$ のとき $y = 0$ で $N = 0$. $X > D$ のとき出力 y の波形は図となる．この図から

$$a_1 = \tfrac{1}{\pi} \left(\int_{\theta_0}^{\pi-\theta_0} H \sin\theta \, d\theta - \int_{\pi+\theta_0}^{2\pi-\theta_0} H \sin\theta \, d\theta \right)$$

$$= \tfrac{4H}{\pi} \int_{\theta_0}^{\pi/2} \sin\theta \, d\theta = \tfrac{4H}{\pi} \cos\theta_0$$

一方, $X \sin\theta_0 = D$ の関係があるから

$$a_1 = \tfrac{4H}{\pi} \sqrt{1-\left(\tfrac{D}{X}\right)^2}, \quad b_1 = 0 \quad \therefore \ N = \tfrac{4H}{\pi X} \sqrt{1-\left(\tfrac{D}{X}\right)^2}$$

■ **7.11**　非線形要素の記述関数は問題 7.10 の (c) から $N(X) = \tfrac{4}{\pi X} \angle 0°$ と書ける．したがって振幅軌跡は $-\tfrac{1}{N(X)} = \tfrac{\pi X}{4} \angle 180°$ となり，これを複素平面上に描くと図に示すようになる．同図には線形要素のベクトル軌跡も描かれている．図から明らかなように両曲線は $\omega = 2, X = \tfrac{2}{\pi}$ で交わる．したがって制御系は不安定で，リミットサイクルを生ずる．リミットサイクルの周波数は 2, 振幅は $\tfrac{2}{\pi}$ である．

■ **7.12**　非線形要素の記述関数は問題 7.10 から

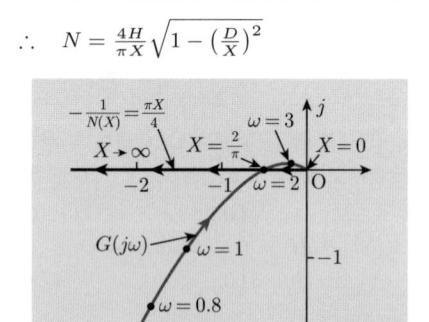

$$N(X) = \begin{cases} 1 \angle 0° & (H \le 1) \\ \tfrac{2}{\pi} \left\{ \sin^{-1} \tfrac{1}{H} + \tfrac{1}{H} \sqrt{1-\left(\tfrac{1}{H}\right)^2} \right\} \angle 0° & (H > 1) \end{cases}$$

と得られる．したがって振幅軌跡 $-\tfrac{1}{N(X)}$ を複素平面上に描けば図のようになる．図からわかるように振幅軌跡は線形要素のベクトル軌跡と交わらないから，制御系は安定である．

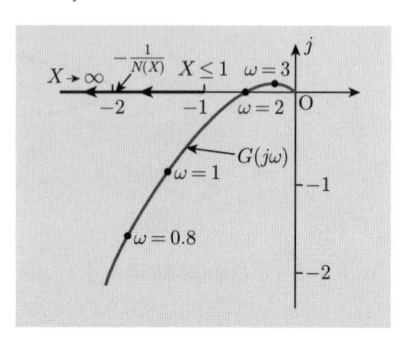

問 題 解 答

■ 7.13 ヒステリシスのあるリレーの記述関数は，問題 7.10(d) から

$$N(X) = \begin{cases} 0 & (X < 0.5) \\ \frac{4}{\pi X} \angle \{-\sin^{-1}\left(\frac{0.5}{X}\right)\} & (X \geq 0.5) \end{cases}$$

である．したがって，振幅軌跡は

$$-\frac{1}{N(X)} = \frac{\pi X}{4} \angle \{\sin^{-1}\left(\frac{0.5}{X}\right) - 180°\}$$

となる．これを複素平面上に描くと図に示すようになる．同図には線形部分のベクトル軌跡も描かれているが，図から両軌跡は $a \simeq 0.77$, $\omega \simeq 1.12$ で交わることがわかる．すなわち，リレー制御系は振幅 0.77，周波数 1.12 のリミットサイクルを生じる．

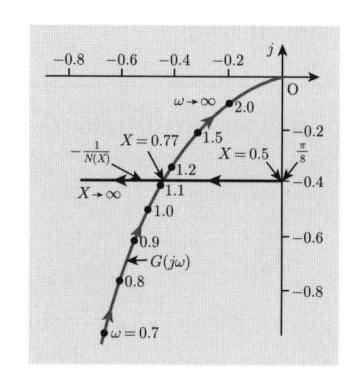

8章

■ 8.1 (1) マイクロプロセッサ　(2) A/D（アナログ/ディジタル，AD）　(3) ディジタル　(4) D/A（ディジタル/アナログ，DA）　(5) ホールド（保持）

■ 8.2 (1)（ト）　(2)（ニ）　(3)（ワ）　(4)（ヌ）　(5)（イ）

■ 8.3 (1) $F^*(z) = z^{-0} + z^{-1} + z^{-2} + \cdots + z^{-n} + \cdots = \frac{1}{1-z^{-1}}$

【注意】ステップ関数の立ち上がり時間はサンプラの閉じている時間にくらべて十分短いと考え，$f(0) = 1$ とする．

(2) $F^*(z) = Tz^{-1} + 2Tz^{-2} + 3Tz^{-3} + \cdots + nTz^{-n} + \cdots$

$z^{-1}F^*(z) = Tz^{-2} + 2Tz^{-3} + 3Tz^{-4} + \cdots + nTz^{-(n+1)} + \cdots$

$(1-z^{-1})F^*(z) = Tz^{-1} + Tz^{-2} + Tz^{-3} + \cdots = \frac{Tz^{-1}}{1-z^{-1}}$

$\therefore F^*(z) = \frac{Tz^{-1}}{(1-z^{-1})^2}$

(3) $F^*(z) = z^{-0} + \varepsilon^{-aT}z^{-1} + \varepsilon^{-2aT}z^{-2} + \cdots = \frac{1}{1-\varepsilon^{-aT}z^{-1}}$

(4) $f(t) = \text{Im}[\varepsilon^{j\omega t}]$ と考えると

$$F^*(z) = \text{Im}[z^{-0} + \varepsilon^{j\omega T}z^{-1} + \varepsilon^{2j\omega T}z^{-2} + \cdots] = \text{Im}\left[\frac{1}{1-\varepsilon^{j\omega T}z^{-1}}\right]$$

$$= \text{Im}\left[\frac{1}{1-\cos\omega T\, z^{-1} - j\sin\omega T\, z^{-1}}\right] = \frac{\sin\omega T\, z^{-1}}{1 - 2\cos\omega T\, z^{-1} + z^{-2}}$$

■ 8.4 (1) $F(z) = \frac{1}{2\pi j}\int_C \frac{1}{s(1-z^{-1}\varepsilon^{sT})}ds = \text{Res}(0) = \lim_{s\to 0}\frac{1}{1-z^{-1}\varepsilon^{sT}} = \frac{1}{1-z^{-1}}$

(2) $F^*(z) = \frac{1}{2\pi j}\int_C \frac{\omega}{(s^2+\omega^2)(1-z^{-1}\varepsilon^{sT})}ds = \text{Res}(j\omega) + \text{Res}(-j\omega) = \frac{z^{-1}\sin\omega T}{1-2z^{-1}\cos\omega T + z^{-2}}$

■ 8.5 $\varepsilon^{-aT} = b$, $1 - \varepsilon^{-aT} = 1 - b = c$ とおくと $F^*(z) = \frac{cz^{-1}}{(1-z^{-1})(1-bz^{-1})}$

(1) Iの方法　$f(nT) = \frac{1}{2\pi j}\int_C \frac{cz^{n-2}}{(1-z^{-1})(1-bz^{-1})}dz = \frac{1}{2\pi j}\int_C \frac{cz^n}{(z-1)(z-b)}dz$

$= \lim_{z\to 1}\frac{cz^n}{z-b} + \lim_{z\to b}\frac{cz^n}{z-1} = \frac{c}{1-b}(1-b^n) = 1 - \varepsilon^{-aTn}$

(2) II の方法

$$\begin{array}{r}cz^{-1}+c(b+1)z^{-2}+c(b^2+b+1)z^{-3}+\cdots\\1-(b+1)z^{-1}+bz^{-2}\overline{)cz^{-1}}\\cz^{-1}-c(b+1)z^{-2}+bcz^{-3}\\\hline c(b+1)z^{-2}-bcz^{-3}\\c(b+1)z^{-2}-c(b+1)^2z^{-3}+bc(b+1)z^{-4}\\\hline c(b^2+b+1)z^{-3}+\cdots\end{array}$$

$$\therefore\ F^*(z) = cz^{-1} + c(1+b)z^{-2} + c(1+b+b^2)z^{-3} + \cdots$$
$$= (1-\varepsilon^{-aT})z^{-1} + (1-\varepsilon^{-2aT})z^{-2} + (1-\varepsilon^{-3aT})z^{-3} + \cdots$$

これより $f(nT) = 1 - \varepsilon^{-naT}$ と推定される.

(3) III の方法　$\dfrac{F^*(z)}{z} = \dfrac{c}{(z-1)(z-b)} = \dfrac{1}{z-1} - \dfrac{1}{z-b}$

$$\therefore\ F^*(z) = \dfrac{z}{z-1} - \dfrac{z}{z-b} = \dfrac{1}{1-z^{-1}} - \dfrac{1}{1-\varepsilon^{-aT}z^{-1}}$$

$$\therefore\ f(nT) = 1 - \varepsilon^{-aTn}$$

■ **8.6** $F^*(z) = f(0) + f(T)z^{-1} + \cdots + f(nT)z^{-n} + \cdots$

上式の両辺に $(1-z^{-1})$ を乗ずる.

$$(1-z^{-1})F^*(z) = f(0) + (f(T)-f(0))z^{-1} + (f(2T)-f(T))z^{-2} + \cdots$$
$$+ (f(nT) - f(\overline{n-1}\,T))z^{-n} + \cdots$$

上式の両辺において, z を限りなく 1 に近づけると

$$\lim_{z\to 1}(1-z^{-1})F^*(z) = f(0) + (f(T)-f(0)) + (f(2T)-f(T)) + \cdots$$
$$+ (f(nT) - f(\overline{n-1}\,T)) + \cdots$$
$$= \lim_{n\to\infty} f(nT)$$

■ **8.7** (1) $g(t) = 1 \quad \therefore\ G^*(z) = \dfrac{1}{1-z^{-1}}$

(2) $g(t) = a\varepsilon^{-at}, \quad G^*(z) = a(1+\varepsilon^{-aT}z^{-1} + \varepsilon^{-2aT}z^{-2} + \cdots) = \dfrac{a}{1-\varepsilon^{-aT}z^{-1}}$

(3) $G^*(z) = \dfrac{1}{2\pi j}\displaystyle\int_C \dfrac{a}{s(s+a)(1-z^{-1}\varepsilon^{sT})}ds = \dfrac{a}{a(1-z^{-1})} + \dfrac{a}{(-a)(1-z^{-1}\varepsilon^{-aT})}$

$$= \dfrac{z^{-1}(1-\varepsilon^{-aT})}{(1-z^{-1})(1-z^{-1}\varepsilon^{-aT})}$$

(4) $G(s) = \dfrac{1-\varepsilon^{-sT}}{s}\dfrac{a}{s+a}, \quad G^*(z) = (1-z^{-1})Z\left[\dfrac{a}{s(s+a)}\right] = \dfrac{z^{-1}(1-\varepsilon^{-aT})}{1-z^{-1}\varepsilon^{-aT}}$

(5) $G(s) = \dfrac{1-\varepsilon^{-sT}}{s}\dfrac{a}{s(s+a)}$

$$Z\left[\dfrac{a}{s^2(s+a)}\right] = \dfrac{1}{2\pi j}\int_C \dfrac{a}{s^2(s+a)(1-z^{-1}\varepsilon^{sT})}ds$$
$$= \lim_{s\to 0}\dfrac{d}{ds}\left\{\dfrac{a}{(s+a)(1-z^{-1}\varepsilon^{sT})}\right\} + \dfrac{a}{(-a)^2(1-z^{-1}\varepsilon^{-aT})}$$
$$= -\dfrac{1-z^{-1}-aTz^{-1}}{a(1-z^{-1})^2} - \dfrac{1}{a(1-z^{-1}\varepsilon^{-aT})}$$

$$G^*(z) = -\frac{1-z^{-1}-aTz^{-1}}{a(1-z^{-1})} - \frac{1-z^{-1}}{a(1-z^{-1}\varepsilon^{-aT})}$$

$$= \frac{(\varepsilon^{-aT}+aT-1)+(1-\varepsilon^{-aT}-aT\varepsilon^{-aT})z^{-1}}{a(1-z^{-1})(1-\varepsilon^{-aT}z^{-1})}z^{-1}$$

■ 8.8 (1) $R^*(z) = \frac{1}{1-z^{-1}}$, $G_c^*(z) = 1$

$$G^*(z) = \frac{(\varepsilon^{-aT}+aT-1)+(1-\varepsilon^{-aT}-aT\varepsilon^{-aT})z^{-1}}{a(1-z^{-1})(1-\varepsilon^{-aT}z^{-1})}Kz^{-1}$$

$$\lim_{z \to 1} G^*(z) = \infty \quad \therefore \quad \lim_{n \to \infty} e(nT) = \underline{0}$$

(2) $R^*(z) = \frac{Tz^{-1}}{(1-z^{-1})^2}$, $\lim_{n \to \infty} e(nT) = \lim_{z \to 1} \frac{1}{1 + \frac{aT(1-\varepsilon^{-aT})}{a(1-z^{-1})(1-\varepsilon aT)}K} \frac{T}{1-z^{-1}} = \underline{\frac{1}{K}}$

■ 8.9 $g(t) = a\varepsilon^{-at}$ を用いると

$$G^*(z,m) = z^{-1}\{a\varepsilon^{-amT} + a\varepsilon^{-a(m+1)T}z^{-1} + a\varepsilon^{-a(m+2)T}z^{-2} + \cdots\}$$

$$= z^{-1}\frac{a\varepsilon^{-amT}}{1-\varepsilon^{-aT}z^{-1}} = \frac{a\varepsilon^{-amT}}{z-\varepsilon^{-aT}}$$

■ 8.10 $G(s) = (1-\varepsilon^{-sT})\left(\frac{1}{s} - \frac{1}{s+a}\right)$

$$\therefore \quad g(t) = (1-\varepsilon^{-at})u(t) - \{1-\varepsilon^{-a(t-T)}\}u(t-T)$$

$$G^*(z,m) = z^{-1}\{(1-\varepsilon^{-amT}) + \varepsilon^{-amT}(1-\varepsilon^{-aT})z^{-1}$$

$$+ \varepsilon^{-amT}\varepsilon^{-aT}(1-\varepsilon^{-aT})z^{-2} + \cdots\}$$

$$= \frac{(1-\varepsilon^{-amT})z+(\varepsilon^{-amT}-\varepsilon^{-aT})}{z(z-\varepsilon^{-aT})}$$

■ 8.11 $x(t) = u(t)$ であるので $X^*(z) = \frac{1}{1-z^{-1}}$. また

$$G^*(z) = \frac{a}{1-\varepsilon^{-aT}z^{-1}} \quad \therefore \quad Y^*(z) = G^*(z)X^*(z) = \frac{a}{(1-\varepsilon^{-aT}z^{-1})(1-z^{-1})}$$

$$y(nT) = \frac{1}{2\pi j}\int_C \frac{az^{n-1}}{(1-\varepsilon^{-aT}z^{-1})(1-z^{-1})}dz = \frac{a}{1-\varepsilon^{-aT}}\{1-\varepsilon^{-aT(n+1)}\}$$

【注意】この結果を図に描くと図の o 印となる. サンプル時刻間の値 $y(t)$ は実線のようになる.

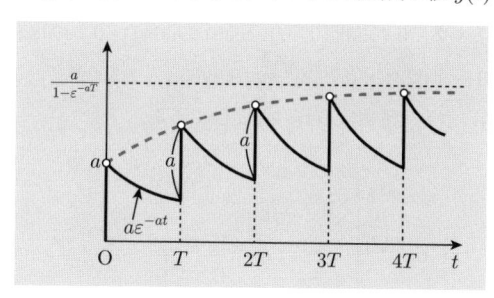

■ 8.12 特性方程式は

$$1 - (K\varepsilon^{-T} + \varepsilon^{-T} - K)z^{-1} = 0 \quad \therefore \quad z = K\varepsilon^{-T} + \varepsilon^{-T} - K$$

この場合, z は実数であり, $|z| < 1$ とおくと, 次の安定のための条件が求まる.

$$-1 < K < \frac{1+\varepsilon^{-T}}{1-\varepsilon^{-T}}$$

■ 8.13 $G(s) = \frac{1-\varepsilon^{-sT}}{s}\frac{2}{s+1}$ より $G^*(z) = (1-z^{-1})Z\left[\frac{2}{s(s+1)}\right]$ であるので

$$G^*(z) = \frac{2(1-\varepsilon^{-1})z^{-1}}{1-\varepsilon^{-1}z^{-1}}$$

$$C^*(z) = \frac{G^*(z)}{1+G^*(z)}R^*(z)$$

$$= \frac{2(1-\varepsilon^{-1})z^{-1}}{1-\varepsilon^{-1}z^{-1}+2(1-\varepsilon^{-1})z^{-1}}\frac{1}{1-z^{-1}}$$

$$= \frac{1.264z}{(z+0.896)(z-1)}$$

$$c^*(nT) = \frac{1}{2\pi j}\int_C \frac{1.264z^n}{(z+0.896)(z-1)}dz$$

$$= \frac{2}{3}\{1-(-0.896)^n\}$$

これは図の ○ 印に示すように交番減衰パルス列となる．破線はサンプル時刻間の応答の推定図である．

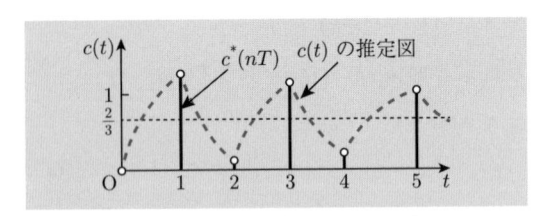

■ 8.14 $G(s) = \frac{1-\varepsilon^{-sT}}{s}\frac{1}{s(s+1)}$ であるので

$$G^*(z) = \frac{\varepsilon^{-1}+(1-2\varepsilon^{-1})z^{-1}}{(1-z^{-1})(1-\varepsilon^{-1}z^{-1})}z^{-1} = \frac{0.3679z+0.2642}{z^2-1.3679z+0.3679}$$

$$C^*(z) = \frac{G^*(z)}{1+G^*(z)}R^*(z) = \frac{0.3679z+0.2642}{z^2-z+0.6321}\frac{z}{z-1}$$

$$= \frac{0.3679z+0.2642}{(z-0.5-j0.6181)(z-0.5+j0.6181)}\frac{z}{z-1}$$

$$c^*(nT) = 1+2\times 0.7950^n\{0.5001\cos(0.8906n)-0.1069\sin(0.8906)\}$$

$$= 1-1.0228\times 0.7950^n\sin(0.8906n+1.3602)$$

この結果を図の ○ 印に示す．破線は $c(t)$ の推定図である．

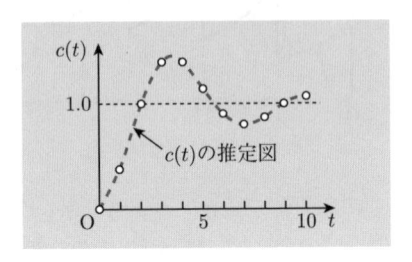

■ **8.15** 1次ホールド回路の伝達関数は
$$H(s) = (1-\varepsilon^{-sT})^2 \left(\frac{1}{s} + \frac{1}{s^2 T}\right)$$
であるので
$$G(s) = (1-\varepsilon^{-sT})^2 \left(\frac{K}{s(s+1)} + \frac{K}{Ts^2(s+1)}\right)$$
$$G^*(z) = (1-z^{-1})^2 \left(\frac{K(1-\varepsilon^{-T})z}{(z-1)(z-\varepsilon^{-T})} + \frac{K}{(z-1)^2} - \frac{K(1-\varepsilon^{-T})z}{T(z-1)(z-\varepsilon^{-T})}\right)$$
$$= \frac{(K-a)z + (a-K\varepsilon^{-T})}{z(z-\varepsilon^{-T})}$$
ここで $a = \frac{K(1-\varepsilon^{-T})(1-T)}{T}$
$$\therefore \quad C^*(z) = \frac{G^*(z)}{1+G^*(z)} R^*(z) = \frac{(K-a)z + (a-K\varepsilon^{-T})}{z^2 + (K-a-\varepsilon^{-T})z + (a-K\varepsilon^{-T})} \cdot \frac{z}{z-1}$$

■ **8.16** 問題 8.15 の結果で $\varepsilon^{-T} = 1-T$ とおけば
$$a = K(1-T), \qquad G^*(z) = \frac{KT}{z+T-1}$$

(1) 特性方程式は $1+G^*(z) = z+T-1+KT = 0$ となる.安定であるためには $|z| < 1$ が必要であることから次の条件を得る.
$$-1 < K < \frac{2-T}{T}$$

(2) $C^*(z) = \frac{KTz}{(z+KT+T-1)(z-1)}$

$c^*(nT) = \frac{K}{K+1}\{1 - (1-KT-T)^n\}$

参考・引用文献

[1] 上滝致孝，長田正，白川洋光，長谷川健介，深尾毅，『自動制御理論（改訂版）』，電気学会（1971）
[2] 長谷川健介，『制御理論入門』，昭晃堂（1977）
[3] 堀井武夫，『制御工学概論』，コロナ社（1974）
[4] 松村文夫，『自動制御』，朝倉書店（1979）
[5] J.J.D'Azzo, C.H.Houpis, S.N.Sheldon，『Linear Control System Analysis and Design with MATLAB (Fifth Edition)』, MarcelDekker.Inc.（2003）
[6] 堀洋一，大西公平，『制御工学の基礎』，丸善（1997）
[7] 多田隈進，大前力，『制御エレクトロニクス』，丸善（2000）
[8] 宮入庄太，『電気・機械エネルギー変換工学』，丸善（1976）
[9] 長谷川健介，松村文夫，『精解演習自動制御理論』，廣川書店（1976）
[10] 明石一，今井弘之，『詳解制御工学演習』，共立出版（1981）
[11] 増淵正美，『自動制御例題演習』，コロナ社（1971）
[12] 鈴木隆，『自動制御理論演習』，学献社（1969）
[13] 山口勝也，『詳解 自動制御例題演習』，コロナ社（1974）
[14] 鳥羽栄治，山浦逸雄，『制御工学演習』，森北出版（1996）
[15] 川口順也，松瀬貢規，『電気電子基礎数学』，数理工学社（2012）
[16] 松瀬貢規，『電動機制御工学』，電気学会（2007）
[17] 本田昭，城谷聡美，『サーボ制御の理論と実践』，日刊工業新聞社（1995）
[18] 涌井伸二，橋本誠司，高梨宏之，中村幸紀，『現場で役立つ制御工学の基本』，コロナ社（2012）
[19] 綱島均，中代重幸，吉田秀久，丸茂喜高，『クルマとヒコーキで学ぶ制御工学の基礎』，コロナ社（2011）
[20] 横山修一，濱根洋人，小野垣仁，『基礎と実践制御工学入門』，コロナ社（2009）
[21] 則次俊郎，堂田周治郎，西本澄，『基礎制御工学』，朝倉書店（2012）
[22] 宮崎道雄編著，『システム制御 I, II』，電気学会（2003）
[23] 杉本英彦編著，小山正人，玉井伸三，『AC サーボシステムの理論と設計の実際』，総合電子出版社（1990）
[24] 山口高司，平田光男，藤本博志編著，『ナノスケールサーボ制御』，東京電機大学（2007）
[25] 広井和男，宮田朗，『シミュレーションで学ぶ自動制御技術入門』，CQ 出版（2004）
[26] 嘉納秀明，江原信郎，小林博功，小野治，『動的システムの解析と制御』，コロナ社（1991）
[27] 松瀬貢規，『基礎制御工学』，数理工学社（2013）
[28] 太田有三編著，『制御工学』，オーム社（2012）

索　引

あ　行

安定　94

位相交差角周波数　109
位相交点　109
位相条件式　113
位相面　172
位相余有　109
1自由度制御系　150
一巡伝達関数　44
位置偏差定数　58
インディシャル応答　10
インパルス応答　9
インパルス信号　44

枝　22

応答時間　128
オープンループ制御　1
遅れ時間　128

か　行

外乱　4
開ループ制御系　1
拡張逆z変換　191
拡張z変換　191
加算　22
加速偏差定数　58
過渡応答　43

帰還要素　3
記述関数　176
基準入力　4
基準入力要素　3
逆z変換　190
共振ピーク角周波数　128
行列指数関数　33

空間量子化　186
グラフデターミナント　24
グラフトランスミッタンス　11, 24

係数行列　26
ゲイン交差角周波数　109, 128
ゲイン交点　109
ゲイン条件式　113
ゲイン余有　109
ゲイン-位相線図　78
限界感度法　143
減衰性　128
現代制御理論　28

古典的制御理論　28
根軌跡法　113
コンパレータ　171

さ　行

サーボ機構　6
サーボ系　6
最終値定理　190
最大行き過ぎ量　45
雑音　4
サンプラ　186
サンプリング角周波数　187
サンプリング角周波数の条件　187
サンプリング時間　186
サンプル値　186
サンプル値制御システム　203

時間量子化　186
システム行列　26
自動調整系　6
遮断角周波数　134
縦続分解法　42
自由度　150

索　引

周波数応答　71
周波数伝達関数　71
出力行列　26
出力節　22
出力変数　26
主フィードバック量　4
状態推移行列　26
状態推移方程式　26
状態変数　26
状態変数線図　27
初期値定理　190
信号検出器　185
信号伝達要素　8
信号流れ線図　11
振幅軌跡　178

推移定理　190
ステップ信号　44

制御　1
制御行列　26
制御装置　1, 3
制御対象　1, 3
制御偏差　4
制御命令　1
制御量　1, 4
製作設計　2
整定時間　45, 128
静的システム　43
精度　57
節　22
設定部　3
折点角周波数　81
遷移行列　26
漸近線　81, 113
線形化　167
線形性　190
センサ　185

操作部　3
操作量　1, 4
速応性　128
速度偏差定数　58

た 行

帯域幅　128
代表特性根　136
互いに独立　24
立ち上がり時間　45, 128
単位インパルス応答　9

遅延時間　45
調節部　3
直接分解法　35

追従制御　5
追値制御　5

定加速度信号　44
ディジタル制御系　184
定常応答　43
定常偏差　57
定値制御　5
伝達関数　8
伝達関数行列　34
伝達行列　26
伝達要素　8

等価伝達関数　176
等傾斜曲線法　173
等傾斜線　173
動作信号　4
動的システム　43
特性根　94
特性設計　2
特性方程式　44
トランスミッタンス　22

な 行

ナイキスト線図　74, 104
ナイキストの安定判別法　104
ニコルズ線図　88
2自由度制御系　150
入力節　22
入力変数　26

索　引

は　行

パス　24
パストランスミッタンス　24
バックラッシュ　171
パルス伝達関数　199
半導体電力変換回路　185

比較部　3
ヒステリシスコンパレータ　171
非線形要素　171
比率制御　5

フィードバック制御　1
フィードバック要素　3
不感帯　171
複素変換　190
フルビッツの行列式　97
フルビッツの方法　95
プログラム制御　5
プロセス制御　6
ブロック線図　8
分枝　22

閉ループ制御系　1
ベクトル軌跡　74

飽和　171
ボード線図　80, 107

ま　行

マイクロコンピュータ　185
メイソンの公式　24
目標値　1, 4

ら　行

ラウス数列　95
ラウスの方法　95
ラウス表　95
ラウス−フルビッツの安定判別法　95
ラプラス逆変換　8
ラプラス変換　8
ランプ信号　44

離散値　186
リレー　171

ループ　24
ループトランスミッタンス　24

0次ホールド　187
0次ホールド回路　187

欧　字

A/D 変換回路　185

D 動作　140
D/A 変換回路　185

I 動作　140
I-P 制御　153
I-PD 制御　153

P 動作　140
PD 動作　140
PI 動作　140
PID 制御　140
PID 動作　140
PID パラメータ　142
PID 補償　140

Z.O.H.　187

z 変換　190

著者略歴

松瀬　貢規(まつせ　こうき)

1971 年	明治大学大学院工学研究科電気工学専攻博士課程修了
同　　年	工学博士　明治大学工学部専任講師
1979 年	明治大学工学部（現 理工学部）教授
1996 年	明治大学理工学部学部長
2009 年	電気学会会長
現　　在	明治大学理工学部教授
	電気学会終身会員，電気学会フェロー・名誉員，IEEE Fellow，
	日本工学会フェロー，中国清華大学客座教授

主要著書　半導体電力変換回路（共著，電気学会，1987）
　　　　　基礎電気回路（上），（下）（編共著，オーム社，2004）
　　　　　電動機制御工学（電気学会，2007）（電気学会著作賞受賞）
　　　　　電気磁気学入門（編共著，オーム社，2011）
　　　　　電気電子基礎数学（共著，数理工学社，2012）
　　　　　基本から学ぶパワーエレクトロニクス（共著，電気学会，2012）
　　　　　基礎制御工学（数理工学社，2013）

電気・電子工学ライブラリ＝UKE-ex.3
演習と応用　基礎制御工学

2014 年 3 月 25 日Ⓒ　　　　　　　　初　版　発　行

著者　松瀬　貢規　　　発行者　矢沢和俊
　　　　　　　　　　　印刷者　小宮山恒敏

【発行】　　　　　株式会社　数理工学社
〒151-0051　東京都渋谷区千駄ヶ谷1丁目3番25号
☎(03) 5474-8661（代）　　サイエンスビル

【発売】　　　　　株式会社　サイエンス社
〒151-0051　東京都渋谷区千駄ヶ谷1丁目3番25号
営業☎(03) 5474-8500（代）　振替 00170-7-2387
FAX☎(03) 5474-8900

印刷・製本　小宮山印刷工業（株）

≪検印省略≫

本書の内容を無断で複写複製することは，著作者および
出版者の権利を侵害することがありますので，その場合
にはあらかじめ小社あて許諾をお求め下さい．

ISBN978-4-86481-013-5
PRINTED IN JAPAN

サイエンス社・数理工学社の
ホームページのご案内
http://www.saiensu.co.jp
ご意見・ご要望は
suuri@saiensu.co.jp まで．